电力常用
法律法规选编
第二版

华北电力大学电力立法研究中心 编

中国电力出版社
CHINA ELECTRIC POWER PRESS

内 容 提 要

　　本书收录了法律、行政法规、部门规章、规范性文件、司法解释和通知复函 128部（个），是学习、研究、了解、把握电力改革、规划、建设、生产、运行、检修、营销和管理的必备用书，具有关联性、系统性、实用性的特点，是迄今为止最为全面、精细、前沿的电力法律资料成果汇编。

　　本书可作为电力企业各个专业管理人员和技术人员以及广大职工的培训教材，也可作为电力行业法律从业者和爱好者的必备手册，还可以作为大专院校、科研院所、立法机关、社会律所等专家、学者、律师认识、了解和把握电力行业经济法律事务特性与现状的参考资料。

图书在版编目（CIP）数据

电力常用法律法规选编 / 华北电力大学电力立法研究中心编. —2 版. —北京：中国电力出版社，2016.11（2022.4 重印）
　ISBN 978-7-5123-9845-0

　Ⅰ. ①电…　Ⅱ. ①华…　Ⅲ. ①电力法－汇编－中国
Ⅳ. ①D922.292.9

　中国版本图书馆 CIP 数据核字（2016）第 238878 号

中国电力出版社出版、发行
（北京市东城区北京站西街 19 号　100005　http://www.cepp.sgcc.com.cn）
三河市航远印刷有限公司印刷
各地新华书店经售

＊

2013 年 4 月第一版
2016 年 11 月第二版　　2022 年 4 月北京第九次印刷
710 毫米×980 毫米　18 开本　31.5 印张　580 千字
印数 6001—8000 册　定价 **79.00** 元

本 书 编 委 会

修 订 说 明

电力作为国家能源产业和社会公用事业的重要组成部分，关系着国民经济命脉、国家能源安全和社会和谐稳定，在经济和社会发展中发挥着重要作用。在多年的改革和发展中，电力法律法规以其独特的规范功能，成为促进电力行业健康稳定发展的基础和保障。为了更好地学习和使用电力法律法规，华北电力大学电力立法研究中心组织相关专家编选了本书。

从大量的法律法规中甄别遴选电力行业常用法规，实非易事。编选本书，我们着重把握三个原则：一是电力常用，二是行业相关，三是周全细致。法律法规最重要的就是可操作性，为此，我们在常规内容之外，特意增加了"规范性文件"和"通知复函"这两部分，大大增强了本书的系统性和实用性。

本书在 2013 年 4 月第一版基础上，根据国家最新法律法规进行了调整，删除已废止规章及司法解释 6 部（个），调整已修改法规规章 8 部（个），新增相关法律法规及规范性文件 58 部（个），篇幅也从原来的 78 部（个）增加至现在的 128 部（个），并在附录中列出了 42 个电力常用标准的名录。

需要说明的是，在结构安排上，总体仍以法规类型和颁布时间为主线，同时参考电力工业产业链条和电力企业运营管理的基本过程，对法律法规的前后顺序作了适当调整，希望能给读者的工作和研究提供便利或帮助。

在此，也殷切期望广大读者多提宝贵意见，来信请发至 xuemianw@sohu.com 或 35083297@qq.com。

编 者

2016 年 9 月

目　录

修订说明

部 门 规 章

司 法 解 释

通 知 复 函

法　　律

中华人民共和国电力法

（1995 年 12 月 28 日第八届全国人民代表大会常务委员会第十七次会议通过，根据 2009 年 8 月 27 日第十一届全国人民代表大会常务委员会第十次会议《关于修改部分法律的决定》第一次修正，根据 2015 年 4 月 24 日第十二届全国人民代表大会常务委员会第十四次会议《关于修改〈中华人民共和国电力法〉等六部法律的决定》第二次修正）

第一章 总 则

第一条 为了保障和促进电力事业的发展，维护电力投资者、经营者和使用者的合法权益，保障电力安全运行，制定本法。

第二条 本法适用于中华人民共和国境内的电力建设、生产、供应和使用活动。

第三条 电力事业应当适应国民经济和社会发展的需要，适当超前发展。国家鼓励、引导国内外的经济组织和个人依法投资开发电源，兴办电力生产企业。

电力事业投资，实行谁投资、谁收益的原则。

第四条 电力设施受国家保护。

禁止任何单位和个人危害电力设施安全或者非法侵占、使用电能。

第五条 电力建设、生产、供应和使用应当依法保护环境，采取新技术，减少有害物质排放，防治污染和其他公害。

国家鼓励和支持利用可再生能源和清洁能源发电。

第六条 国务院电力管理部门负责全国电力事业的监督管理。国务院有关部门在各自的职责范围内负责电力事业的监督管理。

县级以上地方人民政府经济综合主管部门是本行政区域内的电力管理部门，负责电力事业的监督管理。县级以上地方人民政府有关部门在各自的职责范围内负责电力事业的监督管理。

第七条 电力建设企业、电力生产企业、电网经营企业依法实行自主经营、自负盈亏，并接受电力管理部门的监督。

第八条 国家帮助和扶持少数民族地区、边远地区和贫困地区发展电力事业。

第九条 国家鼓励在电力建设、生产、供应和使用过程中，采用先进的科学技术和管理方法，对在研究、开发、采用先进的科学技术和管理方法等方面作出显著成绩的单位和个人给予奖励。

第二章 电 力 建 设

第十条 电力发展规划应当根据国民经济和社会发展的需要制定，并纳入国民经济和社会发展计划。

电力发展规划，应当体现合理利用能源、电源与电网配套发展、提高经济效益和有利于环境保护的原则。

第十一条 城市电网的建设与改造规划，应当纳入城市总体规划。城市人民政府应当按照规划，安排变电设施用地、输电线路走廊和电缆通道。

任何单位和个人不得非法占用变电设施用地、输电线路走廊和电缆通道。

第十二条 国家通过制定有关政策，支持、促进电力建设。

地方人民政府应当根据电力发展规划，因地制宜，采取多种措施开发电源，发展电力建设。

第十三条 电力投资者对其投资形成的电力，享有法定权益。并网运行的，电力投资者有优先使用权；未并网的自备电厂，电力投资者自行支配使用。

第十四条 电力建设项目应当符合电力发展规划，符合国家电力产业政策。

电力建设项目不得使用国家明令淘汰的电力设备和技术。

第十五条 输变电工程、调度通信自动化工程等电网配套工程和环境保护工程，应当与发电工程项目同时设计、同时建设、同时验收、同时投入使用。

第十六条 电力建设项目使用土地，应当依照有关法律、行政法规的规定办理；依法征收土地的，应当依法支付土地补偿费和安置补偿费，做好迁移居民的安置工作。

电力建设应当贯彻切实保护耕地、节约利用土地的原则。

地方人民政府对电力事业依法使用土地和迁移居民，应当予以支持和协助。

第十七条 地方人民政府应当支持电力企业为发电工程建设勘探水源和依法取水、用水。电力企业应当节约用水。

第三章 电力生产与电网管理

第十八条 电力生产与电网运行应当遵循安全、优质、经济的原则。

电网运行应当连续、稳定，保证供电可靠性。

第十九条 电力企业应当加强安全生产管理，坚持安全第一、预防为主的方针，建立、健全安全生产责任制度。

电力企业应当对电力设施定期进行检修和维护，保证其正常运行。

第二十条　发电燃料供应企业、运输企业和电力生产企业应当依照国务院有关规定或者合同约定供应、运输和接卸燃料。

第二十一条　电网运行实行统一调度、分级管理。任何单位和个人不得非法干预电网调度。

第二十二条　国家提倡电力生产企业与电网、电网与电网并网运行。具有独立法人资格的电力生产企业要求将生产的电力并网运行的，电网经营企业应当接受。

并网运行必须符合国家标准或者电力行业标准。

并网双方应当按照统一调度、分级管理和平等互利、协商一致的原则，签订并网协议，确定双方的权利和义务；并网双方达不成协议的，由省级以上电力管理部门协调决定。

第二十三条　电网调度管理办法，由国务院依照本办法的规定制定。

第四章　电力供应与使用

第二十四条　国家对电力供应和使用，实行安全用电、节约用电、计划用电的管理原则。

电力供应与使用办法由国务院依照本法的规定制定。

第二十五条　供电企业在批准的供电营业区内向用户供电。

供电营业区的划分，应当考虑电网的结构和供电合理性等因素。一个供电营业区内只设立一个供电营业机构。

省、自治区、直辖市范围内的供电营业区的设立、变更，由供电企业提出申请，经省、自治区、直辖市人民政府电力管理部门会同同级有关部门审查批准后，由省、自治区、直辖市人民政府电力管理部门发给《供电营业许可证》。跨省、自治区、直辖市的供电营业区的设立、变更，由国务院电力管理部门审查批准并发给《供电营业许可证》。

第二十六条　供电营业区内的供电营业机构，对本营业区内的用户有按照国家规定供电的义务；不得违反国家规定对其营业区内申请用电的单位和个人拒绝供电。

申请新装用电、临时用电、增加用电容量、变更用电和终止用电，应当依照规定的程序办理手续。

供电企业应当在其营业场所公告用电的程序、制度和收费标准，并提供用户须知资料。

第二十七条　电力供应与使用双方应当根据平等自愿、协商一致的原则，按照国务院制定的电力供应与使用办法签订供用电合同，确定双方的权利和义务。

第二十八条　供电企业应当保证供给用户的供电质量符合国家标准。对公用供电设施引起的供电质量问题，应当及时处理。

用户对供电质量有特殊要求的，供电企业应当根据其必要性和电网的可能，提供相应的电力。

第二十九条　供电企业在发电、供电系统正常的情况下，应当连续向用户供电，不得中断。因供电设施检修、依法限电或者用户违法用电等原因，需要中断供电时，供电企业应当按照国家有关规定事先通知用户。

用户对供电企业中断供电有异议的，可以向电力管理部门投诉；受理投诉的电力管理部门应当依法处理。

第三十条　因抢险救灾需要紧急供电时，供电企业必须尽速安排供电，所需供电工程费用和应付电费依照国家有关规定执行。

第三十一条　用户应当安装用电计量装置。用户使用的电力电量，以计量检定机构依法认可的用电计量装置的记录为准。

用户受电装置的设计、施工安装和运行管理，应当符合国家标准或者电力行业标准。

第三十二条　用户用电不得危害供电、用电安全和扰乱供电、用电秩序。

对危害供电、用电安全和扰乱供电、用电秩序的，供电企业有权制止。

第三十三条　供电企业应当按照国家核准的电价和用电计量装置的记录，向用户计收电费。

供电企业查电人员和抄表收费人员进入用户，进行用电安全检查或者抄表收费时，应当出示有关证件。

用户应当按照国家核准的电价和用电计量装置的记录，按时交纳电费；对供电企业查电人员和抄表收费人员依法履行职责，应当提供方便。

第三十四条　供电企业和用户应当遵守国家有关规定，采取有效措施，做好安全用电、节约用电和计划用电工作。

第五章　电价与电费

第三十五条　本法所称电价，是指电力生产企业的上网电价、电网间的互供电价、电网销售电价。

电价实行统一政策，统一定价原则，分级管理。

第三十六条　制定电价，应当合理补偿成本，合理确定收益，依法计入税金，坚持公平负担，促进电力建设。

第三十七条　上网电价实行同网同质同价。具体办法和实施步骤由国务院规定。

电力生产企业有特殊情况需另行制定上网电价的，具体办法由国务院规定。

第三十八条 跨省、自治区、直辖市电网和省级电网内的上网电价，由电力生产企业和电网经营企业协商提出方案，报国务院物价行政主管部门核准。

独立电网内的上网电价，由电力生产企业和电网经营企业协商提出方案，报有管理权的物价行政主管部门核准。

地方投资的电力生产企业所生产的电力，属于在省内各地区形成独立电网的或者自发自用的，其电价可以由省、自治区、直辖市人民政府管理。

第三十九条 跨省、自治区、直辖市电网和独立电网之间、省级电网和独立电网之间的互供电价，由双方协商提出方案，报国务院物价行政主管部门或者其授权的部门核准。

独立电网与独立电网之间的互供电价，由双方协商提出方案，报有管理权的物价行政主管部门核准。

第四十条 跨省、自治区、直辖市电网和省级电网的销售电价，由电网经营企业提出方案，报国务院物价行政主管部门或者其授权的部门核准。

独立电网的销售电价，由电网经营企业提出方案，报有管理权的物价行政主管部门核准。

第四十一条 国家实行分类电价和分时电价。分类标准和分时办法由国务院确定。

对同一电网内的同一电压等级、同一用电类别的用户，执行相同的电价标准。

第四十二条 用户用电增容收费标准，由国务院物价行政主管部门会同国务院电力管理部门制定。

第四十三条 任何单位不得超越电价管理权限制定电价。供电企业不得擅自变更电价。

第四十四条 禁止任何单位和个人在电费中加收其他费用；但是，法律、行政法规另有规定的，按照规定执行。

地方集资办电在电费中加收费用的，由省、自治区、直辖市人民政府依照国务院有关规定制定办法。

禁止供电企业在收取电费时，代收其他费用。

第四十五条 电价的管理办法，由国务院依照本法的规定制定。

第六章 农村电力建设和农业用电

第四十六条 省、自治区、直辖市人民政府应当制定农村电气化发展规划，并将其纳入当地电力发展规划及国民经济和社会发展计划。

第四十七条　国家对农村电气化实行优惠政策，对少数民族地区、边远地区和贫困地区的农村电力建设给予重点扶持。

第四十八条　国家提倡农村开发水能资源，建设中、小型水电站，促进农村电气化。

国家鼓励和支持农村利用太阳能、风能、地热能、生物质能和其他能源进行农村电源建设，增加农村电力供应。

第四十九条　县级以上地方人民政府及其经济综合主管部门在安排用电指标时，应当保证农业和农村用电的适当比例，优先保证农村排涝、抗旱和农业季节性生产用电。

电力企业应当执行前款的用电安排，不得减少农业和农村用电指标。

第五十条　农业用电价格按照保本、微利的原则确定。

农民生产用电与当地城镇居民生活用电应当逐步实行相同的电价。

第五十一条　农业和农村用电管理办法，由国务院依照本办法的规定制定。

第七章　电力设施保护

第五十二条　任何单位和个人不得危害发电设施、变电设施和电力线路设施及其有关辅助设施。

在电力设施周围进行爆破及其他可能危及电力设施安全的作业的，应当按照国务院有关电力设施保护的规定，经批准并采取确保电力设施安全的措施后，方可进行作业。

第五十三条　电力管理部门应当按照国务院有关电力设施保护的规定，对电力设施保护区设立标志。

任何单位和个人不得在依法划定的电力设施保护区内修建可能危及电力设施安全的建筑物、构筑物，不得种植可能危及电力设施安全的植物，不得堆放可能危及电力设施安全的物品。

在依法划定电力设施保护区前已经种植的植物妨碍电力设施安全的，应当修剪或者砍伐。

第五十四条　任何单位和个人需要在依法划定的电力设施保护区内进行可能危及电力设施安全的作业时，应当经电力管理部门批准并采取安全措施后，方可进行作业。

第五十五条　电力设施与公用工程、绿化工程和其他工程在新建、改建或者扩建中相互妨碍时，有关单位应当按照国家有关规定协商，达成协议后方可施工。

第八章 监督检查

第五十六条 电力管理部门依法对电力企业和用户执行电力法律、行政法规的情况进行监督检查。

第五十七条 电力管理部门根据工作需要，可以配备电力监督检查人员。

电力监督检查人员应当公正廉洁，秉公执法，熟悉电力法律、法规，掌握有关电力专业技术。

第五十八条 电力监督检查人员进行监督检查时，有权向电力企业或者用户了解有关执行电力法律、行政法规的情况，查阅有关资料，并有权进入现场进行检查。

电力企业和用户对执行监督检查任务的电力监督检查人员应当提供方便。

电力监督检查人员进行监督检查时，应当出示证件。

第九章 法律责任

第五十九条 电力企业或者用户违反供用电合同，给对方造成损失的，应当依法承担赔偿责任。

电力企业违反本法第二十八条、第二十九条一款的规定，未保证供电质量或者未事先通知用户中断供电，给用户造成损失的，应当依法承担赔偿责任。

第六十条 因电力运行事故给用户或者第三人造成损害的，电力企业应当依法承担赔偿责任。

电力运行事故由下列原因之一造成的，电力企业不承担赔偿责任：

（一）不可抗力；

（二）用户自身的过错。

因用户或者第三人的过错给电力企业或者其他用户造成损害的，该用户或者第三人应当依法承担赔偿责任。

第六十一条 违反本法第十一条第二款的规定，非法占用变电设施用地、输电线路走廊或者电缆通道的，由县级以上地方人民政府责令限期改正；逾期不改正的，强制清除障碍。

第六十二条 违反本法第十四条规定，电力建设项目不符合电力发展规划、产业政策的，由电力管理部门责令停止建设。

违反本法第十四条规定，电力建设项目使用国家明令淘汰的电力设备和技术的，由电力管理部门责令停止使用，没收国家明令淘汰的电力设备，并处五万元以下的罚款。

第六十三条 违反本法第二十五条规定，未经许可，从事供电或者变更供电营业区的，由电力管理部门责令改正，没收违法所得，可以并处违法所得五倍以下的罚款。

第六十四条　违反本法第二十六条、第二十九条规定，拒绝供电或者中断供电的，由电力管理部门责令改正，给予警告；情节严重的，对有关主管人员和直接责任人员给予行政处分。

第六十五条　违反本法第三十二条规定，危害供电、用电安全或者扰乱供电、用电秩序的，由电力管理部门责令改正，给予警告；情节严重或者拒绝改正的，可以中止供电，可以并处五万元以下的罚款。

第六十六条　违反本法第三十三条、第四十三条、第四十四条规定，未按照国家核准的电价和用电计量装置的记录向用户计收电费、超越权限制定电价或者在电费中加收其他费用的，由物价行政主管部门给予警告，责令返还违法收取的费用，可以并处违法收取费用五倍以下的罚款；情节严重的，对有关主管人员和直接责任人员给予行政处分。

第六十七条　违反本法第四十九条第二款规定，减少农业和农村用电指标的，由电力管理部门责令改正；情节严重的，对有关主管人员和直接责任人员给予行政处分；造成损失的，责令赔偿损失。

第六十八条　违反本法第五十二条第二款和第五十四条规定，未经批准或者未采取安全措施在电力设施周围或者在依法划定的电力设施保护区内进行作业，危及电力设施安全的，由电力管理部门责令停止作业、恢复原状并赔偿损失。

第六十九条　违反本法第五十三条规定，在依法划定的电力设施保护区内修建建筑物、构筑物或者种植植物、堆放物品，危及电力设施安全的，由当地人民政府责令强制拆除、砍伐或者清除。

第七十条　有下列行为之一，应当给予治安管理处罚的，由公安机关依照治安管理处罚法的有关规定予以处罚；构成犯罪的，依法追究刑事责任：

（一）阻碍电力建设或者电力设施抢修，致使电力建设或者电力设施抢修不能正常进行的；

（二）扰乱电力生产企业、变电所、电力调度机构和供电企业的秩序，致使生产、工作和营业不能正常进行的；

（三）殴打、公然侮辱履行职务的查电人员或者抄表收费人员的；

（四）拒绝、阻碍电力监督检查人员依法执行职务的。

第七十一条　盗窃电能的，由电力管理部门责令停止违法行为，追缴电费并处应交电费五倍以下的罚款；构成犯罪的，依照刑法有关规定追究刑事责任。

第七十二条　盗窃电力设施或者以其他方法破坏电力设施，危害公共安全的，依照刑法有关规定追究刑事责任。

第七十三条 电力管理部门的工作人员滥用职权、玩忽职守、徇私舞弊，构成犯罪的，依法追究刑事责任；尚不构成犯罪的，依法给予行政处分。

第七十四条 电力企业职工违反规章制度、违章调度或者不服从调度指令，造成重大事故的，依照刑法有关规定追究刑事责任。

电力企业职工故意延误电力设施抢修或者抢险救灾供电，造成严重后果的，依照有关规定追究刑事责任。

电力企业的管理人员和查电人员、抄表收费人员勒索用户、以电谋私，构成犯罪的，依法追究刑事责任；尚不构成犯罪的，依法给予行政处分。

第十章　附　　则

第七十五条 本法自 1996 年 4 月 1 日起施行。

中华人民共和国安全生产法

（2002 年 6 月 29 日第九届全国人民代表大会常务委员会第二十八次会议通过，根据 2009 年 8 月 27 日第十一届全国人民代表大会常务委员会第十次会议《关于修改部分法律的决定》第一次修正，根据 2014 年 8 月 31 日第十二届全国人民代表大会常务委员会第十次会议《关于修改〈中华人民共和国安全生产法〉的决定》第二次修正）

第一章　总　　则

第一条　为了加强安全生产工作，防止和减少生产安全事故，保障人民群众生命和财产安全，促进经济社会持续健康发展，制定本法。

第二条　在中华人民共和国领域内从事生产经营活动的单位（以下统称生产经营单位）的安全生产，适用本法；有关法律、行政法规对消防安全和道路交通安全、铁路交通安全、水上交通安全、民用航空安全以及核与辐射安全、特种设备安全另有规定的，适用其规定。

第三条　安全生产工作应当以人为本，坚持安全发展，坚持安全第一、预防为主、综合治理的方针，强化和落实生产经营单位的主体责任，建立生产经营单位负责、职工参与、政府监管、行业自律和社会监督的机制。

第四条　生产经营单位必须遵守本法和其他有关安全生产的法律、法规，加强安全生产管理，建立、健全安全生产责任制和安全生产规章制度，改善安全生产条件，推进安全生产标准化建设，提高安全生产水平，确保安全生产。

第五条　生产经营单位的主要负责人对本单位的安全生产工作全面负责。

第六条　生产经营单位的从业人员有依法获得安全生产保障的权利，并应当依法履行安全生产方面的义务。

第七条　工会依法对安全生产工作进行监督。

生产经营单位的工会依法组织职工参加本单位安全生产工作的民主管理和民主监督，维护职工在安全生产方面的合法权益。生产经营单位制定或者修改有关安全生产的规章制度，应当听取工会的意见。

第八条　国务院和县级以上地方各级人民政府应当根据国民经济和社会发展规划制定安全生产规划，并组织实施。安全生产规划应当与城乡规划相衔接。

国务院和县级以上地方各级人民政府应当加强对安全生产工作的领导，支持、督促各有关部门依法履行安全生产监督管理职责，建立健全安全生产工作协调机制，及时协调、解决安全生产监督管理中存在的重大问题。

乡、镇人民政府以及街道办事处、开发区管理机构等地方人民政府的派出机关应当按照职责，加强对本行政区域内生产经营单位安全生产状况的监督检查，协助上级人民政府有关部门依法履行安全生产监督管理职责。

第九条 国务院安全生产监督管理部门依照本法，对全国安全生产工作实施综合监督管理；县级以上地方各级人民政府安全生产监督管理部门依照本法，对本行政区域内安全生产工作实施综合监督管理。

国务院有关部门依照本法和其他有关法律、行政法规的规定，在各自的职责范围内对有关行业、领域的安全生产工作实施监督管理；县级以上地方各级人民政府有关部门依照本法和其他有关法律、法规的规定，在各自的职责范围内对有关行业、领域的安全生产工作实施监督管理。

安全生产监督管理部门和对有关行业、领域的安全生产工作实施监督管理的部门，统称负有安全生产监督管理职责的部门。

第十条 国务院有关部门应当按照保障安全生产的要求，依法及时制定有关的国家标准或者行业标准，并根据科技进步和经济发展适时修订。

生产经营单位必须执行依法制定的保障安全生产的国家标准或者行业标准。

第十一条 各级人民政府及其有关部门应当采取多种形式，加强对有关安全生产的法律、法规和安全生产知识的宣传，增强全社会的安全生产意识。

第十二条 有关协会组织依照法律、行政法规和章程，为生产经营单位提供安全生产方面的信息、培训等服务，发挥自律作用，促进生产经营单位加强安全生产管理。

第十三条 依法设立的为安全生产提供技术、管理服务的机构，依照法律、行政法规和执业准则，接受生产经营单位的委托为其安全生产工作提供技术、管理服务。

生产经营单位委托前款规定的机构提供安全生产技术、管理服务的，保证安全生产的责任仍由本单位负责。

第十四条 国家实行生产安全事故责任追究制度，依照本法和有关法律、法规的规定，追究生产安全事故责任人员的法律责任。

第十五条 国家鼓励和支持安全生产科学技术研究和安全生产先进技术的推广应用，提高安全生产水平。

第十六条 国家对在改善安全生产条件、防止生产安全事故、参加抢险救护等方面取得显著成绩的单位和个人，给予奖励。

第二章 生产经营单位的安全生产保障

第十七条 生产经营单位应当具备本法和有关法律、行政法规和国家标准或者行业标准规定的安全生产条件；不具备安全生产条件的，不得从事生产经营活动。

第十八条 生产经营单位的主要负责人对本单位安全生产工作负有下列职责：

（一）建立、健全本单位安全生产责任制；

（二）组织制定本单位安全生产规章制度和操作规程；

（三）组织制定并实施本单位安全生产教育和培训计划；

（四）保证本单位安全生产投入的有效实施；

（五）督促、检查本单位的安全生产工作，及时消除生产安全事故隐患；

（六）组织制定并实施本单位的生产安全事故应急救援预案；

（七）及时、如实报告生产安全事故。

第十九条 生产经营单位的安全生产责任制应当明确各岗位的责任人员、责任范围和考核标准等内容。

生产经营单位应当建立相应的机制，加强对安全生产责任制落实情况的监督考核，保证安全生产责任制的落实。

第二十条 生产经营单位应当具备的安全生产条件所必需的资金投入，由生产经营单位的决策机构、主要负责人或者个人经营的投资人予以保证，并对由于安全生产所必需的资金投入不足导致的后果承担责任。

有关生产经营单位应当按照规定提取和使用安全生产费用，专门用于改善安全生产条件。安全生产费用在成本中据实列支。安全生产费用提取、使用和监督管理的具体办法由国务院财政部门会同国务院安全生产监督管理部门征求国务院有关部门意见后制定。

第二十一条 矿山、金属冶炼、建筑施工、道路运输单位和危险物品的生产、经营、储存单位，应当设置安全生产管理机构或者配备专职安全生产管理人员。

前款规定以外的其他生产经营单位，从业人员超过一百人的，应当设置安全生产管理机构或者配备专职安全生产管理人员；从业人员在一百人以下的，应当配备专职或者兼职的安全生产管理人员。

第二十二条 生产经营单位的安全生产管理机构以及安全生产管理人员履行下列职责：

（一）组织或者参与拟订本单位安全生产规章制度、操作规程和生产安全事故应急救援预案；

（二）组织或者参与本单位安全生产教育和培训，如实记录安全生产教育和培训情况；

（三）督促落实本单位重大危险源的安全管理措施；

（四）组织或者参与本单位应急救援演练；

（五）检查本单位的安全生产状况，及时排查生产安全事故隐患，提出改进安全生产管理的建议；

（六）制止和纠正违章指挥、强令冒险作业、违反操作规程的行为；

（七）督促落实本单位安全生产整改措施。

第二十三条　生产经营单位的安全生产管理机构以及安全生产管理人员应当恪尽职守，依法履行职责。

生产经营单位作出涉及安全生产的经营决策，应当听取安全生产管理机构以及安全生产管理人员的意见。

生产经营单位不得因安全生产管理人员依法履行职责而降低其工资、福利等待遇或者解除与其订立的劳动合同。

危险物品的生产、储存单位以及矿山、金属冶炼单位的安全生产管理人员的任免，应当告知主管的负有安全生产监督管理职责的部门。

第二十四条　生产经营单位的主要负责人和安全生产管理人员必须具备与本单位所从事的生产经营活动相应的安全生产知识和管理能力。

危险物品的生产、经营、储存单位以及矿山、金属冶炼、建筑施工、道路运输单位的主要负责人和安全生产管理人员，应当由主管的负有安全生产监督管理职责的部门对其安全生产知识和管理能力考核合格。考核不得收费。

危险物品的生产、储存单位以及矿山、金属冶炼单位应当有注册安全工程师从事安全生产管理工作。鼓励其他生产经营单位聘用注册安全工程师从事安全生产管理工作。注册安全工程师按专业分类管理，具体办法由国务院人力资源和社会保障部门、国务院安全生产监督管理部门会同国务院有关部门制定。

第二十五条　生产经营单位应当对从业人员进行安全生产教育和培训，保证从业人员具备必要的安全生产知识，熟悉有关的安全生产规章制度和安全操作规程，掌握本岗位的安全操作技能，了解事故应急处理措施，知悉自身在安全生产方面的权利和义务。未经安全生产教育和培训合格的从业人员，不得上岗作业。

生产经营单位使用被派遣劳动者的，应当将被派遣劳动者纳入本单位从业人员统一管理，对被派遣劳动者进行岗位安全操作规程和安全操作技能的教育和培训。劳务派遣单位应当对被派遣劳动者进行必要的安全生产教育和培训。

生产经营单位接收中等职业学校、高等学校学生实习的，应当对实习学生进行相应的安全生产教育和培训，提供必要的劳动防护用品。学校应当协助生产经营单位对实习学生进行安全生产教育和培训。

生产经营单位应当建立安全生产教育和培训档案，如实记录安全生产教育和培训的时间、内容、参加人员以及考核结果等情况。

第二十六条　生产经营单位采用新工艺、新技术、新材料或者使用新设备，必须了解、掌握其安全技术特性，采取有效的安全防护措施，并对从业人员进行专门的安全生产教育和培训。

第二十七条　生产经营单位的特种作业人员必须按照国家有关规定经专门的安全作业培训，取得相应资格，方可上岗作业。

特种作业人员的范围由国务院安全生产监督管理部门会同国务院有关部门确定。

第二十八条　生产经营单位新建、改建、扩建工程项目（以下统称建设项目）的安全设施，必须与主体工程同时设计、同时施工、同时投入生产和使用。安全设施投资应当纳入建设项目概算。

第二十九条　矿山、金属冶炼建设项目和用于生产、储存、装卸危险物品的建设项目，应当按照国家有关规定进行安全评价。

第三十条　建设项目安全设施的设计人、设计单位应当对安全设施设计负责。

矿山、金属冶炼建设项目和用于生产、储存、装卸危险物品的建设项目的安全设施设计应当按照国家有关规定报经有关部门审查，审查部门及其负责审查的人员对审查结果负责。

第三十一条　矿山、金属冶炼建设项目和用于生产、储存、装卸危险物品的建设项目的施工单位必须按照批准的安全设施设计施工，并对安全设施的工程质量负责。

矿山、金属冶炼建设项目和用于生产、储存危险物品的建设项目竣工投入生产或者使用前，应当由建设单位负责组织对安全设施进行验收；验收合格后，方可投入生产和使用。安全生产监督管理部门应当加强对建设单位验收活动和验收结果的监督核查。

第三十二条　生产经营单位应当在有较大危险因素的生产经营场所和有关设施、设备上，设置明显的安全警示标志。

第三十三条　安全设备的设计、制造、安装、使用、检测、维修、改造和报废，应当符合国家标准或者行业标准。

生产经营单位必须对安全设备进行经常性维护、保养，并定期检测，保证正常运转。维护、保养、检测应当作好记录，并由有关人员签字。

第三十四条　生产经营单位使用的危险物品的容器、运输工具，以及涉及人身安全、危险性较大的海洋石油开采特种设备和矿山井下特种设备，必须按照国家有关规定，由专业生产单位生产，并经具有专业资质的检测、检验机构检测、检验合格，取得安全使用证或者安全标志，方可投入使用。检测、检验机构对检测、检验结果负责。

第三十五条　国家对严重危及生产安全的工艺、设备实行淘汰制度，具体目录由国务院安全生产监督管理部门会同国务院有关部门制定并公布。法律、行政法规对目录的制定另有规定的，适用其规定。

省、自治区、直辖市人民政府可以根据本地区实际情况制定并公布具体目录，对前款规定以外的危及生产安全的工艺、设备予以淘汰。

生产经营单位不得使用应当淘汰的危及生产安全的工艺、设备。

第三十六条　生产、经营、运输、储存、使用危险物品或者处置废弃危险物品的，由有关主管部门依照有关法律、法规的规定和国家标准或者行业标准审批并实施监督管理。

生产经营单位生产、经营、运输、储存、使用危险物品或者处置废弃危险物品，必须执行有关法律、法规和国家标准或者行业标准，建立专门的安全管理制度，采取可靠的安全措施，接受有关主管部门依法实施的监督管理。

第三十七条　生产经营单位对重大危险源应当登记建档，进行定期检测、评估、监控，并制定应急预案，告知从业人员和相关人员在紧急情况下应当采取的应急措施。

生产经营单位应当按照国家有关规定将本单位重大危险源及有关安全措施、应急措施报有关地方人民政府安全生产监督管理部门和有关部门备案。

第三十八条　生产经营单位应当建立健全生产安全事故隐患排查治理制度，采取技术、管理措施，及时发现并消除事故隐患。事故隐患排查治理情况应当如实记录，并向从业人员通报。

县级以上地方各级人民政府负有安全生产监督管理职责的部门应当建立健全重大事故隐患治理督办制度，督促生产经营单位消除重大事故隐患。

第三十九条　生产、经营、储存、使用危险物品的车间、商店、仓库不得与员工宿舍在同一座建筑物内，并应当与员工宿舍保持安全距离。

生产经营场所和员工宿舍应当设有符合紧急疏散要求、标志明显、保持畅通的出口。禁止锁闭、封堵生产经营场所或者员工宿舍的出口。

第四十条　生产经营单位进行爆破、吊装以及国务院安全生产监督管理部门会同国务院有关部门规定的其他危险作业，应当安排专门人员进行现场安全管理，确保操作规程的遵守和安全措施的落实。

第四十一条　生产经营单位应当教育和督促从业人员严格执行本单位的安全生产规章制度和安全操作规程；并向从业人员如实告知作业场所和工作岗位存在

的危险因素、防范措施以及事故应急措施。

第四十二条　生产经营单位必须为从业人员提供符合国家标准或者行业标准的劳动防护用品，并监督、教育从业人员按照使用规则佩戴、使用。

第四十三条　生产经营单位的安全生产管理人员应当根据本单位的生产经营特点，对安全生产状况进行经常性检查；对检查中发现的安全问题，应当立即处理；不能处理的，应当及时报告本单位有关负责人，有关负责人应当及时处理。检查及处理情况应当如实记录在案。

生产经营单位的安全生产管理人员在检查中发现重大事故隐患，依照前款规定向本单位有关负责人报告，有关负责人不及时处理的，安全生产管理人员可以向主管的负有安全生产监督管理职责的部门报告，接到报告的部门应当依法及时处理。

第四十四条　生产经营单位应当安排用于配备劳动防护用品、进行安全生产培训的经费。

第四十五条　两个以上生产经营单位在同一作业区域内进行生产经营活动，可能危及对方生产安全的，应当签订安全生产管理协议，明确各自的安全生产管理职责和应当采取的安全措施，并指定专职安全生产管理人员进行安全检查与协调。

第四十六条　生产经营单位不得将生产经营项目、场所、设备发包或者出租给不具备安全生产条件或者相应资质的单位或者个人。

生产经营项目、场所发包或者出租给其他单位的，生产经营单位应当与承包单位、承租单位签订专门的安全生产管理协议，或者在承包合同、租赁合同中约定各自的安全生产管理职责；生产经营单位对承包单位、承租单位的安全生产工作统一协调、管理，定期进行安全检查，发现安全问题的，应当及时督促整改。

第四十七条　生产经营单位发生生产安全事故时，单位的主要负责人应当立即组织抢救，并不得在事故调查处理期间擅离职守。

第四十八条　生产经营单位必须依法参加工伤保险，为从业人员缴纳保险费。国家鼓励生产经营单位投保安全生产责任保险。

第三章　从业人员的安全生产权利义务

第四十九条　生产经营单位与从业人员订立的劳动合同，应当载明有关保障从业人员劳动安全、防止职业危害的事项，以及依法为从业人员办理工伤保险的事项。

生产经营单位不得以任何形式与从业人员订立协议，免除或者减轻其对从业人员因生产安全事故伤亡依法应承担的责任。

第五十条　生产经营单位的从业人员有权了解其作业场所和工作岗位存在的危险因素、防范措施及事故应急措施，有权对本单位的安全生产工作提出建议。

第五十一条　从业人员有权对本单位安全生产工作中存在的问题提出批评、检举、控告；有权拒绝违章指挥和强令冒险作业。

生产经营单位不得因从业人员对本单位安全生产工作提出批评、检举、控告或者拒绝违章指挥、强令冒险作业而降低其工资、福利等待遇或者解除与其订立的劳动合同。

第五十二条　从业人员发现直接危及人身安全的紧急情况时，有权停止作业或者在采取可能的应急措施后撤离作业场所。

生产经营单位不得因从业人员在前款紧急情况下停止作业或者采取紧急撤离措施而降低其工资、福利等待遇或者解除与其订立的劳动合同。

第五十三条　因生产安全事故受到损害的从业人员，除依法享有工伤保险外，依照有关民事法律尚有获得赔偿的权利的，有权向本单位提出赔偿要求。

第五十四条　从业人员在作业过程中，应当严格遵守本单位的安全生产规章制度和操作规程，服从管理，正确佩戴和使用劳动防护用品。

第五十五条　从业人员应当接受安全生产教育和培训，掌握本职工作所需的安全生产知识，提高安全生产技能，增强事故预防和应急处理能力。

第五十六条　从业人员发现事故隐患或者其他不安全因素，应当立即向现场安全生产管理人员或者本单位负责人报告；接到报告的人员应当及时予以处理。

第五十七条　工会有权对建设项目的安全设施与主体工程同时设计、同时施工、同时投入生产和使用进行监督，提出意见。

工会对生产经营单位违反安全生产法律、法规，侵犯从业人员合法权益的行为，有权要求纠正；发现生产经营单位违章指挥、强令冒险作业或者发现事故隐患时，有权提出解决的建议，生产经营单位应当及时研究答复；发现危及从业人员生命安全的情况时，有权向生产经营单位建议组织从业人员撤离危险场所，生产经营单位必须立即作出处理。

工会有权依法参加事故调查，向有关部门提出处理意见，并要求追究有关人员的责任。

第五十八条　生产经营单位使用被派遣劳动者的，被派遣劳动者享有本法规定的从业人员的权利，并应当履行本法规定的从业人员的义务。

第四章　安全生产的监督管理

第五十九条　县级以上地方各级人民政府应当根据本行政区域内的安全生产状况，组织有关部门按照职责分工，对本行政区域内容易发生重大生产安全事故的生产经营单位进行严格检查。

安全生产监督管理部门应当按照分类分级监督管理的要求，制定安全生产年度监督检查计划，并按照年度监督检查计划进行监督检查，发现事故隐患，应当及时处理。

第六十条　负有安全生产监督管理职责的部门依照有关法律、法规的规定，对涉及安全生产的事项需要审查批准（包括批准、核准、许可、注册、认证、颁发证照等，下同）或者验收的，必须严格依照有关法律、法规和国家标准或者行业标准规定的安全生产条件和程序进行审查；不符合有关法律、法规和国家标准或者行业标准规定的安全生产条件的，不得批准或者验收通过。对未依法取得批准或者验收合格的单位擅自从事有关活动的，负责行政审批的部门发现或者接到举报后应当立即予以取缔，并依法予以处理。对已经依法取得批准的单位，负责行政审批的部门发现其不再具备安全生产条件的，应当撤销原批准。

第六十一条　负有安全生产监督管理职责的部门对涉及安全生产的事项进行审查、验收，不得收取费用；不得要求接受审查、验收的单位购买其指定品牌或者指定生产、销售单位的安全设备、器材或者其他产品。

第六十二条　安全生产监督管理部门和其他负有安全生产监督管理职责的部门依法开展安全生产行政执法工作，对生产经营单位执行有关安全生产的法律、法规和国家标准或者行业标准的情况进行监督检查，行使以下职权：

（一）进入生产经营单位进行检查，调阅有关资料，向有关单位和人员了解情况；

（二）对检查中发现的安全生产违法行为，当场予以纠正或者要求限期改正；对依法应当给予行政处罚的行为，依照本法和其他有关法律、行政法规的规定作出行政处罚决定；

（三）对检查中发现的事故隐患，应当责令立即排除；重大事故隐患排除前或者排除过程中无法保证安全的，应当责令从危险区域内撤出作业人员，责令暂时停产停业或者停止使用相关设施、设备；重大事故隐患排除后，经审查同意，方可恢复生产经营和使用；

（四）对有根据认为不符合保障安全生产的国家标准或者行业标准的设施、设备、器材以及违法生产、储存、使用、经营、运输的危险物品予以查封或者扣押，对违法生产、储存、使用、经营危险物品的作业场所予以查封，并依法作出处理决定。

监督检查不得影响被检查单位的正常生产经营活动。

第六十三条　生产经营单位对负有安全生产监督管理职责的部门的监督检查人员（以下统称安全生产监督检查人员）依法履行监督检查职责，应当予以配合，不得拒绝、阻挠。

第六十四条　安全生产监督检查人员应当忠于职守，坚持原则，秉公执法。

安全生产监督检查人员执行监督检查任务时，必须出示有效的监督执法证件；对涉及被检查单位的技术秘密和业务秘密，应当为其保密。

第六十五条　安全生产监督检查人员应当将检查的时间、地点、内容、发现的问题及其处理情况，作出书面记录，并由检查人员和被检查单位的负责人签字；被检查单位的负责人拒绝签字的，检查人员应当将情况记录在案，并向负有安全生产监督管理职责的部门报告。

第六十六条　负有安全生产监督管理职责的部门在监督检查中，应当互相配合，实行联合检查；确需分别进行检查的，应当互通情况，发现存在的安全问题应当由其他有关部门进行处理的，应当及时移送其他有关部门并形成记录备查，接受移送的部门应当及时进行处理。

第六十七条　负有安全生产监督管理职责的部门依法对存在重大事故隐患的生产经营单位作出停产停业、停止施工、停止使用相关设施或者设备的决定，生产经营单位应当依法执行，及时消除事故隐患。生产经营单位拒不执行，有发生生产安全事故的现实危险的，在保证安全的前提下，经本部门主要负责人批准，负有安全生产监督管理职责的部门可以采取通知有关单位停止供电、停止供应民用爆炸物品等措施，强制生产经营单位履行决定。通知应当采用书面形式，有关单位应当予以配合。

负有安全生产监督管理职责的部门依照前款规定采取停止供电措施，除有危及生产安全的紧急情形外，应当提前二十四小时通知生产经营单位。生产经营单位依法履行行政决定、采取相应措施消除事故隐患的，负有安全生产监督管理职责的部门应当及时解除前款规定的措施。

第六十八条　监察机关依照行政监察法的规定，对负有安全生产监督管理职责的部门及其工作人员履行安全生产监督管理职责实施监察。

第六十九条　承担安全评价、认证、检测、检验的机构应当具备国家规定的资质条件，并对其作出的安全评价、认证、检测、检验的结果负责。

第七十条　负有安全生产监督管理职责的部门应当建立举报制度，公开举报电话、信箱或者电子邮件地址，受理有关安全生产的举报；受理的举报事项经调查核实后，应当形成书面材料；需要落实整改措施的，报经有关负责人签字并督促落实。

第七十一条　任何单位或者个人对事故隐患或者安全生产违法行为，均有权向负有安全生产监督管理职责的部门报告或者举报。

第七十二条　居民委员会、村民委员会发现其所在区域内的生产经营单位存在事故隐患或者安全生产违法行为时，应当向当地人民政府或者有关部门报告。

第七十三条　县级以上各级人民政府及其有关部门对报告重大事故隐患或者举报安全生产违法行为的有功人员，给予奖励。具体奖励办法由国务院安全生产监督管理部门会同国务院财政部门制定。

第七十四条　新闻、出版、广播、电影、电视等单位有进行安全生产公益宣传教育的义务，有对违反安全生产法律、法规的行为进行舆论监督的权利。

第七十五条　负有安全生产监督管理职责的部门应当建立安全生产违法行为信息库，如实记录生产经营单位的安全生产违法行为信息；对违法行为情节严重的生产经营单位，应当向社会公告，并通报行业主管部门、投资主管部门、国土资源主管部门、证券监督管理机构以及有关金融机构。

第五章　生产安全事故的应急救援与调查处理

第七十六条　国家加强生产安全事故应急能力建设，在重点行业、领域建立应急救援基地和应急救援队伍，鼓励生产经营单位和其他社会力量建立应急救援队伍，配备相应的应急救援装备和物资，提高应急救援的专业化水平。

国务院安全生产监督管理部门建立全国统一的生产安全事故应急救援信息系统，国务院有关部门建立健全相关行业、领域的生产安全事故应急救援信息系统。

第七十七条　县级以上地方各级人民政府应当组织有关部门制定本行政区域内特大生产安全事故应急救援预案，建立应急救援体系。

第七十八条　生产经营单位应当制定本单位生产安全事故应急救援预案，与所在地县级以上地方人民政府组织制定的生产安全事故应急救援预案相衔接，并定期组织演练。

第七十九条　危险物品的生产、经营、储存单位以及矿山、金属冶炼、城市轨道交通运营、建筑施工单位应当建立应急救援组织；生产经营规模较小的，可以不建立应急救援组织，但应当指定兼职的应急救援人员。

危险物品的生产、经营、储存、运输单位以及矿山、金属冶炼、城市轨道交通运营、建筑施工单位应当配备必要的应急救援器材、设备和物资，并进行经常性维护、保养，保证正常运转。

第八十条　生产经营单位发生生产安全事故后，事故现场有关人员应当立即报告本单位负责人。

单位负责人接到事故报告后，应当迅速采取有效措施，组织抢救，防止事故扩大，减少人员伤亡和财产损失，并按照国家有关规定立即如实报告当地负有安全生产监督管理职责的部门，不得隐瞒不报、谎报或者迟报，不得故意破坏事故现场、毁灭有关证据。

第八十一条　负有安全生产监督管理职责的部门接到事故报告后，应当立即按照国家有关规定上报事故情况。负有安全生产监督管理职责的部门和有关地方人民政府对事故情况不得隐瞒不报、谎报或者迟报。

第八十二条　有关地方人民政府和负有安全生产监督管理职责的部门的负责人接到生产安全事故报告后，应当按照生产安全事故应急救援预案的要求立即赶到事故现场，组织事故抢救。

参与事故抢救的部门和单位应当服从统一指挥，加强协同联动，采取有效的应急救援措施，并根据事故救援的需要采取警戒、疏散等措施，防止事故扩大和次生灾害的发生，减少人员伤亡和财产损失。

事故抢救过程中应当采取必要措施，避免或者减少对环境造成的危害。

任何单位和个人都应当支持、配合事故抢救，并提供一切便利条件。

第八十三条　事故调查处理应当按照科学严谨、依法依规、实事求是、注重实效的原则，及时、准确地查清事故原因，查明事故性质和责任，总结事故教训，提出整改措施，并对事故责任者提出处理意见。事故调查报告应当依法及时向社会公布。事故调查和处理的具体办法由国务院制定。

事故发生单位应当及时全面落实整改措施，负有安全生产监督管理职责的部门应当加强监督检查。

第八十四条　生产经营单位发生生产安全事故，经调查确定为责任事故的，除了应当查明事故单位的责任并依法予以追究外，还应当查明对安全生产的有关事项负有审查批准和监督职责的行政部门的责任，对有失职、渎职行为的，依照本法第七十七条的规定追究法律责任。

第八十五条　任何单位和个人不得阻挠和干涉对事故的依法调查处理。

第八十六条　县级以上地方各级人民政府安全生产监督管理部门应当定期统计分析本行政区域内发生生产安全事故的情况，并定期向社会公布。

第六章　法　律　责　任

第八十七条　负有安全生产监督管理职责的部门的工作人员，有下列行为之一的，给予降级或者撤职的处分；构成犯罪的，依照刑法有关规定追究刑事责任：

（一）对不符合法定安全生产条件的涉及安全生产的事项予以批准或者验收通过的；

（二）发现未依法取得批准、验收的单位擅自从事有关活动或者接到举报后不予取缔或者不依法予以处理的；

（三）对已经依法取得批准的单位不履行监督管理职责，发现其不再具备安全生产条件而不撤销原批准或者发现安全生产违法行为不予查处的；

（四）在监督检查中发现重大事故隐患，不依法及时处理的。

负有安全生产监督管理职责的部门的工作人员有前款规定以外的滥用职权、玩忽职守、徇私舞弊行为的，依法给予处分；构成犯罪的，依照刑法有关规定追究刑事责任。

第八十八条　负有安全生产监督管理职责的部门，要求被审查、验收的单位购买其指定的安全设备、器材或者其他产品的，在对安全生产事项的审查、验收中收取费用的，由其上级机关或者监察机关责令改正，责令退还收取的费用；情节严重的，对直接负责的主管人员和其他直接责任人员依法给予处分。

第八十九条　承担安全评价、认证、检测、检验工作的机构，出具虚假证明的，没收违法所得；违法所得在十万元以上的，并处违法所得二倍以上五倍以下的罚款；没有违法所得或者违法所得不足十万元的，单处或者并处十万元以上二十万元以下的罚款；对其直接负责的主管人员和其他直接责任人员处二万元以上五万元以下的罚款；给他人造成损害的，与生产经营单位承担连带赔偿责任；构成犯罪的，依照刑法有关规定追究刑事责任。

对有前款违法行为的机构，吊销其相应资质。

第九十条　生产经营单位的决策机构、主要负责人或者个人经营的投资人不依照本法规定保证安全生产所必需的资金投入，致使生产经营单位不具备安全生产条件的，责令限期改正，提供必需的资金；逾期未改正的，责令生产经营单位停产停业整顿。

有前款违法行为，导致发生生产安全事故的，对生产经营单位的主要负责人给予撤职处分，对个人经营的投资人处二万元以上二十万元以下的罚款；构成犯罪的，依照刑法有关规定追究刑事责任。

第九十一条　生产经营单位的主要负责人未履行本法规定的安全生产管理职责的，责令限期改正；逾期未改正的，处二万元以上五万元以下的罚款，责令生产经营单位停产停业整顿。

生产经营单位的主要负责人有前款违法行为，导致发生生产安全事故的，给予撤职处分；构成犯罪的，依照刑法有关规定追究刑事责任。

生产经营单位的主要负责人依照前款规定受刑事处罚或者撤职处分的，自刑罚执行完毕或者受处分之日起，五年内不得担任任何生产经营单位的主要负责人；对重大、特别重大生产安全事故负有责任的，终身不得担任本行业生产经营单位的主要负责人。

第九十二条　生产经营单位的主要负责人未履行本法规定的安全生产管理职责，导致发生生产安全事故的，由安全生产监督管理部门依照下列规定处以罚款：

（一）发生一般事故的，处上一年年收入百分之三十的罚款；

（二）发生较大事故的，处上一年年收入百分之四十的罚款；

（三）发生重大事故的，处上一年年收入百分之六十的罚款；

（四）发生特别重大事故的，处上一年年收入百分之八十的罚款。

第九十三条　生产经营单位的安全生产管理人员未履行本法规定的安全生产管理职责的，责令限期改正；导致发生生产安全事故的，暂停或者撤销其与安全生产有关的资格；构成犯罪的，依照刑法有关规定追究刑事责任。

第九十四条　生产经营单位有下列行为之一的，责令限期改正，可以处五万元以下的罚款；逾期未改正的，责令停产停业整顿，并处五万元以上十万元以下的罚款，对其直接负责的主管人员和其他直接责任人员处一万元以上二万元以下的罚款：

（一）未按照规定设置安全生产管理机构或者配备安全生产管理人员的；

（二）危险物品的生产、经营、储存单位以及矿山、金属冶炼、建筑施工、道路运输单位的主要负责人和安全生产管理人员未按照规定经考核合格的；

（三）未按照规定对从业人员、被派遣劳动者、实习学生进行安全生产教育和培训，或者未按照规定如实告知有关的安全生产事项的；

（四）未如实记录安全生产教育和培训情况的；

（五）未将事故隐患排查治理情况如实记录或者未向从业人员通报的；

（六）未按照规定制定生产安全事故应急救援预案或者未定期组织演练的；

（七）特种作业人员未按照规定经专门的安全作业培训并取得相应资格，上岗作业的。

第九十五条　生产经营单位有下列行为之一的，责令停止建设或者停产停业整顿，限期改正；逾期未改正的，处五十万元以上一百万元以下的罚款，对其直接负责的主管人员和其他直接责任人员处二万元以上五万元以下的罚款；构成犯罪的，依照刑法有关规定追究刑事责任：

（一）未按照规定对矿山、金属冶炼建设项目或者用于生产、储存、装卸危险物品的建设项目进行安全评价的；

（二）矿山、金属冶炼建设项目或者用于生产、储存、装卸危险物品的建设项目没有安全设施设计或者安全设施设计未按照规定报经有关部门审查同意的；

（三）矿山、金属冶炼建设项目或者用于生产、储存、装卸危险物品的建设项目的施工单位未按照批准的安全设施设计施工的；

（四）矿山、金属冶炼建设项目或者用于生产、储存危险物品的建设项目竣工投入生产或者使用前，安全设施未经验收合格的。

第九十六条　生产经营单位有下列行为之一的，责令限期改正，可以处五万元以下的罚款；逾期未改正的，处五万元以上二十万元以下的罚款，对其直接负责的主管人员和其他直接责任人员处一万元以上二万元以下的罚款；情节严重的，责令停产停业整顿；构成犯罪的，依照刑法有关规定追究刑事责任：

（一）未在有较大危险因素的生产经营场所和有关设施、设备上设置明显的安全警示标志的；

（二）安全设备的安装、使用、检测、改造和报废不符合国家标准或者行业标准的；

（三）未对安全设备进行经常性维护、保养和定期检测的；

（四）未为从业人员提供符合国家标准或者行业标准的劳动防护用品的；

（五）危险物品的容器、运输工具，以及涉及人身安全、危险性较大的海洋石油开采特种设备和矿山井下特种设备未经具有专业资质的机构检测、检验合格，取得安全使用证或者安全标志，投入使用的；

（六）使用应当淘汰的危及生产安全的工艺、设备的。

第九十七条 未经依法批准，擅自生产、经营、运输、储存、使用危险物品或者处置废弃危险物品的，依照有关危险物品安全管理的法律、行政法规的规定予以处罚；构成犯罪的，依照刑法有关规定追究刑事责任。

第九十八条 生产经营单位有下列行为之一的，责令限期改正，可以处十万元以下的罚款；逾期未改正的，责令停产停业整顿，并处十万元以上二十万元以下的罚款，对其直接负责的主管人员和其他直接责任人员处二万元以上五万元以下的罚款；构成犯罪的，依照刑法有关规定追究刑事责任：

（一）生产、经营、运输、储存、使用危险物品或者处置废弃危险物品，未建立专门安全管理制度、未采取可靠的安全措施的；

（二）对重大危险源未登记建档，或者未进行评估、监控，或者未制定应急预案的；

（三）进行爆破、吊装以及国务院安全生产监督管理部门会同国务院有关部门规定的其他危险作业，未安排专门人员进行现场安全管理的；

（四）未建立事故隐患排查治理制度的。

第九十九条 生产经营单位未采取措施消除事故隐患的，责令立即消除或者限期消除；生产经营单位拒不执行的，责令停产停业整顿，并处十万元以上五十万元以下的罚款，对其直接负责的主管人员和其他直接责任人员处二万元以上五万元以下的罚款。

第一百条 生产经营单位将生产经营项目、场所、设备发包或者出租给不具备安全生产条件或者相应资质的单位或者个人的，责令限期改正，没收违法所得；违法所得十万元以上的，并处违法所得二倍以上五倍以下的罚款；没有违法所得或者违法所得不足十万元的，单处或者并处十万元以上二十万元以下的罚款；对其直接负责的主管人员和其他直接责任人员处一万元以上二万元以下的罚款；导致发生生产安全事故给他人造成损害的，与承包方、承租方承担连带赔偿责任。

生产经营单位未与承包单位、承租单位签订专门的安全生产管理协议或者未在承包合同、租赁合同中明确各自的安全生产管理职责，或者未对承包单位、承租单位的安全生产统一协调、管理的，责令限期改正，可以处五万元以下的罚款，对其直接负责的主管人员和其他直接责任人员可以处一万元以下的罚款；逾期未改正的，责令停产停业整顿。

第一百零一条 两个以上生产经营单位在同一作业区域内进行可能危及对方安全生产的生产经营活动，未签订安全生产管理协议或者未指定专职安全生产管理人员进行安全检查与协调的，责令限期改正，可以处五万元以下的罚款，对其直接负责的主管人员和其他直接责任人员可以处一万元以下的罚款；逾期未改正的，责令停产停业。

第一百零二条 生产经营单位有下列行为之一的，责令限期改正，可以处五万元以下的罚款，对其直接负责的主管人员和其他直接责任人员可以处一万元以下的罚款；逾期未改正的，责令停产停业整顿；构成犯罪的，依照刑法有关规定追究刑事责任：

（一）生产、经营、储存、使用危险物品的车间、商店、仓库与员工宿舍在同一座建筑内，或者与员工宿舍的距离不符合安全要求的；

（二）生产经营场所和员工宿舍未设有符合紧急疏散需要、标志明显、保持畅通的出口，或者锁闭、封堵生产经营场所或者员工宿舍出口的。

第一百零三条 生产经营单位与从业人员订立协议，免除或者减轻其对从业人员因生产安全事故伤亡依法应承担的责任的，该协议无效；对生产经营单位的主要负责人、个人经营的投资人处二万元以上十万元以下的罚款。

第一百零四条 生产经营单位的从业人员不服从管理，违反安全生产规章制度或者操作规程的，由生产经营单位给予批评教育，依照有关规章制度给予处分；构成犯罪的，依照刑法有关规定追究刑事责任。

第一百零五条 违反本法规定，生产经营单位拒绝、阻碍负有安全生产监督管理职责的部门依法实施监督检查的，责令改正；拒不改正的，处二万元以上二十万元以下的罚款；对其直接负责的主管人员和其他直接责任人员处一万元以上二万元以下的罚款；构成犯罪的，依照刑法有关规定追究刑事责任。

第一百零六条 生产经营单位的主要负责人在本单位发生生产安全事故时，不立即组织抢救或者在事故调查处理期间擅离职守或者逃匿的，给予降级、撤职的处分，并由安全生产监督管理部门处上一年年收入百分之六十至百分之一百的罚款；对逃匿的处十五日以下拘留；构成犯罪的，依照刑法有关规定追究刑事责任。

生产经营单位的主要负责人对生产安全事故隐瞒不报、谎报或者迟报的，依照前款规定处罚。

第一百零七条 有关地方人民政府、负有安全生产监督管理职责的部门，对生产安全事故隐瞒不报、谎报或者迟报的，对直接负责的主管人员和其他直接责任人员依法给予处分；构成犯罪的，依照刑法有关规定追究刑事责任。

第一百零八条 生产经营单位不具备本法和其他有关法律、行政法规和国家标准或者行业标准规定的安全生产条件，经停产停业整顿仍不具备安全生产条件的，予以关闭；有关部门应当依法吊销其有关证照。

第一百零九条 发生生产安全事故，对负有责任的生产经营单位除要求其依法承担相应的赔偿等责任外，由安全生产监督管理部门依照下列规定处以罚款：

（一）发生一般事故的，处二十万元以上五十万元以下的罚款；

（二）发生较大事故的，处五十万元以上一百万元以下的罚款；

（三）发生重大事故的，处一百万元以上五百万元以下的罚款；

（四）发生特别重大事故的，处五百万元以上一千万元以下的罚款；情节特别严重的，处一千万元以上二千万元以下的罚款。

第一百一十条 本法规定的行政处罚，由安全生产监督管理部门和其他负有安全生产监督管理职责的部门按照职责分工决定。予以关闭的行政处罚由负有安全生产监督管理职责的部门报请县级以上人民政府按照国务院规定的权限决定；给予拘留的行政处罚由公安机关依照治安管理处罚法的规定决定。

第一百一十一条 生产经营单位发生生产安全事故造成人员伤亡、他人财产损失的，应当依法承担赔偿责任；拒不承担或者其负责人逃匿的，由人民法院依法强制执行。

生产安全事故的责任人未依法承担赔偿责任，经人民法院依法采取执行措施后，仍不能对受害人给予足额赔偿的，应当继续履行赔偿义务；受害人发现责任人有其他财产的，可以随时请求人民法院执行。

第七章 附　　则

第一百一十二条 本法下列用语的含义：

危险物品，是指易燃易爆物品、危险化学品、放射性物品等能够危及人身安全和财产安全的物品。

重大危险源，是指长期地或者临时地生产、搬运、使用或者储存危险物品，且危险物品的数量等于或者超过临界量的单元（包括场所和设施）。

第一百一十三条 本法规定的生产安全一般事故、较大事故、重大事故、特别重大事故的划分标准由国务院规定。

国务院安全生产监督管理部门和其他负有安全生产监督管理职责的部门应当根据各自的职责分工，制定相关行业、领域重大事故隐患的判定标准。

第一百一十四条 本法自 2002 年 11 月 1 日起施行。

行 政 法 规

电力设施保护条例

（1987 年 9 月 15 日国务院发布，根据 1998 年 1 月 7 日国务院令第 239 号《关于修改〈电力设施保护条例〉的决定》第一次修订，根据 2011 年 1 月 8 日国务院令第 588 号《关于废止和修改部分行政法规的决定》第二次修订）

第一章　总　　则

第一条　为保障电力生产和建设的顺利进行，维护公共安全，特制定本条例。

第二条　本条例适用于中华人民共和国境内已建或在建的电力设施（包括发电设施、变电设施和电力线路设施及其有关辅助设施，下同）。

第三条　电力设施的保护，实行电力管理部门、公安部门、电力企业和人民群众相结合的原则。

第四条　电力设施受国家法律保护，禁止任何单位或个人从事危害电力设施的行为。任何单位和个人都有保护电力设施的义务，对危害电力设施的行为，有权制止并向电力管理部门、公安部门报告。

电力企业应加强对电力设施的保护工作，对危害电力设施安全的行为，应采取适当措施，予以制止。

第五条　国务院电力管理部门对电力设施的保护负责监督、检查、指导和协调。

第六条　县以上地方各级电力管理部门保护电力设施的职责是：

（一）监督、检查本条例及根据本条例制定的规章的贯彻执行；

（二）开展保护电力设施的宣传教育工作；

（三）会同有关部门及沿电力线路各单位，建立群众护线组织并健全责任制；

（四）会同当地公安部门，负责所辖地区电力设施的安全保卫工作。

第七条　各级公安部门负责依法查处破坏电力设施或哄抢、盗窃电力设施器材的案件。

第二章　电力设施的保护范围和保护区

第八条　发电设施、变电设施的保护范围：

（一）发电厂、变电站、换流站、开关站等厂、站内的设施；

（二）发电厂、变电站外各种专用的管道（沟）、储灰场、水井、泵站、冷却

水塔、油库、堤坝、铁路、道路、桥梁、码头、燃料装卸设施、避雷装置、消防设施及其有关辅助设施;

(三)水力发电厂使用的水库、大坝、取水口、引水隧洞(含支洞口)、引水渠道、调压井(塔)、露天高压管道、厂房、尾水渠、厂房与大坝间的通信设施及其有关辅助设施。

第九条 电力线路设施的保护范围:

(一)架空电力线路:杆塔、基础、拉线、接地装置、导线、避雷线、金具、绝缘子、登杆塔的爬梯和脚钉,导线跨越航道的保护设施,巡(保)线站,巡视检修专用道路、船舶和桥梁,标志牌及其有关辅助设施;

(二)电力电缆线路:架空、地下、水底电力电缆和电缆联结装置,电缆管道、电缆隧道、电缆沟、电缆桥,电缆井、盖板、人孔、标石、水线标志牌及其有关辅助设施;

(三)电力线路上的变压器、电容器、电抗器、断路器、隔离开关、避雷器、互感器、熔断器、计量仪表装置、配电室、箱式变电站及其有关辅助设施;

(四)电力调度设施:电力调度场所、电力调度通信设施、电网调度自动化设施、电网运行控制设施。

第十条 电力线路保护区:

(一)架空电力线路保护区:导线边线向外侧水平延伸并垂直于地面所形成的两平行面内的区域,在一般地区各级电压导线的边线延伸距离如下:

1~10 千伏	5 米
35~110 千伏	10 米
154~330 千伏	15 米
500 千伏	20 米

在厂矿、城镇等人口密集地区,架空电力线路保护区的区域可略小于上述规定。但各级电压导线边线延伸的距离,不应小于导线边线在最大计算弧垂及最大计算风偏后的水平距离和风偏后距建筑物的安全距离之和。

(二)电力电缆线路保护区:地下电缆为电缆线路地面标桩两侧各 0.75 米所形成的两平行线内的区域;海底电缆一般为线路两侧各 2 海里(港内为两侧各 100 米),江河电缆一般不小于线路两侧各 100 米(中、小河流一般不小于各 50 米)所形成的两平行线内的水域。

第三章 电力设施的保护

第十一条 县以上地方各级电力管理部门应采取以下措施,保护电力设施:

(一)在必要的架空电力线路保护区的区界上,应设立标志,并标明保护区的宽度和保护规定；

（二）在架空电力线路导线跨越重要公路和航道的区段，应设立标志，并标明导线距穿越物体之间的安全距离；

（三）地下电缆铺设后，应设立永久性标志，并将地下电缆所在位置书面通知有关部门；

（四）水底电缆敷设后，应设立永久性标志，并将水底电缆所在位置书面通知有关部门。

第十二条　任何单位或个人在电力设施周围进行爆破作业，必须按照国家有关规定，确保电力设施的安全。

第十三条　任何单位或个人不得从事下列危害发电设施、变电设施的行为：

（一）闯入发电厂、变电站内扰乱生产和工作秩序，移动、损害标志物；

（二）危及输水、输油、供热、排灰等管道（沟）的安全运行；

（三）影响专用铁路、公路、桥梁、码头的使用；

（四）在用于水力发电的水库内，进入距水工建筑物 300 米区域内炸鱼、捕鱼、游泳、划船及其他可能危及水工建筑物安全的行为；

（五）其他危害发电、变电设施的行为。

第十四条　任何单位或个人，不得从事下列危害电力线路设施的行为：

（一）向电力线路设施射击；

（二）向导线抛掷物体；

（三）在架空电力线路导线两侧各 300 米的区域内放风筝；

（四）擅自在导线上接用电器设备；

（五）擅自攀登杆塔或在杆塔上架设电力线、通信线、广播线，安装广播喇叭；

（六）利用杆塔、拉线作起重牵引地锚；

（七）在杆塔、拉线上拴牲畜、悬挂物体、攀附农作物；

（八）在杆塔、拉线基础的规定范围内取土、打桩、钻探、开挖或倾倒酸、碱、盐及其他有害化学物品；

（九）在杆塔内（不含杆塔与杆塔之间）或杆塔与拉线之间修筑道路；

（十）拆卸杆塔或拉线上的器材，移动、损坏永久性标志或标志牌；

（十一）其他危害电力线路设施的行为。

第十五条　任何单位或个人在架空电力线路保护区内，必须遵守下列规定：

（一）不得堆放谷物、草料、垃圾、矿渣、易燃物、易爆物及其他影响安全供电的物品；

（二）不得烧窑、烧荒；

（三）不得兴建建筑物、构筑物；

（四）不得种植可能危及电力设施安全的植物。

第十六条　任何单位或个人在电力电缆线路保护区内，必须遵守下列规定：

（一）不得在地下电缆保护区内堆放垃圾、矿渣、易燃物、易爆物，倾倒酸、碱、盐及其他有害化学物品，兴建建筑物、构筑物或种植树木、竹子；

（二）不得在海底电缆保护区内抛锚、拖锚；

（三）不得在江河电缆保护区内抛锚、拖锚、炸鱼、挖沙。

第十七条　任何单位或个人必须经县级以上地方电力管理部门批准，并采取安全措施后，方可进行下列作业或活动：

（一）在架空电力线路保护区内进行农田水利基本建设工程及打桩、钻探、开挖等作业；

（二）起重机械的任何部位进入架空电力线路保护区进行施工；

（三）小于导线距穿越物体之间的安全距离，通过架空电力线路保护区；

（四）在电力电缆线路保护区内进行作业。

第十八条　任何单位或个人不得从事下列危害电力设施建设的行为：

（一）非法侵占电力设施建设项目依法征收的土地；

（二）涂改、移动、损害、拔除电力设施建设的测量标桩和标记；

（三）破坏、封堵施工道路，截断施工水源或电源。

第十九条　未经有关部门依照国家有关规定批准，任何单位和个人不得收购电力设施器材。

第四章　对电力设施与其他设施互相妨碍的处理

第二十条　电力设施的建设和保护应尽量避免或减少给国家、集体和个人造成的损失。

第二十一条　新建架空电力线路不得跨越储存易燃、易爆物品仓库的区域；一般不得跨越房屋，特殊情况需要跨越房屋时，电力建设企业应采取安全措施，并与有关单位达成协议。

第二十二条　公用工程、城市绿化和其他工程在新建、改建或扩建中妨碍电力设施时，或电力设施在新建、改建或扩建中妨碍公用工程、城市绿化和其他工程时，双方有关单位必须按照本条例和国家有关规定协商，就迁移、采取必要的防护措施和补偿等问题达成协议后方可施工。

第二十三条　电力管理部门应将经批准的电力设施新建、改建或扩建的规划和计划通知城乡建设规划主管部门，并划定保护区域。

城乡建设规划主管部门应将电力设施的新建、改建或扩建的规划和计划纳入城乡建设规划。

第二十四条　新建、改建或扩建电力设施，需要损害农作物，砍伐树木、竹子，或拆迁建筑物及其他设施的，电力建设企业应按照国家有关规定给予一次性补偿。

在依法划定的电力设施保护区内种植的或自然生长的可能危及电力设施安全的树木、竹子，电力企业应依法予以修剪或砍伐。

第五章　奖励与惩罚

第二十五条　任何单位或个人有下列行为之一，电力管理部门应给予表彰或一次性物质奖励：

（一）对破坏电力设施或哄抢、盗窃电力设施器材的行为检举、揭发有功；

（二）对破坏电力设施或哄抢、盗窃电力设施器材的行为进行斗争，有效地防止事故发生；

（三）为保护电力设施而同自然灾害作斗争，成绩突出；

（四）为维护电力设施安全，做出显著成绩。

第二十六条　违反本条例规定，未经批准或未采取安全措施，在电力设施周围或在依法划定的电力设施保护区内进行爆破或其他作业，危及电力设施安全的，由电力管理部门责令停止作业、恢复原状或赔偿损失。

第二十七条　违反本条例规定，危害发电设施、变电设施和电力线路设施的，由电力管理部门责令改正；拒不改正的，处 10000 元以下的罚款。

第二十八条　违反本条例规定，在依法划定的电力设施保护区内进行烧窑、烧荒、抛锚、拖锚、炸鱼、挖沙作业，危及电力设施安全的，由电力管理部门责令停止作业、恢复原状并赔偿损失。

第二十九条　违反本条例规定，危害电力设施建设的，由电力管理部门责令改正、恢复原状并赔偿损失。

第三十条　凡违反本条例规定而构成违反治安管理行为的单位或个人，由公安部门根据《中华人民共和国治安管理处罚法》予以处罚；构成犯罪的，由司法机关依法追究刑事责任。

第六章　附　　则

第三十一条　国务院电力管理部门可以会同国务院有关部门制定本条例的实施细则。

第三十二条　本条例自发布之日起施行。

铺设海底电缆管道管理规定

（1989 年 1 月 20 日国务院令第 27 号发布）

第一条 为维护中华人民共和国国家主权和权益，合理开发利用海洋，有秩序地铺设和保护海底电缆、管道，制定本规定。

第二条 本规定适用于在中华人民共和国内海、领海及大陆架上铺设海底电缆、管道以及为铺设所进行的路由调查、勘测及其他有关活动。

第三条 在中华人民共和国内海、领海及大陆架上铺设海底电缆、管道以及为铺设所进行的路由调查、勘测及其他有关活动的主管机关是中华人民共和国国家海洋局（以下简称主管机关）。

第四条 中国的企业、事业单位铺设海底电缆、管道，经其上级业务主管部门审批同意后，为铺设所进行的路由调查、勘测等活动，依照本规定执行。

外国的公司、企业和其他经济组织或者个人需要在中华人民共和国内海、领海铺设海底电缆、管道以及为铺设所进行的路由调查、勘测等活动，应当依照本规定报经主管机关批准；需要在中华人民共和国大陆架上进行上述活动的，应当事先通知主管机关，但其确定的海底电缆、管道路由，需经主管机关同意。

第五条 海底电缆、管道所有者（以下简称所有者），须在为铺设所进行的路由调查、勘测实施 60 天前，向主管机关提出书面申请。申请书应当包括以下内容：

（一）所有者的名称、国籍、住所；

（二）海底电缆、管道路由调查、勘测单位的名称、国籍、住所及主要负责人；

（三）海底电缆、管道路由调查、勘测的精确地理区域；

（四）海底电缆、管道路由调查、勘测的时间、内容、方法和设备，包括所用船舶的船名、国籍、吨位及其主要装备和性能。

主管机关应当自收到申请之日起 30 天内作出答复。

第六条 海底电缆、管道路由调查、勘测完成后，所有者应当在计划铺设施工 60 天前，将最后确定的海底电缆、管道路由报主管机关审批，并附具以下资料：

（一）海底电缆、管道的用途、使用材料及其特性；

（二）精确的海底电缆、管道路线图和位置表以及起止点、中继点（站）和总长度；

（三）铺设工程的施工单位、施工时间、施工计划、技术设备等；

（四）铺设海底管道工程对海洋资源和环境影响报告书；

（五）其他有关说明资料。

主管机关应当自收到申请之日起 30 天内作出答复。

第七条 铺设施工完毕后，所有者应当将海底电缆、管道的路线图、位置表等说明资料报送主管机关备案，并抄送港监机关。

在国家进行海洋开发利用、管理需要时，所有者有义务向主管机关进一步提供海底电缆、管道的准确资料。

第八条 海底电缆、管道的铺设和为铺设所进行的路由调查、勘测活动，不得在获准作业区域以外的海域作业，也不得在获准区域内进行未经批准的作业。

第九条 获准施工的海底电缆、管道在施工前或施工中如需变动，所有者应当及时向主管机关报告。如该项变动重大，主管机关可采取相应措施，直至责令其停止施工。

第十条 海底电缆、管道的维修、改造、拆除和废弃，所有者应当提前向主管机关报告。路由变动较大的改造，依照本规定重新办理有关手续。

外国船舶需要进入中国内海、领海进行海底电缆、管道的维修、改造、拆除活动时，除履行本条第一款规定的程序外，还应当依照中国法律的规定，报经中国有关机关批准。

铺设在中国大陆架上的海底电缆、管道遭受损害，需要紧急修理时，外国维修船可在向主管机关报告的同时进入现场作业，但不得妨害中国的主权权利和管辖权。

第十一条 海底电缆、管道的路由调查、勘测和铺设、维修、拆除等施工作业，不得妨害海上正常秩序。

海底电缆、管道的铺设或者拆除工程的遗留物，应当妥善处理，不得妨害海上正常秩序。

第十二条 铺设海底电缆、管道及其他海上作业，需要移动已铺设的海底电缆、管道时，应当先与所有者协商，并经主管机关批准后方可施工。

第十三条 从事海上各种活动的作业者，必须保护已铺设的海底电缆、管道。造成损害的应当依法赔偿。

其他海洋开发利用和已铺设的海底电缆、管道的正常使用发生纠纷时，由主管机关调解解决。

第十四条 主管机关有权对海底电缆、管道的铺设、维修、改造、拆除、废弃以及为铺设所进行的路由调查、勘测活动进行监督和检查。对违反本规定的，主管机关可处以警告、罚款直至责令其停止海上作业。

前款所列处罚的具体办法，由主管机关商国务院有关主管部门制定。

第十五条 为海洋石油开发所铺设的超出石油开发区的海底电缆、管道的路由，应当在油（气）田总体开发方案审批前报主管机关，由主管机关商国家能源主管部门批准。

在海洋石油开发区内铺设平台间或者平台与单点系泊间的海底电缆、管道，所有者应当在为铺设所进行的路由调查、勘测和施工前，分别将本规定第五条、第六条规定提供的内容，报主管机关备案。

第十六条 铺设、维修、改造、拆除、废弃海底电缆、管道以及为铺设所进行的路由调查、勘测活动，本规定未作规定的，适用国家其他有关法律、法规的规定。

第十七条 中华人民共和国军用海底电缆、管道的铺设依照本规定执行。军队可以制定具体实施办法。

第十八条 主管机关应当收集海底地形、海上构筑物分布等方面的资料，为海底电缆、管道的铺设及其调查、勘测活动提供咨询服务。

第十九条 本规定中的"电缆"系指通信电缆及电力电缆；"管道"系指输水、输气、输油及输送其他物质的管状输送设施。

第二十条 本规定由中华人民共和国国家海洋局负责解释。

第二十一条 本规定自1989年3月1日起施行。

电网调度管理条例

（1993 年 6 月 29 日国务院令第 115 号发布，根据 2011 年 1 月 8 日国务院令第 588 号《关于废止和修改部分行政法规的决定》修订）

第一章 总　　则

第一条　为了加强电网调度管理，保障电网安全，保护用户利益，适应经济建设和人民生活的需要，制定本条例。

第二条　本条例所称电网调度，是指电网调度机构（以下简称调度机构）为保障电网的安全、优质、经济运行，对电网运行进行的组织、指挥、指导和协调。

电网调度应当符合社会主义市场经济的要求和电网运行的客观规律。

第三条　中华人民共和国境内的发电、供电、用电单位以及其他有关单位和个人，必须遵守本条例。

第四条　电网运行实行统一调度、分级管理的原则。

第五条　任何单位和个人不得超计划分配电力和电量，不得超计划使用电力和电量；遇有特殊情况，需要变更计划的，须经用电计划下达部门批准。

第六条　国务院电力行政主管部门主管电网调度工作。

第二章 调 度 系 统

第七条　调度机构的职权及其调度管辖范围的划分原则，由国务院电力行政主管部门确定。

第八条　调度机构直接调度的发电厂的划定原则，由国务院电力行政主管部门确定。

第九条　调度系统包括各级调度机构和电网内的发电厂、变电站的运行值班单位。

下级调度机构必须服从上级调度机构的调度。

调度机构调度管辖范围内的发电厂、变电站的运行值班单位，必须服从该级调度机构的调度。

第十条　调度机构分为五级：国家调度机构，跨省、自治区、直辖市调度机构，省、自治区、直辖市级调度机构，省辖市级调度机构，县级调度机构。

第十一条 调度系统值班人员须经培训、考核并取得合格证书方得上岗。

调度系统值班人员的培训、考核办法由国务院电力行政主管部门制定。

第三章 调 度 计 划

第十二条 跨省电网管理部门和省级电网管理部门应当编制发电、供电计划，并将发电、供电计划报送国务院电力行政主管部门备案。

调度机构应当编制下达发电、供电调度计划。

值班调度人员可以按照有关规定，根据电网运行情况，调整日发电、供电调度计划。值班调度人员调整日发电、供电调度计划时，必须填写调度值班日志。

第十三条 跨省电网管理部门和省级电网管理部门编制发电、供电计划，调度机构编制发电、供电调度计划时，应当根据国家下达的计划、有关的供电协议和并网协议、电网的设备能力，并留有备用容量。

对具有综合效益的水电厂（站）的水库，应当根据批准的水电厂（站）的设计文件，并考虑防洪、灌溉、发电、环保、航运等要求，合理运用水库蓄水。

第十四条 跨省电网管理部门和省级电网管理部门遇有下列情形之一，需要调整发电、供电计划时，应当通知有关地方人民政府的有关部门：

（一）大中型水电厂（站）入库水量不足；

（二）火电厂的燃料短缺；

（三）其他需要调整发电、供电计划的情形。

第四章 调 度 规 则

第十五条 调度机构必须执行国家下达的供电计划，不得克扣电力、电量，并保证供电质量。

第十六条 发电厂必须按照调度机构下达的调度计划和规定的电压范围运行，并根据调度指令调整功率和电压。

第十七条 发电、供电设备的检修，应当服从调度机构的统一安排。

第十八条 出现下列紧急情况之一的，值班调度人员可以调整日发电、供电调度计划，发布限电、调整发电厂功率、开或者停发电机组等指令；可以向本电网内的发电厂、变电站的运行值班单位发布调度指令：

（一）发电、供电设备发生重大事故或者电网发生事故；

（二）电网频率或者电压超过规定范围；

（三）输变电设备负载超过规定值；

（四）主干线路功率值超过规定的稳定限额；

（五）其他威胁电网安全运行的紧急情况。

第十九条　省级电网管理部门、省辖市级电网管理部门、县级电网管理部门应当根据本级人民政府的生产调度部门的要求、用户的特点和电网安全运行的需要，提出事故及超计划用电的限电序位表，经本级人民政府的生产调度部门审核，报本级人民政府批准后，由调度机构执行。

限电及整个电网调度工作应当逐步实现自动化管理。

第二十条　未经值班调度人员许可，任何人不得操作调度机构调度管辖范围内的设备。

电网运行遇有危及人身及设备安全的情况时，发电厂、变电站的运行值班单位的值班人员可以按照有关规定处理，处理后应当立即报告有关调度机构的值班人员。

第五章　调　度　指　令

第二十一条　值班调度人员必须按照规定发布各种调度指令。

第二十二条　在调度系统中，必须执行调度指令。调度系统的值班人员认为执行调度指令将危及人身及设备安全的，应当立即向发布指令的值班调度人员报告，由其决定调度指令的执行或者撤销。

第二十三条　电网管理部门的负责人，调度机构的负责人以及发电厂、变电站的负责人，对上级调度机构的值班人员发布的调度指令有不同意见时，可以向上级电网电力行政主管部门或者上级调度机构提出，但是在其未作出答复前，调度系统的值班人员必须按照上级调度机构的值班人员发布的调度指令执行。

第二十四条　任何单位和个人不得违反本条例干预调度系统的值班人员发布或者执行调度指令；调度系统的值班人员依法执行公务，有权拒绝各种非法干预。

第六章　并网与调度

第二十五条　并网运行的发电厂或者电网，必须服从调度机构的统一调度。

第二十六条　需要并网运行的发电厂与电网之间以及电网与电网之间，应当在并网前根据平等互利、协商一致的原则签订并网协议并严格执行。

第七章　罚　　则

第二十七条　违反本条例规定，有下列行为之一的，对主管人员和直接责任人员由其所在单位或者上级机关给予行政处分：

（一）未经上级调度机构许可，不按照上级调度机构下达的发电、供电调度计划执行的；

（二）不执行有关调度机构批准的检修计划的；

（三）不执行调度指令和调度机构下达的保证电网安全的措施的；

（四）不如实反映电网运行情况的；

（五）不如实反映执行调度指令情况的；

（六）调度系统的值班人员玩忽职守、徇私舞弊，尚不构成犯罪的。

第二十八条 调度机构对于超计划用电的电户应当予以警告；经警告，仍未按照计划用电的，调度机构可以发布限电指令，并可以强行扣还电力、电量；当超计划用电威胁电网安全运行时，调度机构可以部分或者全部暂时停止供电。

第二十九条 违反本条例规定，未按照计划供电或者无故调整供电计划的，电网应当根据用户的需要补给少供的电力、电量。

第三十条 违反本条例规定，构成违反治安管理行为的，依照《中华人民共和国治安管理处罚法》的有关规定给予处罚；构成犯罪的，依法追究刑事责任。

第八章　附　　则

第三十一条 国务院电力行政主管部门可以根据本条例制定实施办法。

省、自治区、直辖市人民政府可以根据本条例制定小电网管理办法。

第三十二条 本条例由国务院电力行政主管部门负责解释。

第三十三条 本条例自 1993 年 11 月 1 日起施行。

电力供应与使用条例

（1996 年 4 月 17 日国务院令第 196 号发布，根据 2016 年 2 月 6 日国务院令第 666 号《关于修改部分行政法规的决定》修改）

第一章 总 则

第一条 为了加强电力供应与使用的管理，保障供电、用电双方的合法权益，维护供电、用电秩序，安全、经济、合理地供电和用电，根据《中华人民共和国电力法》制定本条例。

第二条 在中华人民共和国境内，电力供应企业（以下称供电企业）和电力使用者（以下称用户）以及与电力供应、使用有关的单位和个人，必须遵守本条例。

第三条 国务院电力管理部门负责全国电力供应与使用的监督管理工作。

县级以上地方人民政府电力管理部门负责本行政区域内电力供应与使用的监督管理工作。

第四条 电网经营企业依法负责本供区内的电力供应与使用的业务工作，并接受电力管理部门的监督。

第五条 国家对电力供应和使用实行安全用电、节约用电、计划用电的管理原则。

供电企业和用户应当遵守国家有关规定，采取有效措施，做好安全用电、节约用电、计划用电工作。

第六条 供电企业和用户应当根据平等自愿、协商一致的原则签订供用电合同。

第七条 电力管理部门应当加强对供用电的监督管理，协调供用电各方关系，禁止危害供用电安全和非法侵占电能的行为。

第二章 供电营业区

第八条 供电企业在批准的供电营业区内向用户供电。

供电营业区的划分，应当考虑电网的结构和供电合理性等因素。一个供电营业区内只设立一个供电营业机构。

第九条 省、自治区、直辖市范围内的供电营业区的设立、变更，由供电企业提出申请，经省、自治区、直辖市人民政府电力管理部门会同同级有关部门审查批准后，由省、自治区、直辖市人民政府电力管理部门发给《供电营业许可证》。跨省、自治区、直辖市的供电营业区的设立、变更，由国务院电力管理部门审查批准并发给《供电营业许可证》。

电网经营企业应当根据电网结构和供电合理性的原则协助电力管理部门划分供电营业区。

供电营业区的划分和管理办法，由国务院电力管理部门制定。

第十条 并网运行的电力生产企业按照并网协议运行后，送入电网的电力、电量由供电营业机构统一经销。

第十一条 用户用电容量超过其所在的供电营业区内供电企业供电能力的，由省级以上电力管理部门指定的其他供电企业供电。

第三章 供 电 设 施

第十二条 县级以上各级人民政府应当将城乡电网的建设与改造规划，纳入城市建设和乡村建设的总体规划。各级电力管理部门应当会同有关行政主管部门和电网经营企业做好城乡电网建设和改造的规划。供电企业应当按照规划做好供电设施建设和运行管理工作。

第十三条 地方各级人民政府应当按照城市建设和乡村建设的总体规划统筹安排城乡供电线路走廊、电缆通道、区域变电所、区域配电所和营业网点的用地。

供电企业可以按照国家有关规定在规划的线路走廊、电缆通道、区域变电所、区域配电所和营业网点的用地上，架线、敷设电缆和建设公用供电设施。

第十四条 公用路灯由乡、民族乡、镇人民政府或者县级以上地方人民政府有关部门负责建设，并负责运行维护和交付电费，也可以委托供电企业代为有偿设计、施工和维护管理。

第十五条 供电设施、受电设施的设计、施工、试验和运行，应当符合国家标准或者电力行业标准。

第十六条 供电企业和用户对供电设施、受电设施进行建设和维护时，作业区域内的有关单位和个人应当给予协助，提供方便；因作业对建筑物或者农作物造成损坏的，应当依照有关法律、行政法规的规定负责修复或者给予合理的补偿。

第十七条 公用供电设施建成投产后，由供电单位统一维护管理。经电力管理部门批准，供电企业可以使用、改造、扩建该供电设施。

共用供电设施的维护管理，由产权单位协商确定，产权单位可自行维护管理，也可以委托供电企业维护管理。

用户专用的供电设施建成投产后，由用户维护管理或者委托供电企业维护管理。

第十八条　因建设需要，必须对已建成的供电设施进行迁移、改造或者采取防护措施时，建设单位应当事先与该供电设施管理单位协商，所需工程费用由建设单位负担。

第四章　电 力 供 应

第十九条　用户受电端的供电质量应当符合国家标准或者电力行业标准。

第二十条　供电方式应当按照安全、可靠、经济、合理和便于管理的原则，由电力供应与使用双方根据国家有关规定以及电网规划、用电需求和当地供电条件等因素协商确定。

在公用供电设施未到达的地区，供电企业可以委托有供电能力的单位就近供电。非经供电企业委托，任何单位不得擅自向外供电。

第二十一条　因抢险救灾需要紧急供电时，供电企业必须尽速安排供电。所需工程费用和应付电费由有关地方人民政府有关部门从抢险救灾经费中支出，但是抗旱用电应当由用户交付电费。

第二十二条　用户对供电质量有特殊要求的，供电企业应当根据其必要性和电网的可能，提供相应的电力。

第二十三条　申请新装用电、临时用电、增加用电容量、变更用电和终止用电，均应当到当地供电企业办理手续，并按照国家有关规定交付费用；供电企业没有不予供电的合理理由的，应当供电。供电企业应当在其营业场所公告用电的程序、制度和收费标准。

第二十四条　供电企业应当按照国家标准或者电力行业标准参与用户受送电装置设计图纸的审核，对用户受送电装置隐蔽工程的施工过程实施监督，并在该受送电装置工程竣工后进行检验；检验合格的，方可投入使用。

第二十五条　供电企业应当按照国家有关规定实行分类电价、分时电价。

第二十六条　用户应当安装用电计量装置。用户使用的电力、电量，以计量检定机构依法认可的用电计量装置的记录为准。用电计量装置，应当安装在供电设施与受电设施的产权分界处。

安装在用户处的用电计量装置，由用户负责保护。

第二十七条　供电企业应当按照国家核准的电价和用电计量装置的记录，向用户计收电费。

用户应当按照国家批准的电价，并按照规定的期限、方式或者合同约定的办法，交付电费。

第二十八条 除本条例另有规定外，在发电、供电系统正常运行的情况下，供电企业应当连续向用户供电；因故需要停止供电时，应当按照下列要求事先通知用户或者进行公告：

（一）因供电设施计划检修需要停电时，供电企业应当提前7天通知用户或者进行公告；

（二）因供电设施临时检修需要停止供电时，供电企业应当提前24小时通知重要用户；

（三）因发电、供电系统发生故障需要停电、限电时，供电企业应当按照事先确定的限电序位进行停电或者限电。引起停电或者限电的原因消除后，供电企业应当尽快恢复供电。

第五章 电 力 使 用

第二十九条 县级以上人民政府电力管理部门应当遵照国家产业政策，按照统筹兼顾、保证重点、择优供应的原则，做好计划用电工作。

供电企业和用户应当制订节约用电计划，推广和采用节约用电的新技术、新材料、新工艺、新设备，降低电能消耗。

供电企业和用户应当采用先进技术、采取科学管理措施，安全供电、用电，避免发生事故，维护公共安全。

第三十条 用户不得有下列危害供电、用电安全，扰乱正常供电、用电秩序的行为：

（一）擅自改变用电类别；

（二）擅自超过合同约定的容量用电；

（三）擅自超过计划分配的用电指标的；

（四）擅自使用已经在供电企业办理暂停使用手续的电力设备，或者擅自启用已经被供电企业查封的电力设备；

（五）擅自迁移、更动或者擅自操作供电企业的用电计量装置、电力负荷控制装置、供电设施以及约定由供电企业调度的用户受电设备；

（六）未经供电企业许可，擅自引入、供出电源或者将自备电源擅自并网。

第三十一条 禁止窃电行为。窃电行为包括：

（一）在供电企业的供电设施上，擅自接线用电；

（二）绕越供电的用电计量装置用电；

（三）伪造或者开启法定的或者授权的计量检定机构加封的用电计量装置封印用电；

（四）故意损坏供电企业用电计量装置；

（五）故意使供电企业的用电计量装置计量不准或者失效；

（六）采用其他方法窃电。

第六章 供 用 电 合 同

第三十二条 供电企业和用户应当在供电前根据用户需要和供电企业的供电能力签订供用电合同。

第三十三条 供用电合同应当具备以下条款：

（一）供电方式、供电质量和供电时间；

（二）用电容量和用电地址、用电性质；

（三）计量方式和电价、电费结算方式；

（四）供用电设施维护责任的划分；

（五）合同的有效期限；

（六）违约责任；

（七）双方共同认为应当约定的其他条款。

第三十四条 供电企业应当按照合同约定的数量、质量、时间、方式，合理调度和安全供电。

用户应当按照合同约定的数量、条件用电，交付电费和国家规定的其他费用。

第三十五条 供用电合同的变更或者解除，应当依照有关法律、行政法规和本条例的规定办理。

第七章 监 督 与 管 理

第三十六条 电力管理部门应当加强对供电、用电的监督和管理。供电、用电监督检查人员必须具备相应的条件。供电、用电监督检查工作人员执行公务时，应当出示证件。

供电、用电监督检查管理的具体办法，由国务院电力管理部门另行制定。

第三十七条 在用户受送电装置上作业的电工，必须经电力管理部门考核合格，取得电力管理部门颁发的《电工进网作业许可证》，方可上岗作业。

承装、承修、承试供电设施和受电设施的单位，必须经电力管理部门审核合格，取得电力管理部门颁发的《承装（修）电力设施许可证》。

第八章 法 律 责 任

第三十八条 违反本条例规定，有下列行为之一的，由电力管理部门责令改正，没收违法所得，可以并处违法所得 5 倍以下的罚款：

（一）未按照规定取得《供电营业许可证》，从事电力供应业务的；

（二）擅自伸入或者跨越供电营业区供电的；

（三）擅自向外转供电的。

第三十九条 违反本条例第二十七条规定，逾期未交付电费的，供电企业可以从逾期之日起，每日按照电费总额的千分之一至千元之三加收违约金，具体比例由供用电双方在供用电合同中约定；自逾期之日起计算超过 30 日，经催交仍未交付电费的，供电企业可以按照国家规定的程序停止供电。

第四十条 违反本条例第三十条规定，违章用电的，供电企业可以根据违章事实和造成的后果追缴电费，并按照国务院电力管理部门的规定加收电费和国家规定的其他费用；情节严重的，可以按照国家规定的程序停止供电。

第四十一条 违反本条例第三十一条规定，盗窃电能的，由电力管理部门责令停止违法行为，追缴电费并处应交电费 5 倍以下的罚款；构成犯罪的，依法追究刑事责任。

第四十二条 供电企业或者用户违反供用电合同，给对方造成损失的，应当依法承担赔偿责任。

第四十三条 因电力运行事故给用户或者第三人造成损害的，供电企业应当依法承担赔偿责任。

因用户或者第三人的过错给供电企业或者其他用户造成损害的，该用户或者第三人应当依法承担赔偿责任。

第四十四条 供电企业职工违反规章制度造成供电事故的，或者滥用职权、利用职务之便谋取私利的，依法给予行政处分；构成犯罪的，依法追究刑事责任。

第九章 附 则

第四十五条 本条例自 1996 年 9 月 1 日起施行。

民用建筑节能条例

（2008 年 8 月 1 日国务院令第 530 号公布）

第一章 总 则

第一条 为了加强民用建筑节能管理，降低民用建筑使用过程中的能源消耗，提高能源利用效率，制定本条例。

第二条 本条例所称民用建筑节能，是指在保证民用建筑使用功能和室内热环境质量的前提下，降低其使用过程中能源消耗的活动。

本条例所称民用建筑，是指居住建筑、国家机关办公建筑和商业、服务业、教育、卫生等其他公共建筑。

第三条 各级人民政府应当加强对民用建筑节能工作的领导，积极培育民用建筑节能服务市场，健全民用建筑节能服务体系，推动民用建筑节能技术的开发应用，做好民用建筑节能知识的宣传教育工作。

第四条 国家鼓励和扶持在新建建筑和既有建筑节能改造中采用太阳能、地热能等可再生能源。

在具备太阳能利用条件的地区，有关地方人民政府及其部门应当采取有效措施，鼓励和扶持单位、个人安装使用太阳能热水系统、照明系统、供热系统、采暖制冷系统等太阳能利用系统。

第五条 国务院建设主管部门负责全国民用建筑节能的监督管理工作。县级以上地方人民政府建设主管部门负责本行政区域民用建筑节能的监督管理工作。

县级以上人民政府有关部门应当依照本条例的规定以及本级人民政府规定的职责分工，负责民用建筑节能的有关工作。

第六条 国务院建设主管部门应当在国家节能中长期专项规划指导下，编制全国民用建筑节能规划，并与相关规划相衔接。

县级以上地方人民政府建设主管部门应当组织编制本行政区域的民用建筑节能规划，报本级人民政府批准后实施。

第七条 国家建立健全民用建筑节能标准体系。国家民用建筑节能标准由国务院建设主管部门负责组织制定，并依照法定程序发布。

国家鼓励制定、采用优于国家民用建筑节能标准的地方民用建筑节能标准。

第八条 县级以上人民政府应当安排民用建筑节能资金，用于支持民用建筑节能的科学技术研究和标准制定、既有建筑围护结构和供热系统的节能改造、可再生能源的应用，以及民用建筑节能示范工程、节能项目的推广。

政府引导金融机构对既有建筑节能改造、可再生能源的应用，以及民用建筑节能示范工程等项目提供支持。

民用建筑节能项目依法享受税收优惠。

第九条　国家积极推进供热体制改革，完善供热价格形成机制，鼓励发展集中供热，逐步实行按照用热量收费制度。

第十条　对在民用建筑节能工作中做出显著成绩的单位和个人，按照国家有关规定给予表彰和奖励。

第二章　新建建筑节能

第十一条　国家推广使用民用建筑节能的新技术、新工艺、新材料和新设备，限制使用或者禁止使用能源消耗高的技术、工艺、材料和设备。国务院节能工作主管部门、建设主管部门应当制定、公布并及时更新推广使用、限制使用、禁止使用目录。

国家限制进口或者禁止进口能源消耗高的技术、材料和设备。

建设单位、设计单位、施工单位不得在建筑活动中使用列入禁止使用目录的技术、工艺、材料和设备。

第十二条　编制城市详细规划、镇详细规划，应当按照民用建筑节能的要求，确定建筑的布局、形状和朝向。

城乡规划主管部门依法对民用建筑进行规划审查，应当就设计方案是否符合民用建筑节能强制性标准征求同级建设主管部门的意见；建设主管部门应当自收到征求意见材料之日起 10 日内提出意见。征求意见时间不计算在规划许可的期限内。

对不符合民用建筑节能强制性标准的，不得颁发建设工程规划许可证。

第十三条　施工图设计文件审查机构应当按照民用建筑节能强制性标准对施工图设计文件进行审查；经审查不符合民用建筑节能强制性标准的，县级以上地方人民政府建设主管部门不得颁发施工许可证。

第十四条　建设单位不得明示或者暗示设计单位、施工单位违反民用建筑节能强制性标准进行设计、施工，不得明示或者暗示施工单位使用不符合施工图设计文件要求的墙体材料、保温材料、门窗、采暖制冷系统和照明设备。

按照合同约定由建设单位采购墙体材料、保温材料、门窗、采暖制冷系统和照明设备的，建设单位应当保证其符合施工图设计文件要求。

第十五条　设计单位、施工单位、工程监理单位及其注册执业人员，应当按照民用建筑节能强制性标准进行设计、施工、监理。

第十六条 施工单位应当对进入施工现场的墙体材料、保温材料、门窗、采暖制冷系统和照明设备进行查验；不符合施工图设计文件要求的，不得使用。

工程监理单位发现施工单位不按照民用建筑节能强制性标准施工的，应当要求施工单位改正；施工单位拒不改正的，工程监理单位应当及时报告建设单位，并向有关主管部门报告。

墙体、屋面的保温工程施工时，监理工程师应当按照工程监理规范的要求，采取旁站、巡视和平行检验等形式实施监理。

未经监理工程师签字，墙体材料、保温材料、门窗、采暖制冷系统和照明设备不得在建筑上使用或者安装，施工单位不得进行下一道工序的施工。

第十七条 建设单位组织竣工验收，应当对民用建筑是否符合民用建筑节能强制性标准进行查验；对不符合民用建筑节能强制性标准的，不得出具竣工验收合格报告。

第十八条 实行集中供热的建筑应当安装供热系统调控装置、用热计量装置和室内温度调控装置；公共建筑还应当安装用电分项计量装置。居住建筑安装的用热计量装置应当满足分户计量的要求。

计量装置应当依法检定合格。

第十九条 建筑的公共走廊、楼梯等部位，应当安装、使用节能灯具和电气控制装置。

第二十条 对具备可再生能源利用条件的建筑，建设单位应当选择合适的可再生能源，用于采暖、制冷、照明和热水供应等；设计单位应当按照有关可再生能源利用的标准进行设计。

建设可再生能源利用设施，应当与建筑主体工程同步设计、同步施工、同步验收。

第二十一条 国家机关办公建筑和大型公共建筑的所有权人应当对建筑的能源利用效率进行测评和标识，并按照国家有关规定将测评结果予以公示，接受社会监督。

国家机关办公建筑应当安装、使用节能设备。

本条例所称大型公共建筑，是指单体建筑面积 2 万平方米以上的公共建筑。

第二十二条 房地产开发企业销售商品房，应当向购买人明示所售商品房的能源消耗指标、节能措施和保护要求、保温工程保修期等信息，并在商品房买卖合同和住宅质量保证书、住宅使用说明书中载明。

第二十三条 在正常使用条件下，保温工程的最低保修期限为 5 年。保温工程的保修期，自竣工验收合格之日起计算。

保温工程在保修范围和保修期内发生质量问题的，施工单位应当履行保修义务，并对造成的损失依法承担赔偿责任。

第三章 既有建筑节能

第二十四条 既有建筑节能改造应当根据当地经济、社会发展水平和地理气候条件等实际情况，有计划、分步骤地实施分类改造。

本条例所称既有建筑节能改造，是指对不符合民用建筑节能强制性标准的既有建筑的围护结构、供热系统、采暖制冷系统、照明设备和热水供应设施等实施节能改造的活动。

第二十五条 县级以上地方人民政府建设主管部门应当对本行政区域内既有建筑的建设年代、结构形式、用能系统、能源消耗指标、寿命周期等组织调查统计和分析，制定既有建筑节能改造计划，明确节能改造的目标、范围和要求，报本级人民政府批准后组织实施。

中央国家机关既有建筑的节能改造，由有关管理机关事务工作的机构制定节能改造计划，并组织实施。

第二十六条 国家机关办公建筑、政府投资和以政府投资为主的公共建筑的节能改造，应当制定节能改造方案，经充分论证，并按照国家有关规定办理相关审批手续方可进行。

各级人民政府及其有关部门、单位不得违反国家有关规定和标准，以节能改造的名义对前款规定的既有建筑进行扩建、改建。

第二十七条 居住建筑和本条例第二十六条规定以外的其他公共建筑不符合民用建筑节能强制性标准的，在尊重建筑所有权人意愿的基础上，可以结合扩建、改建，逐步实施节能改造。

第二十八条 实施既有建筑节能改造，应当符合民用建筑节能强制性标准，优先采用遮阳、改善通风等低成本改造措施。

既有建筑围护结构的改造和供热系统的改造，应当同步进行。

第二十九条 对实行集中供热的建筑进行节能改造，应当安装供热系统调控装置和用热计量装置；对公共建筑进行节能改造，还应当安装室内温度调控装置和用电分项计量装置。

第三十条 国家机关办公建筑的节能改造费用，由县级以上人民政府纳入本级财政预算。

居住建筑和教育、科学、文化、卫生、体育等公益事业使用的公共建筑节能改造费用，由政府、建筑所有权人共同负担。

国家鼓励社会资金投资既有建筑节能改造。

第四章 建筑用能系统运行节能

第三十一条 建筑所有权人或者使用权人应当保证建筑用能系统的正常运行，不得人为损坏建筑围护结构和用能系统。

国家机关办公建筑和大型公共建筑的所有权人或者使用权人应当建立健全民用建筑节能管理制度和操作规程，对建筑用能系统进行监测、维护，并定期将分项用电量报县级以上地方人民政府建设主管部门。

第三十二条 县级以上地方人民政府节能工作主管部门应当会同同级建设主管部门确定本行政区域内公共建筑重点用电单位及其年度用电限额。

县级以上地方人民政府建设主管部门应当对本行政区域内国家机关办公建筑和公共建筑用电情况进行调查统计和评价分析。国家机关办公建筑和大型公共建筑采暖、制冷、照明的能源消耗情况应当依照法律、行政法规和国家其他有关规定向社会公布。

国家机关办公建筑和公共建筑的所有权人或者使用权人应当对县级以上地方人民政府建设主管部门的调查统计工作予以配合。

第三十三条 供热单位应当建立健全相关制度，加强对专业技术人员的教育和培训。

供热单位应当改进技术装备，实施计量管理，并对供热系统进行监测、维护，提高供热系统的效率，保证供热系统的运行符合民用建筑节能强制性标准。

第三十四条 县级以上地方人民政府建设主管部门应当对本行政区域内供热单位的能源消耗情况进行调查统计和分析，并制定供热单位能源消耗指标；对超过能源消耗指标的，应当要求供热单位制定相应的改进措施，并监督实施。

第五章 法 律 责 任

第三十五条 违反本条例规定，县级以上人民政府有关部门有下列行为之一的，对负有责任的主管人员和其他直接责任人员依法给予处分；构成犯罪的，依法追究刑事责任：

（一）对设计方案不符合民用建筑节能强制性标准的民用建筑项目颁发建设工程规划许可证的；

（二）对不符合民用建筑节能强制性标准的设计方案出具合格意见的；

（三）对施工图设计文件不符合民用建筑节能强制性标准的民用建筑项目颁发施工许可证的；

（四）不依法履行监督管理职责的其他行为。

第三十六条 违反本条例规定，各级人民政府及其有关部门、单位违反国家有关规定和标准，以节能改造的名义对既有建筑进行扩建、改建的，对负有责任的主管人员和其他直接责任人员，依法给予处分。

第三十七条 违反本条例规定，建设单位有下列行为之一的，由县级以上地方人民政府建设主管部门责令改正，处 20 万元以上 50 万元以下的罚款：

（一）明示或者暗示设计单位、施工单位违反民用建筑节能强制性标准进行设计、施工的；

（二）明示或者暗示施工单位使用不符合施工图设计文件要求的墙体材料、保温材料、门窗、采暖制冷系统和照明设备的；

（三）采购不符合施工图设计文件要求的墙体材料、保温材料、门窗、采暖制冷系统和照明设备的；

（四）使用列入禁止使用目录的技术、工艺、材料和设备的。

第三十八条 违反本条例规定，建设单位对不符合民用建筑节能强制性标准的民用建筑项目出具竣工验收合格报告的，由县级以上地方人民政府建设主管部门责令改正，处民用建筑项目合同价款 2%以上 4%以下的罚款；造成损失的，依法承担赔偿责任。

第三十九条 违反本条例规定，设计单位未按照民用建筑节能强制性标准进行设计，或者使用列入禁止使用目录的技术、工艺、材料和设备的，由县级以上地方人民政府建设主管部门责令改正，处 10 万元以上 30 万元以下的罚款；情节严重的，由颁发资质证书的部门责令停业整顿，降低资质等级或者吊销资质证书；造成损失的，依法承担赔偿责任。

第四十条 违反本条例规定，施工单位未按照民用建筑节能强制性标准进行施工的，由县级以上地方人民政府建设主管部门责令改正，处民用建筑项目合同价款 2%以上 4%以下的罚款；情节严重的，由颁发资质证书的部门责令停业整顿，降低资质等级或者吊销资质证书；造成损失的，依法承担赔偿责任。

第四十一条 违反本条例规定，施工单位有下列行为之一的，由县级以上地方人民政府建设主管部门责令改正，处 10 万元以上 20 万元以下的罚款；情节严重的，由颁发资质证书的部门责令停业整顿，降低资质等级或者吊销资质证书；造成损失的，依法承担赔偿责任：

（一）未对进入施工现场的墙体材料、保温材料、门窗、采暖制冷系统和照明设备进行查验的；

（二）使用不符合施工图设计文件要求的墙体材料、保温材料、门窗、采暖制冷系统和照明设备的；

（三）使用列入禁止使用目录的技术、工艺、材料和设备的。

第四十二条 违反本条例规定，工程监理单位有下列行为之一的，由县级以上地方人民政府建设主管部门责令限期改正；逾期未改正的，处 10 万元以上 30 万元以下的罚款；情节严重的，由颁发资质证书的部门责令停业整顿，降低资质等级或者吊销资质证书；造成损失的，依法承担赔偿责任：

（一）未按照民用建筑节能强制性标准实施监理的；

（二）墙体、屋面的保温工程施工时，未采取旁站、巡视和平行检验等形式实施监理的。

对不符合施工图设计文件要求的墙体材料、保温材料、门窗、采暖制冷系统和照明设备，按照符合施工图设计文件要求签字的，依照《建设工程质量管理条例》第六十七条的规定处罚。

第四十三条　违反本条例规定，房地产开发企业销售商品房，未向购买人明示所售商品房的能源消耗指标、节能措施和保护要求、保温工程保修期等信息，或者向购买人明示的所售商品房能源消耗指标与实际能源消耗不符的，依法承担民事责任；由县级以上地方人民政府建设主管部门责令限期改正；逾期未改正的，处交付使用的房屋销售总额 2%以下的罚款；情节严重的，由颁发资质证书的部门降低资质等级或者吊销资质证书。

第四十四条　违反本条例规定，注册执业人员未执行民用建筑节能强制性标准的，由县级以上人民政府建设主管部门责令停止执业 3 个月以上 1 年以下；情节严重的，由颁发资格证书的部门吊销执业资格证书，5 年内不予注册。

第六章　附　　则

第四十五条　本条例自 2008 年 10 月 1 日起施行。

电力监管条例

（2005 年 2 月 2 日国务院令第 432 号公布）

第一章 总 则

第一条 为了加强电力监管，规范电力监管行为，完善电力监管制度，制定本条例。

第二条 电力监管的任务是维护电力市场秩序，依法保护电力投资者、经营者、使用者的合法权益和社会公共利益，保障电力系统安全稳定运行，促进电力事业健康发展。

第三条 电力监管应当依法进行，并遵循公开、公正和效率的原则。

第四条 国务院电力监管机构依照本条例和国务院有关规定，履行电力监管和行政执法职能；国务院有关部门依照有关法律、行政法规和国务院有关规定，履行相关的监管职能和行政执法职能。

第五条 任何单位和个人对违反本条例和国家有关电力监管规定的行为有权向电力监管机构和政府有关部门举报，电力监管机构和政府有关部门应当及时处理，并依照有关规定对举报有功人员给予奖励。

第二章 监 管 机 构

第六条 国务院电力监管机构根据履行职责的需要，经国务院批准，设立派出机构。国务院电力监管机构对派出机构实行统一领导和管理。

国务院电力监管机构的派出机构在国务院电力监管机构的授权范围内，履行电力监管职责。

第七条 电力监管机构从事监管工作的人员，应当具备与电力监管工作相适应的专业知识和业务工作经验。

第八条 电力监管机构从事监管工作的人员，应当忠于职守，依法办事，公正廉洁，不得利用职务便利谋取不正当利益，不得在电力企业、电力调度交易机构兼任职务。

第九条 电力监管机构应当建立监管责任制度和监管信息公开制度。

第十条 电力监管机构及其从事监管工作的人员依法履行电力监管职责，有关单位和人员应当予以配合和协助。

第十一条　电力监管机构应当接受国务院财政、监察、审计等部门依法实施的监督。

第三章　监　管　职　责

第十二条　国务院电力监管机构依照有关法律、行政法规和本条例的规定，在其职责范围内制定并发布电力监管规章、规则。

第十三条　电力监管机构依照有关法律和国务院有关规定，颁发和管理电力业务许可证。

第十四条　电力监管机构按照国家有关规定，对发电企业在各电力市场中所占份额的比例实施监管。

第十五条　电力监管机构对发电厂并网、电网互联以及发电厂与电网协调运行中执行有关规章、规则的情况实施监管。

第十六条　电力监管机构对电力市场向从事电力交易的主体公平、无歧视开放的情况以及输电企业公平开放电网的情况依法实施监管。

第十七条　电力监管机构对电力企业、电力调度交易机构执行电力市场运行规则的情况，以及电力调度交易机构执行电力调度规则的情况实施监管。

第十八条　电力监管机构对供电企业按照国家规定的电能质量和供电服务质量标准向用户提供供电服务的情况实施监管。

第十九条　电力监管机构具体负责电力安全监督管理工作。

国务院电力监管机构经商国务院发展改革部门、国务院安全生产监督管理部门等有关部门后，制订重大电力生产安全事故处置预案，建立重大电力生产安全事故应急处置制度。

第二十条　国务院价格主管部门、国务院电力监管机构依照法律、行政法规和国务院的规定，对电价实施监管。

第四章　监　管　措　施

第二十一条　电力监管机构根据履行监管职责的需要，有权要求电力企业、电力调度交易机构报送与监管事项相关的文件、资料。

电力企业、电力调度交易机构应当如实提供有关文件、资料。

第二十二条　国务院电力监管机构应当建立电力监管信息系统。

电力企业、电力调度交易机构应当按照国务院电力监管机构的规定将与监管相关的信息系统接入电力监管信息系统。

第二十三条　电力监管机构有权责令电力企业、电力调度交易机构按照国家有关电力监管规章、规则的规定如实披露有关信息。

第二十四条　电力监管机构依法履行职责，可以采取下列措施，进行现场检查：

（一）进入电力企业、电力调度交易机构进行检查；

（二）询问电力企业、电力调度交易机构的工作人员，要求其对有关检查事项作出说明；

（三）查阅、复制与检查事项有关的文件、资料，对可能被转移、隐匿、损毁的文件、资料予以封存；

（四）对检查中发现的违法行为，有权当场予以纠正或者要求限期改正。

第二十五条　依法从事电力监管工作的人员在进行现场检查时，应当出示有效执法证件；未出示有效执法证件的，电力企业、电力调度交易机构有权拒绝检查。

第二十六条　发电厂与电网并网、电网与电网互联，并网双方或者互联双方达不成协议，影响电力交易正常进行的，电力监管机构应当进行协调；经协调仍不能达成协议的，由电力监管机构作出裁决。

第二十七条　电力企业发生电力生产安全事故，应当及时采取措施，防止事故扩大，并向电力监管机构和其他有关部门报告。电力监管机构接到发生重大电力生产安全事故报告后，应当按照重大电力生产安全事故处置预案，及时采取处置措施。

电力监管机构按照国家有关规定组织或者参加电力生产安全事故的调查处理。

第二十八条　电力监管机构对电力企业、电力调度交易机构违反有关电力监管的法律、行政法规或者有关电力监管规章、规则，损害社会公共利益的行为及其处理情况，可以向社会公布。

第五章　法　律　责　任

第二十九条　电力监管机构从事监管工作的人员有下列情形之一的，依法给予行政处分；构成犯罪的，依法追究刑事责任：

（一）违反有关法律和国务院有关规定颁发电力业务许可证的；

（二）发现未经许可擅自经营电力业务的行为，不依法进行处理的；

（三）发现违法行为或者接到对违法行为的举报后，不及时进行处理的；

（四）利用职务便利谋取不正当利益的。

电力监管机构从事监管工作的人员在电力企业、电力调度交易机构兼任职务的，由电力监管机构责令改正，没收兼职所得；拒不改正的，予以辞退或者开除。

第三十条　违反规定未取得电力业务许可证擅自经营电力业务的，由电力监管机构责令改正，没收违法所得，可以并处违法所得 5 倍以下的罚款；构成犯罪的，依法追究刑事责任。

第三十一条　电力企业违反本条例规定，有下列情形之一的，由电力监管机构责令改正；拒不改正的，处 10 万元以上 100 万元以下的罚款；对直接负责的主管人员和其他直接责任人员，依法给予处分；情节严重的，可以吊销电力业务许可证：

（一）不遵守电力市场运行规则的；

（二）发电厂并网、电网互联不遵守有关规章、规则的；

（三）不向从事电力交易的主体公平、无歧视开放电力市场或者不按照规定公平开放电网的。

第三十二条　供电企业未按照国家规定的电能质量和供电服务质量标准向用户提供供电服务的，由电力监管机构责令改正，给予警告；情节严重的，对直接负责的主管人员和其他直接责任人员，依法给予处分。

第三十三条　电力调度交易机构违反本条例规定，不按照电力市场运行规则组织交易的，由电力监管机构责令改正；拒不改正的，处 10 万元以上 100 万元以下的罚款；对直接负责的主管人员和其他直接责任人员，依法给予处分。

电力调度交易机构工作人员泄露电力交易内幕信息的，由电力监管机构责令改正，并依法给予处分。

第三十四条　电力企业、电力调度交易机构有下列情形之一的，由电力监管机构责令改正；拒不改正的，处 5 万元以上 50 万元以下的罚款，对直接负责的主管人员和其他直接责任人员，依法给予处分；构成犯罪的，依法追究刑事责任：

（一）拒绝或者阻碍电力监管机构及其从事监管工作的人员依法履行监管职责的；

（二）提供虚假或者隐瞒重要事实的文件、资料的；

（三）未按照国家有关电力监管规章、规则的规定披露有关信息的。

第三十五条　本条例规定的罚款和没收的违法所得，按照国家有关规定上缴国库。

第六章　附　　则

第三十六条　电力企业应当按照国务院价格主管部门、财政部门的有关规定缴纳电力监管费。

第三十七条　本条例自 2005 年 5 月 1 日起施行。

核电厂核事故应急管理条例

（1993年8月4日国务院令第124号发布，根据2011年1月8日国务院令第588号《关于废止和修改部分行政法规的决定》修订）

第一章 总 则

第一条 为了加强核电厂核事故应急管理工作，控制和减少核事故危害，制定本条例。

第二条 本条例适用于可能或者已经引起放射性物质释放、造成重大辐射后果的核电厂核事故（以下简称核事故）应急管理工作。

第三条 核事故应急管理工作实行常备不懈，积极兼容，统一指挥，大力协同，保护公众，保护环境的方针。

第二章 应急机构及其职责

第四条 全国的核事故应急管理工作由国务院指定的部门负责，其主要职责是：

（一）拟定国家核事故应急工作政策；

（二）统一协调国务院有关部门、军队和地方人民政府的核事故应急工作；

（三）组织制定和实施国家核事故应急计划，审查批准场外核事故应急计划；

（四）适时批准进入和终止场外应急状态；

（五）提出实施核事故应急响应行动的建议；

（六）审查批准核事故公报、国际通报，提出请求国际援助的方案。

必要时，由国务院领导、组织、协调全国的核事故应急管理工作。

第五条 核电厂所在地的省、自治区、直辖市人民政府指定的部门负责本行政区域内的核事故应急管理工作，其主要职责是：

（一）执行国家核事故应急工作的法规和政策；

（二）组织制定场外核事故应急计划，做好核事故应急准备工作；

（三）统一指挥场外核事故应急响应行动；

（四）组织支援核事故应急响应行动；

（五）及时向相邻的省、自治区、直辖市通报核事故情况。

必要时，由省、自治区、直辖市人民政府领导、组织、协调本行政区域内的核事故应急管理工作。

第六条 核电厂的核事故应急机构的主要职责是:

(一) 执行国家核事故应急工作的法规和政策;

(二) 制定场内核事故应急计划,做好核事故应急准备工作;

(三) 确定核事故应急状态等级,统一指挥本单位的核事故应急响应行动;

(四) 及时向上级主管部门、国务院核安全部门和省级人民政府指定的部门报告事故情况,提出进入场外应急状态和采取应急防护措施的建议;

(五) 协助和配合省级人民政府指定的部门做好核事故应急管理工作。

第七条 核电厂的上级主管部门领导核电厂的核事故应急工作。

国务院核安全部门、环境保护部门和卫生部门等有关部门在各自的职责范围内做好相应的核事故应急工作。

第八条 中国人民解放军作为核事故应急工作的重要力量,应当在核事故应急响应中实施有效的支援。

第三章 应 急 准 备

第九条 针对核电厂可能发生的核事故,核电厂的核事故应急机构、省级人民政府指定的部门和国务院指定的部门应当预先制定核事故应急计划。

核事故应急计划包括场内核事故应急计划、场外核事故应急计划和国家核事故应急计划。各级核事故应急计划应当相互衔接、协调一致。

第十条 场内核事故应急计划由核电厂核事故应急机构制定,经其主管部门审查后,送国务院核安全部门审评并报国务院指定的部门备案。

第十一条 场外核事故应急计划由核电厂所在地的省级人民政府指定的部门组织制定,报国务院指定的部门审查批准。

第十二条 国家核事故应急计划由国务院指定的部门组织制定。

国务院有关部门和中国人民解放军总部应当根据国家核事故应急计划,制定相应的核事故应急方案,报国务院指定的部门备案。

第十三条 场内核事故应急计划、场外核事故应急计划应当包括下列内容:

(一) 核事故应急工作的基本任务;

(二) 核事故应急响应组织及其职责;

(三) 烟羽应急计划区和食入应急计划区的范围;

(四) 干预水平和导出干预水平;

(五) 核事故应急准备和应急响应的详细方案;

(六) 应急设施、设备、器材和其他物资;

(七) 核电厂核事故应急机构同省级人民政府指定的部门之间以及同其他有关方面相互配合、支援的事项及措施。

第十四条 有关部门在进行核电厂选址和设计工作时,应当考虑核事故应急工作的要求。

新建的核电厂必须在其场内和场外核事故应急计划审查批准后,方可装料。

第十五条 国务院指定的部门、省级人民政府指定的部门和核电厂的核事故应急机构应当具有必要的应急设施、设备和相互之间快速可靠的通讯联络系统。

核电厂的核事故应急机构和省级人民政府指定的部门应当具有辐射监测系统、防护器材、药械和其他物资。

用于核事故应急工作的设施、设备和通讯联络系统、辐射监测系统以及防护器材、药械等,应当处于良好状态。

第十六条 核电厂应当对职工进行核安全、辐射防护和核事故应急知识的专门教育。

省级人民政府指定的部门应当在核电厂的协助下对附近的公众进行核安全、辐射防护和核事故应急知识的普及教育。

第十七条 核电厂的核事故应急机构和省级人民政府指定的部门应当对核事故应急工作人员进行培训。

第十八条 核电厂的核事故应急机构和省级人民政府指定的部门应当适时组织不同专业和不同规模的核事故应急演习。

在核电厂首次装料前,核电厂的核事故应急机构和省级人民政府指定的部门应当组织场内、场外核事故应急演习。

第四章 应急对策和应急防护措施

第十九条 核事故应急状态分为下列四级:

(一)应急待命。出现可能导致危及核电厂核安全的某些特定情况或者外部事件,核电厂有关人员进入戒备状态。

(二)厂房应急。事故后果仅限于核电厂的局部区域,核电厂人员按照场内核事故应急计划的要求采取核事故应急响应行动,通知厂外有关核事故应急响应组织。

(三)场区应急。事故后果蔓延至整个场区,场区内的人员采取核事故应急响应行动,通知省级人民政府指定的部门,某些厂外核事故应急响应组织可能采取核事故应急响应行动。

(四)场外应急。事故后果超越场区边界,实施场内和场外核事故应急计划。

第二十条 当核电厂进入应急待命状态时,核电厂核事故应急机构应当及时向核电厂的上级主管部门和国务院核安全部门报告情况,并视情况决定是否向省级人民政府指定的部门报告。当出现可能或者已经有放射性物质释放的情况时,应当根据情况，及时决定进入厂房应急或者场区应急状态，并迅速向核电厂的上级主管部门、国务院核安全部门和省级人民政府指定的部门报告情况；在放射性物质可能或者已经扩散到核电厂场区以外时，应当迅速向省级人民政府指定的部门提出进入场外应急状态并采取应急防护措施的建议。

省级人民政府指定的部门接到核电厂核事故应急机构的事故情况报告后，应当迅速采取相应的核事故应急对策和应急防护措施，并及时向国务院指定的部门报告情况。需要决定进入场外应急状态时，应当经国务院指定的部门批准；在特殊情况下，省级人民政府指定的部门可以先行决定进入场外应急状态，但是应当立即向国务院指定的部门报告。

第二十一条 核电厂的核事故应急机构和省级人民政府指定的部门应当做好核事故后果预测与评价以及环境放射性监测等工作，为采取核事故应急对策和应急防护措施提供依据。

第二十二条 省级人民政府指定的部门应当适时选用隐蔽、服用稳定性碘制剂、控制通道、控制食物和水源、撤离、迁移、对受影响的区域去污等应急防护措施。

第二十三条 省级人民政府指定的部门在核事故应急响应过程中应当将必要的信息及时地告知当地公众。

第二十四条 在核事故现场，各核事故应急响应组织应当实行有效的剂量监督。现场核事故应急响应人员和其他人员都应当在辐射防护人员的监督和指导下活动，尽量防止接受过大剂量的照射。

第二十五条 核电厂的核事故应急机构和省级人民政府指定的部门应当做好核事故现场接受照射人员的救护、洗消、转运和医学处置工作。

第二十六条 在核事故应急进入场外应急状态时，国务院指定的部门应当及时派出人员赶赴现场，指导核事故应急响应行动，必要时提出派出救援力量的建议。

第二十七条 因核事故应急响应需要，可以实行地区封锁。省、自治区、直辖市行政区域内的地区封锁，由省、自治区、直辖市人民政府决定；跨省、自治区、直辖市的地区封锁，以及导致中断干线交通或者封锁国境的地区封锁，由国务院决定。

地区封锁的解除，由原决定机关宣布。

第二十八条 有关核事故的新闻由国务院授权的单位统一发布。

第五章 应急状态的终止和恢复措施

第二十九条 场外应急状态的终止由省级人民政府指定的部门会同核电厂核事故应急机构提出建议，报国务院指定的部门批准，由省级人民政府指定的部门发布。

第三十条 省级人民政府指定的部门应当根据受影响地区的放射性水平，采取有效的恢复措施。

第三十一条 核事故应急状态终止后，核电厂核事故应急机构应当向国务院指定的部门、核电厂的上级主管部门、国务院核安全部门和省级人民政府指定的部门提交详细的事故报告；省级人民政府指定的部门应当向国务院指定的部门提交场外核事故应急工作的总结报告。

第三十二条 核事故使核安全重要物项的安全性能达不到国家标准时，核电厂的重新起动计划应当按照国家有关规定审查批准。

第六章 资金和物资保障

第三十三条 国务院有关部门、军队、地方各级人民政府和核电厂在核事故应急准备工作中应当充分利用现有组织机构、人员、设施和设备等，努力提高核事故应急准备资金和物资的使用效益，并使核事故应急准备工作与地方和核电厂的发展规划相结合。各有关单位应当提供支援。

第三十四条 场内核事故应急准备资金由核电厂承担，列入核电厂工程项目投资概算和运行成本。

场外核事故应急准备资金由核电厂和地方人民政府共同承担，资金数额由国务院指定的部门会同有关部门审定。核电厂承担的资金，在投产前根据核电厂容量、在投产后根据实际发电量确定一定的比例交纳，由国务院计划部门综合平衡后用于地方场外核事故应急准备工作；其余部分由地方人民政府解决。具体办法由国务院指定的部门会同国务院计划部门和国务院财政部门规定。

国务院有关部门和军队所需的核事故应急准备资金，根据各自在核事故应急工作中的职责和任务，充分利用现有条件进行安排，不足部分按照各自的计划和资金渠道上报。

第三十五条 国家的和地方的物资供应部门及其他有关部门应当保证供给核事故应急所需的设备、器材和其他物资。

第三十六条 因核电厂核事故应急响应需要，执行核事故应急响应行动的行政机关有权征用非用于核事故应急响应的设备、器材和其他物资。

对征用的设备、器材和其他物资，应当予以登记并在使用后及时归还；造成损坏的，由征用单位补偿。

第七章 奖励与处罚

第三十七条 在核事故应急工作中有下列事迹之一的单位和个人，由主管部门或者所在单位给予表彰或者奖励：

（一）完成核事故应急响应任务的；

（二）保护公众安全和国家的、集体的和公民的财产，成绩显著的；

（三）对核事故应急准备与响应提出重大建议，实施效果显著的；

（四）辐射、气象预报和测报准确及时，从而减轻损失的；

（五）有其他特殊贡献的。

第三十八条 有下列行为之一的，对有关责任人员视情节和危害后果，由其所在单位或者上级机关给予行政处分；属于违反治安管理行为的，由公安机关依照治安管理处罚法的规定予以处罚；构成犯罪的，由司法机关依法追究刑事责任：

（一）不按照规定制定核事故应急计划，拒绝承担核事故应急准备义务的；

（二）玩忽职守，引起核事故发生的；

（三）不按照规定报告、通报核事故真实情况的；

（四）拒不执行核事故应急计划，不服从命令和指挥，或者在核事故应急响应时临阵脱逃的；

（五）盗窃、挪用、贪污核事故应急工作所用资金或者物资的；

（六）阻碍核事故应急工作人员依法执行职务或者进行破坏活动的；

（七）散布谣言，扰乱社会秩序的；

（八）有其他对核事故应急工作造成危害的行为的。

第八章 附　则

第三十九条 本条例中下列用语的含义：

（一）核事故应急，是指为了控制或者缓解核事故、减轻核事故后果而采取的不同于正常秩序和正常工作程序的紧急行动。

（二）场区，是指由核电厂管理的区域。

（三）应急计划区，是指在核电厂周围建立的，制定有核事故应急计划、并预计采取核事故应急对策和应急防护措施的区域。

（四）烟羽应急计划区，是指针对放射性烟云引起的照射而建立的应急计划区。

（五）食入应急计划区，是指针对食入放射性污染的水或者食物引起照射而建立的应急计划区。

（六）干预水平，是指预先规定的用于在异常状态下确定需要对公众采取应急防护措施的剂量水平。

（七）导出干预水平，是指由干预水平推导得出的放射性物质在环境介质中的浓度或者水平。

（八）应急防护措施，是指在核事故情况下用于控制工作人员和公众所接受的剂量而采取的保护措施。

（九）核安全重要物项，是指对核电厂安全有重要意义的建筑物、构筑物、系统、部件和设施等。

第四十条 除核电厂外，其他核设施的核事故应急管理，可以根据具体情况，参照本条例的有关规定执行。

第四十一条 对可能或者已经造成放射性物质释放超越国界的核事故应急，除执行本条例的规定外，并应当执行中华人民共和国缔结或者参加的国际条约的规定，但是中华人民共和国声明保留的条款除外。

第四十二条 本条例自发布之日起施行。

电力安全事故应急处置和调查处理条例

（2011 年 6 月 15 日国务院令第 599 号公布）

第一章　总　　则

第一条　为了加强电力安全事故的应急处置工作，规范电力安全事故的调查处理，控制、减轻和消除电力安全事故损害，制定本条例。

第二条　本条例所称电力安全事故，是指电力生产或者电网运行过程中发生的影响电力系统安全稳定运行或者影响电力正常供应的事故（包括热电厂发生的影响热力正常供应的事故）。

第三条　根据电力安全事故（以下简称事故）影响电力系统安全稳定运行或者影响电力（热力）正常供应的程度，事故分为特别重大事故、重大事故、较大事故和一般事故。事故等级划分标准由本条例附表列示。事故等级划分标准的部分项目需要调整的，由国务院电力监管机构提出方案，报国务院批准。

由独立的或者通过单一输电线路与外省连接的省级电网供电的省级人民政府所在地城市，以及由单一输电线路或者单一变电站供电的其他设区的市、县级市，其电网减供负荷或者造成供电用户停电的事故等级划分标准，由国务院电力监管机构另行制定，报国务院批准。

第四条　国务院电力监管机构应当加强电力安全监督管理，依法建立健全事故应急处置和调查处理的各项制度，组织或者参与事故的调查处理。

国务院电力监管机构、国务院能源主管部门和国务院其他有关部门、地方人民政府及有关部门按照国家规定的权限和程序，组织、协调、参与事故的应急处置工作。

第五条　电力企业、电力用户以及其他有关单位和个人，应当遵守电力安全管理规定，落实事故预防措施，防止和避免事故发生。

县级以上地方人民政府有关部门确定的重要电力用户，应当按照国务院电力监管机构的规定配置自备应急电源，并加强安全使用管理。

第六条　事故发生后，电力企业和其他有关单位应当按照规定及时、准确报告事故情况，开展应急处置工作，防止事故扩大，减轻事故损害。电力企业应当尽快恢复电力生产、电网运行和电力（热力）正常供应。

第七条　任何单位和个人不得阻挠和干涉对事故的报告、应急处置和依法调查处理。

第二章　事　故　报　告

第八条　事故发生后，事故现场有关人员应当立即向发电厂、变电站运行值班人员、电力调度机构值班人员或者本企业现场负责人报告。有关人员接到报告后，应当立即向上一级电力调度机构和本企业负责人报告。本企业负责人接到报告后，应当立即向国务院电力监管机构设在当地的派出机构（以下称事故发生地电力监管机构）、县级以上人民政府安全生产监督管理部门报告；热电厂事故影响热力正常供应的，还应当向供热管理部门报告；事故涉及水电厂（站）大坝安全的，还应当同时向有管辖权的水行政主管部门或者流域管理机构报告。

电力企业及其有关人员不得迟报、漏报或者瞒报、谎报事故情况。

第九条　事故发生地电力监管机构接到事故报告后，应当立即核实有关情况，向国务院电力监管机构报告；事故造成供电用户停电的，应当同时通报事故发生地县级以上地方人民政府。

对特别重大事故、重大事故，国务院电力监管机构接到事故报告后应当立即报告国务院，并通报国务院安全生产监督管理部门、国务院能源主管部门等有关部门。

第十条　事故报告应当包括下列内容：

（一）事故发生的时间、地点（区域）以及事故发生单位；

（二）已知的电力设备、设施损坏情况，停运的发电（供热）机组数量、电网减供负荷或者发电厂减少出力的数值、停电（停热）范围；

（三）事故原因的初步判断；

（四）事故发生后采取的措施、电网运行方式、发电机组运行状况以及事故控制情况；

（五）其他应当报告的情况。

事故报告后出现新情况的，应当及时补报。

第十一条　事故发生后，有关单位和人员应当妥善保护事故现场以及工作日志、工作票、操作票等相关材料，及时保存故障录波图、电力调度数据、发电机组运行数据和输变电设备运行数据等相关资料，并在事故调查组成立后将相关材料、资料移交事故调查组。

因抢救人员或者采取恢复电力生产、电网运行和电力供应等紧急措施，需要改变事故现场、移动电力设备的，应当作出标记、绘制现场简图，妥善保存重要痕迹、物证，并作出书面记录。

任何单位和个人不得故意破坏事故现场，不得伪造、隐匿或者毁灭相关证据。

第三章　事故应急处置

第十二条　国务院电力监管机构依照《中华人民共和国突发事件应对法》和《国家突发公共事件总体应急预案》，组织编制国家处置电网大面积停电事件应急预案，报国务院批准。

有关地方人民政府应当依照法律、行政法规和国家处置电网大面积停电事件应急预案，组织制定本行政区域处置电网大面积停电事件应急预案。

处置电网大面积停电事件应急预案应当对应急组织指挥体系及职责、应急处置的各项措施，以及人员、资金、物资、技术等应急保障作出具体规定。

第十三条　电力企业应当按照国家有关规定，制定本企业事故应急预案。

电力监管机构应当指导电力企业加强电力应急救援队伍建设，完善应急物资储备制度。

第十四条　事故发生后，有关电力企业应当立即采取相应的紧急处置措施，控制事故范围，防止发生电网系统性崩溃和瓦解；事故危及人身和设备安全的，发电厂、变电站运行值班人员可以按照有关规定，立即采取停运发电机组和输变电设备等紧急处置措施。

事故造成电力设备、设施损坏的，有关电力企业应当立即组织抢修。

第十五条　根据事故的具体情况，电力调度机构可以发布开启或者关停发电机组、调整发电机组有功和无功负荷、调整电网运行方式、调整供电调度计划等电力调度命令，发电企业、电力用户应当执行。

事故可能导致破坏电力系统稳定和电网大面积停电的，电力调度机构有权决定采取拉限负荷、解列电网、解列发电机组等必要措施。

第十六条　事故造成电网大面积停电的，国务院电力监管机构和国务院其他有关部门、有关地方人民政府、电力企业应当按照国家有关规定，启动相应的应急预案，成立应急指挥机构，尽快恢复电网运行和电力供应，防止各种次生灾害的发生。

第十七条　事故造成电网大面积停电的，有关地方人民政府及有关部门应当立即组织开展下列应急处置工作：

（一）加强对停电地区关系国计民生、国家安全和公共安全的重点单位的安全保卫，防范破坏社会秩序的行为，维护社会稳定；

（二）及时排除因停电发生的各种险情；

（三）事故造成重大人员伤亡或者需要紧急转移、安置受困人员的，及时组织实施救治、转移、安置工作；

（四）加强停电地区道路交通指挥和疏导，做好铁路、民航运输以及通信保障

工作;

（五）组织应急物资的紧急生产和调用，保证电网恢复运行所需物资和居民基本生活资料的供给。

第十八条 事故造成重要电力用户供电中断的，重要电力用户应当按照有关技术要求迅速启动自备应急电源；启动自备应急电源无效的，电网企业应当提供必要的支援。

事故造成地铁、机场、高层建筑、商场、影剧院、体育场馆等人员聚集场所停电的，应当迅速启用应急照明，组织人员有序疏散。

第十九条 恢复电网运行和电力供应，应当优先保证重要电厂厂用电源、重要输变电设备、电力主干网架的恢复，优先恢复重要电力用户、重要城市、重点地区的电力供应。

第二十条 事故应急指挥机构或者电力监管机构应当按照有关规定，统一、准确、及时发布有关事故影响范围、处置工作进度、预计恢复供电时间等信息。

第四章 事故调查处理

第二十一条 特别重大事故由国务院或者国务院授权的部门组织事故调查组进行调查。

重大事故由国务院电力监管机构组织事故调查组进行调查。

较大事故、一般事故由事故发生地电力监管机构组织事故调查组进行调查。国务院电力监管机构认为必要的，可以组织事故调查组对较大事故进行调查。

未造成供电用户停电的一般事故，事故发生地电力监管机构也可以委托事故发生单位调查处理。

第二十二条 根据事故的具体情况，事故调查组由电力监管机构、有关地方人民政府、安全生产监督管理部门、负有安全生产监督管理职责的有关部门派人组成；有关人员涉嫌失职、渎职或者涉嫌犯罪的，应当邀请监察机关、公安机关、人民检察院派人参加。

根据事故调查工作的需要，事故调查组可以聘请有关专家协助调查。

事故调查组组长由组织事故调查组的机关指定。

第二十三条 事故调查组应当按照国家有关规定开展事故调查，并在下列期限内向组织事故调查组的机关提交事故调查报告：

（一）特别重大事故和重大事故的调查期限为 60 日；特殊情况下，经组织事故调查组的机关批准，可以适当延长，但延长的期限不得超过 60 日。

（二）较大事故和一般事故的调查期限为 45 日；特殊情况下，经组织事故调查组的机关批准，可以适当延长，但延长的期限不得超过 45 日。

事故调查期限自事故发生之日起计算。

第二十四条 事故调查报告应当包括下列内容：

（一）事故发生单位概况和事故发生经过；

（二）事故造成的直接经济损失和事故对电网运行、电力（热力）正常供应的影响情况；

（三）事故发生的原因和事故性质；

（四）事故应急处置和恢复电力生产、电网运行的情况；

（五）事故责任认定和对事故责任单位、责任人的处理建议；

（六）事故防范和整改措施。

事故调查报告应当附具有关证据材料和技术分析报告。事故调查组成员应当在事故调查报告上签字。

第二十五条 事故调查报告报经组织事故调查组的机关同意，事故调查工作即告结束；委托事故发生单位调查的一般事故，事故调查报告应当报经事故发生地电力监管机构同意。

有关机关应当依法对事故发生单位和有关人员进行处罚，对负有事故责任的国家工作人员给予处分。

事故发生单位应当对本单位负有事故责任的人员进行处理。

第二十六条 事故发生单位和有关人员应当认真吸取事故教训，落实事故防范和整改措施，防止事故再次发生。

电力监管机构、安全生产监督管理部门和负有安全生产监督管理职责的有关部门应当对事故发生单位和有关人员落实事故防范和整改措施的情况进行监督检查。

第五章 法 律 责 任

第二十七条 发生事故的电力企业主要负责人有下列行为之一的，由电力监管机构处其上一年年收入 40%至 80%的罚款；属于国家工作人员的，并依法给予处分；构成犯罪的，依法追究刑事责任：

（一）不立即组织事故抢救的；

（二）迟报或者漏报事故的；

（三）在事故调查处理期间擅离职守的。

第二十八条 发生事故的电力企业及其有关人员有下列行为之一的，由电力监管机构对电力企业处 100 万元以上 500 万元以下的罚款；对主要负责人、直接负责的主管人员和其他直接责任人员处其上一年年收入 60%至 100%的罚款，属于国家工作人员的，并依法给予处分；构成违反治安管理行为的，由公安机关依法给予治安管理处罚；构成犯罪的，依法追究刑事责任：

（一）谎报或者瞒报事故的；

（二）伪造或者故意破坏事故现场的；

（三）转移、隐匿资金、财产，或者销毁有关证据、资料的；

（四）拒绝接受调查或者拒绝提供有关情况和资料的；

（五）在事故调查中作伪证或者指使他人作伪证的；

（六）事故发生后逃匿的。

第二十九条 电力企业对事故发生负有责任的，由电力监管机构依照下列规定处以罚款：

（一）发生一般事故的，处 10 万元以上 20 万元以下的罚款；

（二）发生较大事故的，处 20 万元以上 50 万元以下的罚款；

（三）发生重大事故的，处 50 万元以上 200 万元以下的罚款；

（四）发生特别重大事故的，处 200 万元以上 500 万元以下的罚款。

第三十条 电力企业主要负责人未依法履行安全生产管理职责，导致事故发生的，由电力监管机构依照下列规定处以罚款；属于国家工作人员的，并依法给予处分；构成犯罪的，依法追究刑事责任：

（一）发生一般事故的，处其上一年年收入 30%的罚款；

（二）发生较大事故的，处其上一年年收入 40%的罚款；

（三）发生重大事故的，处其上一年年收入 60%的罚款；

（四）发生特别重大事故的，处其上一年年收入 80%的罚款。

第三十一条 电力企业主要负责人依照本条例第二十七条、第二十八条、第三十条规定受到撤职处分或者刑事处罚的，自受处分之日或者刑罚执行完毕之日起 5 年内，不得担任任何生产经营单位主要负责人。

第三十二条 电力监管机构、有关地方人民政府以及其他负有安全生产监督管理职责的有关部门有下列行为之一的，对直接负责的主管人员和其他直接责任人员依法给予处分；直接负责的主管人员和其他直接责任人员构成犯罪的，依法追究刑事责任：

（一）不立即组织事故抢救的；

（二）迟报、漏报或者瞒报、谎报事故的；

（三）阻碍、干涉事故调查工作的；

（四）在事故调查中作伪证或者指使他人作伪证的。

第三十三条 参与事故调查的人员在事故调查中有下列行为之一的，依法给予处分；构成犯罪的，依法追究刑事责任：

（一）对事故调查工作不负责任，致使事故调查工作有重大疏漏的；

（二）包庇、袒护负有事故责任的人员或者借机打击报复的。

第六章 附　　则

第三十四条　发生本条例规定的事故，同时造成人员伤亡或者直接经济损失，依照本条例确定的事故等级与依照《生产安全事故报告和调查处理条例》确定的事故等级不相同的，按事故等级较高者确定事故等级，依照本条例的规定调查处理；事故造成人员伤亡，构成《生产安全事故报告和调查处理条例》规定的重大事故或者特别重大事故的，依照《生产安全事故报告和调查处理条例》的规定调查处理。

电力生产或者电网运行过程中发生发电设备或者输变电设备损坏，造成直接经济损失的事故，未影响电力系统安全稳定运行以及电力正常供应的，由电力监管机构依照《生产安全事故报告和调查处理条例》的规定组成事故调查组对重大事故、较大事故、一般事故进行调查处理。

第三十五条　本条例对事故报告和调查处理未作规定的，适用《生产安全事故报告和调查处理条例》的规定。

第三十六条　核电厂核事故的应急处置和调查处理，依照《核电厂核事故应急管理条例》的规定执行。

第三十七条　本条例自 2011 年 9 月 1 日起施行。

附：电力安全事故等级划分标准

判定项 事故等级	造成电网减供负荷的比例	造成城市供电用户停电的比例	发电厂或者变电站因安全故障造成全厂（站）对外停电的影响和持续时间	发电机组因安全故障停运的时间和后果	供热机组对外停止供热的时间
特别重大事故	区域性电网减供负荷 30% 以上 电网负荷 20000 兆瓦以上的省、自治区电网，减供负荷 30% 以上 电网负荷 5000 兆瓦以上 20000 兆瓦以下的省、自治区电网，减供负荷 40% 以上 直辖市电网减供负荷 50% 以上 电网负荷 2000 兆瓦以上的省、自治区人民政府所在地城市电网减供负荷 60% 以上	直辖市 60% 以上供电用户停电 电网负荷 2000 兆瓦以上的省、自治区人民政府所在地城市 70% 以上供电用户停电			

判定项 事故等级	造成电网减供负荷的比例	造成城市供电用户停电的比例	发电厂或者变电站因安全故障造成全厂（站）对外停电的影响和持续时间	发电机组因安全故障停运的时间和后果	供热机组对外停止供热的时间
重大事故	区域性电网减供负荷 10%以上 30%以下 电网负荷 20000 兆瓦以上的省、自治区电网，减供负荷 13%以上 30%以下 电网负荷 5000 兆瓦以上 20000 兆瓦以下的省、自治区电网，减供负荷 16%以上 40%以下 电网负荷 1000 兆瓦以上 5000 兆瓦以下的省、自治区电网，减供负荷 50%以上 直辖市电网减供负荷 20%以上 50%以下 省、自治区人民政府所在地城市电网减供负荷 40%以上（电网负荷 2000 兆瓦以上的，减供负荷 40%以上 60%以下） 电网负荷 600 兆瓦以上的其他设区的市电网减供负荷 60%以上	直辖市 30%以上 60%以下供电用户停电 省、自治区人民政府所在地城市 50%以上供电用户停电（电网负荷 2000 兆瓦以上的，50%以上 70%以下） 电网负荷 600 兆瓦以上的其他设区的市 70%以上供电用户停电			
较大事故	区域性电网减供负荷 7%以上 10%以下 电网负荷 20000 兆瓦以上的省、自治区电网，减供负荷 10%以上 13%以下 电网负荷 5000 兆瓦以上 20000 兆瓦以下的省、自治区电网，减供负荷 12%以上 16%以下 电网负荷 1000 兆瓦以上 5000 兆瓦以下的省、自治区电网，减供负荷 20%以上 50%以下 电网负荷 1000 兆瓦以下的省、自治区电网，减供负荷 40%以上 直辖市电网减供负荷 10%以上 20%以下 省、自治区人民政府所在地城市电网减供负荷 20%以上 40%以下 其他设区的市电网减供负荷 40%以上（电网负荷 600 兆瓦以上的，减供负荷 40%以上 60%以下） 电网负荷 150 兆瓦以上的县级市电网减供负荷 60%以上	直辖市 15%以上 30%以下供电用户停电 省、自治区人民政府所在地城市 30%以上 50%以下供电用户停电 其他设区的市 50%以上供电用户停电（电网负荷 600 兆瓦以上的，50%以上 70%以下） 电网负荷 150 兆瓦以上的县级市 70%以上供电用户停电	发电厂或者 220 千伏以上变电站因安全故障造成全厂（站）对外停电，导致周边电压监视控制点电压低于调度机构规定的电压曲线值 20%并且持续时间 30 分钟以上，或者导致周边电压监视控制点电压低于调度机构规定的电压曲线值 10%并且持续时间 1 小时以上	发电机组因安全故障停止运行超过行业标准规定的大修时间两周，并导致电网减供负荷	供热机组装机容量 200 兆瓦以上的热电厂，在当地人民政府规定的采暖期内同时发生 2 台以上供热机组因安全故障停止运行，造成全厂对外停止供热 并且持续时间 48 小时以上

73

判定项 / 事故等级	造成电网减供负荷的比例	造成城市供电用户停电的比例	发电厂或者变电站因安全故障造成全厂（站）对外停电的影响和持续时间	发电机组因安全故障停运的时间和后果	供热机组对外停止供热的时间
一般事故	区域性电网减供负荷 4%以上 7%以下 电网负荷 20000 兆瓦以上的省、自治区电网，减供负荷 5%以上 10%以下 电网负荷 5000 兆瓦以上 20000 兆瓦以下的省、自治区电网，减供负荷 6%以上 12%以下 电网负荷 1000 兆瓦以上 5000 兆瓦以下的省、自治区电网，减供负荷 10%以上 20%以下 电网负荷 1000 兆瓦以下的省、自治区电网，减供负荷 25%以上 40%以下 直辖市电网减供负荷 5%以上 10%以下 省、自治区人民政府所在地城市电网减供负荷 10%以上 20%以下 其他设区的市电网减供负荷 20%以上 40%以下 县级市减供负荷 40%以上（电网负荷 150 兆瓦以上的，减供负荷 40%以上 60%以下）	直辖市 10%以上 15%以下供电用户停电 省、自治区人民政府所在地城市 15%以上 30%以下供电用户停电 其他设区的市 30%以上 50%以下供电用户停电 县级市 50%以上供电用户停电（电网负荷 150 兆瓦以上的，50%以上 70%以下）	发电厂或者 220 千伏以上变电站因安全故障造成全厂（站）对外停电，导致周边电压监视控制点电压低于调度机构规定的电压曲线值 5%以上 10%以下并且持续时间 2 小时以上	发电机组因安全故障停止运行超过行业标准规定的小修时间两周，并且导致电网减供负荷	供热机组装机容量 200 兆瓦以上的热电厂，在当地人民政府规定的采暖期内同时发生 2 台以上供热机组因安全故障停止运行，造成全厂对外停止供热并且持续时间 24 小时以上

注　1．符合本表所列情形之一的，即构成相应等级的电力安全事故。

　　2．本表中所称的"以上"包括本数，"以下"不包括本数。

　　3．本表下列用语的含义：

（1）电网负荷，是指电力调度机构统一调度的电网在事故发生起始时刻的实际负荷。

（2）电网减供负荷，是指电力调度机构统一调度的电网在事故发生期间的实际负荷最大减少量。

（3）全厂对外停电，是指发电厂对外有功负荷降到零（虽电网经发电厂母线传送的负荷没有停止，仍视为全厂对外停电）。

（4）发电机组因安全故障停止运行，是指并网运行的发电机组（包括各种类型的电站锅炉、汽轮机、燃气轮机、水轮机、发电机和主变压器等主要发电设备），在未经电力调度机构允许的情况下，因安全故障需要停止运行的状态。

国家大面积停电事件应急预案

（国办函〔2015〕134号）

1 总则

1.1 编制目的

建立健全大面积停电事件应对工作机制，提高应对效率，最大程度减少人员伤亡和财产损失，维护国家安全和社会稳定。

1.2 编制依据

依据《中华人民共和国突发事件应对法》、《中华人民共和国安全生产法》、《中华人民共和国电力法》、《生产安全事故报告和调查处理条例》、《电力安全事故应急处置和调查处理条例》、《电网调度管理条例》、《国家突发公共事件总体应急预案》及相关法律法规等，制定本预案。

1.3 适用范围

本预案适用于我国境内发生的大面积停电事件应对工作。

大面积停电事件是指由于自然灾害、电力安全事故和外力破坏等原因造成区域性电网、省级电网或城市电网大量减供负荷，对国家安全、社会稳定以及人民群众生产生活造成影响和威胁的停电事件。

1.4 工作原则

大面积停电事件应对工作坚持统一领导、综合协调，属地为主、分工负责，保障民生、维护安全，全社会共同参与的原则。大面积停电事件发生后，地方人民政府及其有关部门、能源局相关派出机构、电力企业、重要电力用户应立即按照职责分工和相关预案开展处置工作。

1.5 事件分级

按照事件严重性和受影响程度，大面积停电事件分为特别重大、重大、较大和一般四级。分级标准见附件1。

2 组织体系

2.1 国家层面组织指挥机构

能源局负责大面积停电事件应对的指导协调和组织管理工作。当发生重大、特别重大大面积停电事件时，能源局或事发地省级人民政府按程序报请国务院批准，或根据国务院领导同志指示，成立国务院工作组，负责指导、协调、支持有关地方人民政府开展大面积停电事件应对工作。必要时，由国务院或国务院授权发展改革委成立国家大面积停电事件应急指挥部，统一领导、组织和指挥大面积停电事件应对工作。应急指挥部组成及工作组职责见附件2。

2.2　地方层面组织指挥机构

县级以上地方人民政府负责指挥、协调本行政区域内大面积停电事件应对工作，要结合本地实际，明确相应组织指挥机构，建立健全应急联动机制。

发生跨行政区域的大面积停电事件时，有关地方人民政府应根据需要建立跨区域大面积停电事件应急合作机制。

2.3　现场指挥机构

负责大面积停电事件应对的人民政府根据需要成立现场指挥部，负责现场组织指挥工作。参与现场处置的有关单位和人员应服从现场指挥部的统一指挥。

2.4　电力企业

电力企业（包括电网企业、发电企业等，下同）建立健全应急指挥机构，在政府组织指挥机构领导下开展大面积停电事件应对工作。电网调度工作按照《电网调度管理条例》及相关规程执行。

2.5　专家组

各级组织指挥机构根据需要成立大面积停电事件应急专家组，成员由电力、气象、地质、水文等领域相关专家组成，对大面积停电事件应对工作提供技术咨询和建议。

3　监测预警和信息报告

3.1　监测和风险分析

电力企业要结合实际加强对重要电力设施设备运行、发电燃料供应等情况的监测，建立与气象、水利、林业、地震、公安、交通运输、国土资源、工业和信息化等部门的信息共享机制，及时分析各类情况对电力运行可能造成的影响，预估可能影响的范围和程度。

3.2　预警

3.2.1　预警信息发布

电力企业研判可能造成大面积停电事件时，要及时将有关情况报告受影响区域地方人民政府电力运行主管部门和能源局相关派出机构，提出预警信息发布建议，并视情通知重要电力用户。地方人民政府电力运行主管部门应及时组织研判，必要时报请当地人民政府批准后向社会公众发布预警，并通报同级其他相关部门和单位。当可能发生重大以上大面积停电事件时，中央电力企业同时报告能源局。

3.2.2 预警行动

预警信息发布后，电力企业要加强设备巡查检修和运行监测，采取有效措施控制事态发展；组织相关应急救援队伍和人员进入待命状态，动员后备人员做好参加应急救援和处置工作准备，并做好大面积停电事件应急所需物资、装备和设备等应急保障准备工作。重要电力用户做好自备应急电源启用准备。受影响区域地方人民政府启动应急联动机制，组织有关部门和单位做好维持公共秩序、供水供气供热、商品供应、交通物流等方面的应急准备；加强相关舆情监测，主动回应社会公众关注的热点问题，及时澄清谣言传言，做好舆论引导工作。

3.2.3 预警解除

根据事态发展，经研判不会发生大面积停电事件时，按照"谁发布、谁解除"的原则，由发布单位宣布解除预警，适时终止相关措施。

3.3 信息报告

大面积停电事件发生后，相关电力企业应立即向受影响区域地方人民政府电力运行主管部门和能源局相关派出机构报告，中央电力企业同时报告能源局。

事发地人民政府电力运行主管部门接到大面积停电事件信息报告或者监测到相关信息后，应当立即进行核实，对大面积停电事件的性质和类别作出初步认定，按照国家规定的时限、程序和要求向上级电力运行主管部门和同级人民政府报告，并通报同级其他相关部门和单位。地方各级人民政府及其电力运行主管部门应当按照有关规定逐级上报，必要时可越级上报。能源局相关派出机构接到大面积停电事件报告后，应当立即核实有关情况并向能源局报告，同时通报事发地县级以上地方人民政府。对初判为重大以上的大面积停电事件，省级人民政府和能源局要立即按程序向国务院报告。

4 应急响应

4.1 响应分级

根据大面积停电事件的严重程度和发展态势，将应急响应设定为Ⅰ级、Ⅱ级、Ⅲ级和Ⅳ级四个等级。初判发生特别重大大面积停电事件，启动Ⅰ级应急响应，由事发地省级人民政府负责指挥应对工作。必要时，由国务院或国务院授权发展改革委成立国家大面积停电事件应急指挥部，统一领导、组织和指挥大面积停电事件应对工作。初判发生重大大面积停电事件，启动Ⅱ级应急响应，由事发地省级人民政府负责指挥应对工作。初判发生较大、一般大面积停电事件，分别启动Ⅲ级、Ⅳ级应急响应，根据事件影响范围，由事发地县级或市级人民政府负责指挥应对工作。

对于尚未达到一般大面积停电事件标准,但对社会产生较大影响的其他停电事件,地方人民政府可结合实际情况启动应急响应。

应急响应启动后,可视事件造成损失情况及其发展趋势调整响应级别,避免响应不足或响应过度。

4.2 响应措施

大面积停电事件发生后,相关电力企业和重要电力用户要立即实施先期处置,全力控制事件发展态势,减少损失。各有关地方、部门和单位根据工作需要,组织采取以下措施。

4.2.1 抢修电网并恢复运行

电力调度机构合理安排运行方式,控制停电范围;尽快恢复重要输变电设备、电力主干网架运行;在条件具备时,优先恢复重要电力用户、重要城市和重点地区的电力供应。

电网企业迅速组织力量抢修受损电网设备设施,根据应急指挥机构要求,向重要电力用户及重要设施提供必要的电力支援。

发电企业保证设备安全,抢修受损设备,做好发电机组并网运行准备,按照电力调度指令恢复运行。

4.2.2 防范次生衍生事故

重要电力用户按照有关技术要求迅速启动自备应急电源,加强重大危险源、重要目标、重大关键基础设施隐患排查与监测预警,及时采取防范措施,防止发生次生衍生事故。

4.2.3 保障居民基本生活

启用应急供水措施,保障居民用水需求;采用多种方式,保障燃气供应和采暖期内居民生活热力供应;组织生活必需品的应急生产、调配和运输,保障停电期间居民基本生活。

4.2.4 维护社会稳定

加强涉及国家安全和公共安全的重点单位安全保卫工作,严密防范和严厉打击违法犯罪活动。加强对停电区域内繁华街区、大型居民区、大型商场、学校、医院、金融机构、机场、城市轨道交通设施、车站、码头及其他重要生产经营场所等重点地区、重点部位、人员密集场所的治安巡逻,及时疏散人员,解救被困人员,防范治安事件。加强交通疏导,维护道路交通秩序。尽快恢复企业生产经营活动。严厉打击造谣惑众、囤积居奇、哄抬物价等各种违法行为。

4.2.5 加强信息发布

按照及时准确、公开透明、客观统一的原则,加强信息发布和舆论引导,主动向社会发布停电相关信息和应对工作情况,提示相关注意事项和安保措施。加强舆情收集分析，及时回应社会关切，澄清不实信息，正确引导社会舆论，稳定公众情绪。

4.2.6 组织事态评估

及时组织对大面积停电事件影响范围、影响程度、发展趋势及恢复进度进行评估，为进一步做好应对工作提供依据。

4.3 国家层面应对

4.3.1 部门应对

初判发生一般或较大大面积停电事件时，能源局开展以下工作：

（1）密切跟踪事态发展，督促相关电力企业迅速开展电力抢修恢复等工作，指导督促地方有关部门做好应对工作；

（2）视情派出部门工作组赴现场指导协调事件应对等工作；

（3）根据中央电力企业和地方请求，协调有关方面为应对工作提供支援和技术支持；

（4）指导做好舆情信息收集、分析和应对工作。

4.3.2 国务院工作组应对

初判发生重大或特别重大大面积停电事件时，国务院工作组主要开展以下工作：

（1）传达国务院领导同志指示批示精神，督促地方人民政府、有关部门和中央电力企业贯彻落实；

（2）了解事件基本情况、造成的损失和影响、应对进展及当地需求等，根据地方和中央电力企业请求，协调有关方面派出应急队伍、调运应急物资和装备、安排专家和技术人员等，为应对工作提供支援和技术支持；

（3）对跨省级行政区域大面积停电事件应对工作进行协调；

（4）赶赴现场指导地方开展事件应对工作；

（5）指导开展事件处置评估；

（6）协调指导大面积停电事件宣传报道工作；

（7）及时向国务院报告相关情况。

4.3.3 国家大面积停电事件应急指挥部应对

根据事件应对工作需要和国务院决策部署，成立国家大面积停电事件应急指挥部。主要开展以下工作：

（1）组织有关部门和单位、专家组进行会商，研究分析事态，部署应对工作；

（2）根据需要赴事发现场，或派出前方工作组赴事发现场，协调开展应对工作；

（3）研究决定地方人民政府、有关部门和中央电力企业提出的请求事项，重要事项报国务院决策；

（4）统一组织信息发布和舆论引导工作；

（5）组织开展事件处置评估；

（6）对事件处置工作进行总结并报告国务院。

4.4 响应终止

同时满足以下条件时，由启动响应的人民政府终止应急响应：

（1）电网主干网架基本恢复正常，电网运行参数保持在稳定限额之内，主要发电厂机组运行稳定；

（2）减供负荷恢复80%以上，受停电影响的重点地区、重要城市负荷恢复90%以上；

（3）造成大面积停电事件的隐患基本消除；

（4）大面积停电事件造成的重特大次生衍生事故基本处置完成。

5 后期处置

5.1 处置评估

大面积停电事件应急响应终止后，履行统一领导职责的人民政府要及时组织对事件处置工作进行评估，总结经验教训，分析查找问题，提出改进措施，形成处置评估报告。鼓励开展第三方评估。

5.2 事件调查

大面积停电事件发生后，根据有关规定成立调查组，查明事件原因、性质、影响范围、经济损失等情况，提出防范、整改措施和处理处置建议。

5.3 善后处置

事发地人民政府要及时组织制订善后工作方案并组织实施。保险机构要及时开展相关理赔工作，尽快消除大面积停电事件的影响。

5.4 恢复重建

大面积停电事件应急响应终止后，需对电网网架结构和设备设施进行修复或重建的，由能源局或事发地省级人民政府根据实际工作需要组织编制恢复重建规划。相关电力企业和受影响区域地方各级人民政府应当根据规划做好受损电力系统恢复重建工作。

6 保障措施

6.1 队伍保障

电力企业应建立健全电力抢修应急专业队伍，加强设备维护和应急抢修技能方面的人员培训，定期开展应急演练，提高应急救援能力。地方各级人民政府根据需要组织动员其他专业应急队伍和志愿者等参与大面积停电事件及其次生衍生灾害处置工作。军队、武警部队、公安消防等要做好应急力量支援保障。

6.2 装备物资保障

电力企业应储备必要的专业应急装备及物资，建立和完善相应保障体系。国家有关部门和地方各级人民政府要加强应急救援装备物资及生产生活物资的紧急生产、储备调拨和紧急配送工作，保障支援大面积停电事件应对工作需要。鼓励支持社会化储备。

6.3 通信、交通与运输保障

地方各级人民政府及通信主管部门要建立健全大面积停电事件应急通信保障体系，形成可靠的通信保障能力，确保应急期间通信联络和信息传递需要。交通运输部门要健全紧急运输保障体系，保障应急响应所需人员、物资、装备、器材等的运输；公安部门要加强交通应急管理，保障应急救援车辆优先通行；根据全面推进公务用车制度改革有关规定，有关单位应配备必要的应急车辆，保障应急救援需要。

6.4 技术保障

电力行业要加强大面积停电事件应对和监测先进技术、装备的研发，制定电力应急技术标准，加强电网、电厂安全应急信息化平台建设。有关部门要为电力日常监测预警及电力应急抢险提供必要的气象、地质、水文等服务。

6.5 应急电源保障

提高电力系统快速恢复能力，加强电网"黑启动"能力建设。国家有关部门和电力企业应充分考虑电源规划布局，保障各地区"黑启动"电源。电力企业应配备适量的应急发电装备，必要时提供应急电源支援。重要电力用户应按照国家有关技术要求配置应急电源，并加强维护和管理，确保应急状态下能够投入运行。

6.6 资金保障

发展改革委、财政部、民政部、国资委、能源局等有关部门和地方各级人民政府以及各相关电力企业应按照有关规定，对大面积停电事件处置工作提供必要的资金保障。

7 附则

7.1 预案管理

本预案实施后，能源局要会同有关部门组织预案宣传、培训和演练，并根据实际情况，适时组织评估和修订。地方各级人民政府要结合当地实际制定或修订本级大面积停电事件应急预案。

7.2 预案解释

本预案由能源局负责解释。

7.3 预案实施时间

本预案自印发之日起实施。

附件：1. 大面积停电事件分级标准
　　　2. 国家大面积停电事件应急指挥部组成及工作组职责

附件1

大面积停电事件分级标准

一、特别重大大面积停电事件

1. 区域性电网：减供负荷30%以上。

2. 省、自治区电网：负荷20000兆瓦以上的减供负荷30%以上，负荷5000兆瓦以上20000兆瓦以下的减供负荷40%以上。

3. 直辖市电网：减供负荷50%以上，或60%以上供电用户停电。

4. 省、自治区人民政府所在地城市电网：负荷2000兆瓦以上的减供负荷60%以上，或70%以上供电用户停电。

二、重大大面积停电事件

1. 区域性电网：减供负荷10%以上30%以下。

2. 省、自治区电网：负荷20000兆瓦以上的减供负荷13%以上30%以下，负荷5000兆瓦以上20000兆瓦以下的减供负荷16%以上40%以下，负荷1000兆瓦以上5000兆瓦以下的减供负荷50%以上。

3. 直辖市电网：减供负荷20%以上50%以下，或30%以上60%以下供电用户停电。

4. 省、自治区人民政府所在地城市电网：负荷2000兆瓦以上的减供负荷40%以上60%以下，或50%以上70%以下供电用户停电；负荷2000兆瓦以下的减供负荷40%以上，或50%以上供电用户停电。

5. 其他设区的市电网：负荷600兆瓦以上的减供负荷60%以上，或70%以上供电用户停电。

三、较大大面积停电事件

1. 区域性电网：减供负荷7%以上10%以下。

2. 省、自治区电网：负荷20000兆瓦以上的减供负荷10%以上13%以下，负荷5000兆瓦以上20000兆瓦以下的减供负荷12%以上16%以下，负荷1000兆瓦以上 5000 兆瓦以下的减供负荷 20%以上 50%以下，负荷 1000 兆瓦以下的减供负荷 40%以上。

3. 直辖市电网：减供负荷 10%以上 20%以下，或 15%以上 30%以下供电用户停电。

4. 省、自治区人民政府所在地城市电网：减供负荷 20%以上 40%以下，或 30%以上 50%以下供电用户停电。

5. 其他设区的市电网：负荷 600 兆瓦以上的减供负荷 40%以上 60%以下，或 50%以上 70%以下供电用户停电；负荷 600 兆瓦以下的减供负荷 40%以上，或 50%以上供电用户停电。

6. 县级市电网：负荷 150 兆瓦以上的减供负荷 60%以上，或 70%以上供电用户停电。

四、一般大面积停电事件

1. 区域性电网：减供负荷 4%以上 7%以下。

2. 省、自治区电网：负荷 20000 兆瓦以上的减供负荷 5%以上 10%以下，负荷 5000 兆瓦以上 20000 兆瓦以下的减供负荷 6%以上 12%以下，负荷 1000 兆瓦以上 5000 兆瓦以下的减供负荷 10%以上 20%以下，负荷 1000 兆瓦以下的减供负荷 25%以上 40%以下。

3. 直辖市电网：减供负荷 5%以上 10%以下，或 10%以上 15%以下供电用户停电。

4. 省、自治区人民政府所在地城市电网：减供负荷 10%以上 20%以下，或 15%以上 30%以下供电用户停电。

5. 其他设区的市电网：减供负荷 20%以上 40%以下，或 30%以上 50%以下供电用户停电。

6. 县级市电网：负荷 150 兆瓦以上的减供负荷 40%以上 60%以下，或 50%以上 70%以下供电用户停电；负荷 150 兆瓦以下的减供负荷 40%以上，或 50%以上供电用户停电。

上述分级标准有关数量的表述中，"以上"含本数，"以下"不含本数。

国家大面积停电事件应急指挥部组成及工作组职责

国家大面积停电事件应急指挥部主要由发展改革委、中央宣传部（新闻办）、中央网信办、工业和信息化部、公安部、民政部、财政部、国土资源部、住房城乡建设部、交通运输部、水利部、商务部、国资委、新闻出版广电总局、安全监管总局、林业局、地震局、气象局、能源局、测绘地信局、铁路局、民航局、总参作战部、武警总部、中国铁路总公司、国家电网公司、中国南方电网有限责任公司等部门和单位组成，并可根据应对工作需要，增加有关地方人民政府、其他有关部门和相关电力企业。

国家大面积停电事件应急指挥部设立相应工作组，各工作组组成及职责分工如下：

一、电力恢复组：由发展改革委牵头，工业和信息化部、公安部、水利部、安全监管总局、林业局、地震局、气象局、能源局、测绘地信局、总参作战部、武警总部、国家电网公司、中国南方电网有限责任公司等参加，视情增加其他电力企业。

主要职责：组织进行技术研判，开展事态分析；组织电力抢修恢复工作，尽快恢复受影响区域供电工作；负责重要电力用户、重点区域的临时供电保障；负责组织跨区域的电力应急抢修恢复协调工作；协调军队、武警有关力量参与应对。

二、新闻宣传组：由中央宣传部（新闻办）牵头，中央网信办、发展改革委、工业和信息化部、公安部、新闻出版广电总局、安全监管总局、能源局等参加。

主要职责：组织开展事件进展、应急工作情况等权威信息发布，加强新闻宣传报道；收集分析国内外舆情和社会公众动态，加强媒体、电信和互联网管理，正确引导舆论；及时澄清不实信息，回应社会关切。

三、综合保障组：由发展改革委牵头，工业和信息化部、公安部、民政部、财政部、国土资源部、住房城乡建设部、交通运输部、水利部、商务部、国资委、新闻出版广电总局、能源局、铁路局、民航局、中国铁路总公司、国家电网公司、中国南方电网有限责任公司等参加，视情增加其他电力企业。

主要职责：对大面积停电事件受灾情况进行核实，指导恢复电力抢修方案，落实人员、资金和物资；组织做好应急救援装备物资及生产生活物资的紧急生产、储备调拨和紧急配送工作；及时组织调运重要生活必需品，保障群众基本生活和市场供应；维护供水、供气、供热、通信、广播电视等设施正常运行；维护铁路、道路、水路、民航等基本交通运行；组织开展事件处置评估。

四、社会稳定组：由公安部牵头，中央网信办、发展改革委、工业和信息化部、民政部、交通运输部、商务部、能源局、总参作战部、武警总部等参加。

主要职责：加强受影响地区社会治安管理，严厉打击借机传播谣言制造社会恐慌，以及趁机盗窃、抢劫、哄抢等违法犯罪行为；加强转移人员安置点、救灾物资存放点等重点地区治安管控；加强对重要生活必需品等商品的市场监管和调控，打击囤积居奇行为；加强对重点区域、重点单位的警戒；做好受影响人员与涉事单位、地方人民政府及有关部门矛盾纠纷化解等工作，切实维护社会稳定。

部 门 规 章

基础设施和公用事业特许经营管理办法

（2015 年 4 月 25 日国家发展和改革委员会、财政部、住房和城乡建设部、交通运输部、水利部、中国人民银行令第 25 号发布）

第一章 总 则

第一条 为鼓励和引导社会资本参与基础设施和公用事业建设运营，提高公共服务质量和效率，保护特许经营者合法权益，保障社会公共利益和公共安全，促进经济社会持续健康发展，制定本办法。

第二条 中华人民共和国境内的能源、交通运输、水利、环境保护、市政工程等基础设施和公用事业领域的特许经营活动，适用本办法。

第三条 本办法所称基础设施和公用事业特许经营，是指政府采用竞争方式依法授权中华人民共和国境内外的法人或者其他组织，通过协议明确权利义务和风险分担，约定其在一定期限和范围内投资建设运营基础设施和公用事业并获得收益，提供公共产品或者公共服务。

第四条 基础设施和公用事业特许经营应当坚持公开、公平、公正，保护各方信赖利益，并遵循以下原则：

（一）发挥社会资本融资、专业、技术和管理优势，提高公共服务质量效率；

（二）转变政府职能，强化政府与社会资本协商合作；

（三）保护社会资本合法权益，保证特许经营持续性和稳定性；

（四）兼顾经营性和公益性平衡，维护公共利益。

第五条 基础设施和公用事业特许经营可以采取以下方式：

（一）在一定期限内，政府授予特许经营者投资新建或改扩建、运营基础设施和公用事业，期限届满移交政府；

（二）在一定期限内，政府授予特许经营者投资新建或改扩建、拥有并运营基础设施和公用事业，期限届满移交政府；

（三）特许经营者投资新建或改扩建基础设施和公用事业并移交政府后，由政府授予其在一定期限内运营；

（四）国家规定的其他方式。

第六条 基础设施和公用事业特许经营期限应当根据行业特点、所提供公共产品或服务需求、项目生命周期、投资回收期等综合因素确定，最长不超过

30 年。

对于投资规模大、回报周期长的基础设施和公用事业特许经营项目（以下简称特许经营项目）可以由政府或者其授权部门与特许经营者根据项目实际情况，约定超过前款规定的特许经营期限。

第七条　国务院发展改革、财政、国土、环保、住房城乡建设、交通运输、水利、能源、金融、安全监管等有关部门按照各自职责，负责相关领域基础设施和公用事业特许经营规章、政策制定和监督管理工作。

县级以上地方人民政府发展改革、财政、国土、环保、住房城乡建设、交通运输、水利、价格、能源、金融监管等有关部门根据职责分工，负责有关特许经营项目实施和监督管理工作。

第八条　县级以上地方人民政府应当建立各有关部门参加的基础设施和公用事业特许经营部门协调机制，负责统筹有关政策措施，并组织协调特许经营项目实施和监督管理工作。

第二章　特许经营协议订立

第九条　县级以上人民政府有关行业主管部门或政府授权部门（以下简称项目提出部门）可以根据经济社会发展需求，以及有关法人和其他组织提出的特许经营项目建议等，提出特许经营项目实施方案。

特许经营项目应当符合国民经济和社会发展总体规划、主体功能区规划、区域规划、环境保护规划和安全生产规划等专项规划、土地利用规划、城乡规划、中期财政规划等，并且建设运营标准和监管要求明确。

项目提出部门应当保证特许经营项目的完整性和连续性。

第十条　特许经营项目实施方案应当包括以下内容：

（一）项目名称；

（二）项目实施机构；

（三）项目建设规模、投资总额、实施进度，以及提供公共产品或公共服务的标准等基本经济技术指标；

（四）投资回报、价格及其测算；

（五）可行性分析，即降低全生命周期成本和提高公共服务质量效率的分析估算等；

（六）特许经营协议框架草案及特许经营期限；

（七）特许经营者应当具备的条件及选择方式；

（八）政府承诺和保障；

（九）特许经营期限届满后资产处置方式；

（十）应当明确的其他事项。

第十一条 项目提出部门可以委托具有相应能力和经验的第三方机构，开展特许经营可行性评估，完善特许经营项目实施方案。

需要政府提供可行性缺口补助或者开展物有所值评估的，由财政部门负责开展相关工作。具体办法由国务院财政部门另行制定。

第十二条 特许经营可行性评估应当主要包括以下内容：

（一）特许经营项目全生命周期成本、技术路线和工程方案的合理性，可能的融资方式、融资规模、资金成本，所提供公共服务的质量效率，建设运营标准和监管要求等；

（二）相关领域市场发育程度，市场主体建设运营能力状况和参与意愿；

（三）用户付费项目公众支付意愿和能力评估。

第十三条 项目提出部门依托本级人民政府根据本办法第八条规定建立的部门协调机制，会同发展改革、财政、城乡规划、国土、环保、水利等有关部门对特许经营项目实施方案进行审查。经审查认为实施方案可行的，各部门应当根据职责分别出具书面审查意见。

项目提出部门综合各部门书面审查意见，报本级人民政府或其授权部门审定特许经营项目实施方案。

第十四条 县级以上人民政府应当授权有关部门或单位作为实施机构负责特许经营项目有关实施工作，并明确具体授权范围。

第十五条 实施机构根据经审定的特许经营项目实施方案，应当通过招标、竞争性谈判等竞争方式选择特许经营者。

特许经营项目建设运营标准和监管要求明确、有关领域市场竞争比较充分的，应当通过招标方式选择特许经营者。

第十六条 实施机构应当在招标或谈判文件中载明是否要求成立特许经营项目公司。

第十七条 实施机构应当公平择优选择具有相应管理经验、专业能力、融资实力以及信用状况良好的法人或者其他组织作为特许经营者。鼓励金融机构与参与竞争的法人或其他组织共同制定投融资方案。

特许经营者选择应当符合内外资准入等有关法律、行政法规规定。

依法选定的特许经营者，应当向社会公示。

第十八条 实施机构应当与依法选定的特许经营者签订特许经营协议。

需要成立项目公司的，实施机构应当与依法选定的投资人签订初步协议，约定其在规定期限内注册成立项目公司，并与项目公司签订特许经营协议。

特许经营协议应当主要包括以下内容：

（一）项目名称、内容；

（二）特许经营方式、区域、范围和期限；

（三）项目公司的经营范围、注册资本、股东出资方式、出资比例、股权转让等；

（四）所提供产品或者服务的数量、质量和标准；

（五）设施权属，以及相应的维护和更新改造；

（六）监测评估；

（七）投融资期限和方式；

（八）收益取得方式，价格和收费标准的确定方法以及调整程序；

（九）履约担保；

（十）特许经营期内的风险分担；

（十一）政府承诺和保障；

（十二）应急预案和临时接管预案；

（十三）特许经营期限届满后，项目及资产移交方式、程序和要求等；

（十四）变更、提前终止及补偿；

（十五）违约责任；

（十六）争议解决方式；

（十七）需要明确的其他事项。

第十九条 特许经营协议根据有关法律、行政法规和国家规定，可以约定特许经营者通过向用户收费等方式取得收益。

向用户收费不足以覆盖特许经营建设、运营成本及合理收益的，可由政府提供可行性缺口补助，包括政府授予特许经营项目相关的其他开发经营权益。

第二十条 特许经营协议应当明确价格或收费的确定和调整机制。特许经营项目价格或收费应当依据相关法律、行政法规规定和特许经营协议约定予以确定和调整。

第二十一条 政府可以在特许经营协议中就防止不必要的同类竞争性项目建设、必要合理的财政补贴、有关配套公共服务和基础设施的提供等内容作出承诺，但不得承诺固定投资回报和其他法律、行政法规禁止的事项。

第二十二条 特许经营者根据特许经营协议，需要依法办理规划选址、用地和项目核准或审批等手续的，有关部门在进行审核时，应当简化审核内容，优化办理流程，缩短办理时限，对于本部门根据本办法第十三条出具书面审查意见已经明确的事项，不再作重复审查。

实施机构应当协助特许经营者办理相关手续。

第二十三条 国家鼓励金融机构为特许经营项目提供财务顾问、融资顾问、银团贷款等金融服务。政策性、开发性金融机构可以给予特许经营项目差异化信贷支持，对符合条件的项目，贷款期限最长可达 30 年。探索利用特许经营项目预期收益质押贷款，支持利用相关收益作为还款来源。

第二十四条　国家鼓励通过设立产业基金等形式入股提供特许经营项目资本金。鼓励特许经营项目公司进行结构化融资，发行项目收益票据和资产支持票据等。

国家鼓励特许经营项目采用成立私募基金，引入战略投资者，发行企业债券、项目收益债券、公司债券、非金融企业债务融资工具等方式拓宽投融资渠道。

第二十五条　县级以上人民政府有关部门可以探索与金融机构设立基础设施和公用事业特许经营引导基金，并通过投资补助、财政补贴、贷款贴息等方式，支持有关特许经营项目建设运营。

第三章　特许经营协议履行

第二十六条　特许经营协议各方当事人应当遵循诚实信用原则，按照约定全面履行义务。

除法律、行政法规另有规定外，实施机构和特许经营者任何一方不履行特许经营协议约定义务或者履行义务不符合约定要求的，应当根据协议继续履行、采取补救措施或者赔偿损失。

第二十七条　依法保护特许经营者合法权益。任何单位或者个人不得违反法律、行政法规和本办法规定，干涉特许经营者合法经营活动。

第二十八条　特许经营者应当根据特许经营协议，执行有关特许经营项目投融资安排，确保相应资金或资金来源落实。

第二十九条　特许经营项目涉及新建或改扩建有关基础设施和公用事业的，应当符合城乡规划、土地管理、环境保护、质量管理、安全生产等有关法律、行政法规规定的建设条件和建设标准。

第三十条　特许经营者应当根据有关法律、行政法规、标准规范和特许经营协议，提供优质、持续、高效、安全的公共产品或者公共服务。

第三十一条　特许经营者应当按照技术规范，定期对特许经营项目设施进行检修和保养，保证设施运转正常及经营期限届满后资产按规定进行移交。

第三十二条　特许经营者对涉及国家安全的事项负有保密义务，并应当建立和落实相应保密管理制度。

实施机构、有关部门及其工作人员对在特许经营活动和监督管理工作中知悉的特许经营者商业秘密负有保密义务。

第三十三条　实施机构和特许经营者应当对特许经营项目建设、运营、维修、保养过程中有关资料，按照有关规定进行归档保存。

第三十四条　实施机构应当按照特许经营协议严格履行有关义务，为特许经营者建设运营特许经营项目提供便利和支持，提高公共服务水平。

行政区划调整，政府换届、部门调整和负责人变更，不得影响特许经营协议履行。

第三十五条　需要政府提供可行性缺口补助的特许经营项目，应当严格按照预算法规定，综合考虑政府财政承受能力和债务风险状况，合理确定财政付费总额和分年度数额，并与政府年度预算和中期财政规划相衔接，确保资金拨付需要。

第三十六条　因法律、行政法规修改，或者政策调整损害特许经营者预期利益，或者根据公共利益需要，要求特许经营者提供协议约定以外的产品或服务的，应当给予特许经营者相应补偿。

第四章　特许经营协议变更和终止

第三十七条　在特许经营协议有效期内，协议内容确需变更的，协议当事人应当在协商一致基础上签订补充协议。如协议可能对特许经营项目的存续债务产生重大影响的，应当事先征求债权人同意。特许经营项目涉及直接融资行为的，应当及时做好相关信息披露。

特许经营期限届满后确有必要延长的，按照有关规定经充分评估论证，协商一致并报批准后，可以延长。

第三十八条　在特许经营期限内，因特许经营协议一方严重违约或不可抗力等原因，导致特许经营者无法继续履行协议约定义务，或者出现特许经营协议约定的提前终止协议情形的，在与债权人协商一致后，可以提前终止协议。

特许经营协议提前终止的，政府应当收回特许经营项目，并根据实际情况和协议约定给予原特许经营者相应补偿。

第三十九条　特许经营期限届满终止或提前终止的，协议当事人应当按照特许经营协议约定，以及有关法律、行政法规和规定办理有关设施、资料、档案等的性能测试、评估、移交、接管、验收等手续。

第四十条　特许经营期限届满终止或者提前终止，对该基础设施和公用事业继续采用特许经营方式的，实施机构应当根据本办法规定重新选择特许经营者。

因特许经营期限届满重新选择特许经营者的，在同等条件下，原特许经营者优先获得特许经营。

新的特许经营者选定之前，实施机构和原特许经营者应当制定预案，保障公共产品或公共服务的持续稳定提供。

第五章　监督管理和公共利益保障

第四十一条　县级以上人民政府有关部门应当根据各自职责，对特许经营者执行法律、行政法规、行业标准、产品或服务技术规范，以及其他有关监管要求进行监督管理，并依法加强成本监督审查。

县级以上审计机关应当依法对特许经营活动进行审计。

第四十二条　县级以上人民政府及其有关部门应当根据法律、行政法规和国务院决定保留的行政审批项目对特许经营进行监督管理，不得以实施特许经营为名违法增设行政审批项目或审批环节。

第四十三条　实施机构应当根据特许经营协议，定期对特许经营项目建设运营情况进行监测分析，会同有关部门进行绩效评价，并建立根据绩效评价结果、按照特许经营协议约定对价格或财政补贴进行调整的机制，保障所提供公共产品或公共服务的质量和效率。

实施机构应当将社会公众意见作为监测分析和绩效评价的重要内容。

第四十四条　社会公众有权对特许经营活动进行监督，向有关监管部门投诉，或者向实施机构和特许经营者提出意见建议。

第四十五条　县级以上人民政府应当将特许经营有关政策措施、特许经营部门协调机制组成以及职责等信息向社会公开。

实施机构和特许经营者应当将特许经营项目实施方案、特许经营者选择、特许经营协议及其变更或终止、项目建设运营、所提供公共服务标准、监测分析和绩效评价、经过审计的上年度财务报表等有关信息按规定向社会公开。

特许经营者应当公开有关会计数据、财务核算和其他有关财务指标，并依法接受年度财务审计。

第四十六条　特许经营者应当对特许经营协议约定服务区域内所有用户普遍地、无歧视地提供公共产品或公共服务，不得对新增用户实行差别待遇。

第四十七条　实施机构和特许经营者应当制定突发事件应急预案，按规定报有关部门。突发事件发生后，及时启动应急预案，保障公共产品或公共服务的正常提供。

第四十八条　特许经营者因不可抗力等原因确实无法继续履行特许经营协议的，实施机构应当采取措施，保证持续稳定提供公共产品或公共服务。

第六章　争　议　解　决

第四十九条　实施机构和特许经营者就特许经营协议履行发生争议的，应当协商解决。协商达成一致的，应当签订补充协议并遵照执行。

第五十条　实施机构和特许经营者就特许经营协议中的专业技术问题发生争议的，可以共同聘请专家或第三方机构进行调解。调解达成一致的，应当签订补充协议并遵照执行。

第五十一条　特许经营者认为行政机关作出的具体行政行为侵犯其合法权益的，有陈述、申辩的权利，并可以依法提起行政复议或者行政诉讼。

第五十二条　特许经营协议存续期间发生争议，当事各方在争议解决过程中，应当继续履行特许经营协议义务，保证公共产品或公共服务的持续性和稳定性。

第七章　法 律 责 任

第五十三条　特许经营者违反法律、行政法规和国家强制性标准，严重危害公共利益，或者造成重大质量、安全事故或者突发环境事件的，有关部门应当责令限期改正并依法予以行政处罚；拒不改正、情节严重的，可以终止特许经营协议；构成犯罪的，依法追究刑事责任。

第五十四条　以欺骗、贿赂等不正当手段取得特许经营项目的，应当依法收回特许经营项目，向社会公开。

第五十五条　实施机构、有关行政主管部门及其工作人员不履行法定职责、干预特许经营者正常经营活动、徇私舞弊、滥用职权、玩忽职守的，依法给予行政处分；构成犯罪的，依法追究刑事责任。

第五十六条　县级以上人民政府有关部门应当对特许经营者及其从业人员的不良行为建立信用记录，纳入全国统一的信用信息共享交换平台。对严重违法失信行为依法予以曝光，并会同有关部门实施联合惩戒。

第八章　附　　则

第五十七条　基础设施和公用事业特许经营涉及国家安全审查的，按照国家有关规定执行。

第五十八条　法律、行政法规对基础设施和公用事业特许经营另有规定的，从其规定。本办法实施之前依法已经订立特许经营协议的，按照协议约定执行。

第五十九条　本办法由国务院发展改革部门会同有关部门负责解释。

第六十条　本办法自 2015 年 6 月 1 日起施行。

电力建设工程施工安全监督管理办法

（2015 年 8 月 18 日国家发展和改革委员会令第 28 号公布）

第一章 总 则

第一条 为了加强电力建设工程施工安全监督管理，保障人民群众生命和财产安全，根据《中华人民共和国安全生产法》、《中华人民共和国特种设备安全法》、《建设工程安全生产管理条例》、《电力监管条例》、《生产安全事故报告和调查处理条例》，制定本办法。

第二条 本办法适用于电力建设工程的新建、扩建、改建、拆除等有关活动，以及国家能源局及其派出机构对电力建设工程施工安全实施监督管理。

本办法所称电力建设工程，包括火电、水电、核电（除核岛外）、风电、太阳能发电等发电建设工程，输电、配电等电网建设工程，及其他电力设施建设工程。

本办法所称电力建设工程施工安全包括电力建设、勘察设计、施工、监理单位等涉及施工安全的生产活动。

第三条 电力建设工程施工安全坚持"安全第一、预防为主、综合治理"的方针，建立"企业负责、职工参与、行业自律、政府监管、社会监督"的管理机制。

第四条 电力建设单位、勘察设计单位、施工单位、监理单位及其他与电力建设工程施工安全有关的单位，必须遵守安全生产法律法规和标准规范，建立健全安全生产保证体系和监督体系，建立安全生产责任制和安全生产规章制度，保证电力建设工程施工安全，依法承担安全生产责任。

第五条 开展电力建设工程施工安全的科学技术研究和先进技术的推广应用，推进企业和工程建设项目实施安全生产标准化建设，推进电力建设工程安全生产科学管理，提高电力建设工程施工安全水平。

第二章 建设单位安全责任

第六条 建设单位对电力建设工程施工安全负全面管理责任，具体内容包括：

（一）建立健全安全生产组织和管理机制，负责电力建设工程安全生产组织、协调、监督职责；

（二）建立健全安全生产监督检查和隐患排查治理机制，实施施工现场全过程安全生产管理；

（三）建立健全安全生产应急响应和事故处置机制，实施突发事件应急抢险和事故救援；

（四）建立电力建设工程项目应急管理体系，编制应急综合预案，组织勘察设计、施工、监理等单位制定各类安全事故应急预案，落实应急组织、程序、资源及措施，定期组织演练，建立与国家有关部门、地方政府应急体系的协调联动机制，确保应急工作有效实施；

（五）及时协调和解决影响安全生产重大问题。

建设工程实行工程总承包的，总承包单位应当按照合同约定，履行建设单位对工程的安全生产责任；建设单位应当监督工程总承包单位履行对工程的安全生产责任。

第七条 建设单位应当按照国家有关规定实施电力建设工程招投标管理，具体包括：

（一）应当将电力建设工程发包给具有相应资质等级的单位，禁止中标单位将中标项目的主体和关键性工作分包给他人完成；

（二）应当在电力建设工程招标文件中对投标单位的资质、安全生产条件、安全生产费用使用、安全生产保障措施等提出明确要求；

（三）应当审查投标单位主要负责人、项目负责人、专职安全生产管理人员是否满足国家规定的资格要求；

（四）应当与勘察设计、施工、监理等中标单位签订安全生产协议。

第八条 按照国家有关安全生产费用投入和使用管理规定，电力建设工程概算应当单独计列安全生产费用，不得在电力建设工程投标中列入竞争性报价。根据电力建设工程进展情况，及时、足额向参建单位支付安全生产费用。

第九条 建设单位应当向参建单位提供满足安全生产的要求的施工现场及毗邻区域内各种地下管线、气象、水文、地质等相关资料，提供相邻建筑物和构筑物、地下工程等有关资料。

第十条 建设单位应当组织参建单位落实防灾减灾责任，建立健全自然灾害预测预警和应急响应机制，对重点区域、重要部位地质灾害情况进行评估检查。

应当对施工营地选址布置方案进行风险分析和评估，合理选址。组织施工单位对易发生泥石流、山体滑坡等地质灾害工程项目的生活办公营地、生产设备设施、施工现场及周边环境开展地质灾害隐患排查，制定和落实防范措施。

第十一条 建设单位应当执行定额工期，不得压缩合同约定的工期。如工期确需调整，应当对安全影响进行论证和评估。论证和评估应当提出相应的施工组织措施和安全保障措施。

第十二条　建设单位应当履行工程分包管理责任，严禁施工单位转包和违法分包，将分包单位纳入工程安全管理体系，严禁以包代管。

第十三条　建设单位应在电力建设工程开工报告批准之日起 15 日内，将保证安全施工的措施，包括电力建设工程基本情况、参建单位基本情况、安全组织及管理措施、安全投入计划、施工组织方案、应急预案等内容向建设工程所在地国家能源局派出机构备案。

第三章　勘察设计单位安全责任

第十四条　勘察设计单位应当按照法律法规和工程建设强制性标准进行电力建设工程的勘察设计，提供的勘察设计文件应当真实、准确、完整，满足工程施工安全的需要。

在编制设计计划书时应当识别设计适用的工程建设强制性标准并编制条文清单。

第十五条　勘察单位在勘察作业过程中，应当制定并落实安全生产技术措施，保证作业人员安全，保障勘察区域各类管线、设施和周边建筑物、构筑物安全。

第十六条　电力建设工程所在区域存在自然灾害或电力建设活动可能引发地质灾害风险时，勘察设计单位应当制定相应专项安全技术措施，并向建设单位提出灾害防治方案建议。

应当监控基础开挖、洞室开挖、水下作业等重大危险作业的地质条件变化情况，及时调整设计方案和安全技术措施。

第十七条　设计单位在规划阶段应当开展安全风险、地质灾害分析和评估，优化工程选线、选址方案；可行性研究阶段应当对涉及电力建设工程安全的重大问题进行分析和评价；初步设计应当提出相应施工方案和安全防护措施。

第十八条　对于采用新技术、新工艺、新流程、新设备、新材料和特殊结构的电力建设工程，勘察设计单位应当在设计文件中提出保障施工作业人员安全和预防生产安全事故的措施建议；不符合现行相关安全技术规范或标准规定的，应当提请建设单位组织专题技术论证，报送相应主管部门同意。

第十九条　勘察设计单位应当根据施工安全操作和防护的需要，在设计文件中注明涉及施工安全的重点部位和环节，提出防范安全生产事故的指导意见；工程开工前，应当向参建单位进行技术和安全交底，说明设计意图；施工过程中，对不能满足安全生产要求的设计，应当及时变更。

第四章　施工单位安全责任

第二十条　施工单位应当具备相应的资质等级，具备国家规定的安全生产条件，取得安全生产许可证，在许可的范围内从事电力建设工程施工活动。

第二十一条 施工单位应当按照国家法律法规和标准规范组织施工，对其施工现场的安全生产负责。应当设立安全生产管理机构，按规定配备专（兼）职安全生产管理人员，制定安全管理制度和操作规程。

第二十二条 施工单位应当按照国家有关规定计列和使用安全生产费用。应当编制安全生产费用使用计划，专款专用。

第二十三条 电力建设工程实行施工总承包的，由施工总承包单位对施工现场的安全生产负总责，具体包括：

（一）施工单位或施工总承包单位应当自行完成主体工程的施工，除可依法对劳务作业进行劳务分包外，不得对主体工程进行其他形式的施工分包；禁止任何形式的转包和违法分包；

（二）施工单位或施工总承包单位依法将主体工程以外项目进行专业分包的，分包单位必须具有相应资质和安全生产许可证，合同中应当明确双方在安全生产方面的权利和义务。施工单位或施工总承包单位履行电力建设工程安全生产监督管理职责，承担工程安全生产连带管理责任，分包单位对其承包的施工现场安全生产负责；

（三）施工单位或施工总承包单位和专业承包单位实行劳务分包的，应当分包给具有相应资质的单位，并对施工现场的安全生产承担主体责任。

第二十四条 施工单位应当履行劳务分包安全管理责任，将劳务派遣人员、临时用工人员纳入其安全管理体系，落实安全措施，加强作业现场管理和控制。

第二十五条 电力建设工程开工前，施工单位应当开展现场查勘，编制施工组织设计、施工方案和安全技术措施并按技术管理相关规定报建设单位、监理单位同意。

分部分项工程施工前，施工单位负责项目管理的技术人员应当向作业人员进行安全技术交底，如实告知作业场所和工作岗位可能存在的风险因素、防范措施以及现场应急处置方案，并由双方签字确认；对复杂自然条件、复杂结构、技术难度大及危险性较大的分部分项工程需编制专项施工方案并附安全验算结果，必要时召开专家会议论证确认。

第二十六条 施工单位应当定期组织施工现场安全检查和隐患排查治理，严格落实施工现场安全措施，杜绝违章指挥、违章作业、违反劳动纪律行为发生。

第二十七条 施工单位应当对因电力建设工程施工可能造成损害和影响的毗邻建筑物、构筑物、地下管线、架空线缆、设施及周边环境采取专项防护措施。对施工现场出入口、通道口、孔洞口、邻近带电区、易燃易爆及危险化学品存放处等危险区域和部位采取防护措施并设置明显的安全警示标志。

第二十八条　施工单位应当制定用火、用电、易燃易爆材料使用等消防安全管理制度，确定消防安全责任人，按规定设置消防通道、消防水源，配备消防设施和灭火器材。

第二十九条　施工单位应当按照国家有关规定采购、租赁、验收、检测、发放、使用、维护和管理施工机械、特种设备，建立施工设备安全管理制度、安全操作规程及相应的管理台账和维保记录档案。

施工单位使用的特种设备应当是取得许可生产并经检验合格的特种设备。特种设备的登记标志、检测合格标志应当置于该特种设备的显著位置。

安装、改造、修理特种设备的单位，应当具有国家规定的相应资质，在施工前按规定履行告知手续，施工过程按照相关规定接受监督检验。

第三十条　施工单位应当按照相关规定组织开展安全生产教育培训工作。企业主要负责人、项目负责人、专职安全生产管理人员、特种作业人员需经培训合格后持证上岗，新入场人员应当按规定经过三级安全教育。

第三十一条　施工单位对电力建设工程进行调试、试运行前，应当按照法律法规和工程建设强制性标准，编制调试大纲、试验方案，对各项试验方案制定安全技术措施并严格实施。

第三十二条　施工单位应当根据电力建设工程施工特点、范围，制定应急救援预案、现场处置方案，对施工现场易发生事故的部位、环节进行监控。实行施工总承包的，由施工总承包单位组织分包单位开展应急管理工作。

第五章　监理单位安全责任

第三十三条　监理单位应当按照法律法规和工程建设强制性标准实施监理，履行电力建设工程安全生产管理的监理职责。监理单位资源配置应当满足工程监理要求，依据合同约定履行电力建设工程施工安全监理职责，确保安全生产监理与工程质量控制、工期控制、投资控制的同步实施。

第三十四条　监理单位应当建立健全安全监理工作制度，编制含有安全监理内容的监理规划和监理实施细则，明确监理人员安全职责以及相关工作安全监理措施和目标。

第三十五条　监理单位应当组织或参加各类安全检查活动，掌握现场安全生产动态，建立安全管理台账。重点审查、监督下列工作：

（一）按照工程建设强制性标准和安全生产标准及时审查施工组织设计中的安全技术措施和专项施工方案；

（二）审查和验证分包单位的资质文件和拟签订的分包合同、人员资质、安全协议；

（三）审查安全管理人员、特种作业人员、特种设备操作人员资格证明文件和主要施工机械、工器具、安全用具的安全性能证明文件是否符合国家有关标准；检查现场作业人员及设备配置是否满足安全施工的要求；

（四）对大中型起重机械、脚手架、跨越架、施工用电、危险品库房等重要施工设施投入使用前进行安全检查签证。土建交付安装、安装交付调试及整套启动等重大工序交接前进行安全检查签证；

（五）对工程关键部位、关键工序、特殊作业和危险作业进行旁站监理；对复杂自然条件、复杂结构、技术难度大及危险性较大分部分项工程专项施工方案的实施进行现场监理；监督交叉作业和工序交接中的安全施工措施的落实；

（六）监督施工单位安全生产费的使用、安全教育培训情况。

第三十六条　在实施监理过程中，发现存在生产安全事故隐患的，应当要求施工单位及时整改；情节严重的，应当要求施工单位暂时或部分停止施工，并及时报告建设单位。施工单位拒不整改或者不停止施工的，监理单位应当及时向国家能源局派出机构和政府有关部门报告。

第六章　监　督　管　理

第三十七条　国家能源局依法实施电力建设工程施工安全的监督管理，具体内容包括：

（一）建立健全电力建设工程安全生产监管机制，制定电力建设工程施工安全行业标准；

（二）建立电力建设工程施工安全生产事故和重大事故隐患约谈、诚勉制度；

（三）加强层级监督指导，对事故多发地区、安全管理薄弱的企业和安全隐患突出的项目、部位实施重点监督检查。

第三十八条　国家能源局派出机构按照国家能源局授权实施辖区内电力建设工程施工安全监督管理，具体内容如下：

（一）部署和组织开展辖区内电力建设工程施工安全监督检查；

（二）建立电力建设工程施工安全生产事故和重大事故隐患约谈、诚勉制度；

（三）依法组织或参加辖区内电力建设工程施工安全事故的调查与处理，做好事故分析和上报工作。

第三十九条　国家能源局及其派出机构履行电力建设工程施工安全监督管理职责时，可以采取下列监管措施：

（一）要求被检查单位提供有关安全生产的文件和资料（含相关照片、录像及电子文本等），按照国家规定如实公开有关信息；

（二）进入被检查单位施工现场进行监督检查，纠正施工中违反安全生产要求的行为；

（三）对检查中发现的生产安全事故隐患，责令整改；对重大生产安全事故隐患实施挂牌督办，重大生产安全事故隐患整改前或整改过程中无法保证安全的，责令其从危险区域撤出作业人员或者暂时停止施工；

（四）约谈存在生产安全事故隐患整改不到位的单位，受理和查处有关安全生产违法行为的举报和投诉，披露违反本办法有关规定的行为和单位，并向社会公布；

（五）法律法规规定的其他措施。

第四十条 国家能源局及其派出机构应建立电力建设工程施工安全领域相关单位和人员的信用记录，并将其纳入国家统一的信用信息平台，依法公开严重违法失信信息，并对相关责任单位和人员采取一定期限内市场禁入等惩戒措施。

第四十一条 生产安全事故或自然灾害发生后，有关单位应当及时启动相关应急预案，采取有效措施，最大程度减少人员伤亡、财产损失，防止事故扩大和衍生事故发生。建设、勘察设计、施工、监理等单位应当按规定报告事故信息。

第七章 罚 则

第四十二条 国家能源局及其派出机构有下列行为之一的，对直接负责的主管人员和其他直接责任人员依法给予处分；构成犯罪的，依法追究刑事责任：

（一）迟报、漏报、瞒报、谎报事故的；

（二）阻碍、干涉事故调查工作的；

（三）在事故调查中营私舞弊、作伪证或者指使他人作伪证的；

（四）不依法履行监管职责或者监督不力，造成严重后果的；

（五）在实施监管过程中索取或者收受他人财物或者谋取其他利益；

（六）其他违反国家法律法规的行为。

第四十三条 建设单位未按规定提取和使用安全生产费用的，责令限期改正；逾期未改正的，责令该建设工程停止施工。

第四十四条 电力建设工程参建单位有下列情形之一的，责令改正；拒不改正的，处 5 万元以上 50 万元以下的罚款；造成严重后果，构成犯罪的，依法追究刑事责任：

（一）拒绝或者阻碍国家能源局及其派出机构及其从事监管工作的人员依法履行监管职责的；

（二）提供虚假或者隐瞒重要事实的文件、资料；

（三）未按照国家有关监管规章、规则的规定披露有关信息的。

第四十五条 建设单位有下列行为之一的，责令限期改正，并处 20 万元以上

50 万元以下的罚款；造成重大安全事故，构成犯罪的，对直接责任人员，依照刑法有关规定追究刑事责任；造成损失的，依法承担赔偿责任：

（一）对电力勘察、设计、施工、调试、监理等单位提出不符合安全生产法律、法规和强制性标准规定的要求的；

（二）违规压缩合同约定工期的；

（三）将工程发包给不具有相应资质等级的施工单位的。

第四十六条　电力勘察设计单位有下列行为之一的，责令限期改正，并处 10 万元以上 30 万元以下的罚款；情节严重的，责令停业整顿，提请相关部门降低资质等级，直至吊销资质证书；造成重大安全事故，构成犯罪的，对直接责任人员，依照刑法有关规定追究刑事责任；造成损失的，依法承担赔偿责任：

（一）未按照法律、法规和工程建设强制性标准进行勘察、设计的；

（二）采用新技术、新工艺、新流程、新设备、新材料的电力建设工程和特殊结构的电力建设工程，设计单位未在设计中提出保障施工作业人员安全和预防生产安全事故的措施建议的。

第四十七条　施工单位有下列行为之一的，责令限期改正；逾期未改正的，责令停业整顿，并处 10 万元以上 30 万元以下的罚款；情节严重的，提请相关部门降低资质等级，直至吊销资质证书；造成重大安全事故，构成犯罪的，对直接责任人员，依照刑法有关规定追究刑事责任；造成损失的，依法承担赔偿责任：

（一）未按本办法设立安全生产管理机构、配备专（兼）职安全生产管理人员或者分部分项工程施工时无专（兼）职安全生产管理人员现场监督的；

（二）主要负责人、项目负责人、专职安全生产管理人员、特种（殊）作业人员未持证上岗的；

（三）使用国家明令淘汰、禁止使用的危及电力施工安全的工艺、设备、材料的；

（四）未按照规定在施工起重机械和整体提升脚手架、模板等自升式架设设施验收合格后取得使用登记证书的；

（五）未向作业人员提供安全防护用品、用具的；

（六）未在施工现场的危险部位设置明显的安全警示标志，或者未按照国家有关规定在施工现场设置消防通道、消防水源、配备消防设施和灭火器材的。

第四十八条　挪用安全生产费用的，责令限期改正，并处挪用费用 20%以上 50%以下的罚款；造成重大安全事故，构成犯罪的，依法追究刑事责任。

第四十九条　监理单位有下列行为之一的，责令限期改正；逾期未改正的，责令停业整顿，并处 10 万元以上 30 万元以下的罚款；情节严重的，提请相关部门降低资质等级，直至吊销资质证书；造成重大安全事故，构成犯罪的，对直接责任人员，依照刑法有关规定追究刑事责任；造成损失的，依法承担赔偿责任：

（一）未对重大安全技术措施或者专项施工方案进行审查的；

（二）发现安全事故隐患未及时要求施工单位整改或者暂时停止施工的；

（三）施工单位拒不整改或者不停止施工，未及时向有关主管部门报告的；

（四）未依照法律、法规和工程建设强制性标准实施监理的。

第五十条　违反本办法的规定，施工单位的主要负责人、项目负责人未履行安全生产管理职责的，责令限期改正；逾期未改正的，责令施工单位停业整顿；造成重大安全事故、重大伤亡事故或者其他严重后果，构成犯罪的，依照刑法有关规定追究刑事责任。

作业人员不服管理、违反规章制度和操作规程冒险作业造成重大伤亡事故或者其他严重后果，构成犯罪的，依照刑法有关规定追究刑事责任。

施工单位的主要负责人、项目负责人有前款违法行为，尚不够刑事处罚的，处 2 万元以上 20 万元以下的罚款或者按照管理权限给予撤职处分；自刑罚执行完毕或者受处分之日起，5 年内不得担任任何施工单位的主要负责人、项目负责人。

第五十一条　本办法规定的行政处罚，由国家能源局及其派出机构或者其他有关部门依照法定职权决定。有关法律、行政法规对电力建设工程安全生产违法行为的行政处罚决定机关另有规定的，从其规定。

第八章　附　　则

第五十二条　本办法自公布之日起 30 日后施行，原电监会发布的《电力建设安全生产监督管理办法》（电监安全〔2007〕38 号）同时废止。

第五十三条　本办法由国家发展和改革委员会负责解释。

电力设施保护条例实施细则

（1992 年 12 月 2 日能源部、公安部发布，根据 1999 年 3 月 18 日国家经济贸易委员会、公安部令第 8 号修改，根据 2011 年 6 月 30 日国家发展和改革委员会令第 10 号第二次修改）

  第一条 根据《电力设施保护条例》（以下简称《条例》）第三十一条规定，制定本实施细则。

  第二条 本细则适用于中华人民共和国境内国有、集体、外资、合资、个人已建或在建的电力设施。

  第三条 电力管理部门、公安部门、电力企业和人民群众都有保护电力设施的义务。各级地方人民政府设立的由同级人民政府所属有关部门和电力企业（包括：电网经营企业、供电企业、发电企业）负责人组成的电力设施保护领导小组，负责领导所辖行政区域内电力设施的保护工作，其办事机构设在相应的电网经营企业，负责电力设施保护的日常工作。

  电力设施保护领导小组，应当在有关电力线路沿线组织群众护线，群众护线组织成员由相应的电力设施保护领导小组发给护线证件。

  各省（自治区、直辖市）电力管理部门可制定办法，规定群众护线组织形式、权利、义务、责任等。

  第四条 电力企业必须加强对电力设施的保护工作。对危害电力设施安全的行为，电力企业有权制止并可以劝其改正、责其恢复原状、强行排除妨害，责令赔偿损失、请求有关行政主管部门和司法机关处理，以及采取法律、法规或政府授权的其他必要手段。

  第五条 架空电力线路保护区，是为了保证已建架空电力线路的安全运行和保障人民生活的正常供电而必须设置的安全区域。在厂矿、城镇、集镇、村庄等人口密集地区，架空电力线路保护区为导线边线在最大计算风偏后的水平距离和风偏后距建筑物的水平安全距离之和所形成的两平行线内的区域。各级电压导线边线在计算导线最大风偏情况下，距建筑物的水平安全距离如下：

1 千伏以下	1.0 米
1～10 千伏	1.5 米
35 千伏	3.0 米
66～110 千伏	4.0 米

154～220 千伏	5.0 米
330 千伏	6.0 米
500 千伏	8.5 米

第六条 江河电缆保护区的宽度为：

（一）敷设于二级及以上航道时，为线路两侧各 100 米所形成的两平行线内的水域；

（二）敷设于三级及以下航道时，为线路两侧各 50 米所形成的两平行线内的水域。

第七条 地下电力电缆保护区的宽度为地下电力电缆线路地面标桩两侧各 0.75 米所形成两平行线内区域。

发电设施附属的输油、输灰、输水管线的保护区依本条规定确定。

在保护区内禁止使用机械掘土、种植林木；禁止挖坑、取土、兴建建筑物和构筑物；不得堆放杂物或倾倒酸、碱、盐及其他有害化学物品。

第八条 禁止在电力电缆沟内同时埋设其他管道。未经电力企业同意，不准在地下电力电缆沟内埋设输油、输气等易燃易爆管道。管道交叉通过时，有关单位应当协商，并采取安全措施，达成协议后方可施工。

第九条 电力管理部门应在下列地点设置安全标志：

（一）架空电力线路穿越的人口密集地段；

（二）架空电力线路穿越的人员活动频繁的地区；

（三）车辆、机械频繁穿越架空电力线路的地段；

（四）电力线路上的变压器平台。

第十条 任何单位和个人不得在距电力设施周围 500 米范围内（指水平距离）进行爆破作业。因工作需要必须进行爆破作业时，应当按国家颁发的有关爆破作业的法律法规，采取可靠的安全防范措施，确保电力设施安全，并征得当地电力设施产权单位或管理部门的书面同意，报经政府有关管理部门批准。

在规定范围外进行的爆破作业必须确保电力设施的安全。

第十一条 任何单位或个人不得冲击、扰乱发电、供电企业的生产和工作秩序，不得移动、损害生产场所的生产设施及标志物。

第十二条 任何单位或个人不得在距架空电力线路杆塔、拉线基础外缘的下列范围内进行取土、打桩、钻探、开挖或倾倒酸、碱、盐及其他有害化学物品的活动：

（一）35 千伏及以下电力线路杆塔、拉线周围 5 米的区域；

（二）66 千伏及以上电力线路杆塔、拉线周围 10 米的区域。

在杆塔、拉线基础的上述距离范围外进行取土、堆物、打桩、钻探、开挖活动时，必须遵守下列要求：

（一）预留出通往杆塔、拉线基础供巡视和检修人员、车辆通行的道路；

（二）不得影响基础的稳定，如可能引起基础周围土壤、砂石滑坡，进行上述活动的单位或个人应当负责修筑护坡加固；

（三）不得损坏电力设施接地装置或改变其埋设深度。

第十三条 在架空电力线路保护区内，任何单位或个人不得种植可能危及电力设施和供电安全的树木、竹子等高杆植物。

第十四条 超过 4 米高度的车辆或机械通过架空电力线路时，必须采取安全措施，并经县级以上的电力管理部门批准。

第十五条 架空电力线路一般不得跨越房屋。对架空电力线路通道内的原有房屋，架空电力线路建设单位应当与房屋产权所有者协商搬迁，拆迁费不得超出国家规定标准；特殊情况需要跨越房屋时，设计建设单位应当采取增加杆塔高度、缩短档距等安全措施，以保证被跨越房屋的安全。被跨越房屋不得再行增加高度。超越房屋的物体高度或房屋周边延伸出的物体长度必须符合安全距离的要求。

第十六条 架空电力线路建设项目和公用工程、城市绿化及其他工程之间发生妨碍时，按下述原则处理：

（一）新建架空电力线路建设工程、项目需穿过林区时，应当按国家有关电力设计的规程砍伐出通道，通道内不得再种植树木；对需砍伐的树木由架空电力线路建设单位按国家的规定办理手续和付给树木所有者一次性补偿费用，并与其签订不再在通道内种植树木的协议。

（二）架空电力线路建设项目、计划已经当地城市建设规划主管部门批准的，园林部门对影响架空电力线路安全运行的树木，应当负责修剪，并保持今后树木自然生长最终高度和架空电力线路导线之间的距离符合安全距离的要求。

（三）根据城市绿化规划的要求，必须在已建架空电力线路保护区内种植树木时，园林部门需与电力管理部门协商，征得同意后，可种植低矮树种，并由园林部门负责修剪以保持树木自然生长最终高度和架空电力线路导线之间的距离符合安全距离的要求。

（四）架空电力线路导线在最大弧垂或最大风偏后与树木之间的安全距离为：

电压等级	最大风偏距离	最大垂直距离
35~110 千伏	3.5 米	4.0 米
154~220 千伏	4.0 米	4.5 米
330 千伏	5.0 米	5.5 米
500 千伏	7.0 米	7.0 米

对不符合上述要求的树木应当依法进行修剪或砍伐，所需费用由树木所有者负担。

第十七条 城乡建设规划主管部门审批或规划已建电力设施（或已经批准新建、改建、扩建、规划的电力设施）两侧的新建建筑物时，应当会同当地电力管理部门审查后批准。

第十八条 在依法划定的电力设施保护区内，任何单位和个人不得种植危及电力设施安全的树木、竹子或高杆植物。

电力企业对已划定的电力设施保护区域内新种植或自然生长的可能危及电力设施安全的树木、竹子，应当予以砍伐，并不予支付林木补偿费、林地补偿费、植被恢复费等任何费用。

第十九条 电力管理部门对检举、揭发破坏电力设施或哄抢、盗窃电力设施器材的行为符合事实的单位或个人，给予 2000 元以下的奖励；对同破坏电力设施或哄抢、盗窃电力设施器材的行为进行斗争并防止事故发生的单位或个人，给予 2000 元以上的奖励；对为保护电力设施与自然灾害作斗争，成绩突出或为维护电力设施安全做出显著成绩的单位或个人，根据贡献大小，给予相应物质奖励。

对维护、保护电力设施作出重大贡献的单位或个人，除按以上规定给予物质奖励外，还可由电力管理部门、公安部门或当地人民政府根据各自的权限给予表彰或荣誉奖励。

第二十条 下列危害电力设施的行为，情节显著轻微的，由电力管理部门责令改正；拒不改正的，处 1000 元以上 10000 元以下罚款：

（一）损坏使用中的杆塔基础的；

（二）损坏、拆卸、盗窃使用中或备用塔材、导线等电力设施的；

（三）拆卸、盗窃使用中或备用变压器等电力设备的。

破坏电力设备、危害公共安全构成犯罪的，依法追究其刑事责任。

第二十一条 下列违反《电力设施保护条例》和本细则的行为，尚不构成犯罪的，由公安机关依据《中华人民共和国治安管理处罚条例》予以处理：

（一）盗窃、哄抢库存或者已废弃停止使用的电力设施器材的；

（二）盗窃、哄抢尚未安装完毕或尚未交付使用单位验收的电力设施的。

（三）其他违反治安管理的行为。

第二十二条 电力管理部门为保护电力设施安全，对违法行为予以行政处罚，应当依照法定程序进行。

第二十三条 本实施细则自发布之日起施行，原能源部、公安部 1992 年 12 月 2 日发布的《电力设施保护条例实施细则》同时废止。

铺设海底电缆管道管理规定实施办法

（1992 年 8 月 26 日国家海洋局令第 3 号发布）

第一条 为实施《铺设海底电缆管道管理规定》（以下简称《规定》），加强对海底电缆、管道的管理和保护，制定本实施办法。

第二条 本办法适用于在中华人民共和国的内海、领海及大陆架上进行海底电缆、管道铺设以及为铺设所进行的路由调查、勘测及其他有关活动的任何法人、自然人和其他经济实体。

第三条 中华人民共和国国家海洋局及其所属分局以及沿海省、自治区、直辖市人民政府海洋管理机构（以下简称地方海洋管理机构）是实施本办法的主管机关。

第四条 国家对铺设海底电缆、管道及其他有关活动的管理，实行统一领导、分级管理。

地方海洋管理机构负责其管理海域内海底电缆、管道的审批与监督管理（本条第五款第三项所指管道的审批除外）。

分局负责地方海洋管理机构管理海域之外的海底电缆、管道的审批与监督管理。

跨省、自治区、直辖市管理海域和超出省、自治区、直辖市管理海域的海底电缆、管道，由分局商有关地方海洋管理机构审批，并负责监督管理。

下列海底电缆、管道由国家海洋局负责审批：

一、路经中国管辖海域和大陆架的外国海底电缆、管道；

二、由中国铺向其他国家和地区的国际海底电缆、管道；

三、国内长距离（二百公里以上）的海底管道和污水排放量为二十万吨／日以上的海底排污管道。

第五条 海底电缆、管道的路由调查、勘测，所有者应依照《规定》第五条，将《路由调查、勘测申请书》一式五份按本办法第四条报相应的审批机关审批。

外国的公司、企业和其他经济组织或个人在中国大陆架上进行上述活动的，所有者应在实施作业六十天前，将《规定》第五条要求提供的资料一式五份按本办法第四条报相应的审批机关，其确定的调查、勘测路由需经主管机关同意。

《路由调查、勘测申请书》应附具以下资料：

一、调查、勘测路由选择依据的详细说明；

二、调查、勘测单位的基本情况；

三、《铺设海底管道工程对海洋资源和环境影响报告书》的编写大纲和评价单位的基本情况；

四、《污水排海工程可行性研究报告》；

五、其他有关说明资料。

第六条 海底电缆、管道的铺设施工，所有者应依照《规定》第六条，将所确定的路由及《路由调查、勘测报告》等有关资料一式五份，按本办法第四条报相应的审批机关审批。审批机关审批后发给铺设施工许可证。

外国的公司、企业和其他经济组织或个人在中国大陆架上进行上述活动的，所有者应在实施作业六十天前，将《规定》第六条要求提供的资料一式五份按本办法第四条报相应的审批机关，其确定的路由需经主管机关同意。

第七条 所有者在选择海底电缆、管道路由时，应顾及其他海洋开发利用。当路由需穿越重要渔捞作业区、海洋油气开采区、军事区、锚地和海底电缆、管道等并发生矛盾时，所有者应与有关当事方协商或报请主管机关协调解决。

设置海底排污管道应充分考虑排放海域的使用功能，排污口的位置应选择在远离海洋自然保护区、重要渔业水域、海水浴场、海滨风景游览区等区域的具有足够水深、海面宽阔、水体交换能力强等条件适当的场点，并符合国家的有关规定和标准。

第八条 《路由调查、勘测报告》应包括以下内容：

一、调查概况；

二、路由海区的气象与水文动力状况；

三、路由海区的工程地质条件；

四、与该海底电缆、管道工程建设和维护有关的其他海洋开发活动和海底设施；

五、有关政府机构在路由海区的开发利用规划；

六、路由条件的综合评价及其结论；

七、有关图件及其他调查资料。

第九条 《铺设海底管道工程对海洋资源和环境影响报告书》的内容应包括：

一、海底管道途经海域海洋资源和环境的状况；

二、海底管道海上铺设施工作业阶段及其正常使用阶段对周围海域海洋资源和生态环境及其他海洋开发利用活动影响的综合评价及对上述影响的解决办法；

三、海底管道事故状态对海洋资源和环境产生影响的评价及其应急措施。

第十条 获准的海底电缆、管道路由调查、勘测和铺设施工，在实施作业前或实施作业中如需变动（包括：路由、作业时间、作业计划、作业方式等变动），所有者应及时报告主管机关。如路由等变动较大，应报经主管机关批准。

海上作业者应持有主管机关签发的铺设施工许可证。

第十一条 铺设海底电缆、管道及其他海上作业，需要移动、切断已铺设的海底电缆、管道时，应当先与所有者协商，就交越施工的技术处理及损失赔偿等问题达成协议，并报经主管机关批准后方可施工。在协商和执行过程中，双方如有纠纷，可由主管机关协调解决。

第十二条 海底电缆、管道铺设施工完毕后九十天内，所有者应将海底电缆、管道准确路线图、位置表等说明资料一式五份报送主管机关备案，并抄送有关港务监督机关。

第十三条 海底电缆、管道的维修、改造、拆除，所有者应在实施作业三十天前，将作业内容、原因、时间、海区及作业船只等情况书面报告主管机关。海底电缆、管道的紧急修理，所有者可在维修船进入现场作业的同时，按上述内容向主管机关报告并说明紧急修理的理由。

外国船舶需要在中国内海、领海进行前款所述作业的，应经主管机关批准。

海底电缆、管道路由变动较大的改造，所有者事先应经主管机关批准。

上述作业完毕后三十天内，所有者应将作业结果报告主管机关。

第十四条 海底电缆、管道的废弃，所有者应当在六十天前向主管机关书面报告，内容应包括：废弃的原因、废弃的准确时间、废弃部分的准确位置及处置办法、废弃部分对其他海洋开发利用可能产生的影响及采取的防治措施。

废弃的海底电缆、管道应当妥善处理，不得对正常的海洋开发利用活动构成威胁或妨碍。

第十五条 海底电缆、管道的铺设、维修、拆除等海上施工作业，应兼顾其他海上正常开发利用活动，当两者在作业时间和作业海区等方面发生矛盾时，所有者应当与有关当事方协商解决或报主管机关协调解决。

第十六条 主管机关应将所辖海区已铺设或废弃的海底电缆、管道的路由情况定期予以公告。

第十七条 从事海上各种活动的作业者，应了解作业海区海底电缆、管道的布设情况。凡需在海底电缆、管道路由两侧各两海里（港内为两侧各一百米）范围内从事可能危及海底电缆、管道安全和使用效能的作业的，应事先与所有者协商并报经主管机关批准。

第十八条 主管机关可对进行海底电缆、管道路由调查、勘测和铺设、维修、改造、拆除等活动的船舶进行监视或检查。进行上述活动的船舶应为主管机关海洋监察人员执行公务提供方便。

外国籍船舶在中国大陆架上进行前款所述的活动期间（包括作业、锚泊、检修、漂泊等），应于每天 02 时（格林威治时间）向主管机关报告船位；在中国的内海、领海进行前款所述的活动期间（包括作业、锚泊、检修、漂泊等），应于每天00、08时（格林威治时间）向主管机关报告船位。

第十九条 为海洋石油开发所铺设的海底电缆、管道，按下列要求报主管机关审批或备案：

一、对包含在油（气）田总体开发方案中的路由超出石油开发区的海底电缆、管道，所有者应在该方案审批前，将初选路由等资料一式五份按本办法第四条报相应的审批机关，由审批机关商国家能源部门审定。在实施上述路由调查、勘测六十天前，所有者应将《规定》第五条要求提供的资料报主管机关备案。在实施铺设施工六十天前，所有者应将最后确定的路由等资料一式五份，依照《规定》第六条的有关要求报主管机关批准，由主管机关发给铺设施工许可证。

二、对在石油开发区内铺设平台间或者平台与单点系泊间的海底电缆、管道，在实施路由调查、勘测和铺设施工六十天前，所有者应分别将《规定》第五条、第六条要求提供的资料报主管机关备案。

《规定》第十五条未作规定的情况，所有者应按《规定》和本办法的其他有关条款执行。

第二十条 对违反《规定》及本办法的，主管机关有权依其情节轻重，给予下列一种或几种处罚：警告、罚款和责令停止海上作业。

罚款分为以下几种：

一、凡有下列行为之一者，罚款最高额为人民币一万元：

（一）海上作业者未持有主管机关已签发的铺设施工许可证的；

（二）阻挠或妨碍主管机关海洋监察人员执行公务的；

（三）未按本办法第十二条的要求，将有关资料报主管机关备案的。

二、凡有下列行为之一者，罚款最高额为人民币五万元：

（一）获准的路由调查、勘测或铺设施工发生变动，未按本办法第十条执行的；

（二）海底电缆、管道的铺设、维修、改造、拆除和废弃，未按本办法第十三条、第十四条、第十五条执行的；

（三）海底电缆、管道的铺设或者拆除等工程的遗留物未妥善处理，对正常的海洋开发利用活动构成威胁或妨碍的；

（四）违反本办法第十一条，移动已铺设的海底电缆、管道的；

（五）违反本办法第十七条，从事可能危及海底电缆、管道安全和使用效能的作业的；

（六）外国籍船舶未按本办法的要求报告船位的。

三、凡有下列行为之一者，罚款最高额为人民币十万元：

（一）外国籍船舶在未经批准的海域作业或在获准的海域内进行未经批准的作业的；

（二）未按《规定》和本办法报经主管机关批准和备案，擅自进行海底电缆、管道路由调查、勘测的。

四、未按《规定》和本办法报经主管机关批准和备案，擅自进行海底电缆、管道铺设施工的，罚款最高额为人民币二十万元。

第二十一条 当事人对处罚决定不服的，可以在接到处罚通知之日起 15 日内，向作出处罚决定的机关的上一级机关申请复议；对复议决定不服的，可以在接到复议决定书之日起 15 日内，向人民法院起诉。当事人也可以在接到处罚通知之日起 15 日内直接向人民法院起诉。当事人逾期不申请复议，也不向人民法院起诉，又不履行处罚决定的，由作出处罚决定的机关申请人民法院强制执行。

第二十二条 违反《规定》和本办法，造成海洋资源、环境或海底电缆、管道等公私财产损害和海上正常秩序危害的，肇事者应承担赔偿责任。赔偿责任包括：

一、受害方经济收入的损失金额及被破坏海底电缆、管道的修复、更新费用；

二、清除、治理由于海底管道遭受损害而引起的污染所支付的费用和由于污染而引起的海洋资源的损失金额及为防止损害所采取的应急措施所支付的费用；

三、调查、处理损害事件的费用。

第二十三条 赔偿责任和赔偿金额的纠纷，当事人可请求主管机关进行调解处理。当事人也可依照民事诉讼程序向人民法院提起诉讼。涉外案件可以按仲裁程序解决。

第二十四条 请求赔偿的诉讼时效期间为二年，从受害方知道或应当知道受损害之日开始计算。

赔偿纠纷处理结束后，受害方不得就同一损害事件再次提出索赔要求。

第二十五条 由于不可抗拒的自然灾害或仅为了保全人命或船舶的正当目的，在采取避免破坏或损害的一切必要预防措施后，仍然发生了任何海底电缆、管道损坏的，可减轻或免除赔偿责任。

请求免于承担或减轻赔偿责任的作业者，可向主管机关提交报告。主管机关对免除或减轻责任的条件调查属实后，可作出免除或减轻赔偿责任的决定。

完全是由于第三者的故意或过失造成海底电缆、管道破坏或损害的，由第三者承担赔偿责任。

第二十六条　中国军用海底电缆、管道的铺设依照《规定》执行，具体实施办法由中国人民解放军根据《规定》和本办法制定。

第二十七条　《规定》及本办法下列用语的含义是：

一、"海底电缆、管道"系指位于大潮高潮线以下的军用和民用的海底通信电缆（含光缆）和电力电缆及输水（含工业废水、城市污水等）、输气、输油和输送其他物质的管状设施。

二、"内海"系指领海基线内侧的全部海域（包括海湾、海峡、海港、河口湾）；领海基线与海岸之间的海域；通过狭窄水道连接海洋的海域。

三、"所有者"系指对海底电缆、管道拥有产权和所有权的法人和其他经济实体。

四、"路由变动较大"系指出于主观要求而非定位误差和施工技术手段的原因，而改变批准的或原有的路由，暂定为：在潮间带五百米以上、领海线以内一公里以上、领海线以外五公里以上。

五、"移动"系指海底电缆、管道的水平移位或垂直移位。

第二十八条　本办法由国家海洋局负责解释。

第二十九条　本办法自颁布之日起施行。

海底电缆管道保护规定

（2004 年 1 月 9 日国土资源部令第 24 号公布）

第一条 为加强海底电缆管道的保护，保障海底电缆管道的安全运行，维护海底电缆管道所有者的合法权益，根据《铺设海底电缆管道管理规定》和有关法律、法规，制定本规定。

第二条 中华人民共和国内海、领海、大陆架及管辖的其他海域内的海底电缆管道的保护活动，适用本规定。

军事电缆管道的保护活动，不适用本规定。

第三条 国务院海洋行政主管部门负责全国海底电缆管道的保护工作。

沿海县级以上地方人民政府海洋行政主管部门负责本行政区毗邻海域海底电缆管道的保护工作。

第四条 任何单位和个人都有保护海底电缆管道的义务，并有权对破坏海底电缆管道的行为进行检举和控告。

第五条 海底电缆管道所有者应当在海底电缆管道铺设竣工后 90 日内，将海底电缆管道的路线图、位置表等注册登记资料报送县级以上人民政府海洋行政主管部门备案，并同时抄报海事管理机构。

本规定公布施行前铺设竣工的海底电缆管道，应当在本规定生效后 90 日内，按照前款规定备案。

第六条 省级以上人民政府海洋行政主管部门应当每年向社会发布海底电缆管道公告。

海底电缆管道公告包括海底电缆管道的名称、编号、注册号、海底电缆管道所有者、用途、总长度（公里）、路由起止点（经纬度）、示意图、标识等。

第七条 国家实行海底电缆管道保护区制度。

省级以上人民政府海洋行政主管部门应当根据备案的注册登记资料，商同级有关部门划定海底电缆管道保护区，并向社会公告。

海底电缆管道保护区的范围，按照下列规定确定：

（一）沿海宽阔海域为海底电缆管道两侧各 500 米；

（二）海湾等狭窄海域为海底电缆管道两侧各 100 米；

（三）海港区内为海底电缆管道两侧各 50 米。

海底电缆管道保护区划定后，应当报送国务院海洋行政主管部门备案。

第八条 禁止在海底电缆管道保护区内从事挖砂、钻探、打桩、抛锚、拖锚、底拖捕捞、张网、养殖或者其他可能破坏海底电缆管道安全的海上作业。

第九条 县级以上人民政府海洋行政主管部门有权依照有关法律、法规以及本规定，对海底电缆管道保护区进行定期巡航检查；对违反本规定的行为有权制止。

第十条 国家鼓励海底电缆管道所有者对海底电缆管道保护区和海底电缆管道的线路等设置标识。

设置标识的，海底电缆管道所有者应当向县级以上人民政府海洋行政主管部门备案。

第十一条 海底电缆管道所有者在向县级以上人民政府海洋行政主管部门报告后，可以对海底电缆管道采取定期复查、监视和其他保护措施，也可以委托有关单位进行保护。

委托有关单位保护的，应当报县级以上人民政府海洋行政主管部门备案。

第十二条 海底电缆管道所有者进行海底电缆管道的路由调查、铺设施工，对海底电缆管道进行维修、改造、拆除、废弃时，应当在媒体上向社会发布公告。

公告费用由海底电缆管道所有者承担。

第十三条 海上作业者在从事海上作业前，应当了解作业海区海底电缆管道的铺设情况；可能破坏海底电缆管道安全的，应当采取有效的防护措施。

确需进入海底电缆管道保护区内从事海上作业的，海上作业者应当与海底电缆管道所有者协商，就相关的技术处理、保护措施和损害赔偿等事项达成协议。

海上作业钩住海底电缆管道的，海上作业者不得擅自将海底电缆管道拖起、拖断或者砍断，并应当立即报告所在地海洋行政主管部门或者海底电缆管道所有者采取相应措施。必要时，海上作业者应当放弃船锚或者其他钩挂物。

第十四条 海上作业者为保护海底电缆管道致使财产遭受损失，有证据证明的，海底电缆管道所有者应当给予适当的经济补偿；但擅自在海底电缆管道保护区内从事本规定第八条规定的作业除外。

第十五条 单位和个人造成海底电缆管道及附属保护设施损害的，应当依法承担赔偿责任。

因不可抗力或者紧急避险，采取必要的防护措施仍未能避免造成损害的，可以依法减轻或者免除赔偿责任。

第十六条 有下列情形之一的，当事人可以申请县级以上人民政府海洋行政主管部门调解：

（一）海上作业者需要移动、切断、跨越已铺设的海底电缆管道与所有者发生纠纷，或者已达成的协议在执行中发生纠纷的；

（二）海上作业与海底电缆管道的维修、改造、拆除发生纠纷的；

（三）海上作业者与海底电缆管道所有者间的经济补偿发生纠纷的；

（四）赔偿责任或赔偿金额发生纠纷的。

第十七条 海底电缆管道所有者有下列情形之一的，由县级以上人民政府海洋行政主管部门责令限期改正；逾期不改正的，处以 1 万元以下的罚款：

（一）海底电缆管道的路线图、位置表等注册登记资料未备案的；

（二）对海底电缆管道采取定期复查、监视和其他保护措施未报告的；

（三）进行海底电缆管道的路由调查、铺设施工，维修、改造、拆除、废弃海底电缆管道时未及时公告的；

（四）委托有关单位保护海底电缆管道未备案的。

第十八条 海上作业者有下列情形之一的，由县级以上人民政府海洋行政主管部门责令限期改正，停止海上作业，并处 1 万元以下的罚款：

（一）擅自在海底电缆管道保护区内从事本规定第八条规定的海上作业的；

（二）故意损坏海底电缆管道及附属保护设施的；

（三）钩住海底电缆管道后擅自拖起、拖断、砍断海底电缆管道的；

（四）未采取有效防护措施而造成海底电缆管道及其附属保护设施损害的。

第十九条 县级以上人民政府海洋行政主管部门工作人员在海底电缆管道的保护活动中玩忽职守、滥用职权、徇私舞弊的，依法给予行政处分；构成犯罪的，依法追究刑事责任。

第二十条 本规定自 2004 年 3 月 1 日起施行。本规定公布前制定的有关文件与本规定不一致的，依照本规定执行。

电网企业全额收购可再生能源电量监管办法

（2007 年 7 月 25 日国家电力监管委员会令第 25 号公布）

第一章　总　　则

第一条　为了促进可再生能源并网发电，规范电网企业全额收购可再生能源电量行为，根据《中华人民共和国可再生能源法》、《电力监管条例》和国家有关规定，制定本办法。

第二条　本办法所称可再生能源发电是指水力发电、风力发电、生物质发电、太阳能发电、海洋能发电和地热能发电。

前款所称生物质发电包括农林废弃物直接燃烧发电、农林废弃物气化发电、垃圾焚烧发电、垃圾填埋气发电、沼气发电。

第三条　国家电力监管委员会及其派出机构（以下简称电力监管机构）依照本办法对电网企业全额收购其电网覆盖范围内可再生能源并网发电项目上网电量的情况实施监管。

第四条　电力企业应当依照法律、行政法规和规章的有关规定，从事可再生能源电力的建设、生产和交易，并依法接受电力监管机构的监管。

电网企业全额收购其电网覆盖范围内可再生能源并网发电项目上网电量，可再生能源发电企业应当协助、配合。

第二章　监　管　职　责

第五条　电力监管机构对电网企业建设可再生能源发电项目接入工程的情况实施监管。

省级以上电网企业应当制订可再生能源发电配套电网设施建设规划，经省级人民政府和国务院有关部门批准后，报电力监管机构备案。

电网企业应当按照规划建设或者改造可再生能源发电配套电网设施，按期完成可再生能源发电项目接入工程的建设、调试、验收和投入使用，保证可再生能源并网发电机组电力送出的必要网络条件。

第六条　电力监管机构对可再生能源发电机组与电网并网的情况实施监管。

可再生能源发电机组并网应当符合国家规定的可再生能源电力并网技术标准，并通过电力监管机构组织的并网安全性评价。

电网企业应当与可再生能源发电企业签订购售电合同和并网调度协议。国家电力监管委员会根据可再生能源发电的特点，制定并发布可再生能源发电的购售电合同和并网调度协议的示范文本。

第七条 电力监管机构对电网企业为可再生能源发电及时提供上网服务的情况实施监管。

第八条 电力监管机构对电力调度机构优先调度可再生能源发电的情况实施监管。

电力调度机构应当按照国家有关规定和保证可再生能源发电全额上网的要求，编制发电调度计划并组织实施。电力调度机构进行日计划方式安排和实时调度，除因不可抗力或者有危及电网安全稳定的情形外，不得限制可再生能源发电出力。本办法所称危及电网安全稳定的情形，由电力监管机构组织认定。

电力调度机构应当根据国家有关规定，制定符合可再生能源发电机组特性、保证可再生能源发电全额上网的具体操作规则，报电力监管机构备案。跨省跨区电力调度的具体操作规则，应当充分发挥跨流域调节和水火补偿错峰效益，跨省跨区实现可再生能源发电全额上网。

第九条 电力监管机构对可再生能源并网发电安全运行的情况实施监管。

电网企业应当加强输电设备和技术支持系统的维护，加强电力可靠性管理，保障设备安全，避免或者减少因设备原因导致可再生能源发电不能全额上网。

电网企业和可再生能源发电企业设备维护和保障设备安全的责任分界点，按照国家有关规定执行；国家有关规定未明确的，由双方协商确定。

第十条 电力监管机构对电网企业全额收购可再生能源发电上网电量的情况实施监管。

电网企业应当全额收购其电网覆盖范围内可再生能源并网发电项目的上网电量。因不可抗力或者有危及电网安全稳定的情形，可再生能源发电未能全额上网的，电网企业应当及时将未能全额上网的持续时间、估计电量、具体原因等书面通知可再生能源发电企业。电网企业应当将可再生能源发电未能全额上网的情况、原因、改进措施等报电力监管机构，电力监管机构应当监督电网企业落实改进措施。

第十一条 电力监管机构对可再生能源发电电费结算的情况实施监管。

电网企业应当严格按照国家核定的可再生能源发电上网电价、补贴标准和购售电合同，及时、足额结算电费和补贴。可再生能源发电机组上网电价、电费结算按照国家有关规定执行。

第十二条 电力监管机构对电力企业记载和保存可再生能源发电有关资料的情况实施监管。

电力企业应当真实、完整地记载和保存可再生能源发电的有关资料。

第三章 监 管 措 施

第十三条 省级电网企业和可再生能源发电企业应当于每月 20 日前向所在地电力监管机构报送上一月度可再生能源发电上网电量、上网电价和电费结算情况，省级电网企业应当同时报送可再生能源电价附加收支情况和配额交易情况。

电力监管机构按照有关规定整理、使用电力企业报送的信息。

第十四条 电网企业应当及时向可再生能源发电企业披露下列信息：

（一）可再生能源发电上网电量、电价；

（二）可再生能源发电未能全额上网的持续时间、估计电量、具体原因和电网企业的改进措施。

第十五条 电力监管机构对常规能源混合可再生能源发电项目的燃料比例进行检查、认定，常规能源混合可再生能源发电企业和燃料供应等相关企业应当予以配合。

常规能源混合可再生能源发电企业应当做好常规能源混合可再生能源发电相关数据的计量和统计工作。

第十六条 电力监管机构依法对电网企业、可再生能源发电企业、电力调度机构进行现场检查，被检查单位应当予以配合，提供与检查事项有关的文件、资料，并如实回答有关问题。

电力监管机构对电网企业、可再生能源发电企业、电力调度机构报送的统计数据和文件资料可以依法进行核查，对核查中发现的问题，应当责令限期改正。

第十七条 可再生能源发电机组与电网并网，并网双方达不成协议，影响可再生能源电力交易正常进行的，电力监管机构应当进行协调；经协调仍不能达成协议的，由电力监管机构按照有关规定予以裁决。

电网企业和可再生能源发电企业因履行合同发生争议，可以向电力监管机构申请调解。

第十八条 电力监管机构对电力企业、电力调度机构违反国家有关全额收购可再生能源电量规定的行为及其处理情况，可以向社会公布。

第四章 法 律 责 任

第十九条 电力监管机构工作人员未依照本办法履行监管职责的，依法追究其责任。

第二十条 电网企业、电力调度机构有下列行为之一，造成可再生能源发电企业经济损失的，电网企业应当承担赔偿责任，并由电力监管机构责令限期改正；拒不改正的，电力监管机构可以处以可再生能源发电企业经济损失额一倍以下的罚款：

（一）违反规定未建设或者未及时建设可再生能源发电项目接入工程的；

（二）拒绝或者阻碍与可再生能源发电企业签订购售电合同、并网调度协议的；

（三）未提供或者未及时提供可再生能源发电上网服务的；

（四）未优先调度可再生能源发电的；

（五）其他因电网企业或者电力调度机构原因造成未能全额收购可再生能源电量的情形。

电网企业应当自电力监管机构认定可再生能源发电企业经济损失之日起 15 日内予以赔偿。

第二十一条　电力企业未按照国家有关规定进行电费结算、记载和保存可再生能源发电资料的，依法追究其责任。

第五章　附　　则

第二十二条　除大中型水力发电外，可再生能源发电机组不参与上网竞价。电量全额上网的水力发电机组参与电力市场相关交易，执行国家电力监管委员会有关规定。

第二十三条　发电消耗热量中常规能源超过规定比例的常规能源混合可再生能源发电项目，视同常规能源发电项目，不适用本办法。

第二十四条　本办法自 2007 年 9 月 1 日起施行。

电网调度管理条例实施办法

（1994 年 10 月 11 日电力工业部令第 3 号公布）

第一章 总 则

第一条 根据《电网调度管理条例》（以下简称《条例》）第三十一条规定，特制定本实施办法。

第二条 电网包括发电、供电（输电、变电、配电）、受电设施和为保证这些设施正常运行所需的继电保护和安全自动装置、计量装置、电力通信设施、电网调度自动化设施等。电网运行必须实行统一调度、分级管理，以保障电网安全、保护用户利益、适应经济建设和人民生活的用电需要。

第二章 调度组织管理

第三条 电网调度管理的任务是组织、指挥、指导和协调电网的运行，保证实现下列基本要求：

（一）充分发挥本电网内发、供电设备能力，以有计划地满足本网的用电需要；

（二）使电网按照有关规定连续、稳定、正常运行，保证供电可靠性；

（三）使电网供电的质量（频率、电压和谐波分量等）指标符合国家规定的标准；

（四）根据本电网的实际情况，充分合理利用一次能源，使全电网在供电成本最低或者发电能源消耗率及网损率最小的条件下运行；

（五）按照有关合同或者协议，保护发电、供电、用电等各有关方面的合法权益。

第四条 电网调度机构一般应当进行下列主要工作：

（一）组织编制和执行电网的调度计划（运行方式）；

（二）指挥调度管辖范围内的设备的操作；

（三）指挥电网的频率调整和电压调整；

（四）指挥电网事故的处理，负责进行电网事故分析，制订并组织实施提高电网安全运行水平的措施；

（五）编制调度管辖范围内的设备的检修进度表，批准其按计划进行检修；

（六）负责本调度机构管辖的继电保护和安全自动装置以及电力通信和电网调度自动化设备的运行管理；负责对下级调度机构管辖的上述设备和装置的配置和运行进行技术指导；

（七）组织电力通信和电网调度自动化规划的编制工作，组织继电保护及安全自动装置规划的编制工作；

（八）参与电网规划编制工作，参与电网工程设计审查工作；

（九）参加编制发电、供电计划，监督发电、供电计划执行情况，严格控制按计划指标发电、用电；

（十）负责指挥全电网的经济运行；

（十一）组织调度系统有关人员的业务培训；

（十二）统一协调水电厂水库的合理运用；

（十三）协调有关所辖电网运行的其他关系。

第五条 电网调度机构是电网运行的组织、指挥、指导和协调机构，各级调度机构分别由本级电网管理部门直接领导。调度机构既是生产运行单位，又是电网管理部门的职能机构，代表本级电网管理部门在电网运行中行使调度权。

电网调度机构分为五级，依次为：

国家电网调度机构；

跨省、自治区、直辖市电网调度机构；

省、自治区、直辖市级电网调度机构；

省辖市级电网调度机构；

县级电网调度机构。

各级调度机构在电网调度业务活动中是上、下级关系，下级调度机构必须服从上级调度机构的调度。

第六条 调度系统值班人员应当由专业技术素质较高、工作能力较强和职业道德高尚的人员担任。调度系统值班人员在上岗值班之前必须经过培训，经考核取得合格证书并由相应主管部门批准后，方可正式上岗值班，并通知有关单位。

第七条 各级电网调度机构的值班调度员在其值班期间是电网运行和操作的指挥人员，按照批准的调度管辖范围行使调度权。值班调度人员必须按照规定发布调度指令。

发布调度指令的值班调度员应当对其发布的调度指令的正确性负责。

本条所称"规定"，包括《条例》及电力行政主管部门、电网管理部门的规程、规范等，省、自治区、直辖市制定的小电网管理办法。下级电力行政主管部门（或者电网管理部门）颁布的规程、规范等，不得与《条例》以及上级电力行政主管部门（或者电网管理部门）的有关规程、规范等相抵触；省、自治区、直辖市制定的小电网管理办法不得与《条例》相抵触。

第八条 下级调度机构的值班调度员、发电厂值班长、变电站值班长在电网调度业务方面受上级调度机构值班调度员的指挥,接受上级调度机构值班调度员的调度指令。

调度系统的值班人员,接受上级调度机构值班调度员的调度指令后,应当复诵调度指令,经核实无误后方可执行。

任何单位和个人不得违反《条例》,干预调度系统的值班人员发布或者执行调度指令。调度系统的值班人员依法执行公务,有权利和义务拒绝各种非法干预。

调度系统的值班人员不执行或者延迟执行上级调度机构值班调度员的调度指令,则未执行调度指令的值班人员以及不允许执行或者允许不执行调度指令的领导人均应当对此负责。

第九条 调度系统值班人员在接到上级调度机构值班调度人员发布的调度指令时或者在执行调度指令过程中,认为调度指令不正确,应当立即向发布该调度指令的值班调度人员报告,由发令的值班调度员决定该调度指令的执行或者撤销。如果发令的值班调度员重复该指令时,接令值班人员原则上必须执行,但如执行该指令确将危及人身、设备或者电网安全时,值班人员应当拒绝执行,同时将拒绝执行的理由及改正指令内容的建议报告发令的值班调度员和本单位直接领导人。

第十条 电网管理部门的主管领导发布的一切有关调度业务的指示,应当通过调度机构负责人〔指调度局(所)长(主任)、总工程师,调度处(科、组)长,下同〕转达给值班调度员。非上述人员,不得直接要求值班调度人员发布任何调度指令。任何人均不得阻挠值班人员执行上级值班调度员的调度指令。

电网管理部门的负责人,调度机构的负责人以及发电厂、变电站的负责人,对上级调度机构的值班调度人员发布的调度指令有不同意见时,只能向上级电力行政主管部门(或者电网管理部门)或者上级调度机构提出,不得要求所属调度系统值班人员拒绝或者拖延执行调度指令;在上级电力行政主管部门(或者电网管理部门)或者上级调度机构对其所提意见未作出答复前,接令的值班人员仍然必须按照上级调度机构的值班调度人员发布的该调度指令执行;上级电力行政主管部门(或者电网管理部门)或者上级调度机构采纳或者部分采纳所提意见,由该调度机构的负责人将意见通知值班调度员,由值班调度员更改调度指令并由其发布。

第十一条 除电力行政主管部门、电网管理部门、调度机构负责人所作出的不违反《条例》和其他有关法规、规程、规范等的指示以及调度机构内有关专业部门按规定所提的要求,并按本实施办法第十条规定的传达程序传达给值班调度员外，其他任何人直接对调度系统值班人员发布或者执行调度指令提出的任何要求，均视为非法干预。

第十二条　发电厂、变电站等运行值班单位，必须按其所纳入的调度管辖范围，服从有直接调度管辖权的调度机构的调度。在电网出现《条例》第十八条所列紧急情况时，接到更高一级调度机构的调度指令，也必须执行，并且必须将执行情况分别报告发布指令的调度机构和直接管辖的调度机构的值班调度人员。

第十三条　发电厂必须按照调度机构下达的调度计划（发电有功、无功功率或者电压曲线，机、炉开、停方式等）和规定的电压变化范围运行，并根据调度指令开、停机、炉，调整功率和电压。不允许以任何借口拒绝或者拖延执行调度指令或者不执行调度指令。

变电站必须严格执行调度机构下达的调度计划（运行方式），依照规定或者调度指令调整（或者操作）电压（无功或者电压调节设备）。

第十四条　各级调度机构必须按照调度管辖范围，按审批或者许可权限统一安排好发、供电设备的检修进度。

各发、供电单位必须按照相应调度机构统一安排的设备检修进度组织设备检修。未经调度机构的批准，不能自行改变检修进度。

第十五条　属于调度管辖范围内的任何设备，未获相应调度机构值班调度员的指令，发电厂、变电站或者下级调度机构的值班人员均不得自行操作或者自行命令操作。但如在电网出现紧急情况时上级调度机构值班调度员越级下令的，或者对人身、设备以及电网安全有威胁的除外。遇有危及人身、设备以及电网安全的情况时，发电厂、变电站的运行值班单位的值班人员应当按照有关规定处理，处理后应当立即报告有关调度机构的值班调度员。

第十六条　在电网中出现了威胁电网安全，不采取紧急措施就可能造成严重后果的情况下，必要时值班调度员可以直接（或者通过下级调度机构的值班调度员）越级向电网内下级调度机构管辖的发电厂、变电站等运行值班单位发布调度指令。

下级调度机构的值班调度员发布的调度指令，不得与上级调度机构的值班调度员越级发布的调度指令相抵触。

第三章　调度计划管理

第十七条　跨省电网管理部门和省级电网管理部门应当编制本地区、电网和企业的年度发电、供电计划。

各地区年度发电预期计划，由各跨省电网、省电网管理部门负责商有关省、自治区、直辖市人民政府的有关部门进行编制，报国务院电力行政主管部门进行审核后报国家计划主管部门，并抄报国家经济综合主管部门，由国家计划主管部门审核下达。

各跨省电网的年度用电计划由各跨省电网管理部门组织有关省电网管理部门编制，报送国家计划主管部门、国家经济综合主管部门和国务院电力行政主管部门审核下达；其他省级电网的年度用电计划由该省级电网管理部门商所在省、自治区、直辖市人民政府有关部门编制下达，报国务院电力行政主管部门备案。

在现行体制下，本实施办法所称国务院电力行政主管部门是指电力工业部，跨省电网管理部门是指电业管理局，省级电网管理部门是指省电力工业局，国家计划主管部门是指国家计委，国家经济综合主管部门是指国家经贸委。

第十八条 调度机构应当按年、月、日编制并下达发电调度计划。

凡由调度机构统一调度并纳入电网进行电力、电量平衡的发电设备，不论其产权归属和管理形式，均必须纳入发电调度计划的范围。

月度发电调度计划，须在年度发电预期计划的基础上，综合考虑用电负荷需求、月度水情、燃料供应、核燃料的燃耗、供热机组供热等情况和电网设备能力、设备检修情况等因素进行编制。

日发电调度计划在月发电调度计划的基础上，综合考虑日用电负荷需求、近期内水情、燃料供应情况和电网设备能力、设备检修情况等因素后，编制出日发电（有功、无功功率或者电压）曲线，下达各发电厂执行。

第十九条 调度机构应当参与（或者负责）编制下达月度供电（电力、电量）计划。

实行省电网间联络运行控制的电网的调度机构，应当按跨省电网管理部门编制下达的计划，并根据电网实际情况按年、月、日编制联络线送（受）电力、电量调度计划。

第二十条 任何单位和个人都应当按照跨省电网管理部门和省级电网管理部门编制下达的用电计划分配电力和电量，不得超分或者扣减（含不得留有缺口）。调度机构发现超计划分配电力或者电量时，应当立即报告计划下达部门，计划下达部门应当通知超分者限期纠正；对于拒不纠正者，计划下达部门应当通知有关调度机构不执行超分计划。

调度机构对因超计划分配电力或者电量而引起的超过跨省电网、省电网管理部门下达的用电计划用电的地区要实施限电，产生的后果，由分配电力或者电量的单位和个人负责。

第二十一条 值班调度员根据电网运行情况，可以按照有关规定调整本调度机构下达的日发电、供电调度计划；需调整其他调度机构下达的日发电、供电调度计划时，必须事先征得下达该调度计划的调度机构的同意。调整之后，必须将调整的原因及数量等填入调度值班日志。

第二十二条 跨省电网管理部门和省级电网管理部门编制发电、供电计划以及调度机构编制发电、供电调度计划时，对具有综合效益的水电厂（站）的水库，不论其产权归属和管理形式，均应当根据批准的水电厂（站）的设计文件，合理运用水库蓄水，保证其正常运用，不允许发生水库长期处于降低出力区运行的情况。

多年调节水库在蓄至正常蓄水位后，供水期末水位一般应当控制在年消落水位附近。遭遇连续枯水年时，需降至死水位运行，必须按规定报批。年调节水库一般在每年汛末应当蓄至正常蓄水位。多年调节水库和年调节水库的最低运行水位，均不允许低于死水位，不得破坏水库的调节能力。调节性能差的水库一般也不能低于死水位运行。

第二十三条 跨省电网管理部门和省级电网管理部门编制发电、供电计划以及调度机构编制发电、供电调度计划时，应当留有备用发电设备容量，分配备用容量时应当考虑电网的送（受）电能力。备用容量包括负荷备用容量、事故备用容量、检修备用容量。电网的总备用容量不宜低于最大发电负荷的 20%，各种备用容量宜采用如下标准：

1．负荷备用容量：一般为最大发电负荷的 2%~5%，低值适用于大电网，高值适用于小电网；

2．事故备用容量：一般为最大发电负荷的 10%左右，但不小于电网中一台最大机组的容量；

3．检修备用容量：一般应当结合电网负荷特点，水、火电比例，设备质量，检修水平等情况确定，一般宜为最大发电负荷的 8%~15%。

电网如果不能按上述要求留足备用容量运行时，应当经电网管理部门同意。

第二十四条 跨省电网管理部门和省级电网管理部门遇有下列情形之一，而且不能在短期内解决，需要调整年、月度发电、供电计划指标时，可以适当调整。调整后，应当立即通报有关地方人民政府的有关部门，并与上述有关部门共同研究协调，采取有效措施：

1．大、中型水电厂（站）水库实际来水与编制发电计划依据的来水预计相差较大；

2．火电厂的燃料库存低于规定的火电厂最低燃料库存量"警戒线"；

3．其他需调整发电、供电计划的情形。

第二十五条 任何单位和个人均不得超过调度机构下达的供电调度计划指标使用电力、电量。调度机构对超计划使用电力或者电量的地区实施限电，由此产生的后果由超计划使用电力或者电量的单位和个人负责。

第二十六条　省级电网管理部门、省辖市级电网管理部门、县级电网管理部门应当根据本级人民政府的生产调度部门的要求、用户的特点和电网安全运行的需要，提出事故及超计划用电的限电序位表，经本级人民政府的生产调度部门审核，报本级人民政府批准后（自报送本级人民政府的生产调度部门起，如果三十天内没有批复，即可按电网管理部门上报的序位表执行），由有关电网调度机构执行，并抄送该电网管理部门的上一级电网管理部门。

事故和超计划用电限电序位表的负荷总量，应当满足电网安全运行的需要。

各级调度机构的值班调度员，可以在电网发生事故或者用电地区（单位）超计划用电时，分别按照事故和超计划用电限电序位表发布拉闸限电指令，受令单位必须立即执行，不得拒绝或者拖延执行。

事故限电序位表内所列负荷（或者线路），应当包括自动限电负荷和人工限电负荷两部分，自动限电负荷包括装有低频减负荷装置与连锁切负荷装置等自动限电装置的负荷，装有低频减负荷装置和连锁切负荷装置等安全自动装置的线路的负荷，其限电序位可以按轮次排列，同轮次的线路（或者负荷）在序位表中不分先后。

限电序位表应当每年修订一次（或者视电网实际需要及时修订），新的限电序位表生效后，原有的限电序位表自行作废。

事故限电与超计划用电限电二个限电序位表批准后，批准部门应当通告有关用户。

事故限电与超计划用电限电二个限电序位表中所列用电负荷，不得擅自转移。

第二十七条　对于未列入超计划用电限电序位表的超用电单位，调度值班人员应当予以警告，责令其在十五分钟内自行限电；届时未自行限至计划值者，调度值班人员可以对其发布限电指令，当超计划用电威胁电网安全运行时，可以部分或者全部暂时停止其供电。

第四章　并网管理

第二十八条　并网运行的发电厂、机组、变电站均必须纳入调度管辖范围，服从调度机构的统一调度；两个或者两个以上电网并网运行，互联电网中必须确定一个最高电网调度机构，按统一调度、分级管理的原则，明确其他调度机构的层级关系，下级调度机构，必须服从上级调度机构的统一调度。

第二十九条　需要并网运行的发电厂、机组、变电站或者电网与所并入的电网之间，应当在并网前按国家有关法规，根据平等互利、协商一致的原则签订并网协议，只有签订了并网协议才能并网运行；并网运行的各方必须严格执行协议。

协商一致必须以服从统一调度为前提，以《条例》为依据，以电网安全、优质、经济运行为目的，并符合国家有关电网管理的法律、行政法规、电力行政主管部门和电网管理部门的规章制度、规程、规定、规范等。

第三十条 需并网运行的发电厂、机组、变电站或者电网，在与有关电网管理部门签订并网协议之前，应当提出并网申请，由有关电网管理部门审查其是否符合并网运行的条例。

需并网运行的发电厂、机组、变电站或者电网必须具有接受电网统一调度的技术装备和管理设施，应当具备以下基本条件：

（一）新投产设备已通过试运行和启动验收（必须有有关电网管理部门的代表参加）；

（二）接受电网统一调度的技术装备和管理设施齐备；

（三）已向有关电网管理部门提交齐全的技术资料；

（四）与有关电网调度机构间的通信通道符合规定，并已具备投运条件；

（五）按电力行业标准、规程设计安装的继电保护、安全自动装置已具备投运条件，电网运行所需的安全措施已落实；

（六）远动设施已按电力行业标准、规程设计建成，远动信息具备送入有关电网调度机构的电网调度自动化系统的条件；

（七）与并网运行有关的计量装置安装齐备并经验收合格；

（八）具备正常生产运行的其他条件。

第三十一条 满足并网运行条件的发电厂、机组、变电站或者电网申请并网运行，有关电网管理部门应当予以受理，按规定签订并网协议。并网协议应当包括以下基本内容：

（一）经济内容：

（1）电量购、销办法；

（2）电价和结算办法；

（3）计量和考核办法；

（4）违约责任和奖惩办法；

（5）意外灾害的处理办法；

（6）纠纷处理办法；

（7）并网双方协商一致的其他内容条款。

（二）调度内容：

（1）界定调度管辖范围的条款；

（2）按统一的规程、规章、规定施行调度和服从电网统一调度的条款；

（3）有关运行方式的条款；

（4）按规定履行调峰、调频、调压的义务条款；

（5）设备检修的条款；

（6）布置和实施电网安全稳定措施的条款；

（7）编制和执行发电、送（受）电调度计划条款，该计划原则上应当能满足发电厂完成协议规定的发电量的运行条件（电厂自身原因除外）；

（8）通信、自动化设备运行及维护条款；

（9）违约责任和奖惩条款；

（10）纠纷处理等条款。

第五章　罚　　则

第三十二条　对违反《条例》规定的责任人员，其所在单位，即有人事管辖权的同级单位，依照《条例》第二十七条规定给予责任人行政处分。如果其所在单位不予处分，与其所在单位有行政隶属关系的上级单位可以直接给予责任人行政处分。

行政处分按行政管理权限作出，调度机构及其他单位和个人可以提出控告和建议。

第三十三条　依照《条例》第二十八条规定，该条中所列的有关措施，调度机构是唯一的行使职权的单位。电力行政主管部门、电网管理部门，可以向调度机构提出要求或者建议，不可以超越或者代替调度机构行使该职权。

第三十四条　对违反《条例》规定，未按照调度计划供电或者无故调减供电计划的，有关供电部门应当根据用户的需要补给少供的电力、电量。

各级电网调度机构应当模范遵守《条例》。调度系统的值班人员玩忽职守、徇私舞弊、以权谋私等，由电网调度机构或者电网管理部门或者其所在单位给予行政处分。

第三十五条　违反《条例》规定，有构成违反治安管理行为的，由公安机关处罚；构成犯罪的，由司法机关依法追究刑事责任。

电力行政主管部门、电网管理部门、调度机构负责举报和提出追诉请求。

第六章　附　　则

第三十六条　各省、市、自治区人民政府依照《条例》制定的小电网管理办法，可以由当地电力行政主管部门与各有关部门共同参与协调，其内容不得违反《条例》规定。

第三十七条　本实施办法自公布之日起施行。

电网运行规则（试行）

（2006 年 11 月 3 日国家电力监管委员会令第 22 号公布）

第一章 总 则

第一条 为了保障电力系统安全、优质、经济运行，维护社会公共利益和电力投资者、经营者、使用者的合法权益，根据《中华人民共和国电力法》、《电力监管条例》和《电网调度管理条例》，制定本规则。

第二条 电网运行坚持安全第一、预防为主的方针。电网企业及其电力调度机构、电网使用者和相关单位应当共同维护电网的安全稳定运行。

第三条 电网运行实行统一调度、分级管理。

电力调度应当公开、公平、公正。

本规则所称电力调度，是指电力调度机构（以下简称调度机构）对电网运行进行的组织、指挥、指导和协调。

第四条 国家电力监管委员会及其派出机构（以下简称电力监管机构）依法对电网运行实施监管。

第五条 本规则适用于省级以上调度机构及其调度管辖范围内的电网企业、电网使用者和相关规划设计、施工建设、安装调试、研究开发等单位。

第二章 规划、设计与建设

第六条 电力系统的规划、设计和建设应当遵守国家有关规定和有关国家标准、行业标准。

第七条 电网与电源建设应当统筹考虑，合理布局，协调发展。

电网结构应当安全可靠、经济合理、技术先进、运行灵活，符合《电力系统安全稳定导则》和《电力系统技术导则》的要求。

第八条 经政府有关部门依法批准或者核准的拟并网机组，电网企业应当按期完成相应的电网一次设备、二次设备的建设、调试、验收和投入使用，保证并网机组电力送出的必要网络条件。

第九条 电力二次系统应当统一规划、统一设计，并与电力一次系统的规划、设计和建设同步进行。电网使用者的二次设备和系统应当符合电网二次系统技术规范。

第十条 涉及电网运行的接口技术规范，由调度机构组织制定，并报电力监管机构备案后施行。拟并网设备应当符合接口技术规范。

第十一条 电网企业和电网使用者应当采用符合国家标准、行业标准和相关国际标准，并经政府有关部门核准资质的检验机构检验合格的产品。

第十二条 在采购与电网运行相关或者可能影响电网运行特性的设备前，业主方应当组织包括调度机构在内的有关机构和专家对技术规范书进行评审。

第十三条 电网企业、电网使用者和受业主委托工作的相关单位，应当交换规划设计、施工调试等工作所需资料。

第三章 并网与互联

第十四条 新建、改建、扩建的发电工程、输电工程和变电工程投入运行前，拟并网方应当按照要求向调度机构提交并网调度所必需的资料。资料齐备的，调度机构应当按照规定程序向拟并网方提供继电保护、安全自动装置的定值和调度自动化、电力通信等设备的技术参数。

第十五条 新建、改建、扩建的发电工程、输电工程和变电工程投入运行前，调度机构应当对拟并网方的新设备启动并网提供有关技术指导和服务，适时编制新设备启动并网调度方案和有关技术要求，并协调组织实施。拟并网方应当按照新设备启动并网调度方案完成启动准备工作。

第十六条 新建、改建、扩建的发电工程、输电工程和变电工程投入运行前，拟并网方的二次系统应当完成与调度机构的联合调试、定值和数据核对等工作，并交换并网调试和运行所必需的数据资料。

第十七条 新建、改建、扩建的发电工程、输电工程和变电工程投入运行前，调度机构应当根据国家有关规定、技术标准和规程，组织认定拟并网方的并网基本条件。拟并网方不符合并网基本条件的，调度机构应当向拟并网方提出改进意见。

第十八条 发电厂需要并网运行的，并网双方应当在并网前签订并网调度协议。

电网与电网需要互联运行的，互联双方应当在互联前签订互联调度协议。

并网双方或者互联双方应当根据平等互利、协商一致和确保电力系统安全运行的原则签订协议并严格执行。

第十九条 发电厂、电网不得擅自并网或者互联，不得擅自解网。

第二十条 新建、改建、扩建的发电机组并网应当具备下列基本条件：

（一）新投产的电气一次设备的交接试验项目完整，符合有关标准和规程；

（二）发电机组装设符合国家标准或者行业标准的连续式自动电压调节器，

100 兆瓦以上火电机组、核电机组，50 兆瓦以上水电机组的励磁系统原则上配备电力系统稳定器或者具备电力系统稳定器功能；

（三）发电机组参与一次调频；

（四）参与二次调频的 100 兆瓦以上的火电机组，40 兆瓦以上非灯泡贯流式水电机组和抽水蓄能机组原则上具备自动发电控制功能，参与电网闭环自动发电控制；特殊机组根据其特性确定调频要求；

（五）发电机组具备进相运行的能力，机组实际进相运行能力根据机组参数和进相试验结果确定；

（六）拟并网方在调度机构的统一协调下完成发电机励磁系统、调速系统、电力系统稳定器、发电机进相能力、自动发电控制、自动电压控制、一次调频等调试，其性能和参数符合电网安全稳定运行需要；调试由具有资质的机构进行，调试报告应当提交调度机构，调度机构应当为完成调试提供必要的条件；

（七）发电厂至调度机构具备两个以上可用的独立路由的通信通道；

（八）发电机组具备电量采集装置并能够通过调度数据专网将关口数据传送至调度机构；

（九）发电厂调度自动化设备能够通过专线或者网络方式将实时数据传送至调度机构。

新建、改建、扩建的发电机组并网前应当进行并网安全性评价。并网安全性评价工作由电力监管机构组织实施。

第二十一条 发电厂与电网连接处应当装设断路器。断路器的遮断容量、故障清除时间和继电保护配置应当符合所在电网的技术要求。

分、合操作频繁的抽水蓄能电厂的主断路器，其开断容量和开断次数应当具有比常规电厂的主断路器更大的设计裕量。

第二十二条 主网直供用户并网应当具备下列基本条件：

（一）主网直供用户向电网企业及其调度机构提供必要的数据，并能够向调度机构传送必要的实时信息；

（二）主网直供用户的电能量计量点设在并网线路的产权分界处，电能量计量点处安装计量上网电量和受网电量的具有双向、分时功能的有功、无功电能表，并能将电能量信息传输至调度机构；

（三）主网直供用户合理装设无功补偿装置、谐波抑制装置、自动电压控制装置、自动低频低压减负荷装置和负荷控制装置，并根据调度机构的要求整定参数和投入运行；主网直供用户的生产负荷与生活负荷在配电上分开，以满足负荷控制需要。

第二十三条 继电保护、安全自动装置、调度自动化、电力通信等电力二次系统设备应当符合调度机构组织制定的技术体制和接口规范。电力二次系统设备的技术体制和接口规范报电力监管机构备案后施行。

第二十四条　接入电网运行的电力二次系统应当符合《电力二次系统安全防护规定》和其他有关规定。

第二十五条　电网互联双方应当联合进行频率控制、联络线控制、无功电压控制；根据联网后的变化，制定或者修正黑启动方案，修正本网的自动低频、低压减负荷方案；按照电网稳定运行需要协商确定安全自动装置配置方案。

第二十六条　除发生事故或者实行特殊运行方式外，电力系统频率、并网点电压的运行偏差应当符合国家标准和电力行业标准。

在发生事故的情况下，发电机组和其他相关设备运行特性对频率变化的适应能力仍应当符合国家标准。

第二十七条　电网使用者向电网注入的谐波应当不超过国家标准和电力行业标准。并入电网运行的电气设备应当能够承受国家标准允许的因谐波和三相不平衡导致的电压波形畸变。

第二十八条　电网企业与电网使用者的设备产权和维护分界点应当根据有关电力法律、法规确定，并在有关协议中详细划分并网或者互联设备的所有权和安全责任。

第二十九条　接入电网运行的设备调度管辖权，不受设备所有权或者资产管理权等的限制。

第四章　电　网　运　行

第三十条　电网企业及其调度机构有责任保障电网频率电压稳定和可靠供电；调度机构应当合理安排运行方式，优化调度，维持电力平衡，保障电力系统的安全、优质、经济运行。

调度机构应当向电力监管机构报送年度运行方式。

第三十一条　调度机构依照国家有关规定组织制定电力调度管理规程，并报电力监管机构备案。电网企业及其调度机构、电网使用者和相关单位应当执行电力调度管理规程。

第三十二条　电网企业及其调度机构应当加强负荷预测，做好长期、中期、短期和超短期负荷预测工作，提高负荷预测准确率。

第三十三条　主网直供用户应当根据有关规定，按时向所属调度机构报送其主要接装容量和年用电量预测，按时申报年度、月度用电计划。

第三十四条　调度机构应当编制和下达发电调度计划、供（用）电调度计划和检修计划。

第三十五条　编制发电调度计划、供（用）电调度计划应当依据省级人民政府下达的调控目标和市场形成的电力交易计划，综合考虑社会用电需求、检修计划和电力系统设备能力等因素，并保留必要、合理的备用容量。调度计划应当经过安全校核。

第三十六条　水电调度运行应当充分利用水能资源，严格执行经审批的水库综合利用方案，确保大坝安全，防止发生洪水漫坝、水淹厂房事故。

水电厂应当及时、准确、可靠地向调度机构传输水库运行相关信息。

实施联合运行的梯级水库群，发电企业应当向调度机构提出优化调度方案。

第三十七条　发电企业应当按照发电调度计划和调度指令发电；主网直供用户应当按照供（用）电调度计划和调度指令用电。

对于不按照调度计划和调度指令发电的，调度机构应当予以警告；经警告拒不改正的，调度机构可以暂时停止其并网运行。

对于不按照调度计划和调度指令用电的，调度机构应当予以警告；经警告拒不改正的，调度机构可以暂时部分或者全部停止向其供电。

第三十八条　电网企业、电网使用者应当根据本单位电力设备的健康状况，向调度机构提出年度、月度检修预安排申请；调度机构应当在检修预安排申请的基础上根据电力系统设备的健康水平和运行能力，与申请单位协商，统筹兼顾，编制年度、月度检修计划。

第三十九条　电网企业、电网使用者应当按照检修计划安排检修工作，加强设备运行维护，减少非计划停运和事故。

电网企业、电网使用者可以提出临时检修申请，调度机构应当及时答复，并在电网运行允许的情况下予以安排。

第四十条　电网企业和电网使用者应当提供用于维护电压、频率稳定和电网故障后恢复等方面的辅助服务。辅助服务的调度由调度机构负责。

第四十一条　电网的无功补偿实行分层分区、就地平衡的原则。调度机构负责电网无功的平衡和调整，必要时制订改进措施，由电网企业和电网使用者组织实施。调度机构按照调度管辖范围分级负责电网各级电压的调整、控制和管理。接入电网运行的发电厂、变电站等应当按照调度机构确定的电压运行范围进行调节。

第四十二条　调度机构在电网出现有功功率不能满足需求、超稳定极限、电力系统故障、持续的频率降低或者电压超下限、备用容量不足等情况时，可以按照有关地方人民政府批准的事故限电序位表和保障电力系统安全的限电序位表进行限电操作。电网使用者应当按照负荷控制方案在电网企业及其调度机构的指导下实施负荷控制。

第四十三条　发生威胁电力系统安全运行的紧急情况时，调度机构值班人员应当立即采取措施，避免事故发生和防止事故扩大。必要时，可以根据电力市场运营规则，通过调整系统运行方式等手段对电力市场实施干预，并按照规定向电力监管机构报告。

第四十四条　调度机构负责电网的高频切机、低频自启动机组容量的管理，统一编制自动低频、低压减负荷方案并组织实施，定期进行系统实测。

第四十五条　继电保护、安全自动装置、调度自动化、电力通信等二次系统设备的运行维护、统计分析、整定配合，按照所在电网的调度管理规程和现场运行管理规程进行。

第四十六条　电网企业及其调度机构应当根据国家有关规定和有关国家标准、行业标准，制订和完善电网反事故措施、系统黑启动方案、系统应急机制和反事故预案。

电网使用者应当按照电网稳定运行要求编制反事故预案，并网发电厂应当制订全厂停电事故处理预案，并报调度机构备案。

电网企业、电网使用者应当按照设备产权和运行维护责任划分，落实反事故措施。

调度机构应当定期组织联合反事故演习，电网企业和电网使用者应当按照要求参加联合反事故演习。

第四十七条　电网企业和电网使用者应当开展电力可靠性管理工作、安全性评价工作和技术监督工作，提高安全运行水平。

第五章　附　　则

第四十八条　地（市）级以下调度机构及其调度管辖范围内的电网企业、电网使用者和相关单位参照本规则执行。

第四十九条　本规则所称电网使用者是指通过电网完成电力生产和消费的单位，包括发电企业（含自备发电厂）、主网直供用户等。

本规则所称主网直供用户是指与省（直辖市、自治区）级以上电网企业签订购售电合同的用户或者通过电网直接向发电企业购电的用户。

第五十条　本规则自 2007 年 1 月 1 日起施行。

供用电监督管理办法

（1996 年 5 月 19 日电力工业部令第 4 号发布，根据 2011 年 6 月 30 日国家发展和改革委员会令第 10 号修改）

第一章 总 则

第一条 为加强电力供应与使用的监督管理，根据《电力供应与使用条例》第三十六条规定，制定本办法。

第二条 从事供用电监督管理的机构和人员，在执行监督检查任务时，必须遵守本办法。

第三条 供用电监督管理必须以事实为依据，以电力法律和行政法规以及电力技术标准为准则，遵循本办法的规定进行。

第二章 监 督 管 理

第四条 县以上电力管理部门负责本行政区域内供电、用电的监督工作。但上级电力管理部门认为工作必需，可指派供用电监督人员直接进行监督检查。

第五条 供用电监督管理的职责是：

1. 宣传、普及电力法律和行政法规知识；

2. 监督电力法律、行政法规和电力技术标准的执行；

3. 监督国家有关电力供应与使用政策、方针的执行；

4. 负责月用电计划审核和批准工作；

5. 协调处理供用电纠纷，依法保护电力投资者、供应者与使用者的合法权益；

6. 负责进网作业电工和承装（修、试）单位资格审查，并核发许可证；

7. 协助司法机关查处电力供应与使用中发生的治安、刑事案件；

8. 依法查处电力违法行为，并作出行政处罚。

第六条 供用电监督人员在依法执行监督检查公务时，应出示《供用电监督证》。被检查的单位应接受检查，并根据监督人员依法提出的要求，提供有关情况、回答有关询问、协助提取证据、出示工作证件等。

第七条 供用电监督人员依法执行监督公务时，应遵守被检查单位的保卫保密规定；现场勘查不得直接或替代他人从事电工作业，也不得非法干预被检查单位正常的生产调度工作。

第三章 监督检查人员资格

第八条 各级电力管理部门应依法配备供用电监督管理人员。担任供用电监督管理工作的人员必须是经过国家考试合格，并取得相应任聘资格证书的人员。

第九条 供用电监督资格由个人提出书面申请，经申请人所在单位同意，县以上电力管理部门推荐，接受专门知识和技能的培训，参加全国统一组织的考试，合格后发给《供用电监督资格证》。

第十条 申请供用电监督资格者应具备下列条件：

1. 作风正派，办事公道，廉洁奉公；

2. 具有电气专业中专以上或相当学历的文化程度；

3. 有三年以上从事供用电专业工作的实际经验和相应的管理能力；

4. 经过法律知识培训，熟悉电力方面的法律、行政法规和电力技术的标准以及供用电管理规章。

第十一条 省级电力管理部门负责本行政区域内的供用电监督管理人员的资格申请、审查和专门知识及技能的培训工作。

国务院电力管理部门负责供用电监督资格的全国统一考试，并对合格者颁发《供用电监督资格证》。

《供用电监督资格证》由国务院电力管理部门统一制作。

第十二条 县以上电力管理部门必须从取得《供用电监督资格证》的人员中，择优聘用供用电监督人员，报经省电力管理部门批准，并取得《供用电监督证》后，方能从事电力监督管理工作。

《供用电监督证》由国务院电力管理部门统一制作。

第四章 电力违法行为查处

第十三条 各级电力管理部门负责本行政区域内发生的电力违法行为查处工作。上级电力管理部门认为必要时，可直接查处下级电力管理部门管辖的电力违法行为，也可将自己查处的电力违法事件交由下级电力管理部门查处。对电力违法行为情节复杂，需由上一级电力管理部门查处更为适宜时，下级电力管理部门可报请上一级电力管理部门查处。

第十四条 电力管理部门对下列方式要求处理的电力违法事件，应当受理：

1. 用户或群众举报的；

2. 供电企业提请处理的；

3. 上级电力管理部门交办的；

4. 其他部门移送的。

电力管理部门对受理的电力违法事件，可视电力违法事件性质和危及电网安全运行的紧迫程度，可依法在现场查处，也可立案处理。

第十五条　电力违法行为，可用书面和口头方式举报。口头方式举报的事件，受理人应详细记录并经核对无误后，由举报人签章。举报人举报的事件如不愿使用真实姓名的，电力管理部门应尊重举报人的意愿。

第十六条　电力管理部门发现受理的举报事件不属于本部门查处的，应及时向举报人说明，同时将举报信函或笔录移送有权处理的部门。对明显的治安违法行为或刑事违法行为，电力管理部门应主动协助公安、司法机关查处。

第十七条　符合下列条件之一的电力违法行为，电力管理部门应当立案：

1. 具有电力违法事实的；

2. 依照电力法规可能追究法律责任的；

3. 属于本部门管辖和职责范围内处理的。

第十八条　符合立案条件的，应填写《电力违法行为受理、立案呈批表》，经电力管理部门领导批准后立案。

经批准立案的事件，应及时指派承办人调查。现场调查时，调查承办人应填写《电力违法案件调查笔录》。调查结束后，承办人应提出《电力违法案件调查报告》。

第十九条　电力管理部门对危及电网运行安全或人身安全的违法行为，当供电企业在现场制止无效时，应当即指派供用电监督人员赶赴现场处理，制止违法行为，以确保电网和人身安全。

第二十条　案件调查结束后，应视案情可依法作出下列处理：

1. 对举报不实或证据不足，未构成违法事实的，应报请批准立案主管领导准予撤销。

2. 对违法事实清楚，证据确凿的，应依法作出行政处罚决定，并发出《违反电力法规行政处罚决定通知书》，并送达当事人。

3. 违法行为已构成犯罪的，应及时将案件移送司法机关，依法追究其刑事责任。

第二十一条　案件处理完毕后，承办人应及时填写《电力违法案件结案报告》，经主管领导批准后结案。案情重大或上级交办的案件结束后，应向上一级电力管理部门备案。

第二十二条　当事人对行政处罚决定不服的，可在接到《违反电力法规行政处罚决定通知书》之日起，十五日内向作出行政处罚决定机关的上一级机关申请复议；对复议决定不服的，可在接到复议决定之日起十五日内，向人民法院起诉。当事人也可在接到处罚决定通知书之日起的十五日内，直接向人民法院起诉。对不履行处罚决定的，由作出处罚决定的机关向人民法院申请强制执行。

第五章 行 政 处 罚

第二十三条 违反《电力法》和国家有关规定，未取得《供电营业许可证》而从事电力供应业务者，电力管理部门应以书面形式责令其停止营业，没收其非法所得，并处以违法所得五倍以下的罚款。

第二十四条 违反《电力法》和国家有关规定，擅自伸入或跨越其他供电单位供电营业区供电者，电力管理部门应以书面形式责令其拆除深入或跨越的供电设施，作出书面检查，没收其非法所得，并处以违法所得四倍以下的罚款。

第二十五条 违反《电力法》和国家有关规定，擅自向外转供电者，电力管理部门应以书面形式责令其拆除转供电设施，作出书面检查，没收其非法所得，并处以违法所得三倍以下的罚款。

第二十六条 供电企业未按《电力法》和国家有关规定中规定的时间通知用户或进行公告，而对用户中断供电的，电力管理部门责令其改正，给予警告；情节严重的，对有关主管人员和直接责任人员给予行政处分。

第二十七条 供电企业违反规定，减少农业和农村用电指标的，电力管理部门责令改正；情况严重的，对有关主管人员和直接责任人员给予行政处分；造成损失的，责令赔偿损失。

第二十八条 电力管理部门对危害供电、用电安全，扰乱正常供电、用电秩序的行为，除协助供电企业追缴电费外，应分别给予下列处罚：

1. 擅自改变用电类别的，应责令其改正，给予警告；再次发生的，可下达中止供电命令，并处以一万元以下的罚款。

2. 擅自超过合同约定的容量用电的，应责令其改正，给予警告；拒绝改正的，可下达中止供电命令，并按私增容量每千瓦（或每千伏安）100 元，累计总额不超过五万元的罚款。

3. 擅自超过计划分配的用电指标用电的，应责令其改正，给予警告，并按超用电力、电量分别处以每千瓦每次 5 元和每千瓦时 10 倍电度电价，累计总额不超过五万元的罚款；拒绝改正的，可下达中止供电命令。

4. 擅自使用已经在供电企业办理暂停使用手续的电力设备，或者擅自启用已经被供电企业查封的电力设备的，应责令其改正，给予警告；启用电力设备危及电网安全的，可下达中止供电命令，并处以每次二万元以下的罚款。

5. 擅自迁移、更动或者擅自操作供电企业的用电计量装置、电力负荷控制装置、供电设施以及约定由供电企业调度的用户受电设备，且不构成窃电和超指标用电的，应责令其改正，给予警告；造成他人损害的，还应责令其赔偿，危及电网安全的，可下达中止供电命令，并处以三万元以下的罚款。

6. 未经供电企业许可，擅自引入、供出电力或者将自备电源擅自并网的，应责令其改正，给予警告；拒绝改正的，可下达中止供电命令，并处以五万元以下的罚款。

第二十九条 电力管理部门对盗窃电能的行为，应责令其停止违法行为，并处以应交电费五倍以下的罚款；构成违反治安管理行为的，由公安机关依照治安管理处罚法的有关规定予以处罚；构成犯罪的，依照刑法有关规定追究刑事责任。

第六章 附 则

第三十条 本办法自一九九六年九月一日起施行。

供电营业区划分及管理办法

（1996 年 5 月 19 日电力工业部令第 5 号发布）

第一章 总 则

第一条 为划分和管理供电营业区域，依法保障电力供应与经销的专营权，保障向电力用户的安全供电和保护电力用户的合法权益，根据《电力供应与使用条例》第九条规定，制定本办法。

第二条 供电营业区是指向用户供应并销售电能的地域。经国家核准的供电营业区是电网经营企业或者供电企业依法专营电力的地域。

第三条 国家对供电营业区的设立、变更实行许可证管理制度。

《供电营业许可证》由国务院电力管理部门统一印制。

第四条 跨省电网经营企业、独立省电网经营企业、地方独立电网经营企业、趸购转售供电企业，以及兼售电能的地方发电厂都应按照本办法的规定申请供电营业区及《供电营业许可证》。

第二章 供电营业区划分原则及分类

第五条 根据电力生产供应特点，为确保电网安全经济运行和供电服务质量，在一个供电营业区域内，只准设一个供电营业机构。

第六条 供电营业区原则上以省、地（市）、县行政区划为基础，根据电网结构、供电能力、供电质量、供电的经济合理性等因素划分确定。

在《电力法》实施前，在同一个行政区域内，已形成多个供电企业供电的，应按上述原则协商核定其供电营业区。

第七条 供电营业区分为下列四类：

1. 跨省（自治区、直辖市）行政区划的供电营业区（简称跨省营业区）；

2. 省（自治区、直辖市）内跨地（市）行政区划的供电营业区（简称省级营业区）；

3. 地（自治州、省辖市）内跨县行政区划的供电营业区（简称地级营业区）；

4. 县（市）内跨乡镇行政区划的供电营业区（简称县级营业区）。

第八条 为便于分级管理，根据电网结构和行政区划不同，一般可将跨省营业区分划为省、地、县三级营业区；省级营业区分划为地、县两级营业区；地级营业区分划为若干个县级营业区；并在每级营业区内设立相应的供电营业分支机构。

第三章　供电营业区申请与核准

第九条　跨省营业区的设立、变更由跨省电网经营企业向国务院电力管理部门提出申请；省级营业区的设立、变更由独立省电网经营企业向省电力管理部门提出申请；地级营业区的设立、变更由独立地方电网经营企业向省电力管理部门提出申请；县级营业区的设立、变更由具有独立企业法人资格的供电企业向省电力管理部门提出申请。

第十条　申请供电营业区者，须具备下列条件：

1. 具有独立企业法人资格的企业章程；

2. 具有能满足该地区用电需求的供电能力；

3. 具有与经营业务相适应的资金、场所、设施和技术手段；

4. 具有与经营业务相适应的专门技术与业务人员、管理制度、技术标准；

5. 具有与该地区社会与经济发展相适应的电力发展规划；

6. 国务院电力管理部门规定的其他条件。

第十一条　申请供电营业区者，应向主管机关提供下列资料：

1. 能反映营业区域边界的供电区域地理平面图；

2. 设立的供电营业分支机构及相应的供电营业区域；

3. 电源容量及公布、供电网络及负荷分布图；

4. 电源与电力网的改造与发展规划；

5. 企业性质、组织机构、人员构成及数量、主要技术业务人员资格；

6. 注册资本；

7. 售电价格及其依据；

8. 外购电的数量及协议文本；

9. 保证安全生产必需的基础设施、工机具、计量、试验、调度、通讯及交通运输装备；

10. 技术业务的规章制度；

11. 供电营业区双边达成的划分协议书或意见；

12. 其他认为必需的资料。

第十二条　跨省营业区在申请前，跨省电网经营企业应组织网内直属省电网经营企业就省内的供电营业区的划分，与相邻地方独立电网经营企业或供电企业进行协商，达成协议，方可向国务院电力管理部门提出申请，经核准后发给《供电营业许可证》。

跨省（自治区、直辖市）际间的供电营业区，有关双方对营业区划分未取得一致意见的，由两省电力管理部门协商并提出意见后，报国务院电力管理部门核准。

在跨省营业区内的省级营业区，由于某部分营业区的划分双方未取得一致意见的，由省电力管理部门进行协调，并提出划分意见，报国务院电力管理部门核准。

第十三条 省级营业区在申请前，省电网经营企业应就省内供电营业区的划分，与相邻地方独立电网经营企业或供电企业进行协商，达成协议，方可向省电力管理部门提出申请，经核准后发给《供电营业许可证》。

双方对某部分供电营业区的划分，未取得一致意见的，由省电力管理部门进行协调确定并核准。

对省电力管理部门核准的供电营业区，其中一方持有异议的，应在 30 日内向国务院电力管理部门提出复核请求。国务院电力管理部门应在接到复核请求之日后 60 天内作出复议裁定。

下级电力管理部门应当服从上级电力管理部门的裁定。

第十四条 地级或县级营业区在申请前，地方独立电网经营企业或供电企业，应与相邻供电企业就供电营业区的划分进行协商，达成协议，方可向省电力管理部门提出申请，经核准后发给《供电营业许可证》。

双方对供电营业区的划分未取得一致意见的，由省电力管理部门进行协调确定并核准。

第十五条 由于历史原因，大小电网已形成交叉供电的营业地区，有关双方应从确保供用电安全出发，本着互利互惠原则，协商确定供电营业区。协商不成的，由省级电力管理部门协调划定。协调不成时，可报请国务院电力管理部门直接核定。

第四章 供电营业区管理

第十六条 供电企业不得越出核准的供电营业区供电，下列情况不在此限：

1. 经省级以上电力管理部门同意在其他供电营业区设置的电力设施；

2. 经省级以上电力管理部门同意向其他供电企业供电营业区内用户实施的供电；

3. 应其他供电企业请求并经核准，而对其营业区内的用户实施的供电；

4. 根据国务院电力管理部门的规定实施的供电。

第十七条 由于政治、军事、安全等原因，对供电质量有特殊要求或用电对供电质量产生严重影响的用户，可由省级以上电力管理部门指定的供电企业供电。

第十八条 供电营业区自核准之日起，期满三年仍未对无电地区实施供电的，省级以上电力管理部门认为必要时，可缩减或供电营业区。

第十九条 供电企业因破产或其他原因需要停业时，必须在停业前一个月向省电力管理部门提出申请，并缴回《供电营业许可证》，经核准后，方可停业。

第二十条 供电营业区的变更，由原受理审批该供电营业区的电力管理部门办理。

第二十一条 供电营业区的扩展或合并、缩小、分立、更名等变更，需办理变更申请，并提供下列资料：

1. 变更理由及有关证明文件；

2. 与相邻供电企业就供电营业区变更所达成的协议或意见；

3. 供电营业区变动的地理平面图；

4. 实施供电营业区变动的工程及工程起讫日期；

5. 电力管理部门认为必需的资料。

第二十二条 用户自备电厂应自发自供厂区内的用电，自供有余的电量应上网销售。需要伸入或穿越供电营业区供电时，必须经过该供电营业区的电网经营企业同意并签订有关合同后才能实施。

第二十三条 跨省、省级、地级电网经营企业，在取得《供电营业许可证》后，应将在其批准的营业区内设立的供电营业机构的有关情况，向该行政区的电力管理部门备案，以便于进行监督管理。

第二十四条 未经许可，从事电力供应与销售业务或者擅自变更供电营业区的，由省级以上电力管理部门按照《电力法》第六十三条处理。

第五章 附 则

第二十五条 本办法一九九六年九月一日起实施。

居民用户家用电器损坏处理办法

（1996 年 8 月 21 日电力工业部令第 7 号发布）

第一条 为保护供用电双方的合法权益，规范因电力运行事故引起的居民用户家用电器损坏的理赔处理，公正、合理地调解纠纷，根据《电力法》、《电力供应与使用条例》和国家有关规定，制定本办法。

第二条 本办法适用于由供电企业以 220/380 伏电压供电的居民用户，因发生电力运行事故导致电能质量劣化，引起居民用户家用电器损坏时的索赔处理。

第三条 本办法所称的电力运行事故，是指在供电企业负责运行维护的 220/380 伏供电线路或设备上因供电企业的责任发生的下列事件：

1. 在 220/380 伏供电线路上，发生相线与零线接错或三相相序接反；

2. 在 220/380 伏供电线路上，发生零线断线；

3. 在 220/380 伏供电线路上，发生相线与零线互碰；

4. 同杆架设或交叉跨越时，供电企业的高电压线路导线掉落到 220/380 伏线路上或供电企业高电压线路对 220/380 伏线路放电。

第四条 由于第三条列举的原因出现若干户家用电器同时损坏时，居民用户应及时向当地供电企业投诉，并保持家用电器损坏原状。供电企业在接到居民用户家用电器损坏投诉后，应在 24 小时内派员赴现场进行调查、核实。

第五条 属于本办法第三条所列事件引起家用电器损坏的，供电企业应会同居委会（村委会）或其他有关部门，共同对受害居民用户损坏的家用电器名称、型号、数量、使用年月、损坏现象等进行登记和取证。登记笔录材料应由受害居民用户签字确认，作为理赔处理的依据。

第六条 供电企业如能提供证明，居民用户家用电器的损坏是不可抗力、第三人责任、受害者自身过错或产品质量事故等原因引起，并经县级以上电力管理部门核实无误，供电企业不承担赔偿责任。

第七条 从家用电器损坏之日起七日内，受害居民用户未向供电企业投诉并提出索赔要求的，即视为受害者已自动放弃索赔权。超过七日的，供电企业不再负责其赔偿。

第八条 损坏的家用电器经供电企业指定的或双方认可的检修单位检定，认为可以修复的，按本办法第九条规定处理；认为不可修复的，按本办法第十条规定处理。

第九条 对损坏家用电器的修复，供电企业承担损坏元件的修复责任。修复时应尽可能以原型号、规格的新元件修复；无原型号规格的新元件可供修复时，可采用相同功能的新元件替代。

修复所发生的元件购置费、检测费、修理费均由供电企业负担。

不属于责任损坏或未损坏的元件，受害居民用户也要求更换时，所发生的元件购置费与修理费应由提出要求者负担。

第十条 对不可修复的家用电器，其购买时间在六个月及以内的，按原购货发票价，供电企业全额予以赔偿；购置时间在六个月以上的，按原购货发票价，并按本规定第十二条规定的使用寿命折旧后的余额，予以赔偿。使用年限已超过本规定第十二条规定仍在使用的，或者折旧后的差额低于原价 10%的，按原价的10%予以赔偿。使用时间以发货票开具的日期为准开始计算。

对无法提供购货发票的，应由受害居民用户负责举证，经供电企业核查无误后，以证明出具的购置日期时的国家定价为准，按前款规定清偿。

以外币购置的家用电器，按购置时国家外汇牌价折人民币计算其购置价，以人民币进行清偿。

清偿后，损坏的家用电器归属供电企业所有。

第十一条 在理赔处理中，供电企业与受害居民用户因赔偿问题达不成协议的，由县级以上电力管理部门调解，调解不成的，可向司法机关申请裁定。

第十二条 各类家用电器的平均使用年限为：

电子类：如电视机、音响、录像机、充电器等，使用寿命为 10 年；

电机类：如电冰箱、空调器、洗衣机、电风扇、吸尘器等，使用寿命为12 年；

电阻电热类：如电饭煲、电热水器、电茶壶、电炒锅等，使用寿命为 5 年；

电光源类：白炽灯、气体放电灯、调光灯等，使用寿命为 2 年。

第十三条 供电企业对居民用户家用电器损坏所支付的修理费用或赔偿费，由供电生产成本中列支。

第十四条 第三人责任致使居民用户家用电器损坏的，供电企业应协助受害居民用户向第三人索赔，并可比照本办法进行处理。

第十五条 本办法自 1996 年 9 月 1 日起施行。

供电营业规则

（1996 年 10 月 8 日电力工业部令第 8 号发布）

第一章　总　　则

第一条　为加强供电营业管理，建立正常的供电营业秩序，保障供用双方的合法权益，根据《电力供应与使用条例》和国家有关规定，制定本规则。

第二条　供电企业和用户在进行电力供应与使用活动中，应遵守本规则的规定。

第三条　供电企业和用户应当遵守国家有关规定，服从电网统一调度，严格按指标供电和用电。

第四条　本规则应放置在供电企业的用电营业场所，供用户查阅。

第二章　供　电　方　式

第五条　供电企业供电的额定频率为交流 50 赫兹。

第六条　供电企业供电的额定电压：

1. 低压供电：单相为 220 伏，三相为 380 伏；

2. 高压供电：为 10、25（63）、110、220 千伏。

除发电厂直配电压可采用 3 千伏或 6 千伏外，其他等级的电压应逐步过渡到上列额定电压。

用户需要的电压等级不在上列范围时，应自行采取变压措施解决。

用户需要的电压等级在 110 千伏及以上时，其受电装置应作为终端变电站设计，方案需经省电网经营企业审批。

第七条　供电企业对申请用电的用户提供的供电方式，应从供用电的安全、经济、合理和便于管理出发，依据国家的有关政策和规定、电网的规划、用电需求以及当地供电条件等因素，进行技术经济比较，与用户协商确定。

第八条　用户单相用电设备总容量不足 10 千瓦的可采用低压 220 伏供电。但有单台设备容量超过 1 千瓦的单相电焊机、换流设备时，用户必须采取有效的技术措施以消除对电能质量的影响，否则应改为其他方式供电。

第九条　用户用电设备容量在 100 千瓦及以下或需用变压器容量在 50 千伏安及以下者，可采用低压三相四线制供电，特殊情况也可采用高压供电。

用电负荷密度较高的地区，经过技术经济比较，采用低压供电的技术经济性明显优于高压供电时，低压供电的容量界限可适当提高。具体容量界限由省电网经营企业作出规定。

第十条 供电企业可以对距离发电厂较近的用户，采用发电厂直配供电方式，但不得以发电厂的厂用电源或变电站（所）的站用电源对用户供电。

第十一条 用户需要备用、保安电源时，供电企业应按其负荷重要性、用电容量和供电的可能性，与用户协商确定。

用户重要负荷的保安电源，可由供电企业提供，也可由用户自备。遇有下列情况之一者，保安电源应由用户自备：

1. 在电力系统瓦解或不可抗力造成供电中断时，仍需保证供电的；

2. 用户自备电源比从电力系统供给更为经济合理的。

供电企业向有重要负荷的用户提供的保安电源，应符合独立电源的条件。有重要负荷的用户在取得供电企业供给的保安电源的同时，还应有非电性质的应急措施，以满足安全的需要。

第十二条 对基建工地、农田水利、市政建设等非永久性用电，可供给临时电源。临时用电期限除经供电企业准许外，一般不得超过六个月，逾期不办理延期或永久性正式用电手续的，供电企业应终止供电。

使用临时电源的用户不得向外转供电，也不得转让给其他用户，供电企业也不受理其变更用电事宜。如需改为正式用电，应按新装用电办理。

因抢险救灾需要紧急供电时，供电企业应迅速组织力量，架设临时电源供电。架设临时电源所需的工程费用和应付的电费，由地方人民政府有关部门负责从救灾经费中拨付。

第十三条 供电企业一般不采用趸售方式供电，以减少中间环节。特殊情况需开放趸售供电时，应由省级电网经营企业报国务院电力管理部门批准。

趸购转售电单位应服从电网的统一调度，按国家规定的电价向用户售电，不得再向乡、村层层趸售。

电网经营企业与趸购转售电单位应就趸购转售事宜签订供用电合同，明确双方的权利和义务。

趸购转售电单位需新装或增加趸购容量时，应按本规则的规定办理新装增容手续。

第十四条 用户不得自行转供电。在公用供电设施尚未到达的地区，供电企业征得该地区有供电能力的直供用户同意，可采用委托方式向其附近的用户转供电力，但不得委托重要的国防军工用户转供电。

委托转供电应遵守下列规定：

1. 供电企业与委托转供户（以下简称转供户）应就转供范围、转供容量、转供期限、转供费用、转供用电指标、计量方式、电费计算、转供电设施建设、产权划分、运行维护、调度通信、违约责任等事项签订协议。

2. 转供区域内的用户（以下简称被转供户），视同供电企业的直供户，与直供户享有同样的用电权利，其一切用电事宜按直供户的规定办理。

3. 向被转供户供电的公用线路与变压器的损耗电量应由供电企业负担，不得摊入被转供户用电量中。

4. 在计算转供户用电量、最大需量及功率因数调整电费时，应扣除被转供户、公用线路与变压器消耗的有功、无功电量。最大需量按下列规定折算：

（1）照明及一班制：每月用电量 180 千瓦时，折合为 1 千瓦；

（2）二班制：每月用电量 360 千瓦时，折合为 1 千瓦；

（3）三班制：每月用电量 540 千瓦时，折合为 1 千瓦；

（4）农业用电：每月用电量 270 千瓦时，折合为 1 千瓦。

5. 委托的费用，按委托的业务项目的多少，由双方协商确定。

第十五条 为保障用电安全，便于管理，用户应将重要负荷与非重要负荷、生产用电与生活区用电分开配电。

新装或增加用电的用户应按上述规定确定内部的配电方式，对目前尚未达到上述要求的用户应逐步进行改造。

第三章　新装、增容与变更用电

第十六条 任何单位或个人需新装用电或增加用电容量、变更用电都必须按本规则规定，事先到供电企业用电营业场所提出申请，办理手续。

供电企业应在用电营业场所公告办理各项用电业务的程序、制度和收费标准。

第十七条 供电企业的用电营业机构统一归口办理用户的用电申请和报装接电工作，包括用电申请书的发放及审核、供电条件勘查、供电方案确定及批复、有关费用收取、受电工程设计的审核、施工中间检查、竣工检验、供用电合同（协议）签约、装表接电等项业务。

第十八条 用户申请新装或增加用电时，应向供电企业提供用电工程项目批准的文件及有关的用电资料，包括用电地点、电力用途、用电性质、用电设备清单、用电负荷、保安电力、用电规划等，并依照供电企业规定的格式如实填写用电申请书及办理所需手续。

新建受电工程项目在立项阶段，用户应与供电企业联系，就工程供电的可能性、用电容量和供电条件等达成意向性协议，方可定址，确定项目。

未按前款规定办理的，供电企业有权拒绝受理其用电申请。

如因供电企业供电能力不足或政府规定限制的用电项目，供电企业可通知用户暂缓办理。

第十九条 供电企业对已受理的用电申请，应尽速确定供电方案，在下列期限内正式书面通知用户：

居民用户最长不超过五天；低压电力用户最长不超过十天；高压单电源用户最长不超过一个月；高压双电源用户最长不超过二个月。若不能如期确定供电方案时，供电企业应向用户说明原因。用户对供电企业答复的供电方案有不同意见时，应在一个月内提出意见，双方可再行协商确定。用户应根据确定的供电方案进行受电工程设计。

第二十条 用户新装或增加用电，在供电方案确定后，应按国家的有关规定向供电企业交纳新装增容供电工程贴费（以下简称供电贴费）。

第二十一条 供电方案的有效期，是指从供电方案正式通知书发出之日起至交纳供电贴费并受电工程开工日为止。高压供电方案的有效期为一年，低压供电方案的有效期为三个月，逾期注销。

用户遇有特殊情况，需延长供电方案有效期的，应在有效期到期前十天向供电企业提出申请，供电企业应视情况予以办理延长手续。但延长时间不得超过前款规定期限。

第二十二条 有下列情况之一者，为变更用电。用户需变更用电时，应事先提出申请，并携带有关证明文件，到供电企业用电营业场所办理手续，变更供用电合同：

1. 减少合同约定的用电容量（简称减容）；
2. 暂时停止全部或部分受电设备的用电（简称暂停）；
3. 临时更换大容量变压器（简称暂换）；
4. 迁移受电装置用电地址（简称迁址）；
5. 移动用电计量装置安装位置（简称移表）；
6. 暂时停止用电并拆表（简称暂拆）；
7. 改变用户的名称（简称更名或过户）；
8. 一户分列为两户及以上的用户（简称分户）；
9. 两户及以上用户合并为一户（简称并户）；
10. 合同到期终止用电（简称销户）；
11. 改变供电电压等级（简称改压）；
12. 改变用电类别（简称改类）。

第二十三条 用户减容，须在五天前向供电企业提出申请。供电企业应按下列规定办理：

1. 减容必须是整台或整组变压器的停止或更换小容量变压器用电。供电企业在受理之日后，根据用户申请减容的日期对设备进行加封。从加封之日起，按原计费方式减收其相应容量的基本电费。但用户申明为永久性减容的或从加封之日起期满二年又不办理恢复用电手续的，其减容后的容量已达不到实施两部制电价规定容量标准时，应改为单一制电价计费；

2. 减少用电容量的期限，应根据用户所提出的申请确定，但最短期限不得少于六个月，最长期限不得超过二年；

3. 在减容期限内，供电企业应保留用户减少容量的使用权。用户要求恢复用电，不再交付供电贴费；超过减容期限要求恢复用电时，应按新装或增容手续办理；

4. 在减容期限内要求恢复用电时，应在五天前向供电企业办理恢复用电手续，基本电费从启封之日起计收；

5. 减容期满后的用户以及新装、增容用户，二年内不得申办减容或暂停。如确需继续办理减容或暂停的，减少或暂停部分容量的基本电费应按百分之五十计算收取。

第二十四条 用户暂停，须在五天前向供电企业提出申请。供电企业应按下列规定办理：

1. 用户在每一日历年内，可申请全部（含不通过受电变压器的高压电动机）或部分用电容量的暂时停止用电两次，每次不得少于十五天，一年累计暂停时间不得超过六个月。季节性用电或国家另有规定的用户，累计暂停时间可以另议；

2. 按变压器容量计收基本电费的用户，暂停用电必须是整台或整组变压器停止运行。供电企业在受理暂停申请后，根据用户申请暂停的日期对暂停设备加封。从加封之日起，按原计费方式减收其相应容量的基本电费；

3. 暂停期满或每一日历年内累计暂停用电时间超过六个月者，不论用户是否申请恢复用电，供电企业须从期满之日起，按合同约定的容量计收其基本电费；

4. 在暂停期限内，用户申请恢复暂停用电容量用电时，须在预定恢复日前五天向供电企业提出申请。暂停时间少于十五天者，暂停期间基本电费照收；

5. 按最大需量计收基本电费的用户，申请暂停用电必须是全部容量（含不通过受电变压器的高压电动机）的暂停，并遵守本条1至4项的有关规定。

第二十五条 用户暂换（因受电变压器故障而无相同容量变压器替代，需要临时更换大容量变压器），须在更换前向供电企业提出申请。供电企业应按下列规定办理：

1. 必须在原受电地点内整台的暂换受电变压器；

2．暂换变压器的使用时间，10 千伏及以下的不得超过二个月，35 千伏及以上的不得超过三个月。逾期不办理手续的，供电企业可中止供电；

3．暂换的变压器经检验合格后才能投入运行；

4．暂换变压器增加的容量不收取供电贴费，但对两部制电价用户须在暂换之日起，按替换后的变压器容量计收基本电费。

第二十六条　用户迁址，须在五天前向供电企业提出申请。供电企业应按下列规定办理：

1．原址按终止用电办理，供电企业予以销户。新址用电优先受理；

2．迁移后的新址不在原供电点供电的，新址用电按新装用电办理；

3．迁移后的新址在原供电点供电的，且新址用电容量不超过原址容量，新址用电不再收取供电贴费。新址用电引起的工程费用由用户负担；

4．迁移后的新址仍在原供电点，但新址用电容量超过原址用电容量的，超过部分按增容办理；

5．私自迁移用电地址而用电者，除按本规则第一百条第 5 项处理外，自迁新址不论是否引起供电点变动，一律按新装用电办理。

第二十七条　用户移表（因修缮房屋或其他原因需要移动用电计量装置安装位置），须向供电企业提出申请。供电企业应按下列规定办理：

1．在用电地址、用电容量、用电类别、供电点等不变情况下，可办理移表手续；

2．移表所需的费用由用户负担；

3．用户不论何种原因，不得自行移动表位，否则，可按本规则第一百条第 5 项处理。

第二十八条　用户暂拆（因修缮房屋等原因需要暂时停止用电并拆表），应持有关证明向供电企业提出申请。供电企业应按下列规定办理：

1．用户办理暂拆手续后，供电企业应在五天内执行暂拆；

2．暂拆时间最长不得超过六个月。暂拆期间，供电企业保留该用户原容量的使用权；

3．暂拆原因消除，用户要求复装接电时，须向供电企业办理复装接电手续并按规定交付费用。上述手续完成后，供电企业应在五天内为该用户复装接电；

4．超过暂拆规定时间要求复装接电者，按新装手续办理。

第二十九条　用户更名或过户（依法变更用户名称或居民用户房屋变更户主），应持有关证明向供电企业提出申请。供电企业应按下列规定办理：

1．在用电地址、用电容量、用电类别不变条件下，允许办理更名或过户；

2．原用户应与供电企业结清债务，才能解除原供用电关系；

3．不申请办理过户手续而私自过户者，新用户应承担原用户所负债务。经供电企业检查发现用户私自过户时，供电企业应通知该户补办手续，必要时可中止供电。

第三十条　用户分户，应持有关证明向供电企业提出申请。供电企业应按下列规定办理：

1．在用电地址、供电点、用电容量不变，且其受电装置具备分装的条件时，允许办理分户；

2．在原用户与供电企业结清债务的情况下，再办理分户手续；

3．分立后的新用户应与供电企业重新建立供用电关系；

4．原用户的用电容量由分户者自行协商分割，需要增容者，分户后另行向供电企业办理增容手续；

5．分户引起的工程费用由分户者负担；

6．分户后受电装置应经供电企业检验合格，由供电企业分别装表计费。

第三十一条　用户并户，应持有关证明向供电企业提出申请，供电企业应按下列规定办理：

1．在同一供电点，同一用电地址的相邻两个及以上用户允许办理并户；

2．原用户应在并户前向供电企业结清债务；

3．新用户用电容量不得超过并户前各户容量之总和；

4．并户引起的工程费用由并户者负担；

5．并户的受电装置应经检验合格，由供电企业重新装表计费。

第三十二条　用户销户，须向供电企业提出申请。供电企业应按下列规定办理：

1．销户必须停止全部用电容量的使用；

2．用户已向供电企业结清电费；

3．查验用电计量装置完好性后，拆除接户线和用电计量装置；

4．用户持供电企业出具的凭证，领还电能表保证金与电费保证金。

办完上述事宜，即解除供用电关系。

第三十三条　用户连续六个月不用电，也不申请办理暂停用电手续者，供电企业须以销户终止其用电。用户需再用电时，按新装用电办理。

第三十四条　用户改压（因用户原因需要在原址改变供电电压等级），应向供电企业提出申请。供电企业应按下列规定办理：

1．改为高一等级电压供电，且容量不变者，免收其供电贴费。超过原容量者，超过部分按增容手续办理；

2．改为低一等级电压供电时，改压后的容量不大于原容量者，应收取两级电压供电贴费标准差额的供电贴费。超过原容量者，超过部分按增容手续办理；

3．改压引起的工程费用由用户负担。

由于供电企业的原因引起用户供电电压等级变化的，改压引起的用户外部工程费用由供电企业负担。

第三十五条　用户改类，须向供电企业提出申请，供电企业应按下列规定办理：

1．在同一受电装置内，电力用途发生变化而引起用电电价类别改变时，允许办理改类手续；

2．擅自改变用电类别，应按本规则第一百条第1项处理。

第三十六条　用户依法破产时，供电企业应按下列规定办理：

1．供电企业应予销户，终止供电；

2．在破产用户原址上用电的，按新装用电办理；

3．从破产用户分离出去的新用户，必须在偿清原破产用户电费和其他债务后，方可办理变更用电手续，否则，供电企业可按违约用电处理。

第四章　受电设施建设与维护管理

第三十七条　用户受电设施的建设与改造应当符合城乡电网建设与改造规划。对规划中安排的线路走廊和变电站建设用地，应当优先满足公用供电设施建设的需要，确保土地和空间资源得到有效利用。

第三十八条　用户新装、增装或改装受电工程的设计安装、试验与运行应符合国家有关标准；国家尚未制定标准的，应符合电力行业标准；国家和电力行业尚未制定标准的，应符合省（自治区、直辖市）电力管理部门的规定和规程。

第三十九条　用户受电工程设计文件和有关资料应一式两份送交供电企业审核。高压供电的用户应提供：

1．受电工程设计及说明书；

2．用电负荷分布图；

3．负荷组成、性质及保安负荷；

4．影响电能质量的用电设备清单；

5．主要电气设备一览表；

6．节能篇及主要生产设备、生产工艺耗电以及允许中断供电时间；

7．高压受电装置一、二次接线图与平面布置图；

8．用电功率因数计算及无功补偿方式；

9．继电保护、过电压保护及电能计量装置的方式；

10．隐蔽工程设计资料；

11. 配电网络布置图;

12. 自备电源及接线方式;

13. 供电企业认为必须提供的其他资料。

低压供电的用户应提供负荷组成和用电设备清单。

第四十条 供电企业对用户送审的受电工程设计文件和有关资料,应根据本规则的有关规定进行审核。审核的时间,对高压供电的用户最长不超过一个月;对低压供电的用户最长不超过十天。供电企业对用户的受电工程设计文件和有关资料的审核意见应以书面形式连同审核过的一份受电工程设计文件和有关资料一并退还用户,以便用户据以施工。用户若更改审核后的设计文件时,应将变更后的设计再送供电企业复核。

用户受电工程的设计文件,未经供电企业审核同意,用户不得据以施工,否则,供电企业将不予检验和接电。

第四十一条 无功电力应就地平衡。用户应在提高用电自然功率因数的基础上,按有关标准设计和安装无功补偿设备,并做到随其负荷和电压变动及时投入或切除,防止无功电力倒送。除电网有特殊要求的用户外,用户在当地供电企业规定的电网高峰负荷时的功率因数,应达到下列规定:

100 千伏安及以上高压供电的用户功率因数为 0.90 以上。

其他电力用户和大、中型电力排灌站、趸购转售电企业,功率因数为 0.85 以上。

农业用电,功率因数为 0.80。

凡功率因数不能达到上述规定的新用户,供电企业可拒绝接电。对已送电的用户,供电企业应督促和帮助用户采取措施,提高功率因数。对在规定期限内仍未采取措施达到上述要求的用户,供电企业可中止或限制供电。

功率因数调整电费办法按国家规定执行。

第四十二条 用户受电工程在施工期间,供电企业应根据审核同意的设计和有关施工标准,对用户受电工程中的隐蔽工程进行中间检查。如有不符合规定的,应以书面形式向用户提出意见,用户应按设计和施工标准的规定予以改正。

第四十三条 用户受电工程施工、试验完工后,应向供电企业提出工程竣工报告,报告应包括:

1. 工程竣工图及说明;

2. 电气试验及保护整定调试记录;

3. 安全用具的试验报告;

4. 隐蔽工程的施工及试验记录;

5. 运行管理的有关规定和制度;

6．值班人员名单及资格；

7．供电企业认为必要的其他资料或记录。

供电企业接到用户的受电装置竣工报告及检验申请后，应及时组织检验。对检验不合格的，供电企业应以书面形式一次性通知用户改正，改正后予以再次检验，直至合格。但自第二次检验起，每次检验前用户须按规定交纳重复检验费。检验合格后的十天内，供电企业应派员装表接电。

重复检验收费标准，由省电网经营企业提出，报经省有关部门批准后执行。

第四十四条 公用路灯、交通信号灯是公用设施，应由当地人民政府及有关管理部门投资建设，并负责维护管理和交纳电费等事项。供电企业可接受地方有关部门的委托，代为设计、施工与维护管理公用路灯，并照章收取费用，具体事项由双方协商确定。

第四十五条 用户建设临时性受电设施，需要供电企业施工的，其施工费用应由用户负担。

第四十六条 用户独资、合资或集资建设的输电、变电、配电等供电设施建成后，其运行维护管理按以下规定确定：

1．属于公用性质或占用公用线路规划走廊的，由供电企业统一管理。供电企业应在交接前，与用户协商，就供电设施运行维护管理达成协议。对统一运行维护管理的公用供电设施，供电企业应保留原所有者在上述协议中确认的容量。

2．属于用户专用性质，但不在公用变电站内的供电设施，由用户运行维护管理。如用户运行维护管理确有困难，可与供电企业协商，就委托供电企业代为运行维护管理有关事项签订协议。

3．属于用户共用性质的供电设施，由拥有产权的用户共同运行维护管理。如用户共同运行维护管理确有困难，可与供电企业协商，就委托供电企业代为运行维护管理有关事项签订协议。

4．在公用变电站内由用户投资建设的供电设备，如变压器、通信设备、开关、刀闸等，由供电企业统一经营管理。建成投运前，双方应就运行维护、检修、备品备件等项事宜签订交接协议。

5．属于临时用电等其他性质的供电设施，原则上由产权所有者运行维护管理，或由双方协商确定，并签订协议。

第四十七条 供电设施的运行维护管理范围，按产权归属确定。责任分界点按下列各项确定：

1．公用低压线路供电的，以供电接户线用户端最后支持物为分界点，支持物属供电企业。

2．10 千伏及以下公用高压线路供电的，以用户厂界外或配电室前的第一断路器或第一支持物为分界点，第一断路器或第一支持物属供电企业。

3. 35 千伏及以上公用高压线路供电的，以用户厂界外或用户变电站外第一基电杆为分界点。第一基电杆属供电企业。

4. 采用电缆供电的，本着便于维护管理的原则，分界点由供电企业与用户协商确定。

5. 产权属于用户且由用户运行维护的线路，以公用线路分支杆或专用线路接引的公用变电站外第一基电杆为分界点，专用线路第一基电杆属用户。

在电气上的具体分界点，由供用双方协商确定。

第四十八条 供电企业和用户分工维护管理的供电和受电设备，除另有约定者外，未经管辖单位同意，对方不得操作或更动；如因紧急事故必须操作或更动者，事后应迅速通知管辖单位。

第四十九条 由于工程施工或线路维护上的需要，供电企业须在用户处进行凿墙、挖沟、掘坑、巡线等作业时，用户应给予方便，供电企业工作人员应遵守用户的有关安全保卫制度。用户到供电企业维护的设备区作业时，应征得供电企业同意，并在供电企业人员监护下进行工作。作业完工后，双方均应及时予以修复。

第五十条 因建设引起建筑物、构筑物与供电设施相互妨碍，需要迁移供电设施或采取防护措施时，应按建设先后的原则，确定其担负的责任。如供电设施建设在先，建筑物、构筑物建设在后，由后续建设单位负担供电设施迁移、防护所需的费用；如建筑物、构筑物的建设在先，供电设施建设在后，由供电设施建设单位负担建筑物、构筑物的迁移所需的费用；不能确定建设的先后者，由双方协商解决。

供电企业需要迁移用户或其他供电企业的设施时，也按上述原则办理。

城乡建设与改造需迁移供电设施时，供电企业和用户都应积极配合，迁移所需的材料和费用，应在城乡建设与改造投资中解决。

第五十一条 在供电设施上发生事故引起的法律责任，按供电设施产权归属确定。产权归属于谁，谁就承担其拥有的供电设施上发生事故引起的法律责任。但产权所有者不承担受害者因违反安全或其他规章制度，擅自进入供电设施非安全区域内而发生事故引起的法律责任，以及在委托维护的供电设施上，因代理方维护不当所发生事故引起的法律责任。

第五章　供电质量与安全供用电

第五十二条 供电企业和用户都应加强供电和用电的运行管理，切实执行国家和电力行业制定的有关安全供用电的规程制度。用户执行其上级主管机关颁发的电气规程制度，除特殊专用的设备外，如与电力行业标准或规定有矛盾时，应以国家和电力行业标准或规定为准。

供电企业和用户在必要时应制订本单位的现场规程。

第五十三条 在电力系统正常状况下，供电频率的允许偏差为：

1．电网装机容量在 300 万千瓦及以上的，为±0.2 赫兹；

2．电网装机容量在 300 万千瓦以下的，为±0.5 赫兹。

在电力系统非正常状况下，供电频率允许偏差不应超过±1.0 赫兹。

第五十四条 在电力系统正常状况下，供电企业供到用户受电端的供电电压允许偏差为：

1．35 千伏及以上电压供电的，电压正、负偏差的绝对值之和不超过额定值的 10%；

2．10 千伏及以下三相供电的，为额定值的±7%；

3．220 伏单相供电的，为额定值的+7%，−10%。

在电力系统非正常状况下，用户受电端的电压最大允许偏差不应超过额定值的±10%。

用户用电功率因数达不到本规则第四十一条规定的，其受电端的电压偏差不受此限制。

第五十五条 电网公共连接点电压正弦波畸变率和用户注入电网的谐波电流不得超过国家标准 GB/T 14549—1993 的规定。

用户的非线性阻抗特性的用电设备接入电网运行所注入电网的谐波电流和引起公共连接点电压正弦波畸变率超过标准时，用户必须采取措施予以消除。否则，供电企业可中止对其供电。

第五十六条 用户的冲击负荷、波动负荷、非对称负荷对供电质量产生影响或对安全运行构成干扰和妨碍时，用户必须采取措施予以消除。如不采取措施或采取措施不力，达不到国家标准 GB 12326—1990 或 GB/T 15543—1995 规定的要求时，供电企业可中止对其供电。

第五十七条 供电企业应不断改善供电可靠性，减少设备检修和电力系统事故对用户的停电次数及每次停电持续时间。供用电设备计划检修应做到统一安排。供用电设备计划检修时，对 35 千伏及以上电压供电的用户的停电次数，每年不应超过一次；对 10 千伏供电的用户，每年不应超过三次。

第五十八条 供电企业和用户应共同加强对电能质量的管理。因电能质量某项指标不合格而引起责任纠纷时，不合格的质量责任由电力管理部门认定的电能质量技术检测机构负责技术仲裁。

第五十九条 供电企业和用户的供用电设备计划检修应相互配合，尽量做到统一检修。用电负荷较大，开停对电网有影响的设备，其停开时间，用户应提前与供电企业联系。

遇有紧急检修需停电时，供电企业应按规定提前通知重要用户，用户应予以配合；事故断电，应尽速修复。

第六十条 供电企业应根据电力系统情况和电力负荷的重要性，编制事故限电序位方案，并报电力管理部门审批或备案后执行。

第六十一条 用户应定期进行电气设备和保护装置的检查、检修和试验，消除设备隐患，预防电气设备事故和误动作发生。

用户电气设备危及人身和运行安全时，应立即检修。

多路电源供电的用户应加装连锁装置，或按照供用双方签订的协议进行调度操作。

第六十二条 用户发生下列用电事故，应及时向供电企业报告：

1. 人身触电死亡；

2. 导致电力系统停电；

3. 专线掉闸或全厂停电；

4. 电气火灾；

5. 重要或大型电气设备损坏；

6. 停电期间向电力系统倒送电。

供电企业接到用户上述事故报告后，应派员赴现场调查，在七天内协助用户提出事故调查报告。

第六十三条 用户受电装置应当与电力系统的继电保护方式相互配合，并按照电力行业有关标准或规程进行整定和检验。由供电企业整定、加封的继电保护装置及其二次回路和供电企业规定的继电保护整定值，用户不得擅自变动。

第六十四条 承装、承修、承试受电工程的单位，必须经电力管理部门审核合格，并取得电力管理部门颁发的《承装（修）电力设施许可证》。

在用户受电装置上作业的电工，应经过电工专业技能的培训，必须取得电力管理部门颁发的《电工进网作业许可证》，方准上岗作业。

第六十五条 供电企业和用户都应经常开展安全供用电宣传教育，普及安全用电常识。

第六十六条 在发供电系统正常情况下，供电企业应连续向用户供应电力。但是，有下列情形之一的，须经批准方可中止供电：

1. 对危害供用电安全，扰乱供用电秩序，拒绝检查者；

2. 拖欠电费经通知催交仍不交者；

3. 受电装置经检验不合格，在指定期间未改善者；

4．用户注入电网的谐波电流超过标准，以及冲击负荷、非对称负荷等对电能质量产生干扰与妨碍，在规定限期内不采取措施者；

5．拒不在限期内拆除私增用电容量者；

6．拒不在限期内交付违约用电引起的费用者；

7．违反安全用电、计划用电有关规定，拒不改正者；

8．私自向外转供电力者。

有下列情形之一的，不经批准即可中止供电，但事后应报告本单位负责人：

1．不可抗力和紧急避险；

2．确有窃电行为。

第六十七条　除因故中止供电外，供电企业需对用户停止供电时，应按下列程序办理停电手续：

1．应将停电的用户、原因、时间报本单位负责人批准。批准权限和程序由省电网经营企业制定；

2．在停电前三至七天内，将停电通知书送达用户，对重要用户的停电，应将停电通知书报送同级电力管理部门；

3．在停电前 30 分钟，将停电时间再通知用户一次，方可在通知规定时间实施停电。

第六十八条　因故需要中止供电时，供电企业应按下列要求事先通知用户或进行公告：

1．因供电设施计划检修需要停电时，应提前七天通知用户或进行公告；

2．因供电设施临时检修需要停止供电时，应当提前 24 小时通知重要用户或进行公告；

3．发供电系统发生故障需要停电、限电或者计划限、停电时，供电企业应按确定的限电序位进行停电或限电。但限电序位应事前公告用户。

第六十九条　引起停电或限电的原因消除后，供电企业应在三日内恢复供电。不能在三日内恢复供电的，供电企业应向用户说明原因。

第六章　用电计量与电费计收

第七十条　供电企业应在用户每一个受电点内按不同电价类别，分别安装用电计量装置。每个受电点作为用户的一个计费单位。

用户为满足内部核算的需要，可自行在其内部装设考核能耗的电能表，但该表所示读数不得作为供电企业计费依据。

第七十一条　在用户受电点内难以按电价类别分别装设用电计量装置时，可装设总的用电计量装置，然后按其不同电价类别的用电设备容量的比例或实际可能的用电量，确定不同电价类别用电量的比例或定量进行分算，分别计价。供电企业每年至少对上述比例或定量核定一次，用户不得拒绝。

第七十二条　用电计量装置包括计费电能表（有功、无功电能表及最大需量表）和电压、电流互感器及二次连接线导线。计费电能表及附件的购置、安装、移动、更换、校验、拆除、加封、启封及表计接线等，均由供电企业负责办理，用户应提供工作上的方便。

高压用户的成套设备中装有自备电能表及附件时，经供电企业检验合格、加封并移交供电企业维护管理的，可作为计费电能表。用户销户时，供电企业应将该设备交还用户。

供电企业在新装、换装及现场校验后应对用电计量装置加封，并请用户在工作凭证上签章。

第七十三条　对 10 千伏及以下电压供电的用户，应配置专用的电能计量柜（箱）；对 35 千伏及以上电压供电的用户，应有专用的电流互感器二次线圈和专用的电压互感器二次连接线，并不得与保护、测量回路共用。电压互感器专用回路的电压降不得超过允许值。超过允许值时，应予以改造或采取必要的技术措施予以更正。

第七十四条　用电计量装置原则上应装在供电设施的产权分界处。如产权分界处不适宜装表的，对专线供电的高压用户，可在供电变压器出口装表计量；对公用线路供电的高压用户，可在用户受电装置的低压侧计量。当用电计量装置不安装在产权分界处时，线路与变压器损耗的有功与无功电量均须由产权所有者负担。在计算用户基本电费（按最大需量计收时）、电度电费及功率因数调整电费时，应将上述损耗电量计算在内。

第七十五条　城镇居民用电一般应实行一户一表。因特殊原因不能实行一户一表计费时，供电企业可根据其容量按公安门牌或楼门单元、楼层安装共用的计费电能表，居民用户不得拒绝合用。共用计费电能表内的各用户，可自行装设分户电能表，自行分算电费，供电企业在技术上予以指导。

第七十六条　临时用电的用户，应安装用电计量装置。对不具备安装条件的，可按其用电容量、使用时间、规定的电价计收电费。

第七十七条　计费电能表装设后，用户应妥为保护，不应在表前堆放影响抄表或计量准确及安全的物品。如发生计费电能表丢失、损坏或过负荷烧坏等情况，用户应及时告知供电企业，以便供电企业采取措施。如因供电企业责任或不可抗力致使计费电能表出现或发生故障的，供电企业应负责换表，不收费用；其他原因引起的，用户应负担赔偿费或修理费。

第七十八条　用户应按国家有关规定，向供电企业存出电能表保证金。供电

162

企业对存入保证金的用户出具保证金凭证，用户应妥为保存。

第七十九条 供电企业必须按规定的周期校验、轮换计费电能表，并对计费电能表进行不定期检查。发现计量失常时，应查明原因。用户认为供电企业装设的计费电能表不准时，有权向供电企业提出校验申请，在用户交付验表费后，供电企业应在七天内检验，并将检验结果通知用户。如计费电能表的误差在允许范围内，验表费不退；如计费电能表的误差超出允许范围时，除退还验表费外，并应按本规则第八十条规定退补电费。用户对检验结果有异议时，可向供电企业上级计量检定机构申请检定。用户在申请验表期间，其电费仍应按期交纳，验表结果确认后，再行退补电费。

第八十条 由于计费计量的互感器、电能表的误差及其连接线电压降超出允许范围或其他非人为原因致使计量记录不准时，供电企业应按下列规定退补相应电量的电费：

1. 互感器或电能表误差超出允许范围时，以"0"误差为基准，按验证后的误差值退补电量。退补时间从上次校验或换装后投入之日起至误差更正之日止的二分之一时间计算。

2. 连接线的电压降超出允许范围时，以允许电压降为基准，按验证后实际值与允许值之差补收电量。补收时间从连接线投入或负荷增加之日起至电压降更正之日止。

3. 其他非人为原因致使计量记录不准时，以用户正常月份的用电量为基准，退补电量，退补时间按抄表记录确定。

退补期间，用户先按抄见电量如期交纳电费，误差确定后，再行退补。

第八十一条 用电计量装置接线错误、保险熔断、倍率不符等原因，使电能计量或计算出现差错时，供电企业应按下列规定退补相应电量的电费：

1. 计费计量装置接线错误的，以其实际记录的电量为基数，按正确与错误接线的差额率退补电量，退补时间从上次校验或换装投入之日起至接线错误更正之日止。

2. 电压互感器保险熔断的，按规定计算方法计算值补收相应电量的电费；无法计算的，以用户正常月份用电量为基准，按正常月与故障月的差额补收相应电量的电费，补收时间按抄表记录或按失压自动记录仪记录确定。

3. 计算电量的倍率或铭牌倍率与实际不符的，以实际倍率为基准，按正确与错误倍率的差值退补电量，退补时间以抄表记录为准确定。

退补电量未正式确定前，用户应先按正常月用电量交付电费。

第八十二条 供电企业应当按国家批准的电价，依据用电计量装置的记录计算电费，按期向用户收取或通知用户按期交纳电费。供电企业可根据具体情况，确定向用户收取电费的方式。

用户应按供电企业规定的期限和交费方式交清电费，不得拖延或拒交电费。

用户应按国家规定向供电企业存出电费保证金。

第八十三条　供电企业应在规定的日期抄录计费电能表读数。

由于用户的原因未能如期抄录计费电能表读数时，可通知用户待期补抄或暂按前次用电量计收电费，待下次抄表时一并结清。因用户原因连续六个月不能如期抄到计费电能表读数时，供电企业应通知该用户得终止供电。

第八十四条　基本电费以月计算，但新装、增容、变更与终止用电当月的基本电费，可按实用天数（日用电不足 24 小时的，按一天计算）每日按全月基本电费三十分之一计算。事故停电、检修停电、计划限电不扣减基本电费。

第八十五条　以变压器容量计算基本电费的用户，其备用的变压器（含高压电动机），属冷备用状态并经供电企业加封的，不收基本电费；属热备用状态的或未经加封的，不论使用与否都计收基本电费。用户专门为调整用电功率因数的设备，如电容器、调相机等，不计收基本电费。

在受电装置一次侧装有连锁装置互为备用的变压器（含高压电动机），按可能同时使用的变压器（含高压电动机）容量之和的最大值计算其基本电费。

第八十六条　对月用电量较大的用户，供电企业可按用户月电费确定每月分若干次收费，并于抄表后结清当月电费。收费次数由供电企业与用户协商确定，一般每月不少于三次。对于银行划拨电费的，供电企业、用户、银行三方应签订电费划拨和结清的协议书。

供用双方改变开户银行或账号时，应及时通知对方。

第八十七条　临时用电用户未装用电计量装置的，供电企业应根据其用电容量，按双方约定的每日使用时数和使用期限预收全部电费。用电终止时，如实际使用时间不足约定期限二分之一的，可退还预收电费的二分之一；超过约定期限二分之一的，预收电费不退；到约定期限时，得终止供电。

第八十八条　供电企业依法对用户终止供电时，用户必须结清全部电费和与供电企业相关的其他债务。否则，供电企业有权依法追缴。

第七章　并网电厂

第八十九条　在供电营业区内建设的各类发电厂，未经许可，不得从事电力供应与电能经销业务。

并网运行的发电厂，应在发电厂建设项目立项前，与并网的电网经营企业联系，就并网容量、发电时间、上网电价、上网电量等达成电量购销意向性协议。

第九十条　电网经营企业与并网发电厂应根据国家法律、行政法规和有关规定，签订并网协议，并在并网发电前签订并网电量购销合同。合同应当具备下列条款：

1. 并网方式、电能质量和发电时间；

2. 并网发电容量、年发电利用小时和年上网电量；

3. 计量方式和上网电价、电费结算方式；

4. 电网提供的备用容量及计费标准；

5. 合同的有效期限；

6. 违约责任；

7. 双方认为必须规定的其他事宜。

第九十一条　用户自备电厂应自发自供厂区内的用电，不得将自备电厂的电力向厂区外供电。自发自用有余的电量可与供电企业签订电量购销合同。

自备电厂如需伸入或跨越供电企业所属的供电营业区供电的，应经省电网经营企业同意。

第八章　供用电合同与违约责任

第九十二条　供电企业和用户应当在正式供电前，根据用户用电需求和供电企业的供电能力以及办理用电申请时双方已认可或协商一致的下列文件，签订供用电合同：

1. 用户的用电申请报告或用电申请书；

2. 新建项目立项前双方签订的供电意向性协议；

3. 供电企业批复的供电方案；

4. 用户受电装置施工竣工检验报告；

5. 用电计量装置安装完工报告；

6. 供电设施运行维护管理协议；

7. 其他双方事先约定的有关文件。

对用电量大的用户或供电有特殊要求的用户，在签订供用电合同时，可单独签订电费结算协议和电力调度协议等。

第九十三条　供用电合同应采用书面形式。经双方协商同意的有关修改合同的文书、电报、电传和图表也是合同的组成部分。

供用电合同书面形式可分为标准格式和非标准格式两类。标准格式合同适用于供电方式简单、一般性用电需求的用户；非标准格式合同适用于供用电方式特殊的用户。

省电网经营企业可根据用电类别、用电容量、电压等级的不同，分类制定出适应不同类型用户需要的标准格式的供用电合同。

第九十四条 供用电合同的变更或者解除，必须依法进行。有下列情形之一的，允许变更或解除供用电合同：

1. 当事人双方经过协商同意，并且不因此损害国家利益和扰乱供用电秩序；

2. 由于供电能力的变化或国家对电力供应与使用管理的政策调整，使订立供用电合同时的依据被修改或取消；

3. 当事人一方依照法律程序确定确实无法履行合同；

4. 由于不可抗力或一方当事人虽无过失，但无法防止的外因，致使合同无法履行。

第九十五条 供用双方在合同中订有电力运行事故责任条款的，按下列规定办理：

1. 由于供电企业电力运行事故造成用户停电的，供电企业应按用户在停电时间内可能用电量的电度电费的五倍（单一制电价为四倍）给予赔偿。用户在停电时间内可能用电量，按照停电前用户正常用电月份或正常用电一定天数内的每小时平均用电量乘以停电小时求得。

2. 由于用户的责任造成供电企业对外停电，用户应按供电企业对外停电时间少供电量，乘以上月份供电企业平均售电单价给予赔偿。

因用户过错造成其他用户损害的，受害用户要求赔偿时，该用户应当依法承担赔偿责任。

虽因用户过错，但由于供电企业责任而使事故扩大造成其他用户损害的，该用户不承担事故扩大部分的赔偿责任。

3. 对停电责任的分析和停电时间及少供电量的计算，均按供电企业的事故记录及《电业生产事故调查规程》办理。停电时间不足 1 小时按 1 小时计算，超过 1 小时按实际时间计算。

4. 本条所指的电度电费按国家规定的目录电价计算。

第九十六条 供用电双方在合同中订有电压质量责任条款的，按下列规定办理：

1. 用户用电功率因数达到规定标准，而供电电压超出本规则规定的变动幅度，给用户造成损失的，供电企业应按用户每月在电压不合格的累计时间内所用的电量，乘以用户当月用电的平均电价的百分之二十给予赔偿。

2. 用户用电的功率因数未达到规定标准或其他用户原因引起的电压质量不合格的，供电企业不负赔偿责任。

3. 电压变动超出允许变动幅度的时间，以用户自备并经供电企业认可的电压自动记录仪表的记录为准，如用户未装此项仪表，则以供电企业的电压记录为准。

第九十七条 供用电双方在合同中订有频率质量责任条款的，按下列规定办理：

1. 供电频率超出允许偏差，给用户造成损失的，供电企业应按用户每月在频率不合格的累计时间内所用的电量，乘以当月用电的平均电价的百分之二十给予赔偿。

2. 频率变动超出允许偏差的时间，以用户自备并经供电企业认可的频率自动记录仪表的记录为准，如用户未装此项仪表，则以供电企业的频率记录为准。

第九十八条 用户在供电企业规定的期限内未交清电费时，应承担电费滞纳的违约责任。电费违约金从逾期之日起计算至交纳日止。每日电费违约金按下列规定计算：

1. 居民用户每日按欠费总额的千分之一计算。

2. 其他用户：

（1）当年欠费部分，每日按欠费总额的千分之二计算；

（2）跨年度欠费部分，每日按欠费总额的千分之三计算。

电费违约金收取总额按日累加计收，总额不足 1 元者按 1 元收取。

第九十九条 因电力运行事故引起城乡居民用户家用电器损坏的，供电企业应按《居民用户家用电器损坏处理办法》进行处理。

第一百条 危害供用电安全、扰乱正常供用电秩序的行为，属于违约用电行为。供电企业对查获的违约用电行为应及时予以制止。有下列违约用电行为者，应承担其相应的违约责任：

1. 在电价低的供电线路上，擅自接用电价高的用电设备或私自改变用电类别的，应按实际使用日期补交其差额电费，并承担二倍差额电费的违约使用电费。使用起讫日期难以确定的，实际使用时间按三个月计算。

2. 私自超过合同约定的容量用电的，除应拆除私增容设备外，属于两部制电价的用户，应补交私增设备容量使用月数的基本电费，并承担三倍私增容量基本电费的违约使用电费；其他用户应承担私增容量每千瓦（千伏安）50 元的违约使用电费。如用户要求继续使用者，按新装增容办理手续。

3. 擅自超过计划分配的用电指标的，应承担高峰超用电力每次每千瓦 1 元和超用电量与现行电价电费五倍的违约使用电费。

4. 擅自使用已在供电企业办理暂停手续的电力设备或启用供电企业封存的电力设备的，应停用违约使用的设备。属于两部制电价的用户，应补交擅自使用或启用封存设备容量和使用月数的基本电费，并承担二倍补交基本电费的违约使用电费；其他用户应承担擅自使用或启用封存设备容量每次每千瓦（千伏安）30 元的违约使用电费。启用属于私增容被封存的设备的，违约使用者还应承担本条第 2 项规定的违约责任。

5. 私自迁移、更动和擅自操作供电企业的用电计量装置、电力负荷管理装置、供电设施以及约定由供电企业调度的用户受电设备者，属于居民用户的，应承担每次 500 元的违约使用电费；属于其他用户的，应承担每次 5000 元的违约使用电费。

6. 未经供电企业同意，擅自引入（供出）电源或将备用电源和其他电源私自并网的，除当即拆除接线外，应承担其引入（供出）或并网电源容量每千瓦（千伏安）500 元的违约使用电费。

第九章　窃电的制止与处理

第一百零一条　禁止窃电行为。窃电行为包括：

1. 在供电企业的供电设施上，擅自接线用电；
2. 绕越供电企业用电计量装置用电；
3. 伪造或者开启供电企业加封的用电计量装置封印用电；
4. 故意损坏供电企业用电计量装置；
5. 故意使供电企业用电计量装置不准或者失效；
6. 采用其他方法窃电。

第一百零二条　供电企业对查获的窃电者，应予制止并可当场中止供电。窃电者应按所窃电量补交电费，并承担补交电费三倍的违约使用电费。拒绝承担窃电责任的，供电企业应报请电力管理部门依法处理。窃电数额较大或情节严重的，供电企业应提请司法机关依法追究刑事责任。

第一百零三条　窃电量按下列方法确定：

1. 在供电企业的供电设施上，擅自接线用电的，所窃电量按私接设备额定容量（千伏安视同千瓦）乘以实际使用时间计算确定；

2. 以其他行为窃电的，所窃电量按计费电能表标定电流值（对装有限流器的，按限流器整定电流值）所指的容量（千伏安视同千瓦）乘以实际窃用的时间计算确定。

窃电时间无法查明时，窃电日数至少以一百八十天计算，每日窃电时间：电力用户按 12 小时计算；照明用户按 6 小时计算。

第一百零四条　因违约用电或窃电造成供电企业的供电设施损坏的，责任者必须承担供电设施的修复费用或进行赔偿。

因违约用电或窃电导致他人财产、人身安全受到侵害的，受害人有权要求违约用电或窃电者停止侵害，赔偿损失。供电企业应予协助。

第一百零五条　供电企业对检举、查获窃电或违约用电的有关人员应给予奖励。奖励办法由省电网经营企业规定。

第十章　附　　则

第一百零六条　跨省电网经营企业、省电网经营企业可根据本规则，在业务上作出补充规定。

第一百零七条　本规则自发布之日起施行。

电力可靠性监督管理办法

（2007 年 4 月 10 日国家电力监管委员会令第 24 号公布）

第一条 为了加强电力可靠性监督管理，保障电力系统安全稳定运行，根据《电力监管条例》，制定本办法。

第二条 国家电力监管委员会（以下简称电监会）负责全国电力可靠性的监督管理；电监会电力可靠性管理中心（以下简称可靠性中心）负责全国电力可靠性监督管理的日常工作，并承担电力可靠性管理行业服务工作；电监会派出机构负责辖区内电力可靠性监督管理。

第三条 发电企业、输电企业、供电企业以及从事电力生产的其他企业（以下统称电力企业）应当依照本办法开展电力可靠性管理工作。

第四条 电力可靠性监督管理包括下列内容：

（一）制定电力可靠性监督管理规章和电力可靠性技术标准；

（二）建立电力可靠性监督管理工作体系；

（三）组织建立电力可靠性信息管理系统，统计分析电力可靠性信息；

（四）组织电力可靠性管理工作检查；

（五）组织实施电力可靠性评价、评估工作；

（六）发布电力可靠性指标和电力可靠性监管报告；

（七）推动电力可靠性理论研究和技术应用；

（八）组织电力可靠性培训；

（九）开展电力可靠性国际交流与合作。

第五条 电力企业作为电力可靠性管理工作的责任主体，应当按照下列要求开展本企业电力可靠性管理工作：

（一）贯彻执行有关电力可靠性监督管理的国家规定、技术标准，制定本企业电力可靠性管理工作规范；

（二）建立电力可靠性管理工作体系，落实电力可靠性管理岗位责任；

（三）建立电力可靠性信息管理系统，采集分析电力可靠性信息；

（四）准确、及时、完整地报送电力可靠性信息；

（五）开展电力可靠性成果应用，提高电力系统和电力设施可靠性水平；

（六）开展电力可靠性技术培训。

第六条 电力可靠性信息管理实行统一管理、分级负责，建立全国统一的电力可靠性信息管理系统。

第七条　电力企业应当报送下列信息：

（一）发电设备可靠性信息，包括发电主机、发电辅助设备基本情况和运行情况；

（二）输变电设施可靠性信息，包括发电侧、电网侧输变电设施基本情况和运行情况；

（三）直流输电系统可靠性信息，包括直流输电系统基本情况和运行情况；

（四）供电系统可靠性信息，包括供电系统基本情况和运行情况；

（五）电力可靠性管理工作报告和技术分析报告；

（六）重大非计划停运、停电事件的分析报告。

第八条　电力可靠性信息报送按照下列规定办理：

（一）电监会区域监管局城市监管办公室（以下简称城市电监办）辖区内的电力企业向城市电监办报送；城市电监办汇总核实后报电监会区域监管局（以下简称区域电监局）。区域电网公司，未设立城市电监办的省、自治区、直辖市范围内的电力企业，直接向所在区域电监局报送。区域电监局汇总后报可靠性中心。

（二）中央电力企业、其他资产跨区域的电力企业向可靠性中心报送。其中，中国南方电网有限责任公司应当同时向所在区域电监局报送。

第九条　电力企业报送电力可靠性信息应当符合下列期限要求：

（一）每月 10 日前报送上一月发电主机可靠性信息；

（二）每季度的第 15 日前报送上一季度发电辅助设备、输变电设施、直流输电系统以及供电系统可靠性信息；

（三）每年 1 月 20 日前报送上一年度电力可靠性管理工作报告和电力可靠性技术分析报告；

（四）重大非计划停运、停电事件发生后一个月内报送事件分析报告。

第十条　城市电监办应当自电力企业信息报送期限截止之日起 3 日内向区域电监局报送本省的汇总信息。区域电监局应当自城市电监办信息报送期限截止之日起 5 日内向可靠性中心报送本区域的汇总信息。

第十一条　电监会对电力系统可靠性水平进行评价。电力可靠性评价工作由可靠性中心具体实施。电力可靠性评价实施办法另行制定。

第十二条　电力可靠性评价应当遵循客观、公平、公正的原则。

第十三条　实施电力可靠性评价，可以对电力企业报送的有关信息进行调查核实。

第十四条　年度电力可靠性评价结果经电监会审核后统一发布。

第十五条　电监会及其派出机构实施电力可靠性监督检查，可以采取下列现场检查措施：

（一）进入电力企业进行检查并询问相关人员，要求其对检查事项做出说明；

（二）查阅、复制与检查事项有关的文件、资料。

第十六条 电力企业及其工作人员应当配合、协助电监会及其派出机构进行现场检查，按照有关规定提供有关资料和数据。

第十七条 电监会及其派出机构的工作人员未按照本办法实施电力可靠性监督管理有关工作的，依法追究其责任。

第十八条 电力企业有下列行为之一的，依法追究其责任：

（一）虚报、瞒报电力可靠性信息的；

（二）伪造、篡改电力可靠性信息的；

（三）拒报或者屡次迟报电力可靠性信息的；

（四）拒绝或者阻碍电力监管机构及其工作人员依法进行检查、核查的。

第十九条 本办法自 2007 年 5 月 10 日起施行。原国家经济贸易委员会 2000 年 10 月 13 日发布的《电力可靠性管理暂行办法》（国经贸电力〔2000〕970 号）同时废止。

电力业务许可证管理规定

（2005 年 9 月 28 日国家电力监管委员会令第 9 号公布，根据 2015 年 5 月 30 日国家发展和改革委员会令第 26 号修改）

第一章 总 则

第一条 为了加强电力业务许可证的管理，规范电力业务许可行为，维护电力市场秩序，保障电力系统安全、优质、经济运行，根据《中华人民共和国行政许可法》、《电力监管条例》和有关法律、行政法规的规定，制定本规定。

第二条 本规定适用于电力业务许可证的申请、受理、审查、决定和管理。国家另有规定的，从其规定。

第三条 国家电力监管委员会（以下简称电监会）负责电力业务许可证的颁发和管理。

电监会遵循依法、公开、公正、便民、高效的原则，建立电力业务许可证监督管理制度和组织管理体系。

第四条 在中华人民共和国境内从事电力业务，应当按照本规定取得电力业务许可证。除电监会规定的特殊情况外，任何单位或者个人未取得电力业务许可证，不得从事电力业务。

本规定所称电力业务，是指发电、输电、供电业务。其中，供电业务包括配电业务和售电业务。

第五条 取得电力业务许可证的单位（以下简称被许可人）按照本规定享有权利、承担义务，接受电监会及其派出机构（以下简称电力监管机构）的监督管理。被许可人依法开展电力业务，受法律保护。

第六条 任何单位和个人不得伪造、变造电力业务许可证；被许可人不得涂改、倒卖、出租、出借电力业务许可证，或者以其他形式非法转让电力业务许可。

第二章 类别和条件

第七条 电力业务许可证分为发电、输电、供电三个类别。

从事发电业务的，应当取得发电类电力业务许可证。

从事输电业务的，应当取得输电类电力业务许可证。

从事供电业务的，应当取得供电类电力业务许可证。

从事两类以上电力业务的，应当分别取得两类以上电力业务许可证。

从事配电或者售电业务的许可管理办法，由电监会另行规定。

第八条 下列从事发电业务的企业应当申请发电类电力业务许可证：

（一）公用电厂；

（二）并网运行的自备电厂；

（三）电监会规定的其他企业。

第九条 下列从事输电业务的企业应当申请输电类电力业务许可证：

（一）跨区域经营的电网企业；

（二）跨省、自治区、直辖市经营的电网企业；

（三）省、自治区、直辖市电网企业；

（四）电监会规定的其他企业。

第十条 下列从事供电业务的企业应当申请供电类电力业务许可证：

（一）省辖市、自治州、盟、地区供电企业；

（二）县、自治县、县级市供电企业；

（三）电监会规定的其他企业。

第十一条 申请电力业务许可证的，应当具备下列基本条件：

（一）具有法人资格；

（二）具有与申请从事的电力业务相适应的财务能力；

（三）生产运行负责人、技术负责人、安全负责人和财务负责人具有 3 年以上与申请从事的电力业务相适应的工作经历，具有中级以上专业技术任职资格或者岗位培训合格证书；

（四）法律、法规规定的其他条件。

第十二条 申请发电类电力业务许可证的，除具备本规定第十一条所列基本条件外，还应当具备下列条件：

（一）发电项目建设经有关主管部门审批或者核准；

（二）发电设施具备发电运行的能力；

（三）发电项目符合环境保护的有关规定和要求。

第十三条 申请输电类电力业务许可证的，除具备本规定第十一条所列基本条件外，还应当具备下列条件：

（一）输电项目建设经有关主管部门审批或者核准；

（二）具有与申请从事的输电业务相适应的输电网络；

（三）输电项目按照有关规定通过竣工验收；

（四）输电项目符合环境保护的有关规定和要求。

第十四条 申请供电类电力业务许可证的，除具备本规定第十一条所列基本条件外，还应当具备下列条件：

（一）具有经有关主管部门批准的供电营业区；

（二）具有与申请从事供电业务相适应的供电网络和营业网点；

（三）承诺履行电力社会普遍服务义务；

（四）供电项目符合环境保护的有关规定和要求。

第三章　申请和受理

第十五条　申请电力业务许可证，应当向电监会提出，并按照规定的要求提交申请材料。

第十六条　本规定第八条、第九条、第十条所列企业，具有法人资格的，由本企业提出申请；不具有法人资格的，按照隶属关系由其法人企业提出申请。

第十七条　申请电力业务许可证的，应当提供下列材料：

（一）法定代表人签署的许可证申请表；

（二）法人营业执照副本及其复印件；

（三）企业最近 2 年的年度财务报告；成立不足 2 年的，出具企业成立以来的年度财务报告；

（四）由具有合格资质的会计师事务所出具的最近 2 年的财务状况审计报告和对营运资金状况的说明；成立不足 2 年的，出具企业成立以来的财务状况审计报告和对营运资金状况的说明；

（五）企业生产运行负责人、技术负责人、安全负责人、财务负责人的简历、专业技术任职资格证书等有关证明材料。

第十八条　申请发电类电力业务许可证的，除提供本规定第十七条所列材料外，还应当提供下列材料：

（一）发电项目建设经有关主管部门审批或者核准的证明材料；

（二）发电项目通过竣工验收的证明材料；尚未组织竣工验收的，提供发电机组通过启动验收的证明材料或者有关主管部门认可的质量监督机构同意整套启动的质量监督检查报告；

（三）发电项目符合环境保护有关规定和要求的证明材料。

第十九条　申请输电类电力业务许可证的，除提供本规定第十七条所列材料外，还应当提供下列材料：

（一）输电项目建设经有关主管部门审批或者核准的证明材料；

（二）输电项目通过竣工验收的证明材料；

（三）输电项目符合环境保护有关规定和要求的证明材料；

（四）电能质量和服务质量承诺书。

第二十条 申请供电类电力业务许可证的，除提供本规定第十七条所列材料外，还应当提供下列材料：

（一）供电营业区域的证明材料及其地理平面图；

（二）供电网络分布概况；

（三）设立的供电营业分支机构及其相应的供电营业区域概况；

（四）履行电力社会普遍服务义务的承诺书；

（五）供电项目符合环境保护有关规定和要求的证明材料。

第二十一条 电监会对申请人提出的许可申请，应当根据下列情况分别作出处理：

（一）申请事项不属于电监会职权范围，应当即时作出不予受理的决定，向申请人发出《不予受理通知书》，并告知申请人向有关行政机关申请；

（二）申请材料存在可以当场更正的错误的，应当允许申请人当场更正；

（三）申请材料不齐全或者不符合法定形式的，应当当场或者在 5 日内一次告知申请人需要补正的全部内容，逾期不告知的，自收到申请材料之日起即为受理；

（四）申请材料齐全、符合法定形式的，向申请人发出《受理通知书》。

第四章　审　查　与　决　定

第二十二条 电监会应当对申请人提交的申请材料进行审查。

电监会根据需要，可以对申请材料的实质内容进行核实。

第二十三条 电监会作出电力业务许可决定，依法需要举行听证的，应当按照有关规定举行听证。

第二十四条 电监会应当自受理申请之日起 20 日内作出许可决定。20 日内不能作出决定的，经本机关负责人批准，可以延长 10 日，并将延长期限的理由告知申请人。

作出准予许可决定的，自作出决定之日起 10 日内向申请人颁发、送达许可证。

作出不予许可决定的，自作出决定之日起 10 日内以书面形式通知申请人，说明不予许可的理由，并告知申请人享有依法申请行政复议或者提起行政诉讼的权利。

第二十五条 电力业务许可证由正文和附页组成。

正文载明许可证编号、登记名称、住所、法定代表人、许可类别、有效期限、发证机关、发证日期等内容。

附页包括许可证使用规定，被许可人的权利和义务，发电机组、输电网络或者供电营业区情况登记，检查情况记录，特别规定事项等内容。

电力业务许可证的有效期为 20 年。

第五章 变 更 与 延 续

第二十六条 有下列情形之一的，被许可人应当在规定时限内向电监会提出变更申请；经审查符合法定条件的，电监会应当依法办理变更手续：

（一）新建、改建发电机组投入运营，取得或者转让已运营的发电机组，发电机组退役；

（二）新建、改建输电线路或者变电设施投入运营，终止运营输电线路或者变电设施；

（三）供电营业区变更。

第二十七条 因新建、改建发电机组投入运营，申请变更许可事项的，应当提供下列材料：

（一）变更申请表；

（二）电力业务许可证；

（三）发电项目建设经有关主管部门审批或者核准的证明材料；

（四）有关主管部门认可的质量监督机构同意整套启动的质量监督检查报告；

（五）发电项目符合环境保护有关规定和要求的证明材料。

因取得或者转让已运营机组，申请变更许可事项的，除提供前款第（一）项、第（二）项所列材料外，还应当提供机组所有权合法转移的证明材料。

因机组退役，申请变更许可事项的，除提供本条第一款第（一）项、第（二）项所列材料外，还应当提供机组退役符合国家有关规定的证明材料。

第二十八条 因新建、改建输电线路或者变电设施投入运营，申请变更许可事项的，应当提供下列材料：

（一）变更申请表；

（二）电力业务许可证；

（三）输电项目建设经有关主管部门审批或者核准的证明材料；

（四）输电项目通过竣工验收的证明材料；

（五）输电项目符合环境保护有关规定和要求的证明材料。

因终止运营输电线路或者变电设施，申请变更许可事项的，除提供前款第（一）项、第（二）项所列材料外，还应当提供有关主管部门批准终止运营输电线路或者变电设施的证明材料。

第二十九条 因供电营业区变更，申请变更许可事项的，应当提供下列材料：

（一）变更申请表；

（二）电力业务许可证；

（三）供电营业区变更的证明材料；

（四）供电营业区变更的范围图例。

第三十条　电力业务许可证有效期届满需要延续的，被许可人应当在有效期届满 30 日前向电监会提出申请。

电监会应当在电力业务许可证有效期届满前作出是否准予延续的决定。逾期未作出决定的，视为同意延续并补办相应手续。

第六章　监督管理

第三十一条　电力监管机构建立健全电力业务许可监督检查体系和制度，对被许可人按照电力业务许可证确定的条件、范围和义务从事电力业务的情况进行监督检查。

电力监管机构依法开展监督检查工作，被许可人应当予以配合。

第三十二条　被许可人应当按照规定的时间，向电力监管机构提供反映其从事许可事项活动能力和行为的材料。

电力监管机构应当对被许可人所报送的材料进行核查，将核查结果予以记录；对核查中发现的问题，应当责令限期改正。

第三十三条　电力监管机构依法对被许可人进行现场检查。检查中发现被许可人有违反本规定和不履行电力业务许可证规定义务的行为，应当责令其改正。

第三十四条　电力监管机构进行监督检查工作的人员应当如实记录监督检查情况和处理结果。

电力监管机构可以将监督检查情况和处理结果向社会公布。

第三十五条　任何组织和个人发现违反本规定的行为，有权向电力监管机构举报，电力监管机构应当进行核实，按照有关规定予以处理。

第三十六条　未经电监会批准，取得输电类或者供电类电力业务许可的企业不得擅自停业、歇业。

第三十七条　被许可人名称、住所或者法定代表人发生变化的，应当自变化之日起 30 日内到电监会办理相关手续。

第三十八条　有下列情形之一的，电监会应当按照规定办理电力业务许可证的注销手续：

（一）许可证有效期届满未延续的；

（二）被许可人不再具有发电机组、输电网络或者供电营业区的；

（三）被许可人申请停业、歇业被批准的；

（四）被许可人因解散、破产、倒闭等原因而依法终止的；

（五）电力业务许可证依法被吊销，或者电力业务许可被撤销、撤回的；

（六）经核查，被许可人已丧失从事许可事项活动能力的；

（七）法律、法规规定应当注销的其他情形。

第七章 罚　　则

第三十九条　从事颁发和管理电力业务许可证的工作人员，违反法律、行政法规和本规定，擅自颁发电力业务许可证的，应当依法给予处分；构成犯罪的，依法追究刑事责任。

第四十条　未依法取得电力业务许可证非法从事电力业务的，应当责令改正，没收违法所得，可以并处以违法所得 5 倍以下的罚款；构成犯罪的，依法追究刑事责任。

第四十一条　被许可人以欺骗、贿赂等不正当手段获得电力业务许可证的，应当给予警告，处以 1 万元以下的罚款；构成犯罪的，依法追究刑事责任。

第四十二条　被许可人超出许可范围或者超过许可期限，从事电力业务的，应当给予警告，责令改正，并向社会公告；构成犯罪的，依法追究刑事责任。

第四十三条　被许可人有下列情形之一的，应当给予警告，责令改正，并可向社会公告：

（一）未经批准，擅自停业、歇业的；

（二）未在规定的期限内申请变更的。

第四十四条　被许可人有下列情形之一的，应当责令改正；拒不改正的，处以 5 万元以上 50 万元以下的罚款，对直接负责的主管人员和其他直接责任人员，依法给予处分；构成犯罪的，依法追究刑事责任：

（一）拒绝或者阻碍电力监管工作人员依法履行监管职责的；

（二）提供虚假或者隐瞒重要事实的文件、资料的。

第四十五条　涂改、倒卖、出租、出借电力业务许可证或者以其他形式非法转让电力业务许可的，应当依法给予行政处罚；构成犯罪的，依法追究刑事责任。

第八章 附　　则

第四十六条　本规定颁布实施前已经从事电力业务的企业，应当按照电监会规定的期限申请办理电力业务许可证。

第四十七条　电力业务许可证由电监会统一印制和编号。

第四十八条　本规定自 2005 年 12 月 1 日起施行。

附件：1. 电力业务许可证（发电类）样本（略）

　　　2. 电力业务许可证（输电类）样本（略）

　　　3. 电力业务许可证（供电类）样本（略）

承装（修、试）电力设施许可证管理办法

（2004 年 12 月 27 日国家电力监管委员会第 6 号令发布，根据 2009 年 12 月 18 日国家电力监管委员会令第 28 号修订，根据 2015 年 5 月 30 日国家发展和改革委员会令第 26 号第二次修改）

第一章　总　　则

第一条　为了加强承装（修、试）电力设施许可管理，规范承装（修、试）电力设施许可行为，维护承装、承修、承试电力设施市场秩序，保障电力安全，根据《电力供应与使用条例》、《电力监管条例》和国家有关规定，制定本办法。

第二条　承装（修、试）电力设施许可证（以下简称许可证）的申请、受理、审查、颁发、管理和监督，适用本办法。

第三条　国家电力监管委员会（以下简称电监会）负责指导、监督全国许可证的颁发和管理。

电监会派出机构（以下简称派出机构）负责辖区内许可证的受理、审查、颁发和日常监督管理。

第四条　在中华人民共和国境内从事承装、承修、承试电力设施活动的，应当按照本办法的规定取得许可证。除电监会另有规定外，任何单位或者个人未取得许可证，不得从事承装、承修、承试电力设施活动。

本办法所称承装、承修、承试电力设施，是指对输电、供电、受电电力设施的安装、维修和试验。

第五条　取得许可证的单位依法开展活动，受法律保护。

第二章　分类与分级

第六条　许可证分为承装、承修、承试三个类别。

取得承装类许可证的，可以从事电力设施的安装活动。

取得承修类许可证的，可以从事电力设施的维修活动。

取得承试类许可证的，可以从事电力设施的试验活动。

第七条　许可证分为一级、二级、三级、四级和五级。

取得一级许可证的，可以从事所有电压等级电力设施的安装、维修或者试验活动。

取得二级许可证的，可以从事 220 千伏以下电压等级电力设施的安装、维修或者试验活动。

取得三级许可证的，可以从事 110 千伏以下电压等级电力设施的安装、维修或者试验活动。

取得四级许可证的，可以从事 35 千伏以下电压等级电力设施的安装、维修或者试验活动。

取得五级许可证的，可以从事 10 千伏以下电压等级电力设施的安装、维修或者试验活动。

第三章　申请、受理、审查与决定

第八条　申请许可证，应当向申请人所在地的派出机构提出。

第九条　申请许可证应当具备下列条件：

（一）具有法人资格；

（二）具有与申请的许可证类别和等级相适应的设备、经营场所；

（三）技术负责人、安全负责人具有与申请的许可证类别和等级相适应的任职资格，且不能同时在其他单位任职；

（四）具有与申请的许可证类别和等级相适应的专职专业人员；

（五）具有健全有效的安全生产组织和制度。

申请一级至三级许可证的，还应当具有与申请的许可证类别和等级相适应的业绩。

许可证不同类别、不同等级的具体申请条件，由电监会另行制定并向社会公布。

第十条　申请许可证应当提交下列材料：

（一）许可证申请表；

（二）法人证明材料和净资产证明材料；

（三）主要设备及机具清单、经营场所证明材料；

（四）技术负责人、安全负责人的简历、专业技术任职资格证书等证明材料；

（五）专业技术人员明细表、专业技术任职资格证书或者任职培训合格证书等证明材料；

（六）电工作业人员登记表；

（七）安全生产组织和制度的证明材料。

申请一级至三级许可证的，还需要提交相关业绩报告以及证明材料。

第十一条　合并后新设单位申请许可证的，除应当提交第十条规定的材料外，还应当提交下列材料：

（一）合并的证明材料；

（二）合并前各单位的许可证。

第十二条 分立后新设单位申请许可证的，除应当提交第十条规定的材料外，还应当提交下列材料：

（一）分立的证明材料；

（二）业绩证明材料；

（三）分立前单位的许可证。

分立后至多一个单位部分或者全部延续分立前单位从事同类活动的业绩。

第十三条 派出机构收到申请，应当对申请材料是否齐全、是否符合法定形式进行审查。派出机构有权要求申请人就申请事项作出解释或者说明。

第十四条 派出机构对申请人提出的申请，应当根据下列情况分别作出处理：

（一）申请材料存在可以当场更正的错误的，应当允许申请人当场更正；

（二）申请材料不齐全或者不符合法定形式的，应当当场或者五日内向申请人发出申请材料补正通知书，并一次告知需要补正的全部内容；

（三）申请材料齐全并符合法定形式的，或者申请人按照派出机构的要求提交全部补正申请材料的，应当向申请人发出受理通知书。

第十五条 派出机构应当自受理之日起二十日内完成申请审查，并按下列规定作出是否许可的决定：

（一）经审查，申请人的条件符合法定条件、标准的，派出机构应当依法作出准予许可的书面决定，并自作出决定之日起十日内向申请人颁发、送达许可证；

（二）经审查，申请人的条件不符合法定条件、标准的，派出机构应当依法作出不予许可的决定，以书面形式通知申请人，通知书中应当说明不予许可的理由。

第十六条 派出机构在审查过程中认为需要对申请材料的实质性内容进行核实的，应当指派两名以上的工作人员进行现场核查。

第十七条 派出机构自受理通知书发出之日起二十日内不能作出决定的，经派出机构负责人批准，可以延长十日，并将延长期限的理由告知申请人。

第十八条 派出机构应当按照国家有关规定建立信息公开工作制度，向社会公开承装（修、试）电力设施许可的依据、条件、程序、期限、办理情况以及申请材料目录、申请材料示范文本等信息。

第四章 变更与延续

第十九条 许可证的变更分为许可事项变更和登记事项变更。

许可事项变更是指许可证类别和等级的变更。

登记事项变更是指承装（修、试）电力设施单位名称、住所、法定代表人等事项的变更。

变更后的许可证，有效期限不变。

第二十条 申请许可事项变更，应当提交本办法第十条规定的材料和许可证原件。

有下列情形之一，申请增加许可证类别或者提高许可证等级的，一年内不予受理：

（一）发生较大生产安全事故或者发生二次以上一般生产安全事故的；

（二）发生重大质量责任事故的。

有下列情形之一，申请增加许可证类别或者提高许可证等级的，二年内不予受理：

（一）超越许可范围从事承装（修、试）电力设施活动的；

（二）涂改、倒卖、出租、出借许可证，或者以其他形式非法转让许可证的；

（三）违反国家有关规定将本单位承包的承装（修、试）电力设施业务转包或者分包的；

（四）发生重大以上生产安全事故的。

第二十一条 派出机构应当按照本办法第三章规定的程序办理许可事项变更。

许可事项变更后，承装（修、试）电力设施单位应当依法向工商行政管理部门办理有关变更手续。

第二十二条 承装（修、试）电力设施单位名称、住所或者法定代表人发生变化的，应当自工商行政管理部门依法办理变更登记之日起三十日内，提出登记事项变更申请，并提交下列材料：

（一）登记事项变更申请表；

（二）许可证原件；

（三）变更后的法人证明材料；

（四）涉及修改单位章程的，应当提交修改后的单位章程。

变更后的住所与原住所属于不同派出机构管辖的，应当向变更后住所地的派出机构提出登记事项变更申请。

派出机构应当自收到登记事项变更申请之日起十五日内，办理变更手续。

第二十三条 许可证有效期为六年。

有效期届满需要延续的，应当在有效期届满三十日前提出申请，提交本办法第十条规定的材料和许可证原件。派出机构应当按照本办法第三章规定的程序，在许可证有效期届满前作出是否准予延续的决定。逾期未作出决定的，视为同意延续并补办相应手续。

第二十四条 许可证损毁的，应当及时向颁发许可证的派出机构申请补办；

许可证遗失的，应当立即在规定的媒体上刊登遗失声明，刊登遗失声明十日后方可向颁发许可证的派出机构申请补办。

申请补办许可证，应当提交下列材料：

（一）许可证补办申请表；

（二）法定代表人身份证明材料；

（三）法人证明材料；

（四）损毁许可证原件或者许可证遗失声明。

派出机构应当自收到许可证补办申请之日起十五日内，按照有关规定补发许可证。

第五章 监 督 检 查

第二十五条 电监会对派出机构实施承装（修、试）电力设施许可工作进行监督检查，及时纠正工作中的违法行为。

第二十六条 派出机构依法对辖区内从事承装（修、试）电力设施活动的单位或者个人的下列事项实施监督检查：

（一）依法取得许可证的情况；

（二）在许可范围内从事承装（修、试）电力设施活动的情况；

（三）依法使用许可证的情况；

（四）遵守国家有关转包或者分包承装（修、试）电力设施业务规定的情况；

（五）遵守国家有关安全生产管理规定的情况；

（六）遵守相关电力技术、安全、定额和质量标准的情况；

（七）遵守国家其他有关规定的情况。

第二十七条 承装（修、试）电力设施单位有下列情形之一的，应当按照规定向有关派出机构报送信息：

（一）人员、资产、设备等情况发生重大变化，已不符合许可证法定条件、标准的，应当自发生重大变化之日起三十日内向颁发许可证的派出机构报告；

（二）解散、破产、倒闭、歇业、合并或者分立的，应当自工商行政管理部门办理相关手续之日起十日内向颁发许可证的派出机构报告；

（三）发生生产安全事故的，应当按照国家有关规定向事故发生地派出机构报告；

（四）发生重大质量责任事故的，应当自有关主管机关作出事故结论之日起十日内，向事故发生地派出机构报告。

前款第（三）项、第（四）项规定事项，事故发生地不属于颁发许可证的派出机构管辖的，事故发生地派出机构应当及时将有关情况通报颁发许可证的派出机构。

第二十八条　承装（修、试）电力设施单位在颁发许可证的派出机构辖区以外承揽工程的，应当自工程开工之日起十日内，向工程所在地派出机构报告，依法接受其监督检查。

工程所在地派出机构应当按照规定将监督检查情况及时通报颁发许可证的派出机构。

第二十九条　派出机构对电力企业遵守承装（修、试）电力设施许可制度的情况实施监督检查。

电网企业对用户受电工程依法实施中期检查、竣工检验，应当查验施工企业是否具有许可证，对未经许可或者超越许可范围承揽用户受电工程的，应当立即向派出机构报告。

第三十条　承装（修、试）电力设施单位应当按照规定建立自查制度，报送自查结果。派出机构应当按照规定程序对自查报告进行抽查。

第三十一条　派出机构履行监督检查职责，可以采取下列措施：

（一）进入被检查单位的生产经营场所进行检查；

（二）询问被检查单位的工作人员，要求其对有关检查事项作出说明；

（三）查阅、复制与检查事项有关的文件、资料，对可能被转移、隐匿、损毁的文件、资料予以封存；

（四）对与检查事项有关的业务组织技术鉴定；

（五）对检查中发现的违法行为，有权当场予以纠正或者要求限期改正。

派出机构实施监督检查，被检查单位应当依法予以配合。

第三十二条　派出机构应当建立承装（修、试）电力设施单位定期综合评价制度，定期对承装（修、试）电力设施单位遵守国家有关规定的情况给予综合评价。

定期综合评价等次分为良好、一般和差。派出机构应当及时将定期综合评价等次结果告知承装（修、试）电力设施单位。定期综合评价等次结果为差的单位，派出机构应当责令其限期整改。

第三十三条　派出机构应当建立承装（修、试）电力设施单位的许可证信用档案，记录其基本情况、重大生产经营情况、良好行为、违规情况等，并按照规定向社会公开。

第三十四条　承装（修、试）电力设施单位的人员、资产、设备等情况发生重大变化，已不符合相应许可证条件、标准的，派出机构应当根据其实际具有的条件，重新核定其许可证的类别和等级。

第三十五条　有下列情形之一的，电监会及其派出机构可以依法撤销承装

（修、试）电力设施许可：

（一）派出机构工作人员滥用职权、玩忽职守作出准予许可决定的；

（二）超越法定职权作出准予许可决定的；

（三）违反法定程序作出准予许可决定的；

（四）对不具备申请资格或者不符合法定条件的申请人准予许可的；

（五）依法可以撤销许可的其他情形。

承装（修、试）电力设施单位以欺骗、贿赂等不正当手段取得许可的，应当予以撤销。

依照本条第一款的规定撤销许可，承装（修、试）电力设施单位的合法权益受到损害的，派出机构应当依法给予赔偿。依照本条第二款的规定撤销许可的，承装（修、试）电力设施单位基于许可取得的利益不受保护。

第三十六条 有下列情形之一的，派出机构应当依法办理承装（修、试）电力设施许可注销手续：

（一）许可有效期届满未按照本办法规定申请延续或者延续申请未批准的；

（二）承装（修、试）电力设施单位因解散、破产、倒闭、歇业、合并、分立等原因依法终止的；

（三）许可依法被撤销、撤回，或者许可证被依法收缴或者吊销的；

（四）法律、法规规定的应当注销许可的其他情形。

第三十七条 派出机构在承装（修、试）电力设施单位的营业执照有效期内撤销、撤回许可，或者收缴、吊销许可证的，应当自作出决定之日起五日内通知工商行政管理部门，并责令当事人向工商行政管理部门办理变更登记手续。

第六章　法　律　责　任

第三十八条 申请人隐瞒有关情况或者提供虚假申请材料申请许可证的，派出机构不予受理或者不予许可，并给予警告，一年内不再受理其许可申请；情节严重的，二年内不再受理其许可申请。

承装（修、试）电力设施单位隐瞒有关情况或者提供虚假申请材料申请许可事项变更的，派出机构不予受理或者不予批准，并给予警告，一年内不再受理其许可事项变更申请。

第三十九条 承装（修、试）电力设施单位采取欺骗、贿赂等不正当手段取得许可证的，由派出机构撤销许可，给予警告，处一万元以上三万元以下罚款，三年内不再受理其许可申请；构成犯罪的，依法追究刑事责任。

承装（修、试）电力设施单位采取欺骗、贿赂等不正当手段变更许可事项的，由派出机构撤销许可事项变更，给予警告，处一万元以上三万元以下罚款，三年内不再受理其许可事项变更申请；构成犯罪的，依法追究刑事责任。

第四十条　承装（修、试）电力设施单位涂改、倒卖、出租、出借许可证，或者以其他形式非法转让许可证的，由派出机构责令其改正，给予警告，处一万元以上三万元以下罚款；情节严重的，收缴其许可证；构成犯罪的，依法追究刑事责任。

第四十一条　违反规定未取得许可证或者超越许可范围，非法从事承装、承修、承试电力设施活动的，由派出机构责令其停止相关的经营活动，没收违法所得，处一万元以上三万元以下罚款；违法经营行为规模较大、社会危害严重的，可以并处三万元以上二十万元以下罚款；违法经营行为存在重大安全隐患、威胁公共安全的，处五万元以上五十万元以下罚款，并可以没收从事无证经营的工具设备。

第四十二条　承装（修、试）电力设施单位在从事承装、承修、承试电力设施活动中发生重大以上生产安全事故或者重大质量责任事故的，由派出机构给予警告，责令其限期整改，在规定限期内未整改的或者整改后仍不合格的，处一万元以下罚款，降低许可证等级；情节严重的，收缴其许可证。

第四十三条　承装（修、试）电力设施单位未按照本办法规定办理许可证登记事项变更手续的，由派出机构责令其限期办理；逾期未办理的，处五千元以下罚款。

第四十四条　电力企业违反国家有关规定，将承装（修、试）电力设施业务发包给未取得许可证或者超越许可范围承揽工程的单位或者个人的，由派出机构责令其限期改正，给予警告，处一万元以上三万元以下罚款。

电网企业发现未取得许可证或者超越许可范围承揽用户受电工程的单位或者个人，未按照本办法规定及时报告的，由派出机构给予警告，处一万元以上三万元以下罚款。

第四十五条　违反本办法第二十六条、第二十七条、第二十八条、第二十九条、第三十条、第三十一条规定，向派出机构提供虚假或者隐瞒重要事实的文件、资料，或者拒绝、阻碍派出机构及其从事监管工作的人员依法履行监管职责的，依照《电力监管条例》第三十四条的有关规定追究其责任。

第四十六条　电监会及其派出机构工作人员玩忽职守、滥用职权、徇私舞弊的，对直接负责的主管人员和其他直接责任人员依法给予处分；构成犯罪的，依法追究刑事责任。

第七章　附　则

第四十七条　许可证分为正本和副本，正本、副本具有同等法律效力。许可证由电监会统一印制。

第四十八条　本办法自 2010 年 3 月 1 日起施行。

电工进网作业许可证管理办法

（2005 年 12 月 20 日国家电力监管委员会令第 15 号公布）

第一章 总 则

第一条 为了加强进网作业电工的管理，规范电工进网作业许可行为，保障供用电安全，根据《电力供应与使用条例》和国家有关规定，制定本办法。

第二条 电工进网作业许可的考试、申请、受理、审查、决定、注册和监督检查，适用本办法。

第三条 国家电力监管委员会负责组织全国电工进网作业许可考试，指导、监督全国电工进网作业许可证的颁发和管理。

国家电力监管委员会派出机构（以下称许可机关）负责辖区内电工进网作业许可的考试、受理、审查、决定、注册和日常监督检查。

第四条 电工进网作业许可证是电工具有进网作业资格的有效证件。进网作业电工应当按照本办法的规定取得电工进网作业许可证并注册。未取得电工进网作业许可证或者电工进网作业许可证未注册的人员，不得进网作业。

本办法所称进网作业电工，是在用户的受电装置或者送电装置上，从事电气安装、试验、检修、运行等作业的人员。

第五条 许可机关颁发和管理电工进网作业许可证，应当遵循公开、公平、公正原则，接受社会监督。

第二章 分 类

第六条 电工进网作业许可证分为低压、高压、特种三个类别。

取得低压类电工进网作业许可证的，可以从事 0.4 千伏以下电压等级电气安装、检修、运行等低压作业。

取得高压类电工进网作业许可证的，可以从事所有电压等级电气安装、检修、运行等作业。

取得特种类电工进网作业许可证的，可以在受电装置或者送电装置上从事电气试验、二次安装调试、电缆作业等特种作业。

第七条 进网作业电工应当在电工进网作业许可证确定的作业范围内从事进网作业。

第三章 考 试

第八条 电工进网作业许可实行国家统一考试制度。

电工进网作业许可考试实行全国统一大纲、统一命题、统一组织。

第九条 国家电力监管委员会负责统一组织考试,审定考试科目、考试大纲和合格标准,对考试进行检查、监督和指导。

许可机关负责辖区内考试的具体组织和实施工作。

第十条 许可机关组织实施电工进网作业许可考试,应当公开举行,事先公布考试的报名条件、报考办法、考试科目、考试大纲和考试时间。

第十一条 电工进网作业许可考试包括笔试、实际操作考试两部分。

第十二条 参加电工进网作业许可考试的人员,考试成绩合格的,由许可机关颁发考试合格通知书。考试成绩有效期为 5 年。

第四章 申 请

第十三条 申请电工进网作业许可证,应当在许可机关规定的时间内以书面形式提出。

第十四条 申请电工进网作业许可证应当具备下列条件:

(一)年满十八周岁,且男不满六十周岁、女不满五十五周岁;

(二)初中以上文化程度;

(三)电工进网作业许可考试成绩合格且在有效期内;

(四)身体健康,没有妨碍进网作业的疾病或者生理缺陷。

第十五条 申请电工进网作业许可证应当提供下列材料:

(一)申请书;

(二)身份证复印件;

(三)1 寸免冠正面彩色近照两张;

(四)电工进网作业许可考试合格通知书;

(五)学历证书复印件;

(六)二级以上医院提供的体检结果。

第五章 受 理 与 决 定

第十六条 许可机关收到申请,应当对申请材料是否齐全、是否符合法定形式进行审查,并根据下列情况分别作出处理:

(一)申请材料存在可以当场更正的错误的,应当允许申请人当场更正;

(二)申请材料不齐全或者不符合法定形式的,应当当场或者在 5 日内一次告知申请人需要补正的全部内容；

（三）申请材料齐全、符合法定形式的，或者申请人按照许可机关的要求提交全部补正申请材料的，向申请人发出受理通知书。

第十七条　许可机关应当自受理之日起 20 日内作出许可决定。作出准予许可决定的，应当自作出决定之日起 10 日内通知申请人，颁发许可证；作出不予许可决定的，以书面形式通知申请人，通知书中应当说明不予许可的理由，并告知申请人享有依法申请行政复议或者提起行政诉讼的权利。

第六章　注　　册

第十八条　电工进网作业许可证应当到许可机关注册。注册分为初始注册和续期注册。注册有效期为 3 年。

第十九条　许可机关按照本办法第十七条作出准予许可决定时，应当同时办理初始注册手续。

第二十条　注册有效期届满，被许可人需要继续从事进网作业的，应当在注册有效期届满前 30 日内向许可机关提出续期注册申请。逾期未办理续期注册手续的，视为未注册，不得从事进网作业。

注册有效期届满，被许可人中止从事进网作业，需要再从事进网作业的，应当经许可机关续期注册，方可从事进网作业。

第二十一条　申请续期注册，应当提供下列材料：

（一）电工进网作业许可证；

（二）被许可人的进网作业行为记录；

（三）被许可人掌握进网作业规定、学习新技术和接受事故案例教学等情况的证明材料；

（四）二级以上医院提供的体检结果。

中止从事进网作业后，再申请续期注册的，应当向许可机关提供前款第（一）项、第（三）项、第（四）项规定的材料，并提供通过许可机关组织的实际操作考核的证明材料。

第二十二条　许可机关应当自收到续期注册申请材料之日起 15 日内作出是否准予续期注册的决定。作出准予续期注册决定的，办理续期注册手续。

作出不予续期注册决定的，以书面形式通知申请人，说明不予续期注册的理由，并告知申请人享有依法申请行政复议或者提起行政诉讼的权利。

第七章　监　督　检　查

第二十三条　国家电力监管委员会应当加强对许可机关实施电工进网作业许

可的监督检查，及时纠正实施许可中的违法行为。

许可机关应当对被许可人从事进网作业情况进行监督检查。

第二十四条 许可机关应当对辖区内从事进网作业的被许可人建立管理档案，实行跟踪管理，履行监督责任。

第二十五条 被许可人进网作业，应当随身携带电工进网作业许可证。

第二十六条 许可机关依法对从事进网作业人员进行下列检查：

（一）进网作业人员是否取得电工进网作业许可证并注册；

（二）进网作业范围是否符合许可的作业范围；

（三）进网作业行为、安全保障措施是否符合进网作业规定。

第二十七条 许可机关有权制止未取得电工进网作业许可证或者电工进网作业许可证未注册的人员进网作业，有权制止进网作业电工违章操作，有权对存在安全隐患的进网作业环境提出整改要求。

第二十八条 许可机关的检查情况和有关处理结果应当记录，由检查人员签字后归档。公众有权查阅许可机关的检查记录。

第二十九条 进网作业电工的用人单位应当配合许可机关对被许可人的监督检查工作，及时向许可机关通报被许可人的进网作业情况。

用人单位不得安排未取得电工进网作业许可证或者电工进网作业许可证未注册的人员进网作业，不得为被许可人提供虚假证明，不得打击报复拒绝违规进网作业的人员和举报进网作业存在安全隐患的人员。

第三十条 任何单位和个人不得伪造、变造电工进网作业许可证；被许可人不得涂改、倒卖、出租、出借、转让电工进网作业许可证。

第三十一条 电工进网作业许可证如有丢失、破损，被许可人应当及时向许可机关说明情况，并按照规定申请换发或者补发。

第三十二条 有下列情形之一的，许可机关应当依法办理电工进网作业许可证的注销手续：

（一）被许可人死亡的；

（二）被许可人身体状况不再适合进网作业的；

（三）电工进网作业许可被依法撤销、撤回，或者电工进网作业许可证被依法吊销的。

第三十三条 任何组织或者个人发现违法从事进网作业的行为，有权向许可机关举报，许可机关应当及时核实处理，并对举报有功人员予以奖励。

第八章 罚 则

第三十四条 许可机关工作人员滥用职权、玩忽职守、徇私舞弊，对直接负责的主管人员和其他直接责任人员依法给予行政处分；构成犯罪的，依法追究刑事责任。

第三十五条 未依法取得电工进网作业许可证或者未按照规定注册，从事进网作业的，许可机关应当责令其停止相关活动，并处 500 元以下罚款。

第三十六条 申请人隐瞒有关情况或者提供虚假申请材料的，许可机关不予受理并给予警告，1 年内不再受理其许可申请。

第三十七条 被许可人采取欺骗、贿赂等不正当手段取得电工进网作业许可证或者注册的，许可机关应当撤销许可或者注册，3 年内不再受理其许可申请或者注册申请；构成犯罪的，依法追究刑事责任。

第三十八条 被许可人未按照规定从事进网作业，或者超出许可范围从事进网作业的，许可机关责令改正，给予警告，并处 200 元以下罚款。

第三十九条 被许可人涂改、倒卖、出租、出借电工进网作业许可证，或者以其他形式非法转让电工进网作业许可的，许可机关应当给予警告，并处 500 元以下罚款；构成犯罪的，依法追究刑事责任。

第四十条 被许可人进网作业未随身携带电工进网作业许可证的，许可机关应当责令改正，给予警告，并处 100 元以下罚款。

第四十一条 用人单位招用或者安排未取得电工进网作业许可证或者电工进网作业许可证未注册的人员从事进网作业，或者不按照规定配合许可机关监督检查的，许可机关给予警告，并处 10000 元以下罚款。

第九章 附 则

第四十二条 电工进网作业许可证由国家电力监管委员会统一印制。

第四十三条 本办法自 2006 年 3 月 1 日起施行。

电力企业信息报送规定

（2005 年 11 月 30 日国家电力监管委员会令第 13 号公布）

第一章　总　　则

第一条　为了加强电力监管，规范电力企业、电力调度交易机构信息报送行为，维护电力市场秩序，根据《电力监管条例》，制定本规定。

第二条　电力企业、电力调度交易机构向国家电力监管委员会及其派出机构（以下简称电力监管机构）报送与监管事项相关的文件、资料，适用本规定。

第三条　电力企业、电力调度交易机构报送信息遵循真实、及时、完整的原则。

第四条　电力监管机构根据电力企业、电力调度交易机构报送的信息，对电力企业、电力调度交易机构依法从事电力业务的情况实施监管。

第二章　报 送 内 容

第五条　从事发电业务的企业应当报送下列信息：

（一）企业基本情况；

（二）签订和履行并网调度协议、购售电合同的情况；

（三）上网电价情况；

（四）电力安全生产情况；

（五）电力监管机构要求报送的其他信息。

第六条　从事输电业务的企业应当报送下列信息：

（一）电网结构情况，网内发电装机分布和容量情况；

（二）签订和履行购售电合同的情况；

（三）执行输电电价情况；

（四）输电成本构成及其变动情况；

（五）电力安全生产情况；

（六）电力监管机构要求报送的其他信息。

第七条　从事供电业务的企业应当报送下列信息：

（一）提供供电服务的情况；

（二）提供电力社会普遍服务的情况；

（三）执行配电电价、销售电价的情况；

（四）供电成本构成及其变动情况；

（五）电力安全生产情况；

（六）电力监管机构要求报送的其他信息。

第八条 电力调度交易机构应当报送下列信息：

（一）电力系统运行基本情况；

（二）执行电力市场运行规则、电力调度规则和电网运行规则的情况；

（三）跨区域或者跨省、自治区、直辖市送电情况和电能交易情况；

（四）签订和履行并网调度协议的情况；

（五）电力安全生产情况；

（六）电力监管机构要求报送的其他信息。

第三章 报 送 程 序

第九条 国家电力监管委员会区域监管局城市监管办公室（以下简称城市电监办）辖区内的电力企业、省级电力调度机构向城市电监办报送信息。城市电监办汇总后报国家电力监管委员会区域监管局（以下简称区域电监局）。

未设立城市电监办的省、自治区、直辖市范围内的电力企业、省级电力调度机构，直接向所在区域电监局报送信息。

第十条 中国南方电网有限责任公司、国家电网公司所属区域电网公司、区域电力调度交易机构向区域电监局报送信息。

第十一条 区域电监局汇总本辖区内的信息，报国家电力监管委员会（以下简称电监会）。

第十二条 中央电力企业、国家电力调度机构向电监会报送信息。

第十三条 电力企业、电力调度交易机构应当指定具体负责信息报送的机构和人员，并报电力监管机构备案。

第十四条 电力企业、电力调度交易机构报送信息，应当经本单位负责的主管人员审核、签发，重要信息应当经主要负责人签发。

第四章 报 送 方 式

第十五条 电力监管机构根据电力企业、电力调度交易机构报送信息的内容，确定具体的报送形式和期限。

第十六条 电力企业、电力调度交易机构应当按照有关规定，通过信函、电报、电传、传真、电子数据交换和电子邮件等方式报送信息。

第十七条 电力企业、电力调度交易机构报送信息应当按照有关规定，填报报表、提交报告或者提供有关材料。

第十八条 电力企业、电力调度交易机构报送信息应当符合下列期限要求：

（一）日报应当在下一日 12 时前报出；

（二）周报或者旬报应当在下一周或者下一旬的第 2 日前报出；

（三）月报应当在下一月的 8 日前报出；

（四）季报应当在下一季度的第 12 日前报出；

（五）年报快报应当在下一年的 1 月 20 日前报出；

（六）年报应当在下一年的 3 月 20 日前报出。

电力企业、电力调度交易机构应当按照电监会的有关规定将与监管相关的信息系统接入电力监管信息系统，报送有关实时信息。

电力安全生产信息、企业财务信息的报送期限，法律、法规、规章另有规定的，从其规定。

第十九条 电力监管机构根据履行监管职责的需要，要求电力企业、电力调度交易机构即时报送有关信息的，电力企业、电力调度交易机构应当按照要求报送。

第二十条 电力企业、电力调度交易机构未能按照规定期限报送信息的，应当及时向电力监管机构报告，并在电力监管机构批准的期限内补报。

第五章　信　息　使　用

第二十一条 电力监管机构审查电力企业、电力调度交易机构报送的信息，发现有违反电力监管法规、规章情形的，应当责令其改正并按照有关规定做出处理。

第二十二条 电力监管机构审查电力企业、电力调度交易机构报送的信息，发现电力企业、电力调度交易机构在安全生产、成本管理和服务质量等方面存在问题的，应当对其提出整改建议。

第二十三条 电力监管机构整理、分析电力企业、电力调度交易机构报送的信息，适时向社会公开。

第六章　监　督　管　理

第二十四条 电力监管机构建立电力企业报送信息的内部管理制度，明确工作程序、职责分工和责任。

电力监管机构工作人员应当严格遵守保密纪律，保守在监管工作中知悉的国家秘密、商业秘密。

第二十五条 电力监管机构对电力企业、电力调度交易机构报送信息的情况进行监督检查。

    第二十六条 电力监管机构通过网站等媒介定期通报电力企业、电力调度交易机构信息报送情况，对在信息报送工作中表现突出的单位和人员给予表彰。

    第二十七条 电力企业、电力调度交易机构未按照本规定报送信息的，由电力监管机构责令其改正；情节严重的，给予通报批评。

    第二十八条 电力企业、电力调度交易机构提供虚假信息或者隐瞒重要事实的，由电力监管机构责令其改正；拒不改正的，处 5 万元以上 50 万元以下的罚款，对直接负责的主管人员和其他直接责任人员，依法给予处分；构成犯罪的，依法追究刑事责任。

第七章　附　　则

    第二十九条 区域电监局根据本规定制定实施办法，报电监会批准后施行。

    第三十条 本规定自 2006 年 1 月 1 日起施行。

电力企业信息披露规定

（2005 年 11 月 30 日国家电力监管委员会令第 14 号公布）

第一章 总 则

第一条 为了加强电力监管，规范电力企业、电力调度交易机构的信息披露行为，维护电力市场秩序，根据《电力监管条例》，制定本规定。

第二条 电力企业、电力调度交易机构披露有关电力建设、生产、经营、价格和服务等方面的信息，适用本规定。

第三条 电力企业、电力调度交易机构披露信息遵循真实、及时、透明的原则。

第四条 国家电力监管委员会及其派出机构（以下简称电力监管机构）对电力企业、电力调度交易机构如实披露有关信息的情况实施监管。

第二章 披 露 内 容

第五条 从事发电业务的企业应当向电力调度交易机构披露下列信息：

（一）发电机组基础参数；

（二）新增或者退役发电机组、装机容量；

（三）机组运行检修情况；

（四）机组设备改造情况；

（五）火电厂燃料情况或者水电厂来水情况；

（六）电力市场运行规则要求披露的信息；

（七）电力监管机构要求披露的其他信息。

第六条 从事输电业务的企业应当向从事发电业务的企业披露下列信息：

（一）输电网结构情况，输电线路和变电站规划、建设、投产的情况；

（二）电网内发电装机情况；

（三）网内负荷和大用户负荷的情况；

（四）电力供需情况；

（五）主要输电通道的构成和关键断面的输电能力，网内发电厂送出线的输电能力；

（六）输变电设备检修计划和检修执行情况；

（七）电力安全生产情况；

（八）输电损耗情况；

（九）国家批准的输电电价；跨区域、跨省（自治区、直辖市）电能交易输电电价；大用户直购电输配电价；国家批准的收费标准；

（十）发电机组、直接供电用户并网接入情况，电网互联情况；

（十一）电力监管机构要求披露的其他信息。

第七条 从事供电业务的企业应当向电力用户披露下列信息：

（一）国家规定的供电质量标准；

（二）国家批准的配电电价、销售电价和收费标准；

（三）用电业务的办理程序；

（四）停电、限电和事故抢修处理情况；

（五）用电投诉处理情况；

（六）电力监管机构要求披露的其他信息。

第八条 电力调度交易机构应当向从事发电业务的企业披露下列信息：

（一）电网结构情况，并网运行机组技术性能等基础资料，新建或者改建发电设备、输电设备投产运行情况；

（二）电网安全运行的主要约束条件，电网重要运行方式的变化情况；

（三）发电设备、重要输变电设备的检修计划和执行情况；

（四）年度电力电量需求预测和电网中长期运行方式，电网年度分月负荷预测；电网总发电量、最高最低负荷和负荷变化情况；年、季、月发电量计划安排和执行情况；

（五）跨区域、跨省（自治区、直辖市）电力电量交换情况；

（六）并网发电厂机组的上网电量、年度合同电量和其他电量完成情况，发电利用小时数；实行峰谷分时电价的，各机组峰、谷、平段发电量情况；

（七）并网发电厂执行调度指令、调度纪律情况，发电机组非计划停运情况，提供调峰、调频、无功调节、备用等辅助服务的情况；

（八）并网发电厂运行考核情况，考核所得电量、资金的使用情况；

（九）电力市场运行规则要求披露的有关信息；

（十）电力监管机构要求披露的其他信息。

第九条 电力监管机构根据监管工作的需要适时调整电力企业、电力调度交易机构披露信息的范围和内容。

第三章 披露方式

第十条 电力监管机构根据电力企业、电力调度交易机构披露信息的范围和内容，确定相应的披露方式和期限。

第十一条 电力企业、电力调度交易机构披露信息可以采取下列方式：

（一）电力企业的门户网站及其子网站；

（二）报刊、广播、电视等媒体；

（三）信息发布会；

（四）简报、公告；

（五）便于及时披露信息的其他方式。

第十二条 电力企业、电力调度交易机构披露信息应当保证所披露信息的真实性、及时性，并方便相关电力企业和用户获取。

第十三条 电力企业、电力调度交易机构应当指定具体负责信息披露的机构和人员，公开咨询电话和电子咨询邮箱，并报电力监管机构备案。

第四章　监　督　管　理

第十四条 电力监管机构对电力企业、电力调度交易机构披露信息的情况进行监督检查。

电力监管机构根据工作需要，对电力企业、电力调度交易机构披露信息的情况进行不定期抽查，并将抽查情况向社会公布。

第十五条 电力监管机构每年对在信息披露工作中取得突出成绩的单位和个人给予表彰。

第十六条 电力企业、电力调度交易机构未按照本规定披露有关信息或者披露虚假信息的，由电力监管机构给予批评，责令改正；拒不改正的，处 5 万元以上 50 万元以下的罚款，对直接负责的主管人员和其他直接责任人员，依法给予处分。

第五章　附　　则

第十七条 国家电力监管委员会区域监管局根据本规定制定实施办法，报国家电力监管委员会批准后施行。

第十八条 本规定自 2006 年 1 月 1 日起施行。

电力监管信息公开办法

（2005 年 11 月 30 日国家电力监管委员会令第 12 号公布）

第一章 总 则

第一条 为了保障电力投资者、经营者、使用者和社会公众的知情权，规范电力监管信息公开行为，根据《电力监管条例》和国家有关规定，制定本办法。

第二条 本办法所称电力监管信息，是指国家电力监管委员会及其派出机构（以下简称电力监管机构）在履行电力监管职责过程中制作、获得或者拥有的文件、数据、图表等。

第三条 国家电力监管委员会负责全国电力监管信息的公开。国家电力监管委员会派出机构负责辖区内电力监管信息的公开。

第四条 电力监管信息公开遵循合法、及时、真实、便民的原则。

第五条 任何公民、法人或者其他组织不得非法阻挠或者限制电力监管信息公开的活动。

第二章 公开的内容

第六条 电力监管机构应当公开下列电力监管信息：

（一）电力监管机构的设置、职能和联系方式；

（二）电力监管的有关法律、行政法规、规章和其他规范性文件；

（三）电力监管各项业务的依据、程序、条件、时限和要求；

（四）电力监管机构依法履行电力监管职责的情况；

（五）其他应当公开的电力监管信息。

第七条 电力监管机构在制定规章、规则或者其他规范性文件等的过程中，涉及公民、法人或者其他组织的重大利益，或者有重大社会影响的，应当将草案向社会公开，充分听取意见。

第八条 公民、法人或者其他组织可以向电力监管机构提出公开电力监管信息的建议。

电力监管机构认定公民、法人或者其他组织建议公开的监管信息符合公开条件的，应当予以公开。

第九条 除电力监管机构向社会公开的电力监管信息外，公民、法人或者其他组织可以申请电力监管机构向其提供与自身有关的电力监管信息。

第十条　电力监管信息涉及国家秘密、商业秘密或者个人隐私的，不予公开；但法律、行政法规另有规定的除外。

第十一条　电力监管机构应当保证所公开信息的真实性、及时性，并方便公民、法人或者其他组织获取。

第三章　公开的形式和程序

第十二条　电力监管机构公开电力监管信息，可以采取下列方式：

（一）国家电力监管委员会门户网站及其子网站；

（二）报刊、广播、电视等媒体；

（三）新闻发布会；

（四）政策法规文件汇编；

（五）其他方便获取信息的方式。

重大电力监管信息应当通过新闻发言人及时向社会发布。

第十三条　电力监管机构公开电力监管信息，按照规定的程序进行。

第十四条　公民、法人或者其他组织按照本办法第九条的规定向电力监管机构申请提供有关电力监管信息的，可以采取信函、传真、电子邮件等形式提出。

对于要求提供电力监管信息的申请，电力监管机构应当按照规定予以答复。可以当场答复的，应当当场答复；不能当场答复的，应当自接到申请之日起 10 日内予以答复。答复不予提供有关信息的，应当告知理由。

第四章　监　督　管　理

第十五条　国家电力监管委员会对派出机构实施电力监管信息公开的情况进行监督检查。

电力监管机构建立电力监管信息公开的内部管理制度，明确电力监管信息公开的工作程序、职责分工和责任。

第十六条　电力监管机构违反本办法，有下列情形之一的，对直接负责的主管人员和其他直接责任人员，给予批评教育；情节严重，造成严重后果的，依法给予行政处分；构成犯罪的，依法追究刑事责任：

（一）未公开有关电力监管信息的；

（二）公开的电力监管信息不完整、不真实的；

（三）未及时更新已公开的有关电力监管信息的；

（四）泄露国家秘密、商业秘密、个人隐私的；

（五）违反规定擅自公开有关信息的；

（六）违反规定收费的。

第十七条 公民、法人或者其他组织认为电力监管机构没有履行电力监管信息公开义务的，可以向有关部门举报。

第五章 附 则

第十八条 国家电力监管委员会区域监管局可以根据本办法制定实施办法，报国家电力监管委员会批准后施行。

第十九条 本办法自 2006 年 1 月 1 日起施行。

电力市场监管办法

（2005 年 10 月 13 日国家电力监管委员会令第 11 号公布）

第一章 总 则

第一条 为了维护电力市场秩序，保证电力市场的统一、开放、竞争、有序，根据《电力监管条例》和有关法律、行政法规，制定本办法。

第二条 本办法适用于中华人民共和国境内的电力市场监管。

第三条 国家电力监管委员会（以下简称电监会）履行全国电力市场监管职责。

国家电力监管委员会区域监管局（以下简称区域电监局）负责辖区内电力市场监管工作。国家电力监管委员会城市监管办公室协助区域电监局从事电力市场监管工作。

第四条 电力市场监管依法进行，并遵循公开、公正和效率的原则。

第五条 电力市场主体、电力调度交易机构应当自觉遵守有关电力市场的法规、规章。

第六条 任何单位和个人对违反本规定的行为有权向电力监管机构举报，电力监管机构应当及时处理，并为举报人保密。

第二章 监管对象与内容

第七条 电力市场监管的对象包括电力市场主体和电力调度交易机构。电力市场主体包括按照有关规定取得电力业务许可证的发电企业、输电企业、供电企业，以及经电力监管机构核准的用户。电力调度交易机构包括区域电力调度交易中心和省、自治区、直辖市电力调度机构。

前款所称供电企业包括独立配售电企业；前款所称区域电力调度交易中心包括区域电力调度中心、区域电力交易中心。

第八条 电力监管机构对电力市场主体和电力调度交易机构的下列情况实施监管：

（一）履行电力系统安全义务的情况；

（二）进入和退出电力市场的情况；

（三）参与电力市场交易资质的情况；

（四）执行电力市场运行规则的情况；

（五）进行交易和电费结算情况；

（六）披露信息的情况；

（七）执行国家标准、行业标准的情况；

（八）平衡资金账户管理和资金使用情况。

第九条 除本办法第八条所列情况外，电力监管机构还对发电企业的下列情况实施监管：

（一）在各电力市场中所占份额的比例；

（二）新增装机、兼并、重组、股权变动或者租赁经营的情况；

（三）不正当竞争、串通报价和违规交易行为；

（四）执行调度指令的情况；

（五）执行与用户签订的有关合同的情况。

第十条 除本办法第八条所列情况外，电力监管机构还对输电企业的下列情况实施监管：

（一）公平、无歧视开放电网和提供输电服务的情况；

（二）电网互联的情况；

（三）所属发电企业的发电情况；

（四）执行输电价格的情况；

（五）对有偿辅助服务补偿的情况。

第十一条 除本办法第八条所列情况外，电力监管机构还对供电企业的下列情况实施监管：

（一）执行配电价格、售电价格的情况；

（二）按照国家规定的电能质量和供电服务质量标准向用户提供供电服务的情况。

第十二条 除本办法第八条所列情况外，电力监管机构还对电力调度交易机构的下列情况实施监管：

（一）公开、公平、公正地实施电力调度的情况；

（二）执行电力调度规则的情况；

（三）按照电力市场运营规则组织电力市场交易的情况；

（四）对电力市场实施干预的情况；

（五）对电力市场技术支持系统的建设、维护、运营和管理的情况；

（六）执行市场限价的情况。

第十三条 电力监管机构对用户履行与发电企业签订的有关合同的情况进行监管。

第三章 电力市场运营规则

第十四条 电力监管机构负责制定并组织实施电力市场运营规则。电力市场运营规则包括电力市场运营基本规则、区域电力市场运营规则和与区域电力市场运营规则相配套的相关细则。

第十五条 电监会制定电力市场运营基本规则；区域电监局拟定区域电力市场运营规则，报电监会批准后执行；区域电监局制定与区域电力市场运营规则配套的有关细则，报电监会备案。

第十六条 有下列情形之一的，电力监管机构应当修改电力市场运营规则：

（一）法律或者国家政策发生重大调整的；

（二）电力市场运行环境发生重大变化的；

（三）电力市场主体或者电力调度交易机构提出修改的意见和建议，电力监管机构认为确有必要的；

（四）电力监管机构认为必要的其他情形。

第十七条 电力监管机构制定或者修改电力市场运营规则，应当充分听取电力市场主体、电力调度交易机构、相关利益主体和社会有关方面的意见。

第四章 电力市场注册管理

第十八条 电力市场实行注册管理制度。进入或者退出电力市场应当办理相应的注册手续。电力调度交易机构具体负责电力市场注册管理工作。

第十九条 电力市场主体进入电力市场，应当向电力调度交易机构提出注册申请。经过批准后，方可参与电力市场交易。电力市场主体申请进入注册应当符合下列条件：

（一）取得电力业务许可证并在工商行政管理部门登记、注册；

（二）承诺遵守电力市场运营的法律法规并履行电力市场主体的责任和义务；

（三）具有符合电力市场要求的技术条件。

第二十条 电力市场主体申请进入注册应当提供与申请事项有关的经济、技术、安全等信息。

第二十一条 电力市场主体变更注册或者撤销注册，应当按照区域电力市场运营规则的规定，向电力调度交易机构提出书面申请。经过批准后，方可变更或者撤销注册。

第二十二条 电力调度交易机构应当按照电力市场运营规则规定的程序和时限，办理注册手续。注册审核情况应当向电力市场主体公布并报电力监管机构备案。

第五章　电力市场干预与中止

第二十三条　电力调度交易机构为保证电力市场安全运营，依据电力市场运营规则，可以进行市场干预。电力调度交易机构进行市场干预应当向电力市场主体公布干预原因。

第二十四条　有下列情形之一的，电力调度交易机构可以进行市场干预：

（一）电力系统出力不足，无法保证电力市场正常运行的；

（二）电力系统内发生重大事故危及电网安全的；

（三）电力市场技术支持系统、自动化系统、数据通信系统等发生故障导致交易无法正常进行的；

（四）电力监管机构做出中止电力市场决定的；

（五）电力监管机构规定的其他情形。

第二十五条　有下列情形之一的，电力监管机构可以做出中止电力市场的决定，并向电力市场主体公布中止原因：

（一）电力市场未按照规则运行和管理的；

（二）电力市场运营规则不适应电力市场交易需要，必须进行重大修改的；

（三）电力市场交易发生恶意串通操纵市场的行为，并严重影响交易结果的；

（四）电力市场技术支持系统、自动化系统、数据通信系统等发生重大故障，导致交易长时间无法进行的；

（五）因不可抗力不能竞价交易的；

（六）电力监管机构规定的其他情形。

第二十六条　干预或者中止电力市场时，电力市场交易的方式按照区域电力市场运营规则执行。

第二十七条　干预或者中止电力市场期间，电力调度交易机构应当采取措施保证电力系统安全，记录干预或者中止过程，并向电力监管机构报告。电力监管机构应当向电力市场主体公布干预或中止过程。

第六章　电力市场争议处理

第二十八条　电力市场主体之间、电力市场主体与电力调度交易机构之间因电力市场交易发生争议，由电力监管机构依法协调或者裁决。其中，因履行合同发生的争议，可以由电力监管机构按照电力争议调解的有关规定进行调解。

第二十九条　电力市场主体、电力调度交易机构对电力监管机构的处理决定不服的，可以依法申请行政复议或者提起行政诉讼。

第七章　信息公开与披露

第三十条　电力监管机构按照电力监管信息公开的有关规定向电力投资者、经营者、使用者和社会公众公开电力市场监管信息。

第三十一条　电力市场主体、电力调度交易机构应当按照有关规定，及时、真实、准确和完整地披露有关信息。

第三十二条　电力监管机构、电力市场主体、电力调度交易机构不得泄露影响公平竞争的交易秘密。

第八章　法 律 责 任

第三十三条　电力监管机构从事监管工作的人员违反有关规定的，按照《电力监管条例》第二十九条的规定处理。

第三十四条　电力市场主体违反本办法规定，有下列情形之一的，按照《电力监管条例》第三十一条的规定处理：

（一）未按照规定办理电力市场注册手续的；

（二）提供虚假注册资料的；

（三）未履行电力系统安全义务的；

（四）有关设备、设施不符合国家标准、行业标准的；

（五）行使市场操纵力的；

（六）有不正当竞争、串通报价等违规交易行为的；

（七）不执行调度指令的；

（八）发电厂并网、电网互联不遵守有关规章、规则的。

第三十五条　供电企业未按照国家规定的电能质量和供电服务质量标准向用户提供供电服务的，按照《电力监管条例》第三十二条的规定处理。

第三十六条　电力调度交易机构违反本办法规定，有下列情形之一的，按照《电力监管条例》第三十三条的规定处理：

（一）未按照规定办理电力市场注册的；

（二）未按照电力市场运行规则组织电力市场交易的；

（三）未按照规定公开、公平、公正地实施电力调度的；

（四）未执行电力调度规则的；

（五）未按照规定对电力市场进行干预的；

（六）泄露电力交易内幕信息的。

第三十七条　电力企业、电力调度交易机构未按照本办法和电力市场运行规则的规定披露有关信息的，按照《电力监管条例》第三十四条的有关规定处理。

第九章　附　则

第三十八条　电力业务许可证制度实施以前，电力企业进入电力市场的资格，由电力监管机构审查批准。

第三十九条　区域电监局应当根据本办法制定实施办法，报电监会批准后实施。

第四十条　本办法自 2005 年 12 月 1 日起施行。国家电力监管委员会 2003 年 7 月 24 日公布的《电力市场监管办法（试行）》同时废止。

电力市场运营基本规则

(2005 年 10 月 13 日国家电力监管委员会令第 10 号公布)

第一章 总 则

第一条 为了规范电力市场行为,依法维护电力市场主体的合法权益,保证电力市场的统一、开放、竞争、有序,根据《电力监管条例》和有关法律、行政法规,制定本规则。

第二条 本规则适用于区域电力市场。

第三条 国家电力监管委员会及其派出机构(以下简称电力监管机构)负责区域电力市场运营的监督管理。

第二章 市场主体与交易机构

第四条 电力市场主体包括按照有关规定取得电力业务许可证的发电企业、输电企业、供电企业,以及经电力监管机构核准的用户。电力调度交易机构包括区域电力调度交易中心和省、自治区、直辖市电力调度机构。

前款所称供电企业包括独立配售电企业;前款所称区域电力调度交易中心包括区域电力调度中心、区域电力交易中心。

第五条 发电企业、输电企业和供电企业按照有关规定取得电力业务许可证后,方可申请进入区域电力市场,参与区域电力市场交易。用户经电力监管机构核准后,可以参与区域电力市场交易。

第六条 电力调度交易机构负责电力调度、电力市场交易、计量结算。

第三章 交易类型与方式

第七条 电力市场交易类型包括电能交易、输电权交易、辅助服务交易等。

第八条 电能交易按照合约交易、现货交易、期货交易等方式进行。

电能合约交易,是指电力市场主体通过签订电能买卖合同进行的电能交易。电能买卖合同约定的电价,可以由双方协商形成、通过市场竞价产生或者按照国家有关规定确定。

电能现货交易,是由发电企业通过市场竞价产生的次日或者未来 24 小时的电能交易,以及为保证电力供需的即时平衡而组织的实时电能交易。

电能期货交易，是指电力市场主体在规定的交易场所通过签订期货合同进行的电能交易。电能期货合同是指在确定的将来某时刻按照确定的价格购买或者出售电能的协议。

电能交易以合约交易为主、现货交易为辅，适时进行期货交易。

第九条 电力市场具备规定的条件，并经电力监管机构批准，可以进行输电权交易、辅助服务交易等。

第四章　电　能　交　易

第十条 电能合约交易可以由电力调度交易机构具体组织实施，也可以由电力市场主体双方协商进行。

第十一条 电力调度交易机构按照区域电力市场运营规则对合约电量进行分解，其分解方法应当对电力市场主体公开。合约电量分解后因故需要修改的，电力调度交易机构应当及时向合约各方通报原因。

第十二条 输电企业应当按照法律和国家政策的规定，优先与依法取得电力业务许可证的可再生能源发电企业签订合同，全额收购其上网电量。

第十三条 电力调度交易机构应当按照区域电力市场运营规则组织电能现货交易。

第十四条 发电企业进行电能现货交易，应当以单个机组为单位报价。经批准，同一发电厂的多个机组可以集中报价。由多个发电厂组成的发电企业不得集中报价。禁止发电企业串通报价。

第十五条 电力市场价格形成机制应当有利于促进电力市场公平有效竞争、有利于输电阻塞管理。

第十六条 所有电能交易必须通过电力调度交易机构安全校核后执行。

第五章　输　电　服　务

第十七条 输电企业应当公平开放输电网，为电力市场主体提供安全、优质、经济的输电服务。

第十八条 输电企业应当严格执行国家规定的输电电价，并接受电力监管机构的监督检查。

第十九条 输电阻塞管理方法由电力监管机构根据电网结构和电力市场交易方式确定。

第二十条 电力市场因规避输电阻塞风险的需要，经电力监管机构批准，可以组织开展输电权交易。

第六章　辅助服务

第二十一条　电力市场主体应当按照有关规定提供用以维护电压稳定、频率稳定和电网故障恢复等方面的辅助服务。

第二十二条　辅助服务分为基本辅助服务和有偿辅助服务。

基本辅助服务是电力市场主体应当无偿提供的辅助服务。有偿辅助服务是电力市场主体在基本辅助服务之外提供的其他辅助服务。有偿辅助服务在电力市场建设初期采取补偿机制，电力市场健全以后实行竞争机制。

第二十三条　辅助服务的具体内容、技术标准、提供方式、考核方式，由国家电力监管委员会会同国务院有关部门另行规定。

第二十四条　电力调度交易机构应当定期对电力市场主体提供辅助服务的能力进行测试。测试结果应当公布并向电力监管机构报告。电力市场主体不能按照要求提供辅助服务时，应当及时向电力调度交易机构报告，并按照有关规定接受考核。

第七章　电能计量与结算

第二十五条　电力市场主体应当安装符合国家标准的电能计量装置，由电能计量检测机构检定后投入使用。

本规则所称电能计量检测机构，是指经政府计量行政部门认可、电能交易双方确认的电能计量检测机构。

第二十六条　电能计量检测机构对电能计量装置实行定期校核。电力市场主体可以申请校核电能计量装置，经校核，电能计量装置误差达不到规定精度的，由此发生的费用由该电能计量装置的产权方承担；电能计量装置误差达到规定精度的，由此发生的费用由申请方承担。

第二十七条　电能交易双方签订的电能交易合同应当明确电能的计量点。电能计量点位于交易双方的产权分界点，产权分界点不能安装电能计量装置的，由双方协商确定电能计量点。法定或者约定的计量点计量的电能作为电费结算的依据。电力市场主体以计量点为分界承担电能损耗和相关责任。

第二十八条　电力调度交易机构应当建立并维护电能计量数据库，并按照有关规定向电力市场主体公布相关的电能计量数据。

第二十九条　电力市场结算包括电能合约交易结算、电能现货交易结算、电能期货交易结算、辅助服务结算以及补偿金、违约金结算。

第三十条　电力市场主体应当按照区域电力市场运营规则规定的电费结算方式和期限结算电费。

第八章 系 统 安 全

第三十一条 电力市场主体应当执行有关电网运行管理的规程、规定，服从统一调度，加强设备维护，按照并网协议配备必要的安全设施，提供辅助服务，维护电力系统的安全稳定运行。

第三十二条 电力调度交易机构应当严格执行电力调度规则，合理安排系统运行方式，及时向电力市场主体预报或者通报影响电力系统安全运行的信息，防止电网事故，保障电网运行安全。

第三十三条 电力调度交易机构负责电力市场交易的安全校核，并公布校核方法、参数。

第三十四条 电力调度交易机构应当根据电力供需形势、设备运行状况、安全约束条件和系统运行状况，统筹安排电力设备检修计划。发电机组运行考核办法由电力监管机构审定，电力调度交易机构执行。

第三十五条 电力市场技术支持系统建设应当符合规定的性能指标。电力市场技术支持系统包括能量管理、交易管理、电能计量、结算系统、合同管理、报价处理、市场分析与预测、交易信息、监管系统等功能模块。

第三十六条 电力市场技术支持系统建设应当以电力市场运行规则为基础。在同一电力市场内，电力市场技术支持系统应当统一规划、统一设计、统一管理、同步实施、分别维护。电力市场技术支持系统应当根据电力市场发展的需要及时更新。电力监管机构审定电力市场技术支持系统规划和设计方案，电力市场主体按照规定配备有关配套设施并负责日常维护管理。

第九章 风 险 管 理

第三十七条 国务院价格主管部门、国家电力监管委员会制定电力市场最高、最低限价，维护电力市场安全。

第三十八条 电力监管机构根据维护电力市场正常运作和电力系统安全的需要，应当制定电力市场干预、中止办法，规定电力市场干预、中止的条件和相关处理方法。

第三十九条 国务院有关部门、国家电力监管委员会在用户侧开放前，建立电价平衡机制，制定销售电价、上网电价联动的具体办法。

第十章 信 息 披 露

第四十条 电力市场主体应当按照有关规定向电力调度交易机构提供信息。

第四十一条 电力调度交易机构应当遵循及时、真实、准确、完整的原则，定期向电力市场主体和社会公众披露电力市场运行信息。

第四十二条 电力监管机构制定电力市场信息发布管理办法并监督实施。

第十一章 附 则

第四十三条 电力业务许可证制度实施以前，电力企业进入电力市场的资格，由电力监管机构审查批准。

第四十四条 国家电力监管委员会区域监管局根据本规则拟定区域电力市场运营规则，报国家电力监管委员会批准后执行。

第四十五条 本规则自 2005 年 12 月 1 日起施行。国家电力监管委员会 2003 年 7 月 24 日公布的《电力市场运营基本规则（试行）》同时废止。

供电监管办法

（2009 年 11 月 26 日国家电力监管委员会令第 27 号公布）

第一章 总 则

第一条 为了加强供电监管，规范供电行为，维护供电市场秩序，保护电力使用者的合法权益和社会公共利益，根据《电力监管条例》和国家有关规定，制定本办法。

第二条 国家电力监管委员会（以下简称电监会）依照本办法和国家有关规定，履行全国供电监管和行政执法职能。

电监会派出机构（以下简称派出机构）负责辖区内供电监管和行政执法工作。

第三条 供电监管应当依法进行，并遵循公开、公正和效率的原则。

第四条 供电企业应当依法从事供电业务，并接受电监会及其派出机构（以下简称电力监管机构）的监管。供电企业依法经营，其合法权益受法律保护。

本办法所称供电企业是指依法取得电力业务许可证、从事供电业务的企业。

第五条 任何单位和个人对供电企业违反本办法和国家有关供电监管规定的行为，有权向电力监管机构投诉和举报，电力监管机构应当依法处理。

第二章 监 管 内 容

第六条 电力监管机构对供电企业的供电能力实施监管。

供电企业应当加强供电设施建设，具有能够满足其供电区域内用电需求的供电能力，保障供电设施的正常运行。

第七条 电力监管机构对供电企业的供电质量实施监管。

在电力系统正常的情况下，供电企业的供电质量应当符合下列规定：

（一）向用户提供的电能质量符合国家标准或者电力行业标准；

（二）城市地区年供电可靠率不低于 99%，城市居民用户受电端电压合格率不低于 95%，10 千伏以上供电用户受电端电压合格率不低于 98%；

（三）农村地区年供电可靠率和农村居民用户受电端电压合格率符合派出机构的规定。派出机构有关农村地区年供电可靠率和农村居民用户受电端电压合格率的规定，应当报电监会备案。

供电企业应当审核用电设施产生谐波、冲击负荷的情况，按照国家有关规定拒绝不符合规定的用电设施接入电网。用电设施产生谐波、冲击负荷，影响供电质量或者干扰电力系统安全运行的，供电企业应当及时告知用户采取有效措施予以消除；用户不采取措施或者采取措施不力，产生的谐波、冲击负荷仍超过国家标准的，供电企业可以按照国家有关规定拒绝其接入电网或者中止供电。

第八条 电力监管机构对供电企业设置电压监测点的情况实施监管。

供电企业应当按照下列规定选择电压监测点：

（一）35 千伏专线供电用户和 110 千伏以上供电用户应当设置电压监测点；

（二）35 千伏非专线供电用户或者 66 千伏供电用户、10（6、20）千伏供电用户，每 10000 千瓦负荷选择具有代表性的用户设置 1 个以上电压监测点，所选用户应当包括对供电质量有较高要求的重要电力用户和变电站 10（6、20）千伏母线所带具有代表性线路的末端用户；

（三）低压供电用户，每百台配电变压器选择具有代表性的用户设置 1 个以上电压监测点，所选用户应当是重要电力用户和低压配电网的首末两端用户。

供电企业应当于每年 3 月 31 日前将上一年度设置电压监测点的情况报送所在地派出机构。

供电企业应当按照国家有关规定选择、安装、校验电压监测装置，监测和统计用户电压情况。监测数据和统计数据应当及时、真实、完整。

第九条 电力监管机构对供电企业保障供电安全的情况实施监管。

供电企业应当坚持安全第一、预防为主、综合治理的方针，遵守有关供电安全的法律、法规和规章，加强供电安全管理，建立、健全供电安全责任制度，完善安全供电条件，维护电力系统安全稳定运行，依法处置供电突发事件，保障电力稳定、可靠供应。

供电企业应当按照国家有关规定加强重要电力用户安全供电管理，指导重要电力用户配置和使用自备应急电源，建立自备应急电源基础档案数据库。

供电企业发现用电设施存在安全隐患，应当及时告知用户采取有效措施进行治理。用户应当按照国家有关规定消除用电设施安全隐患。用电设施存在严重威胁电力系统安全运行和人身安全的隐患，用户拒不治理的，供电企业可以按照国家有关规定对该用户中止供电。

第十条 电力监管机构对供电企业履行电力社会普遍服务义务的情况实施监管。

供电企业应当按照国家规定履行电力社会普遍服务义务，依法保障任何人能够按照国家规定的价格获得最基本的供电服务。

第十一条 电力监管机构对供电企业办理用电业务的情况实施监管。

供电企业办理用电业务的期限应当符合下列规定：

（一）向用户提供供电方案的期限，自受理用户用电申请之日起，居民用户不超过 3 个工作日，其他低压供电用户不超过 8 个工作日，高压单电源供电用户不超过 20 个工作日，高压双电源供电用户不超过 45 个工作日；

（二）对用户受电工程设计文件和有关资料审核的期限，自受理之日起，低压供电用户不超过 8 个工作日，高压供电用户不超过 20 个工作日；

（三）对用户受电工程启动中间检查的期限，自接到用户申请之日起，低压供电用户不超过 3 个工作日，高压供电用户不超过 5 个工作日；

（四）对用户受电工程启动竣工检验的期限，自接到用户受电装置竣工报告和检验申请之日起，低压供电用户不超过 5 个工作日，高压供电用户不超过 7 个工作日；

（五）给用户装表接电的期限，自受电装置检验合格并办结相关手续之日起，居民用户不超过 3 个工作日，其他低压供电用户不超过 5 个工作日，高压供电用户不超过 7 个工作日。

前款第（二）项规定的受电工程设计，用户应当按照供电企业确定的供电方案进行。

第十二条 电力监管机构对供电企业向用户受电工程提供服务的情况实施监管。

供电企业应当对用户受电工程建设提供必要的业务咨询和技术标准咨询；对用户受电工程进行中间检查和竣工检验，应当执行国家有关标准；发现用户受电设施存在故障隐患时，应当及时一次性书面告知用户并指导其予以消除；发现用户受电设施存在严重威胁电力系统安全运行和人身安全的隐患时，应当指导其立即消除，在隐患消除前不得送电。

第十三条 电力监管机构对供电企业实施停电、限电或者中止供电的情况进行监管。

在电力系统正常的情况下，供电企业应当连续向用户供电。需要停电或者限电的，应当符合下列规定：

（一）因供电设施计划检修需要停电的，供电企业应当提前 7 日公告停电区域、停电线路、停电时间；

（二）因供电设施临时检修需要停电的，供电企业应当提前 24 小时公告停电区域、停电线路、停电时间；

（三）因电网发生故障或者电力供需紧张等原因需要停电、限电的，供电企业应当按照所在地人民政府批准的有序用电方案或者事故应急处置方案执行。

引起停电或者限电的原因消除后，供电企业应当尽快恢复正常供电。

供电企业对用户中止供电应当按照国家有关规定执行。

供电企业对重要电力用户实施停电、限电、中止供电或者恢复供电，应当按照国家有关规定执行。

第十四条 电力监管机构对供电企业处理供电故障的情况实施监管。

供电企业应当建立完善的报修服务制度，公开报修电话，保持电话畅通，24小时受理供电故障报修。

供电企业应当迅速组织人员处理供电故障，尽快恢复正常供电。供电企业工作人员到达现场抢修的时限，自接到报修之时起，城区范围不超过 60 分钟，农村地区不超过 120 分钟，边远、交通不便地区不超过 240 分钟。因天气、交通等特殊原因无法在规定时限内到达现场的，应当向用户做出解释。

第十五条 电力监管机构对供电企业履行紧急供电义务的情况实施监管。

因抢险救灾、突发事件需要紧急供电时，供电企业应当及时提供电力供应。

第十六条 电力监管机构对供电企业处理用电投诉的情况实施监管。

供电企业应当建立用电投诉处理制度，公开投诉电话。对用户的投诉，供电企业应当自接到投诉之日起 10 个工作日内提出处理意见并答复用户。

供电企业应当在供电营业场所设置公布电力服务热线电话和电力监管投诉举报电话的标识，该标识应当固定在供电营业场所的显著位置。

第十七条 电力监管机构对供电企业执行国家有关电力行政许可规定的情况实施监管。

供电企业应当遵守国家有关供电营业区、供电业务许可、承装（修、试）电力设施许可和电工进网作业许可等规定。

第十八条 电力监管机构对供电企业公平、无歧视开放供电市场的情况实施监管。

供电企业不得从事下列行为：

（一）无正当理由拒绝用户用电申请；

（二）对趸购转售电企业符合国家规定条件的输配电设施，拒绝或者拖延接入系统；

（三）违反市场竞争规则，以不正当手段损害竞争对手的商业信誉或者排挤竞争对手；

（四）对用户受电工程指定设计单位、施工单位和设备材料供应单位；

（五）其他违反国家有关公平竞争规定的行为。

第十九条 电力监管机构对供电企业执行国家规定的电价政策和收费标准的情况实施监管。

供电企业应当严格执行国家电价政策，按照国家核准电价或者市场交易价，依据计量检定机构依法认可的用电计量装置的记录，向用户计收电费。

供电企业不得自定电价，不得擅自变更电价，不得擅自在电费中加收或者代收国家政策规定以外的其他费用。

供电企业不得自立项目或者自定标准收费；对国家已经明令取缔的收费项目，不得向用户收取费用。

供电企业应用户要求对产权属于用户的电气设备提供有偿服务时，应当执行政府定价或者政府指导价。没有政府定价和政府指导价的，参照市场价格协商确定。

第二十条 电力监管机构对供电企业签订供用电合同的情况实施监管。

供电企业应当按照国家有关规定，遵循平等自愿、协商一致、诚实信用的原则，与用户、趸购转售电单位签订供用电合同，并按照合同约定供电。

第二十一条 电力监管机构对供电企业执行国家规定的成本规则的情况实施监管。

供电企业应当按照国家有关成本的规定核算成本。

第二十二条 电力监管机构对供电企业信息公开的情况实施监管。

供电企业应当依照《中华人民共和国政府信息公开条例》、《电力企业信息披露规定》，采取便于用户获取的方式，公开供电服务信息。供电企业公开信息应当真实、及时、完整。

供电企业应当方便用户查询下列信息：

（一）用电报装信息和办理进度；

（二）用电投诉处理情况；

（三）其他用电信息。

第二十三条 电力监管机构对供电企业报送信息的情况实施监管。

供电企业应当按照《电力企业信息报送规定》向电力监管机构报送信息。供电企业报送信息应当真实、及时、完整。

第二十四条 电力监管机构对供电企业执行国家有关节能减排和环境保护政策的情况实施监管。

供电企业应当减少电能输送和供应环节的损失和浪费。

供电企业应当严格执行政府有关部门依法作出的对淘汰企业、关停企业或者环境违法企业采取停限电措施的决定。未收到政府有关部门决定恢复送电的通知，供电企业不得擅自对政府有关部门责令限期整改的用户恢复送电。

第二十五条 电力监管机构对供电企业实施电力需求侧管理的情况实施监管。

供电企业应当按照国家有关电力需求侧管理规定，采取有效措施，指导用户科学、合理和节约用电，提高电能使用效率。

第三章　监管措施

第二十六条　电力监管机构根据履行监管职责的需要，可以要求供电企业报送与监管事项相关的文件、资料，并责令供电企业按照国家规定如实公开有关信息。

电力监管机构应当对供电企业报送信息和公开信息的情况进行监督检查，发现违法行为及时处理。

第二十七条　供电企业应当按照电力监管机构的规定将与监管相关的信息系统接入电力监管信息系统。

第二十八条　电力监管机构依法履行职责，可以采取下列措施，进行现场检查：

（一）进入供电企业进行检查；

（二）询问供电企业的工作人员，要求其对有关检查事项作出说明；

（三）查阅、复制与检查事项有关的文件、资料，对可能被转移、隐匿、损毁的文件、资料予以封存；

（四）对检查中发现的违法行为，可以当场予以纠正或者要求限期改正。

第二十九条　电力监管机构可以在用户中依法开展供电满意度调查等供电情况调查，并向社会公布调查结果。

第三十条　供电企业违反国家有关供电监管规定的，电力监管机构应当依法查处并予以记录；造成重大损失或者重大影响的，电力监管机构可以对供电企业的主管人员和其他直接责任人员依法提出处理意见和建议。

第三十一条　电力监管机构对供电企业违反国家有关供电监管规定，损害用户合法权益和社会公共利益的行为及其处理情况，可以向社会公布。

第四章　罚　　则

第三十二条　电力监管机构从事监管工作的人员违反电力监管有关规定，损害供电企业、用户的合法权益以及社会公共利益的，依照国家有关规定追究其责任；应当承担纪律责任的，依法给予处分；构成犯罪的，依法追究刑事责任。

第三十三条　供电企业违反本办法第六条规定，没有能力对其供电区域内的用户提供供电服务并造成严重后果的，电力监管机构可以变更或者吊销电力业务许可证，指定其他供电企业供电。

第三十四条　供电企业违反本办法第七条、第八条、第九条、第十条、第十一条、第十二条、第十三条、第十四条、第十五条、第十六条、第二十一条、第二十四条规定的，由电力监管机构责令改正，给予警告；情节严重的，对直接负责的主管人员和其他直接责任人员，依法给予处分。

  第三十五条 供电企业违反本办法第十八条规定，由电力监管机构责令改正，拒不改正的，处 10 万元以上 100 万元以下罚款；对直接负责的主管人员和其他直接责任人员，依法给予处分；情节严重的，可以吊销电力业务许可证。

  第三十六条 供电企业违反本办法第十九条规定的，电力监管机构可以责令改正并向有关部门提出行政处罚建议。

  第三十七条 供电企业有下列情形之一的，由电力监管机构责令改正；拒不改正的，处 5 万元以上 50 万元以下罚款，对直接负责的主管人员和其他直接责任人员，依法给予处分；构成犯罪的，依法追究刑事责任：

  （一）拒绝或者阻碍电力监管机构及其从事监管工作的人员依法履行监管职责的；

  （二）提供虚假或者隐瞒重要事实的文件、资料的；

  （三）未按照国家有关电力监管规章、规则的规定公开有关信息的。

  第三十八条 对于违反本办法并造成严重后果的供电企业主管人员或者直接责任人员，电力监管机构可以建议将其调离现任岗位，3 年内不得担任供电企业同类职务。

第五章 附 则

  第三十九条 本办法所称以上、以下、不低于、不超过，包括本数。

  第四十条 本办法自 2010 年 1 月 1 日起施行。2005 年 6 月 21 日电监会发布的《供电服务监管办法（试行）》同时废止。

中央企业应急管理暂行办法

（2013 年 2 月 28 日国务院国有资产监督管理委员会令第 31 号公布）

第一章　总　　则

第一条　为进一步加强和规范中央企业应急管理工作，提高中央企业防范和处置各类突发事件的能力，最大程度地预防和减少突发事件及其造成的损害和影响，保障人民群众生命财产安全，维护国家安全和社会稳定，根据《中华人民共和国突发事件应对法》、《中华人民共和国企业国有资产法》、《国家突发公共事件总体应急预案》、《国务院关于全面加强应急管理工作的意见》（国发〔2006〕24号）等有关法律法规、规定，制定本办法。

第二条　突发事件是指突然发生，造成或者可能造成严重社会危害，需要采取应急处置措施予以应对的自然灾害、事故灾难、公共卫生事件和社会安全事件。

（一）自然灾害。主要包括水旱灾害、气象灾害、地震灾害、地质灾害、海洋灾害、生物灾害和森林草原火灾等。

（二）事故灾难。主要包括工矿商贸等企业的各类安全事故、交通运输事故、公共设施和设备事故、环境污染和生态破坏事件等。

（三）公共卫生事件。主要包括传染病疫情、群体性不明原因疾病、食品安全和职业危害、动物疫情，以及其他严重影响公众健康和生命安全的事件。

（四）社会安全事件。主要包括恐怖袭击事件、民族宗教事件、经济安全事件、涉外突发事件和群体性事件等。

第三条　本办法所称中央企业，是指国务院国有资产监督管理委员会（以下简称国资委）根据国务院授权履行出资人职责的国家出资企业。

第四条　中央企业应急管理是指中央企业在政府有关部门的指导下对各类突发事件的预防与应急准备、监测与预警、应急处置与救援、事后恢复与重建等活动的全过程管理。

第五条　中央企业应急管理工作应依法接受政府有关部门的监督管理。

第六条　国资委对中央企业的应急管理工作履行以下监管职责：

（一）指导、督促中央企业落实国家应急管理方针政策及有关法律法规、规定和标准。

（二）指导、督促中央企业建立完善各类突发事件应急预案，开展预案的培训和演练。

（三）指导、督促中央企业落实各项防范和处置突发事件的措施，及时有效应对企业各类突发事件，做好舆论引导工作。

（四）参与国家有关部门或适当组织对中央企业应急管理的检查、督查。

（五）指导、督促中央企业参与社会重大突发事件的应急处置与救援。

（六）配合国家有关部门对中央企业在突发事件应对中的失职渎职责任进行追究。

第二章　工作责任和组织体系

第七条　中央企业应当认真履行应急管理主体责任，贯彻落实国家应急管理方针政策及有关法律法规、规定，建立和完善应急管理责任制，应急管理责任制应覆盖本企业全体职工和岗位、全部生产经营和管理过程。

第八条　中央企业应当全面履行以下应急管理职责：

（一）建立健全应急管理体系，完善应急管理组织机构。

（二）编制完善各类突发事件的应急预案，组织开展应急预案的培训和演练，并持续改进。

（三）督促所属企业主动与所在地人民政府应急管理体系对接，建立应急联动机制。

（四）加强企业专（兼）职救援队伍和应急平台建设。

（五）做好突发事件的报告、处置和善后工作，做好突发事件的舆情监测、信息披露、新闻危机处置。

（六）积极参与社会突发事件的应急处置与救援。

第九条　中央企业主要负责人是本企业应急管理的第一责任人，对本企业应急管理工作负总责。中央企业各类突发事件应急管理的分管负责人，协助主要负责人落实应急管理方针政策及有关法律法规、规定和标准，统筹协调和管理企业相应突发事件的应急管理工作，对企业应急管理工作负重要领导责任。

第十条　中央企业应当对其独资、控股及参股企业的应急管理认真履行以下监督管理责任：

（一）监督管理独资及控股子企业应急管理组织机构设置情况；应急管理制度建立情况；应急预案编制、评估、备案、培训、演练情况；应急管理投入、专（兼）职救援队伍和应急平台建设情况；及时报告、处置突发事件等情况。

（二）将独资及控股子企业纳入中央企业应急管理体系，严格应急管理的检查、考核、奖惩和责任追究。

（三）对参股等其他类子企业，中央企业应按照相关法律法规的要求，通过经营合同、公司章程、协议书等明确各股权方的应急管理责任。

第十一条 中央企业应当建立健全应急管理组织体系，明确本企业应急管理的综合协调部门和各类突发事件分管部门的职责。

（一）应急管理机构和人员。

中央企业应当按照有关规定，成立应急领导机构，设置或明确应急管理综合协调部门和专项突发事件应急管理分管部门，配置专（兼）职应急管理人员，其任职资格和配备数量，应符合国家和行业的有关规定；国家和行业没有明确规定的，应根据本企业的生产经营内容和性质、管理范围、管理跨度等，配备专（兼）职应急管理人员。

（二）应急管理工作领导机构。

中央企业要成立应急管理领导小组，负责统一领导本企业的应急管理工作，研究决策应急管理重大问题和突发事件应对办法。领导机构主要负责人应当由企业主要负责人担任，并明确一位企业负责人具体分管领导机构的日常工作。领导机构应当建立工作制度和例会制度。

（三）应急管理综合协调部门。

应急管理综合协调部门负责组织企业应急体系建设，组织编制企业总体应急预案，组织协调分管部门开展应急管理日常工作。在跨界突发事件应急状态下，负责综合协调企业内部资源、对外联络沟通等工作。

（四）应急管理分管部门。

应急管理分管部门负责专项应急预案的编制、评估、备案、培训和演练，负责专项突发事件应急管理的日常工作，分管专项突发事件的应急处置。

第三章　工　作　要　求

第十二条 中央企业应急管理工作必须坚持预防为主、预防与处置相结合的原则，按照"统一领导、综合协调、分类管理、分级负责、企地衔接"的要求，建立"上下贯通、多方联动、协调有序、运转高效"的应急管理机制，开展应急管理常态工作。

第十三条 中央企业应建立完善应急管理体系，积极借鉴国内外应急管理先进理念，采用科学的应急管理方法和技术手段，不断提高应急管理水平。

（一）中央企业应当将应急管理体系建设规划纳入企业总体发展战略规划，使应急管理体系建设与企业发展同步实施、同步推进。

（二）中央企业应急管理体系建设应当包括：应急管理组织体系、应急预案体系、应急管理制度体系、应急培训演练体系、应急队伍建设体系、应急保障体系等。

（三）中央企业应当加强应急管理体系的运行管理，及时发现应急管理体系存在的问题，持续改进、不断完善，确保企业应急管理体系有效运行。

第十四条　中央企业应当加强各类突发事件的风险识别、分析和评估，针对突发事件的性质、特点和可能造成的社会危害，编制企业总体应急预案、专项应急预案和现场处置方案，形成"横向到边、纵向到底、上下对应、内外衔接"的应急预案体系。中央企业应当加强预案管理，建立应急预案的评估、修订和备案管理制度。

第十五条　中央企业应当加强风险监测，建立突发事件预警机制，针对可能发生的各类突发事件，及时采取措施，防范各类突发事件的发生，减少突发事件造成的危害。

第十六条　中央企业应当加强各级企业负责人、管理人员和作业人员的应急培训，提高应急指挥和救援人员的应急管理水平和专业技能，提高全员的应急意识和防灾、避险、自救、互救能力；要组织编制有针对性的培训教材，分层次开展全员应急培训。

第十七条　中央企业应当有计划地组织开展多种形式、节约高效的应急预案演练，突出演练的针对性和实战性，认真做好演练的评估工作，对演练中发现的问题和不足持续改进，提高应对各类突发事件的能力。

第十八条　中央企业应当按照专业救援和职工参与相结合、险时救援和平时防范相结合的原则，建设以专业队伍为骨干、兼职队伍为辅助、职工队伍为基础的企业应急救援队伍体系。

第十九条　中央企业应当加强应急救援基地建设。煤矿和非煤矿山、石油、化工、电力、通讯、民航、水上运输、核工业等企业应当建设符合专业特点、布局配置合理的应急救援基地，积极参加国家级和区域性应急救援基地建设。

第二十条　中央企业应当加强综合保障能力建设，加强应急装备和物资的储备，满足突发事件处置需求，了解掌握企业所在地周边应急资源情况，并在应急处置中互相支援。

第二十一条　中央企业应当加大应急管理投入力度，切实保障应急体系建设、应急基地和队伍建设、应急装备和物资储备、应急培训演练等的资金需求。

第二十二条　中央企业应当加强与地方人民政府及其相关部门应急预案的衔接工作，建立政府与企业之间的应急联动机制，统筹配置应急救援组织机构、队伍、装备和物资，共享区域应急资源。加强与所在地人民政府、其他企业之间的应急救援联动，有针对性地组织开展联合应急演练，充分发挥应对重大突发事件区域一体化联防功能，提高共同应对突发事件的能力和水平。

第二十三条　中央企业应当建设满足应急需要的应急平台，构建完善的突发事件信息网络，实现突发事件信息快速、及时、准确地收集和报送，为应急指挥决策提供信息支撑和辅助手段。

第二十四条 中央企业应当充分发挥保险在突发事件预防、处置和恢复重建等方面的作用，大力推进意外伤害保险和责任保险制度建设，完善对专业和兼职应急队伍的工伤保险制度。

第二十五条 中央企业应当积极推进科技支撑体系建设，紧密跟踪国内外先进应急理论、技术发展，针对企业应急工作的重点和难点，加强与科研机构的联合攻关，积极研发和使用突发事件预防、监测、预警、应急处置与救援的新技术、新设备。

第二十六条 中央企业应当建立突发事件信息报告制度。突发事件发生后，要立即向所在地人民政府报告，并按照要求向国务院有关部门和国资委报告，情况紧急时，可直接向国务院报告。信息要做到及时、客观、真实，不得迟报、谎报、瞒报、漏报。

第二十七条 中央企业应当建立突发事件统计分析制度，及时、全面、准确地统计各类突发事件发生起数、伤亡人数、造成的经济损失等相关情况，并纳入企业的统计指标体系。

第二十八条 造成人员伤亡或生命受到威胁的突发事件发生后，中央企业应当立即启动应急预案，组织本单位应急救援队伍和工作人员营救受害人员，疏散、撤离、安置受到威胁的人员，控制危险源，标明危险区域，封锁危险场所，并采取防止危害扩大的必要措施，同时及时向所在地人民政府和有关部门报告；对因本单位的问题引发的或者主体是本单位人员的社会安全事件，有关单位应当按照规定上报情况，并迅速派出负责人赶赴现场开展劝解、疏导工作；突发事件处置过程中，应加强协调，服从指挥。

第二十九条 中央企业应当建立突发事件信息披露机制，突发事件发生后，应第一时间启动新闻宣传应急预案、全面开展舆情监测、拟定媒体应答口径，做好采访接待准备，并按照有关规定和政府有关部门的统一安排，及时准确地向社会、媒体、员工披露有关突发事件事态发展和应急处置进展情况的信息。

第三十条 突发事件的威胁和危害得到控制或者消除后，中央企业应当按照政府有关部门的要求解除应急状态，并及时组织对突发事件造成的损害进行评估，开展或协助开展突发事件调查处理，查明发生经过和原因，总结经验教训，制定改进措施，尽快恢复正常的生产、生活和社会秩序。

第四章 社 会 救 援

第三十一条 中央企业在做好本企业应急救援工作的同时，要切实履行社会责任，积极参与各类社会公共突发事件的应对处置，在政府的统一领导下，发挥自身专业技术、装备、资源优势，开展应急救援，共同维护社会稳定和人民群众生命财产安全。

第三十二条 社会公共突发事件发生后，相关中央企业应当按照政府及有关部门要求，在能力范围内积极提供电力、通讯、油气、交通等救援保障和食品、药品等生活保障。

第三十三条 中央企业应当建立重大自然灾害捐赠制度，规范捐赠行为，进行捐赠的中央企业必须按照规定及时向国资委报告和备案。

第三十四条 参与社会公共突发事件救援的中央企业，应当及时向国资委报告参与救援的实时信息。

第五章 监督与奖惩

第三十五条 国资委组织开展中央企业应急管理工作的督查工作，督促中央企业落实应急管理有关规定，提高中央企业应急管理工作水平，并酌情对检查结果予以通报。

第三十六条 中央企业违反本办法，不履行应急管理职责的，国资委将责令其改正或予以通报批评；具有以下情形的，国资委将按照干部管理权限追究相关责任人的责任；涉嫌犯罪的，依法移送司法机关处理。

（一）未按照规定采取预防措施，导致发生突发事件，或者未采取必要的防范措施，导致发生次生、衍生事件的。

（二）迟报、谎报、瞒报、漏报有关突发事件的信息，或者通报、报送、公布虚假信息，造成严重后果的。

（三）未按照规定及时发布突发事件预警信息、采取预警措施，导致事件发生的。

（四）未按照规定及时采取措施处置突发事件或者处置不当，造成严重后果的。

第三十七条 国资委对认真贯彻执行本办法和应对突发事件作出突出贡献的中央企业予以表彰，中央企业应当对作出突出贡献的基层单位和个人进行表彰奖励。

第三十八条 中央企业参与突发事件救援遭受重大经济损失的，国资委将按照国务院有关规定给予国有资本预算补助，并在当年中央企业负责人经营业绩考核中酌情考虑。

第六章 附 则

第三十九条 突发事件的分类分级按照《中华人民共和国突发事件应对法》、

《国家突发公共事件总体应急预案》有关规定执行。

第四十条　中央企业境外机构应当首先遵守所在国相关法律法规，参照本办法执行。

第四十一条　本办法由国资委负责解释。

第四十二条　本办法自印发之日起施行。

电力监控系统安全防护规定

（2014 年 8 月 1 日国家发展和改革委员会令第 14 号公布）

第一章 总 则

第一条 为了加强电力监控系统的信息安全管理，防范黑客及恶意代码等对电力监控系统的攻击及侵害，保障电力系统的安全稳定运行，根据《电力监管条例》、《中华人民共和国计算机信息系统安全保护条例》和国家有关规定，结合电力监控系统的实际情况，制定本规定。

第二条 电力监控系统安全防护工作应当落实国家信息安全等级保护制度，按照国家信息安全等级保护的有关要求，坚持"安全分区、网络专用、横向隔离、纵向认证"的原则，保障电力监控系统的安全。

第三条 本规定所称电力监控系统，是指用于监视和控制电力生产及供应过程的、基于计算机及网络技术的业务系统及智能设备，以及做为基础支撑的通信及数据网络等。

第四条 本规定适用于发电企业、电网企业以及相关规划设计、施工建设、安装调试、研究开发等单位。

第五条 国家能源局及其派出机构依法对电力监控系统安全防护工作进行监督管理。

第二章 技 术 管 理

第六条 发电企业、电网企业内部基于计算机和网络技术的业务系统，应当划分为生产控制大区和管理信息大区。

生产控制大区可以分为控制区（安全区Ⅰ）和非控制区（安全区Ⅱ）；管理信息大区内部在不影响生产控制大区安全的前提下，可以根据各企业不同安全要求划分安全区。

根据应用系统实际情况，在满足总体安全要求的前提下，可以简化安全区的设置，但是应当避免形成不同安全区的纵向交叉联接。

第七条 电力调度数据网应当在专用通道上使用独立的网络设备组网，在物理层面上实现与电力企业其他数据网及外部公用数据网的安全隔离。

电力调度数据网划分为逻辑隔离的实时子网和非实时子网，分别连接控制区和非控制区。

第八条 生产控制大区的业务系统在与其终端的纵向联接中使用无线通信网、电力企业其他数据网（非电力调度数据网）或者外部公用数据网的虚拟专用网络方式（VPN）等进行通信的，应当设立安全接入区。

第九条 在生产控制大区与管理信息大区之间必须设置经国家指定部门检测认证的电力专用横向单向安全隔离装置。

生产控制大区内部的安全区之间应当采用具有访问控制功能的设备、防火墙或者相当功能的设施，实现逻辑隔离。

安全接入区与生产控制大区中其他部分的联接处必须设置经国家指定部门检测认证的电力专用横向单向安全隔离装置。

第十条 在生产控制大区与广域网的纵向联接处应当设置经过国家指定部门检测认证的电力专用纵向加密认证装置或者加密认证网关及相应设施。

第十一条 安全区边界应当采取必要的安全防护措施，禁止任何穿越生产控制大区和管理信息大区之间边界的通用网络服务。

生产控制大区中的业务系统应当具有高安全性和高可靠性，禁止采用安全风险高的通用网络服务功能。

第十二条 依照电力调度管理体制建立基于公钥技术的分布式电力调度数字证书及安全标签，生产控制大区中的重要业务系统应当采用认证加密机制。

第十三条 电力监控系统在设备选型及配置时，应当禁止选用经国家相关管理部门检测认定并经国家能源局通报存在漏洞和风险的系统及设备；对于已经投入运行的系统及设备，应当按照国家能源局及其派出机构的要求及时进行整改，同时应当加强相关系统及设备的运行管理和安全防护。

生产控制大区中除安全接入区外，应当禁止选用具有无线通信功能的设备。

第三章 安 全 管 理

第十四条 电力监控系统安全防护是电力安全生产管理体系的有机组成部分。电力企业应当按照"谁主管谁负责，谁运营谁负责"的原则，建立健全电力监控系统安全防护管理制度，将电力监控系统安全防护工作及其信息报送纳入日常安全生产管理体系，落实分级负责的责任制。

电力调度机构负责直接调度范围内的下一级电力调度机构、变电站、发电厂涉网部分的电力监控系统安全防护的技术监督，发电厂内其他监控系统的安全防护可以由其上级主管单位实施技术监督。

第十五条 电力调度机构、发电厂、变电站等运行单位的电力监控系统安全防护实施方案必须经本企业的上级专业管理部门和信息安全管理部门以及相应电力调度机构的审核，方案实施完成后应当由上述机构验收。

接入电力调度数据网络的设备和应用系统，其接入技术方案和安全防护措施必须经直接负责的电力调度机构同意。

第十六条　建立健全电力监控系统安全防护评估制度，采取以自评估为主、检查评估为辅的方式，将电力监控系统安全防护评估纳入电力系统安全评价体系。

第十七条　建立健全电力监控系统安全的联合防护和应急机制，制定应急预案。电力调度机构负责统一指挥调度范围内的电力监控系统安全应急处理。

当遭受网络攻击，生产控制大区的电力监控系统出现异常或者故障时，应当立即向其上级电力调度机构以及当地国家能源局派出机构报告，并联合采取紧急防护措施，防止事态扩大，同时应当注意保护现场，以便进行调查取证。

第四章　保密管理

第十八条　电力监控系统相关设备及系统的开发单位、供应商应当以合同条款或者保密协议的方式保证其所提供的设备及系统符合本规定的要求，并在设备及系统的全生命周期内对其负责。

电力监控系统专用安全产品的开发单位、使用单位及供应商，应当按国家有关要求做好保密工作，禁止关键技术和设备的扩散。

第十九条　对生产控制大区安全评估的所有评估资料和评估结果，应当按国家有关要求做好保密工作。

第五章　监督管理

第二十条　国家能源局及其派出机构负责制定电力监控系统安全防护相关管理和技术规范，并监督实施。

第二十一条　对于不符合本规定要求的，相关单位应当在规定的期限内整改；逾期未整改的，由国家能源局及其派出机构依据国家有关规定予以处罚。

第二十二条　对于因违反本规定，造成电力监控系统故障的，由其上级单位按相关规程规定进行处理；发生电力设备事故或者造成电力安全事故（事件）的，按国家有关事故（事件）调查规定进行处理。

第六章　附　　则

第二十三条　本规定下列用语的含义或范围：

（一）电力监控系统具体包括电力数据采集与监控系统、能量管理系统、变电站自动化系统、换流站计算机监控系统、发电厂计算机监控系统、配电自动化系统、微机继电保护和安全自动装置、广域相量测量系统、负荷控制系统、水调自动化系统和水电梯级调度自动化系统、电能量计量系统、实时电力市场的辅助控制系统、电力调度数据网络等。

（二）电力调度数据网络，是指各级电力调度专用广域数据网络、电力生产专用拨号网络等。

（三）控制区，是指由具有实时监控功能、纵向联接使用电力调度数据网的实时子网或者专用通道的各业务系统构成的安全区域。

（四）非控制区，是指在生产控制范围内由在线运行但不直接参与控制、是电力生产过程的必要环节、纵向联接使用电力调度数据网的非实时子网的各业务系统构成的安全区域。

第二十四条 本规定自 2014 年 9 月 1 日起施行。2004 年 12 月 20 日原国家电力监管委员会发布的《电力二次系统安全防护规定》（国家电力监管委员会令第5 号）同时废止。

水电站大坝运行安全监督管理规定

（2015 年 4 月 1 日国家发展和改革委员会令第 23 号发布）

第一章 总 则

第一条 为了加强水电站大坝运行安全监督管理，保障人民生命财产安全，促进经济社会持续健康安全发展，根据《中华人民共和国安全生产法》、《水库大坝安全管理条例》、《电力监管条例》、《生产安全事故报告和调查处理条例》、《电力安全事故应急处置和调查处理条例》等法律法规，制定本规定。

第二条 水电站大坝运行安全管理应当坚持安全第一、预防为主、综合治理的方针。

第三条 本规定适用于以发电为主、总装机容量五万千瓦及以上的大、中型水电站大坝（以下简称大坝）。

本规定所称大坝，是指包括横跨河床和水库周围垭口的所有永久性挡水建筑物、泄洪建筑物、输水和过船建筑物的挡水结构以及这些建筑物与结构的地基、近坝库岸、边坡和附属设施。

第四条 电力企业是大坝运行安全的责任主体，应当遵守国家有关法律法规和标准规范，建立健全大坝运行安全组织体系和应急工作机制，加强大坝运行全过程安全管理，确保大坝运行安全。

第五条 国家能源局负责大坝运行安全综合监督管理。

国家能源局派出机构（以下简称派出机构）具体负责本辖区大坝运行安全监督管理。

国家能源局大坝安全监察中心（以下简称大坝中心）负责大坝运行安全技术监督管理服务，为国家能源局及其派出机构开展大坝运行安全监督管理提供技术支持。

第二章 运 行 管 理

第六条 电力企业应当保证大坝安全监测系统、泄洪消能和防护设施、应急电源等安全设施与大坝主体工程同时设计、同时施工、同时投入运行。

大坝蓄水验收和枢纽工程专项验收前应当分别经过蓄水安全鉴定和竣工安全鉴定。

第七条 电力企业应当加强大坝安全检查、运行维护与除险加固等工作，保证大坝主体结构完好，大坝安全设施运行可靠。

第八条 电力企业应当加强大坝安全监测与信息化建设工作，及时整理分析监测成果，监控大坝运行安全状态，并且按照要求向大坝中心报送大坝运行安全信息。对坝高一百米以上的大坝、库容一亿立方米以上的大坝和病险坝，电力企业应当建立大坝安全在线监控系统，并且接受大坝中心的监督。

第九条 电力企业应当对大坝进行日常巡视检查。

每年汛期及汛前、汛后，枯水期、冰冻期，遭遇大洪水、发生有感地震或者极端气象等特殊情况，电力企业应当对大坝进行详细检查。

电力企业应当及时处理发现的大坝缺陷和隐患。

第十条 电力企业应当每年年底开展大坝安全年度详查，总结本年度大坝安全管理工作，整编分析大坝监测资料，分析水库、水工建筑物、闸门及启闭机、监测系统和应急电源的运行情况，提出大坝安全年度详查报告并且报送大坝中心。

第十一条 电力企业应当按照国家规定做好水电站防洪度汛工作。

水库调度和发电运行应当以确保大坝运行安全为前提，严格遵循批准的汛期调度运用计划和水库运用与电站运行调度规程。汛期水库汛限水位以上防洪库容的运用，必须服从防汛指挥机构的调度指挥。

汛期发生影响正常泄洪的情况时，电力企业应当及时处置并且报告大坝中心。

第十二条 电力企业应当建立大坝安全应急管理体系，制定大坝安全应急预案，建立与地方政府、相关单位的应急联动机制。

遇有超标准洪水、地震、地质灾害、大体积漂浮物等险情，电力企业应当按照规定启动大坝安全应急机制，采取必要措施保障大坝安全，并且报告派出机构和大坝中心。

第十三条 任何单位、部门不得擅自改变或者调整水电站原批准的功能。任何改变或者调整水电站功能的方案，应当依法报有关项目核准（或者审批）部门批准。

第十四条 水电站进行工程改造或者扩建，应当依法报有关项目核准（或者审批）部门批准。

大坝枢纽范围内新建、改建或者扩建建筑物，应当按照规定进行大坝安全影响专项论证并且经过大坝安全技术监督单位评审。

第十五条 工程降低等别以及大坝退役（包括大坝报废、拆除或者拆除重建）应当充分论证，经过有关项目核准（或者审批）部门同意后方可以实施。

第十六条 电力企业负责人及相关管理人员应当具备大坝安全专业知识和管理能力，定期培训。

从事大坝运行安全监测、维护及闸门启闭操作的作业人员应当经过相关技术培训，持证上岗。

第十七条 电力企业应当按照国家规定及时收集、整理和保存大坝建设工程档案、运行维护资料及相应原始记录。

第十八条 电力企业委托大坝运行安全专业技术服务单位承担大坝运行安全分析、监测、测试、检验、检查、维护等具体工作的，大坝运行安全责任仍由委托方承担。

国家对专业技术服务有资质要求的，承担技术服务的单位应当具有相应资质。

第三章 定 期 检 查

第十九条 大坝中心应当定期检查大坝安全状况，评定大坝安全等级。

定期检查一般每五年进行一次，检查时间一般不超过一年半。首次定期检查后，定期检查间隔可以根据大坝安全风险情况动态调整，但不得少于三年或者超过十年。

第二十条 大坝遭受超标准洪水或者破坏性地震等自然灾害以及其他严重事件后，大坝中心应当对大坝进行特种检查，重新评定大坝安全等级。

第二十一条 大坝安全等级分为正常坝、病坝和险坝三级。

符合下列条件的大坝，评定为正常坝：

（一）防洪能力符合规范要求；或者非常运用情况下的防洪能力略有不足，但大坝安全风险低且可控；

（二）坝基良好；或者虽然存在局部缺陷但无趋势性恶化，大坝整体安全；

（三）大坝结构安全度符合规范要求；或者略有不足，但大坝安全风险低且可控；

（四）大坝运行性态总体正常；

（五）近坝库岸和工程边坡稳定或者基本稳定。

具有下列情形之一的大坝，评定为病坝：

（一）正常运用情况下的防洪能力略有不足，但风险较低；或者非常运用情况下的防洪能力不足，风险较高；

（二）坝基存在局部缺陷，且有趋势性恶化，可能危及大坝整体安全；

（三）大坝结构安全度不符合规范要求，存在安全风险，可能危及大坝整体安全；

（四）大坝运行性态异常，存在安全风险，可能危及大坝安全；

（五）近坝库岸和工程边坡有失稳征兆，失稳后影响工程正常运用。

具有下列情形之一的大坝，评定为险坝：

（一）正常运用情况下防洪能力不足，风险较高；或者非常运用情况下防洪能力不足，风险很高；

（二）坝基存在的缺陷持续恶化，已危及大坝安全；

（三）大坝结构安全度严重不符合规范要求，已危及大坝安全；

（四）大坝存在事故征兆；

（五）近坝库岸或者工程边坡有失稳征兆，失稳后危及大坝安全。

第二十二条 电力企业应当限期完成对病坝、险坝的处理。

病坝、险坝以及正常坝的重大工程缺陷和隐患的处理应当专项设计、专项审查、专项施工和专项验收。

第二十三条 大坝评定为险坝后，电力企业应当立即降低水库运行水位，直至放空水库。病坝消缺前或者消缺过程中，如情况恶化或者发生重大险情，应当降低水库运行水位，极端情况下可以放空水库。

第四章 注 册 登 记

第二十四条 大坝运行实行安全注册登记制度。电力企业应当在规定期限内申请办理大坝安全注册登记。

在规定期限内不申请办理安全注册登记的大坝，不得投入运行，其发电机组不得并网发电。

第二十五条 大坝安全注册应当符合下列条件：

（一）依法取得核准（或者审批）手续；

（二）新建大坝具有竣工安全鉴定报告及其专题报告；已运行大坝具有近期的定期检查报告和定期检查审查意见；

（三）有完整的大坝勘测、设计、施工、监理资料和运行资料；

（四）有职责明确的管理机构、符合岗位要求的专业运行人员、健全的大坝安全管理规章制度和操作规程。

第二十六条 大坝中心具体受理大坝安全注册登记申请，组织注册现场检查并且提出注册检查意见，经国家能源局批准后向电力企业颁发大坝安全注册登记证。

第二十七条 大坝安全注册等级分为甲、乙、丙三级。

（一）通过竣工安全鉴定或者安全等级评定为正常坝的，根据管理实绩考核结果，颁发甲级注册登记证或者乙级注册登记证；

（二）安全等级评定为病坝的，管理实绩考核结果满足要求的，颁发丙级注册登记证；

（三）安全等级评定为险坝的，在完成除险加固后颁发相应注册登记证。

不满足注册条件或者未取得注册登记证的大坝，电力企业应当在大坝中心登记备案，并且限期完成大坝安全注册。

第二十八条　大坝安全注册实行动态管理。甲级注册登记证有效期为五年，乙级、丙级注册登记证有效期为三年。

注册事项发生变化，电力企业应当及时办理注册变更。

注册登记证有效期满前，电力企业应当申请大坝安全换证注册。期满后逾期六个月仍未申请换证的，注销注册登记证。

工程降低等别应当办理大坝安全注册变更手续；大坝退役应当办理大坝安全注册注销手续。

第二十九条　新建大坝通过蓄水安全鉴定后，在其发电机组转入商业运营前，应当将工程蓄水安全鉴定报告和蓄水验收鉴定书以及有关安全管理情况等报大坝中心备案。

第五章　监　督　管　理

第三十条　国家能源局应当定期公布大坝安全注册登记和定期检查情况。

派出机构应当督促电力企业开展安全注册登记和定期检查工作，并且结合注册现场检查、定期检查等工作对电力企业执行国家有关安全法律法规和标准规范的情况进行监督检查，发现违法违规行为，依法处理；发现重大安全隐患，责令电力企业及时整改。

派出机构应当会同大坝中心对电力企业病坝治理、险坝除险加固等重大安全隐患治理和风险管控工作进行安全督查，督促电力企业按照要求开展相关工作。

第三十一条　大坝中心应当对电力企业大坝安全监测、检查、维护、信息化建设及信息报送等工作进行监督、检查和指导，对大坝安全监测系统进行评价鉴定，对电力企业报送的大坝运行安全信息进行分析处理，对注册（备案）登记的大坝运行安全进行远程在线技术监督。

第三十二条　国家能源局及其派出机构、大坝中心应当依法对大坝退役安全进行监督管理。

国家能源局及其派出机构、大坝中心应当依法组织或者参与大坝溃坝、库水漫坝等运行安全事故的调查处理。

第三十三条　电力企业应当积极配合国家能源局及其派出机构、大坝中心做好大坝安全监督管理工作。

第六章　法　律　责　任

第三十四条　电力企业有下列情形之一的，依据《安全生产法》第九十五条，由派出机构责令停止建设或者停产停业整顿，限期改正；逾期未改正的，将其列入安全生产不良信用记录和安全生产诚信"黑名单"，处以五十万元以上一百万元以下的罚款，对其直接负责的主管人员和其他直接责任人员处以二万元以上五万元以下的罚款：

（一）大坝安全设施未与主体工程同时设计、同时施工、同时投入运行的；

（二）未按照规定组织蓄水安全鉴定和竣工安全鉴定的；

（三）未按照规定开展大坝安全定期检查的；

（四）擅自改变、调整水电站原批准功能的，擅自进行工程改造或者扩建的，擅自降低工程等别或者实施大坝退役的。

第三十五条　电力企业未按照规定及时开展病坝治理、险坝除险加固等重大安全隐患治理和风险管控工作的，依据《安全生产法》第九十九条，由派出机构给予警告并且责令限期整改；拒不整改的，责令停产停业整顿，将其列入安全生产不良信用记录和安全生产诚信"黑名单"，并且处以十万元以上五十万元以下的罚款，对其直接负责的主管人员和其他直接责任人员处以二万元以上五万元以下的罚款。

第三十六条　电力企业有下列情形之一的，依据《安全生产法》第九十八条，由派出机构责令限期改正，可以处以十万元以下的罚款；逾期未改正的，责令停产停业整顿，将其列入安全生产不良信用记录和安全生产诚信"黑名单"，并且处以十万元以上二十万元以下的罚款，对其直接负责的主管人员和其他直接责任人员处以二万元以上五万元以下的罚款：

（一）未在规定期限内办理大坝安全注册登记和备案的；

（二）未按照规定制定大坝安全应急预案的。

第三十七条　电力企业未按照规定及时报告大坝险情或者提供虚假报告的，依据《安全生产法》第九十一条，由派出机构对其主要负责人处以二万元以上五万元以下的罚款，将其列入安全生产不良信用记录和安全生产诚信"黑名单"。

第三十八条　电力企业有下列情形之一的，由派出机构给予警告并且责令限期改正；逾期未改正的，可以处以一万元的罚款，并且对其主要负责人处以一万元的罚款：

（一）未按照规定开展大坝安全监测、检查、运行维护、年度详查、信息报送和信息化建设的；

（二）未按照规定收集、整理、分析和保存大坝运行资料的。

第三十九条　从事大坝安全分析、监测、测试、检验等专业技术服务的单位，出具虚假材料或者造成事故的，依法追究责任，并且将其列入安全生产不良信用记录和安全生产诚信"黑名单"。

第四十条 大坝中心违反本规定，有下列情形之一的，由国家能源局责令限期改正；逾期未改正的，对直接负责的主管人员和其他直接责任人员，依法给予行政处分：

（一）没有正当理由，拒不受理大坝安全注册登记申请和备案的；

（二）未经批准，擅自颁发大坝安全注册登记证的；

（三）不按照要求开展定期检查和特种检查的。

第四十一条 大坝安全监督管理工作人员未按照本规定履行大坝安全监督管理职责的，由所在单位责令限期改正；存在徇私舞弊、滥用职权、玩忽职守行为的，由所在单位或者上级行政机关依法给予行政处分；构成犯罪，依法追究刑事责任。

第七章 附　则

第四十二条 水电站输水隧洞、压力钢管、调压井、发电厂房、尾水隧洞等输水发电建筑物及过坝建筑物及其附属设施应当参照本规定相关要求开展安全检查，发现缺陷及时处理。

第四十三条 对运行大坝进行安全评价等技术服务，依照国家有关规定，实行公示基准价格的有偿服务。

第四十四条 以发电为主、总装机容量小于五万千瓦的大坝运行安全监督管理，参照本规定执行。

第四十五条 大坝安全注册登记、备案、定期检查、除险加固、安全监测、信息报送、信息化建设以及应急管理等方面的具体要求由国家能源局另行制定。

第四十六条 本规定自 2015 年 4 月 1 日起施行。原国家电力监管委员会《水电站大坝运行安全管理规定》同时废止。

电力安全生产监督管理办法

（2015 年 2 月 17 日国家发展和改革委员会令第 21 号发布）

第一章 总 则

第一条 为了有效实施电力安全生产监督管理，预防和减少电力事故，保障电力系统安全稳定运行和电力可靠供应，依据《中华人民共和国安全生产法》、《中华人民共和国突发事件应对法》、《电力监管条例》、《生产安全事故报告和调查处理条例》、《电力安全事故应急处置和调查处理条例》等法律法规，制定本办法。

第二条 本办法适用于中华人民共和国境内以发电、输电、供电、电力建设为主营业务并取得相关业务许可或按规定豁免电力业务许可的电力企业。

第三条 国家能源局及其派出机构依照本办法，对电力企业的电力运行安全（不包括核安全）、电力建设施工安全、电力工程质量安全、电力应急、水电站大坝运行安全和电力可靠性工作等方面实施监督管理。

第四条 电力安全生产工作应当坚持"安全第一、预防为主、综合治理"的方针，建立电力企业具体负责、政府监管、行业自律和社会监督的工作机制。

第五条 电力企业是电力安全生产的责任主体，应当遵照国家有关安全生产的法律法规、制度和标准，建立健全电力安全生产责任制，加强电力安全生产管理，完善电力安全生产条件，确保电力安全生产。

第六条 任何单位和个人对违反本办法和国家有关电力安全生产监督管理规定的行为，有权向国家能源局及其派出机构投诉和举报，国家能源局及其派出机构应当依法处理。

第二章 电力企业的安全生产责任

第七条 电力企业的主要负责人对本单位的安全生产工作全面负责。电力企业从业人员应当依法履行安全生产方面的义务。

第八条 电力企业应当履行下列电力安全生产管理基本职责：

（一）依照国家安全生产法律法规、制度和标准，制定并落实本单位电力安全生产管理制度和规程；

（二）建立健全电力安全生产保证体系和监督体系，落实安全生产责任；

（三）按照国家有关法律法规设置安全生产管理机构、配备专职安全管理人员；

（四）按照规定提取和使用电力安全生产费用，专门用于改善安全生产条件；

（五）按照有关规定建立健全电力安全生产隐患排查治理制度和风险预控体系，开展隐患排查及风险辨识、评估和监控工作，并对安全隐患和风险进行治理、管控；

（六）开展电力安全生产标准化建设；

（七）开展电力安全生产培训宣传教育工作，负责以班组长、新工人、农民工为重点的从业人员安全培训；

（八）开展电力可靠性管理工作，建立健全电力可靠性管理工作体系，准确、及时、完整报送电力可靠性信息；

（九）建立电力应急管理体系，健全协调联动机制，制定各级各类应急预案并开展应急演练，建设应急救援队伍，完善应急物资储备制度；

（十）按照规定报告电力事故和电力安全事件信息并及时开展应急处置，对电力安全事件进行调查处理。

第九条　发电企业应当按照规定对水电站大坝进行安全注册，开展大坝安全定期检查和信息化建设工作；对燃煤发电厂贮灰场进行安全备案，开展安全巡查和定期安全评估工作。

第十条　电力建设单位应当对电力建设工程施工安全和工程质量安全负全面管理责任，履行工程组织、协调和监督职责，并按照规定将电力工程项目的安全生产管理情况向当地派出机构备案，向相关电力工程质监机构进行工程项目质量监督注册申请。

第十一条　供电企业应当配合地方政府对电力用户安全用电提供技术指导。

第三章　电力系统安全

第十二条　电力企业应当共同维护电力系统安全稳定运行。在电网互联、发电机组并网过程中应严格履行安全责任，并在双方的联（并）网调度协议中具体明确，不得擅自联（并）网和解网。

第十三条　各级电力调度机构是涉及电力系统安全的电力安全事故（事件）处置的指挥机构，发生电力安全事故（事件）或遇有危及电力系统安全的情况时，电力调度机构有权采取必要的应急处置措施，相关电力企业应当严格执行调度指令。

第十四条　电力调度机构应当加强电力系统安全稳定运行管理，科学合理安排系统运行方式，开展电力系统安全分析评估，统筹协调电网安全和并网运行机组安全。

第十五条　电力企业应当加强发电设备设施和输变配电设备设施安全管理和技术管理，强化电力监控系统（或设备）专业管理，完善电力系统调频、调峰、调压、调相、事故备用等性能，满足电力系统安全稳定运行的需要。

第十六条　发电机组、风电场以及光伏电站等并入电网运行，应当满足相关技术标准，符合电网运行的有关安全要求。

第十七条　电力企业应当根据国家有关规定和标准，制订、完善和落实预防电网大面积停电的安全技术措施、反事故措施和应急预案，建立完善与国家能源局及其派出机构、地方人民政府及电力用户等的应急协调联动机制。

第四章　电力安全生产的监督管理

第十八条　国家能源局依法负责全国电力安全生产监督管理工作。国家能源局派出机构（以下简称"派出机构"）按照属地化管理的原则，负责辖区内电力安全生产监督管理工作。

涉及跨区域的电力安全生产监督管理工作，由国家能源局负责或者协调确定具体负责的区域派出机构；同一区域内涉及跨省的电力安全生产监督管理工作，由当地区域派出机构负责或者协调确定具体负责的省级派出机构。

50兆瓦以下小水电站的安全生产监督管理工作，按照相关规定执行。50兆瓦以下小水电站的涉网安全由派出机构负责监督管理。

第十九条　国家能源局及其派出机构应当采取多种形式，加强有关安全生产的法律法规、制度和标准的宣传，向电力企业传达国家有关安全生产工作各项要求，提高从业人员的安全生产意识。

第二十条　国家能源局及其派出机构应当建立健全电力行业安全生产工作协调机制，及时协调、解决安全生产监督管理中存在的重大问题。

第二十一条　国家能源局及其派出机构应当依法对电力企业执行有关安全生产法规、标准和规范情况进行监督检查。

国家能源局组织开展全国范围的电力安全生产大检查，制定检查工作方案，并对重点地区、重要电力企业、关键环节开展重点督查。派出机构组织开展辖区内的电力安全生产大检查，对部分电力企业进行抽查。

第二十二条　国家能源局及其派出机构对现场检查中发现的安全生产违法、违规行为，应当责令电力企业当场予以纠正或者限期整改。对现场检查中发现的重大安全隐患，应当责令其立即整改；安全隐患危及人身安全时，应当责令其立即从危险区域内撤离人员。

第二十三条　国家能源局及其派出机构应当监督指导电力企业隐患排查治理工作，按照有关规定对重大安全隐患挂牌督办。

第二十四条　国家能源局及其派出机构应当统计分析电力安全生产信息，并定期向社会公布。根据工作需要，可以要求电力企业报送与电力安全生产相关的文件、资料、图纸、音频或视频记录和有关数据。

国家能源局及其派出机构发现电力企业在报送资料中存在弄虚作假及其他违规行为的，应当及时纠正和处理。

第二十五条　国家能源局及其派出机构应当依法组织或参与电力事故调查处理。

国家能源局组织或参与重大和特别重大电力事故调查处理；督办有重大社会影响的电力安全事件。派出机构组织或参与较大和一般电力事故调查处理，对电力系统安全稳定运行或对社会造成较大影响的电力安全事件组织专项督查。

第二十六条　国家能源局及其派出机构应当依法组织开展电力应急管理工作。

国家能源局负责制定电力应急体系发展规划和国家大面积停电事件专项应急预案，开展重大电力突发安全事件应急处置和分析评估工作。派出机构应当按照规定权限和程序，组织、协调、指导电力突发安全事件应急处置工作。

第二十七条　国家能源局及其派出机构应当组织开展电力安全培训和宣传教育工作。

第二十八条　国家能源局及其派出机构配合地方政府有关部门、相关行业管理部门，对重要电力用户安全用电、供电电源配置、自备应急电源配置和使用实施监督管理。

第二十九条　国家能源局及其派出机构应当建立安全生产举报制度，公开举报电话、信箱和电子邮件地址，受理有关电力安全生产的举报；受理的举报事项经核实后，对违法行为严重的电力企业，应当向社会公告。

第五章　罚　　则

第三十条　电力企业造成电力事故的，依照《生产安全事故报告和调查处理条例》和《电力安全事故应急处置和调查处理条例》，承担相应的法律责任。

第三十一条　国家能源局及其派出机构从事电力安全生产监督管理工作的人员滥用职权、玩忽职守或者徇私舞弊的，依法给予行政处分；构成犯罪的，由司法机关依法追究刑事责任。

第三十二条　国家能源局及其派出机构通过现场检查发现电力企业有违反本办法规定的行为时，可以对电力企业主要负责人或安全生产分管负责人进行约谈，情节严重的，依据《安全生产法》第九十条，可以要求其停工整顿，对发电企业要求其暂停并网运行。

第三十三条　电力企业有违反本办法规定的行为时，国家能源局及其派出机构可以对其违规情况向行业进行通报，对影响电力用户安全可靠供电行为的处理情况，向社会公布。

第三十四条 电力企业发生电力安全事件后，存在下列情况之一的，国家能源局及其派出机构可以责令限期改正，逾期不改正的应当将其列入安全生产不良信用记录和安全生产诚信"黑名单"，并处以1万元以下的罚款：

（一）迟报、漏报、谎报、瞒报电力安全事件信息的；

（二）不及时组织应急处置的；

（三）未按规定对电力安全事件进行调查处理的。

第三十五条 电力企业未履行本办法第八条规定的，由国家能源局及其派出机构责令限期整改，逾期不整改的，对电力企业主要负责人予以警告；情节严重的，由国家能源局及其派出机构对电力企业主要负责人处以1万元以下的罚款。

第三十六条 电力企业有下列情形之一的，由国家能源局及其派出机构责令限期改正；逾期不改正的，由国家能源局及其派出机构依据《电力监管条例》第三十四条，对其处以5万元以上、50万元以下的罚款，并将其列入安全生产不良信用记录和安全生产诚信"黑名单"：

（一）拒绝或阻挠国家能源局及其派出机构从事监督管理工作的人员依法履行电力安全生产监督管理职责的；

（二）向国家能源局及其派出机构提供虚假或隐瞒重要事实的文件、资料的。

第六章 附 则

第三十七条 本办法下列用语的含义：

（一）电力系统，是指由发电、输电、变电、配电以及电力调度等环节组成的电能生产、传输和分配的系统。

（二）电力事故，是指电力生产、建设过程中发生的电力安全事故、电力人身伤亡事故、发电设备或输变电设备设施损坏造成直接经济损失的事故。

（三）电力安全事件，是指未构成电力安全事故，但影响电力（热力）正常供应，或对电力系统安全稳定运行构成威胁，可能引发电力安全事故或造成较大社会影响的事件。

（四）重大安全隐患，是指可能造成一般以上人身伤亡事故、电力安全事故、直接经济损失100万元以上的电力设备事故和其他对社会造成较大影响的隐患。

第三十八条 本办法自二〇一五年三月一日起施行。原国家电力监管委员会《电力安全生产监管办法》同时废止。

电力生产事故调查暂行规定

（2004 年 12 月 28 日国家电力监管委员会令第 4 号公布）

第一章 总 则

第一条 为了及时报告、调查、统计、处理电力生产事故，规范电力生产事故管理和调查行为，制定本规定。

第二条 电力生产事故调查的任务是贯彻安全第一、预防为主的方针，总结经验教训，研究电力生产事故规律，采取预防措施，防止和减少电力生产事故的发生。

第三条 电力生产事故调查应当实事求是、尊重科学，做到事故原因未查清不放过，责任人员未处理不放过，整改措施未落实不放过，有关人员未受到教育不放过。

第四条 电力生产事故统计报告应当及时、准确、完整。电力生产事故统计分析应当与可靠性分析相结合，全面评价安全水平。

第五条 任何单位和个人对违反本规定的行为、隐瞒电力生产事故或者阻碍电力生产事故调查的行为，有权向国家电力监管委员会（以下简称电监会）及其派出机构、政府有关部门举报。

第六条 本规定适用于中华人民共和国境内的电力企业。

第二章 事故定义和级别

第七条 电力企业发生有下列情形之一的人身伤亡，为电力生产人身事故：

（一）员工从事与电力生产有关的工作过程中，发生人身伤亡（含生产性急性中毒造成的人身伤亡，下同）的；

（二）员工从事与电力生产有关的工作过程中，发生本企业负有同等以上责任的交通事故，造成人身伤亡的；

（三）在电力生产区域内，外单位人员从事与电力生产有关的工作过程中，发生本企业负有责任的人身伤亡的。

电力生产人身事故的等级划分和标准，执行国家有关规定。

第八条 电网发生有下列情形之一的大面积停电，为特大电网事故：

（一）省、自治区电网或者区域电网减供负荷达到下列数值之一的：

1．电网负荷为 20000 兆瓦以上的，减供负荷 20%；

2．电网负荷 10000 兆瓦以上不满 20000 兆瓦的，减供负荷 30%或者 4000 兆瓦；

3．电网负荷为 5000 兆瓦以上不满 10000 兆瓦的，减供负荷 40%或者 3000 兆瓦；

4．电网负荷为 1000 兆瓦以上不满 5000 兆瓦的，减供负荷 50%或者 2000 兆瓦。

（二）直辖市减供负荷 50%以上的；

（三）省和自治区人民政府所在地城市以及其他大城市减供负荷 80%以上的。

第九条 电网发生有下列情形之一的大面积停电，为重大电网事故：

（一）省、自治区电网或者区域电网减供负荷达到下列数值之一的：

1．电网负荷为 20000 兆瓦以上的，减供负荷 8%；

2．电网负荷 10000 兆瓦以上不满 20000 兆瓦的，减供负荷 10%或者 1600 兆瓦；

3．电网负荷为 5000 兆瓦以上不满 10000 兆瓦的，减供负荷 15%或者 1000 兆瓦；

4．电网负荷为 1000 兆瓦以上不满 5000 兆瓦的，减供负荷 20%或者 750 兆瓦；

5．电网负荷为不满 1000 兆瓦的，减供负荷 40%或者 200 兆瓦。

（二）直辖市减供负荷 20%以上的；

（三）省和自治区人民政府所在地城市以及其他大城市减供负荷 40%以上的；

（四）中等城市减供负荷 60%以上的；

（五）小城市减供负荷 80%以上的。

第十条 电力企业发生有下列情形之一的事故，为一般电网事故：

（一）110 千伏以上省级电网或者区域电网非正常解列，并造成全网减供负荷达到下列数值之一的：

1．电网负荷为 20000 兆瓦以上的，减供负荷 4%；

2．电网负荷为 10000 兆瓦以上不满 20000 兆瓦的，减供负荷 5%或者 800 兆瓦；

3．电网负荷为 5000 兆瓦以上不满 10000 兆瓦的，减供负荷 8%或者 500 兆瓦；

4．电网负荷为 1000 兆瓦以上不满 5000 兆瓦的，减供负荷 10%或者 400 兆瓦；

5．电网负荷为不满 1000 兆瓦的，减供负荷 20%或者 100 兆瓦。

（二）变电所 220 千伏以上任一电压等级母线全停的。

（三）电网电能质量降低，造成下列情形之一的：

1. 装机容量 3000 兆瓦以上的电网，频率偏差超出 50±0.2 赫兹，且延续时间 30 分钟以上；或者频率偏差超出 50±0.5 赫兹，且延续时间 15 分钟以上。

2. 装机容量不满 3000 兆瓦的电网，频率偏差超出 50±0.5 赫兹，且延续时间 30 分钟以上；或者频率偏差超出 50±1 赫兹，且延续时间 15 分钟以上。

3. 电压监视控制点电压偏差超出电力调度规定的电压曲线值±5%，且延续时间超过 2 小时；或者电压偏差超出电力调度规定的电压曲线值±10%，且延续时间超过 1 小时。

第十一条 电力企业发生设备、设施、施工机械、运输工具损坏，造成直接经济损失超过规定数额的，为电力生产设备事故。

电力生产设备事故的等级划分和标准，执行本规定第十二条、第十三条和国家有关规定。

第十二条 装机容量 400 兆瓦以上的发电厂，一次事故造成 2 台以上机组非计划停运，并造成全厂对外停电的，为重大设备事故。

第十三条 电力企业有下列情形之一，未构成重大设备事故的，为一般设备事故：

（一）发电厂 2 台以上机组非计划停运，并造成全厂对外停电的；

（二）发电厂升压站 110 千伏以上任一电压等级母线全停的；

（三）发电厂 200 兆瓦以上机组被迫停止运行，时间超过 24 小时的；

（四）电网 35 千伏以上输变电设备被迫停止运行，并造成对用户中断供电的；

（五）水电厂由于水工设备、水工建筑损坏或者其他原因，造成水库不能正常蓄水、泄洪或者其他损坏的。

第十四条 火灾事故的定义、等级划分和标准，执行国家有关规定。

第三章　事故调查

第十五条 电力企业发生事故后，应当按照国家有关规定，及时向上级主管单位和当地人民政府有关部门如实报告。

第十六条 电力企业发生重大以上的人身事故、电网事故、设备事故或者火灾事故，电厂垮坝事故以及对社会造成严重影响的停电事故，应当立即将事故发生的时间、地点、事故概况、正在采取的紧急措施等情况向电监会报告，最迟不得超过 24 小时。

第十七条 电力生产事故的组织调查，按照下列规定进行：

（一）人身事故、火灾事故、交通事故和特大设备事故，按照国家有关规定组织调查；

（二）特大电网事故、重大电网事故、重大设备事故由电监会组织调查；

（三）一般电网事故、一般设备事故由发生事故的单位组织调查。

涉及电网企业、发电企业等两个或者两个以上企业的一般事故，进行联合调查时发生争议，一方申请电监会处理的，由电监会组织调查。

第十八条 电力生产事故的调查，按照下列规定进行：

（一）事故发生后，发生事故的单位应当迅速抢救伤员和进行事故应急处理，并派专人严格保护事故现场。未经调查和记录的事故现场，不得任意变动。

（二）事故发生后，发生事故的单位应当立即对事故现场和损坏的设备进行照相、录像、绘制草图。

（三）事故发生后，发生事故的单位应当立即组织有关人员收集事故经过、现场情况、财产损失等原始材料。

（四）发生事故的单位应当及时向事故调查组提供完整的相关资料。

（五）事故调查组有权向发生事故的单位、有关人员了解事故情况并索取有关资料，任何单位和个人不得拒绝。

（六）事故调查组在《事故调查报告书》中应当明确事故原因、性质、责任、防范措施和处理意见。

（七）根据事故调查组对事故的处理意见，有关单位应当按照管理权限对发生事故的单位、责任人员进行处理。

第四章 统 计 报 告

第十九条 电力生产事故的统计和报告，按照电监会《电力安全生产信息报送暂行规定》办理。

涉及电网企业、发电企业等两个以上企业的事故，如果各企业均构成事故，各企业都应当按照有关规定统计、上报。

一起事故既符合电网事故条件，又符合设备事故条件的，按照"不同等级的事故，选取等级高的事故；相同等级的事故，选取电网事故"的原则统计、上报。

伴有人身事故的电网事故或者设备事故，应当按照本规定要求将人身事故、电网事故或者设备事故分别统计、上报。

第二十条 按照国家有关规定，由人民政府有关部门组织调查的事故，发生事故的单位应当自收到《事故调查报告书》之日起一周内，将有关情况报送电监会。

第二十一条 发电企业、供电企业和电力调度机构连续无事故的天数累计达到100天为一个安全周期。

发生重伤以上人身事故，发生本单位应承担责任的一般以上电网事故、设备事故或者火灾事故，均应当中断安全周期。

第五章　附　则

第二十二条　本规定下列用语的含义：

（一）电力企业，是指以发电、输变电、供电、电力调度、电力检修、电力试验、电力建设等为主要业务的企业（单位）。

（二）员工，是指企业（单位）中各种用工形式的人员，包括固定工、合同工，临时聘用、雇用、借用的人员，以及代训工和实习生。

（三）与电力生产有关的工作，是指发电、输变电、供电、电力调度、电力检修、电力试验、电力建设等生产性工作，如电力设备（设施）的运行、检修维护、施工安装、试验、生产性管理工作以及电力设备的更新改造、业扩、用户电力设备的安装、检修和试验等工作。

（四）电力生产区域，是指与电力生产有关的运行、检修维护、施工安装、试验、修配场所，以及生产仓库、汽车库、线路及电力通信设施的走廊等。

（五）第七条第一款第（三）项中的"本企业负有责任"，是指有下列情形之一的，本企业负有责任：

1. 资质审查不严，项目承包方不符合要求；

2. 在开工前未对承包方负责人、工程技术人员和安监人员进行全面的安全技术交底，或者没有完整的记录；

3. 对危险性生产区域内作业未事先进行专门的安全技术交底，未要求承包方制定安全措施，未配合做好相关的安全措施（包括有关设施、设备上设置明确的安全警告标志等）；

4. 未签订安全生产管理协议，或者协议中未明确各自的安全生产职责和应当采取的安全措施。

（六）区域电网，是指华北、东北、西北、华东、华中和南方电网。

（七）电网负荷，是指电力调度机构统一调度的电网在事故发生前的负荷。

（八）大城市、中等城市、小城市，是指《中华人民共和国城市规划法》规定的大城市、中等城市、小城市。

（九）电网非正常解列包括自动解列、继电保护及安全自动装置动作解列。

（十）施工机械，是指大型起吊设备、运输设备、挖掘设备、钻探设备、张力牵引设备等。

（十一）直接经济损失包括更换的备品配件、材料、人工和运输所发生的费用。如设备损坏不能再修复，则按同类型设备重置金额计算损失费用。保险公司赔偿费和设备残值不能冲减直接经济损失费用。

（十二）全厂对外停电，是指发电厂对外有功负荷降到零。虽电网经发电厂母线转送的负荷没有停止，仍视为全厂对外停电。

（十三）电网减供负荷波及多个省级电网时，除引发事故的省级电网计算一次事故外，区域电网另计算一次，其电网负荷按照区域电网事故前全网负荷计算。减供负荷的计算范围与计算电网负荷时的范围相同。

（十四）城市的减供负荷，是指市区范围的减供负荷，不包括市管辖的县或者县级市。

（十五）电力设备事故包括电气设备发生电弧引燃绝缘（包括绝缘油）、油系统（不包括油罐）、制粉系统损坏起火等。

第二十三条 各电力企业应当根据本规定制定与生产事故调查相关的内部规程。

第二十四条 本规定自 2005 年 3 月 1 日起施行。1994 年 12 月 22 日原电力工业部发布的《电业生产事故调查规程》同时废止。

电力安全事故调查程序规定

（2012 年 6 月 13 日国家电力监管委员会令第 31 号公布）

第一条 为了规范电力安全事故调查工作，根据《电力安全事故应急处置和调查处理条例》和《生产安全事故报告和调查处理条例》，制定本规定。

第二条 国家电力监管委员会及其派出机构（以下简称电力监管机构）组织调查电力安全事故（以下简称事故），适用本规定。

国务院授权国家电力监管委员会（以下简称电监会）组织调查特别重大事故，国家另有规定的，从其规定。

第三条 事故调查应当按照依法依规、实事求是、科学严谨、注重实效的原则，及时、准确地查清事故原因，查明事故性质和责任，总结事故教训，提出整改措施和处理意见。

第四条 任何单位和个人不得阻挠和干涉对事故的依法调查。

第五条 电力监管机构调查事故，应当及时组织事故调查组。

第六条 下列事故由电监会组织事故调查组：

（一）国务院授权组织调查的特别重大事故；

（二）重大事故；

（三）电监会认为有必要调查的较大事故。

第七条 较大事故、一般事故由事故发生地派出机构组织事故调查组。

较大事故、一般事故跨省（自治区、直辖市）的，由事故发生地电监会区域监管局组织事故调查组；较大事故、一般事故跨区域的，由电监会指定派出机构组织事故调查组。

电监会认为必要的，可以指令派出机构组织事故调查组调查一般事故。

第八条 组织事故调查组应当遵循精简、高效的原则。根据事故的具体情况，事故调查组由电力监管机构、有关地方人民政府、安全生产监督管理部门、负有安全生产监督管理职责的有关部门派人组成。

事故有关人员涉嫌失职、渎职或者涉嫌犯罪的，电力监管机构应当邀请监察机关、公安机关、人民检察院派人参加。

电力监管机构可以聘请有关专家参加事故调查组，协助事故调查。

第九条 事故有关单位、人员涉嫌违法，电力监管机构依法予以立案的，电力监管机构稽查工作部门应当派人参加事故调查组。

第十条　事故调查组成员应当具有事故调查所需要的知识和专长，与所调查的事故、事故发生单位及其主要负责人、主管人员、有关责任人员没有直接利害关系。

第十一条　事故调查组成员名单和组长建议人选由电力监管机构安全监管部门提出，报电力监管机构负责人批准。

事故调查组组长主持事故调查组的工作。

第十二条　根据事故调查需要，电力监管机构可以重新组织事故调查组或者调整事故调查组成员。

第十三条　事故调查组应当制定事故调查方案。事故调查方案包括事故调查的职责分工、方法步骤、时间安排等内容。

第十四条　事故调查组进行事故调查，应当制作事故调查通知书。事故调查通知书应当向事故发生单位、事故涉及单位出示。

第十五条　事故调查组勘查事故现场，可以采取照相、录像、绘制现场图、采集电子数据、制作现场勘查笔录等方法记录现场情况，提取与事故有关的痕迹、物品等证据材料。事故调查组应当要求事故发生单位移交事故应急处置形成的有关资料、材料。

第十六条　事故调查组可以进入事故发生单位、事故涉及单位的工作场所或者其他有关场所，查阅、复制与事故有关的工作日志、工作票、操作票等文件、资料，对可能被转移、隐匿、销毁的文件、资料予以封存。

第十七条　事故调查组应当根据事故调查需要，对事故发生单位有关人员、应急处置人员等知情人员进行询问。询问应当制作询问笔录。

事故发生单位负责人和有关人员在事故调查期间不得擅离职守，并随时接受事故调查组的询问，如实提供有关情况。

第十八条　事故调查组进行现场勘查、检查或者询问知情人员，调查人员不得少于2人。

第十九条　事故调查需要进行技术鉴定的，事故调查组应当委托具有国家规定资质的单位进行。必要时，事故调查组可以直接组织专家进行。技术鉴定所需时间不计入事故调查期限。

第二十条　事故调查组应当收集与事故有关的原始资料、材料。因客观原因不能收集原始资料、材料，或者收集原始资料、材料有困难的，可以收集与原始资料、材料核对无误的复印件、复制品、抄录件、部分样品或者证明该原件、原物的照片、录像等其他证据。

现场勘查笔录、检查笔录、询问笔录和鉴定意见应当由调查人员、勘查现场有关人员、被询问人员和鉴定人签名。

事故调查组应当依照法定程序收集与事故有关的资料、材料，并妥善保存。

第二十一条　事故调查组成员在事故调查工作中应当诚信公正，恪尽职守，遵守纪律，保守秘密。

未经事故调查组组长允许，事故调查组成员不得擅自发布有关事故的信息。

第二十二条　事故调查组应当查明下列情况：

（一）事故发生单位的基本情况；

（二）事故发生的时间、地点、现场环境、气象等情况，事故发生前电力系统的运行情况；

（三）事故经过、事故应急处置情况，事故现场有关人员的工作内容、作业时间、作业程序、从业资格等情况；

（四）与事故有关的仪表、自动装置、断路器、继电保护装置、故障录波器、调整装置等设备和监控系统、调度自动化系统的记录、动作情况；

（五）事故影响范围，电网减供负荷比例、城市供电用户停电比例、停电持续时间、停止供热持续时间、发电机组停运时间、设施设备损坏等情况；

（六）事故涉及设施设备的规划、设计、选型、制造、加工、采购、施工安装、调试、运行、检修等方面的情况；

（七）电力监管机构认为应当查明的其他情况。

第二十三条　事故调查组应当查明事故发生单位执行国家有关安全生产规定，加强安全生产管理，建立健全安全生产责任制度，完善安全生产条件等情况。

第二十四条　涉及人身伤亡的事故，事故调查组除应查明本规定第二十二条、第二十三条规定的情况外，还应当查明：

（一）人员伤亡数量、人身伤害程度等情况；

（二）伤亡人员的单位、姓名、文化程度、工种等基本情况；

（三）事故发生前伤亡人员的技术水平、安全教育记录、从业资格、健康状况等情况；

（四）事故发生时采取安全防护措施的情况和伤亡人员使用个人防护用品的情况；

（五）电力监管机构认为应当查明的其他情况。

第二十五条　事故调查组应当在查明事故情况的基础上，确定事故发生的直接原因、间接原因和其他原因，判断事故性质并做出责任认定。

第二十六条　事故调查组应当根据现场调查、原因分析、性质判断和责任认定等情况，撰写事故调查报告。

事故调查报告的内容应当符合《电力安全事故应急处置和调查处理条例》的规定，并附具有关证据材料和技术分析报告。

第二十七条　事故调查组成员应当在事故调查报告上签名。事故调查组成员对事故调查报告的内容有不同意见的，应当在事故调查报告中注明。

第二十八条　事故调查报告经电力监管机构负责人办公会议审查同意，事故调查工作即告结束。事故发生地派出机构组织调查的较大事故，事故调查报告应当先经电监会安全监管部门审核。

由事故发生地派出机构组织调查的一般事故和较大事故，事故调查报告应当报电监会安全监管部门备案。

第二十九条　事故调查应当按照《电力安全事故应急处置和调查处理条例》规定的期限进行。

第三十条　事故调查涉及行政处罚的，应当符合行政处罚案件立案、调查、审查和决定的有关规定。

第三十一条　电力监管机构应当依据事故调查报告，对事故发生单位及其有关人员依法给予行政处罚。

第三十二条　电力监管机构应当依据事故调查报告，制作监管意见书，对有关人员提出给予处分或者其他处理的意见，送达有关单位。有关单位应当依据监管意见书依法处理，并将处理情况报告电力监管机构。

第三十三条　事故调查过程中发现违法行为和安全隐患，电力监管机构有权予以纠正或者要求限期整改。要求限期整改的，电力监管机构应当及时制作整改通知书。

被责令整改的单位应当按照电力监管机构的要求进行整改，并将整改情况以书面形式报电力监管机构。

第三十四条　电力监管机构应当加强监督检查，督促事故发生单位和有关人员落实事故防范和整改措施，必要时进行专项督办。

第三十五条　电力生产或者电网运行过程中发生发电设备或者输变电设备损坏，造成直接经济损失的事故，未影响电力系统安全稳定运行以及电力正常供应的，由电力监管机构依照本规定组织事故调查组对重大事故、较大事故和一般事故进行调查。

第三十六条　未造成供电用户停电的一般事故，电力监管机构委托事故发生单位组织事故调查的，电力监管机构应当制作事故调查委托书，确定事故调查组组长，审查事故调查报告。事故发生单位组织事故调查，参照本规定执行。

第三十七条　本规定自 2012 年 8 月 1 日起施行。

能源效率标识管理办法

（2016 年 2 月 29 日国家发展和改革委员会、国家质量监督

检验检疫总局令第 35 号发布）

第一章　总　则

第一条　为加强节能管理，推动节能技术进步，提高用能产品能源效率，依据《中华人民共和国节约能源法》、《中华人民共和国产品质量法》、《中华人民共和国进出口商品检验法》及其实施条例、《中华人民共和国认证认可条例》，制定本办法。

第二条　本办法所称能源效率标识（以下简称能效标识），是指表示用能产品能源效率等级等性能指标的一种信息标识，属于产品符合性标志的范畴。

第三条　国家对节能潜力大、使用面广的用能产品实行能效标识管理。具体产品实行目录管理。

国家发展和改革委员会（以下简称国家发展改革委）、国家质量监督检验检疫总局（以下简称国家质检总局）和国家认证认可监督管理委员会（以下简称国家认监委）负责能效标识管理制度的建立并组织实施。国家发展改革委会同国家质检总局、国家认监委制定并公布《中华人民共和国实行能源效率标识的产品目录》（以下简称《目录》），规定统一适用的产品能效标准、实施规则、能效标识样式和规格。

第四条　地方各级人民政府管理节能工作的部门（以下简称地方节能主管部门）、地方各级质量技术监督部门和出入境检验检疫机构（以下简称地方质检部门），在各自职责范围内对所辖区域内能效标识的使用实施监督管理。

第五条　列入《目录》的用能产品生产者和进口商应当向国家质检总局和国家发展改革委授权的中国标准化研究院 （以下简称授权机构）备案能效标识及相关信息。

第二章　能效标识的实施

第六条　生产者和进口商应当对列入《目录》的用能产品标注能效标识，根据国家统一规定的能效标识样式、规格以及标注规定印制和使用能效标识，并在产品包装物上或者使用说明书中予以说明。

列入《目录》的用能产品通过网络交易的，还应当在产品信息展示主页面醒目位置展示相应的能效标识。

在产品包装物、说明书、网络交易产品信息展示主页面以及广告宣传中使用的能效标识，可按比例放大或者缩小，并清晰可辨。

第七条 能效标识的名称为"中国能效标识"（英文名称为 China Energy Label），能效标识应当包括以下基本内容：

（一）生产者名称或者简称；

（二）产品规格型号；

（三）能效等级；

（四）能效指标；

（五）依据的能源效率强制性国家标准编号；

（六）能效信息码。

列入国家能效"领跑者"目录的产品，还应当包括能效"领跑者"相关信息。

第八条 列入《目录》的用能产品生产者和进口商，可以利用自有检测实验室或者委托依法取得资质认定的第三方检验检测机构，对产品进行检测，并依据能源效率强制性国家标准，确定产品能效等级。

企业自有检测实验室应当依据相关产品能源效率强制性国家标准规定的检测方法和要求进行检测，如实出具产品能效检测报告。

第三方检验检测机构接受生产者和进口商的委托，应当依据相关产品能源效率强制性国家标准规定的检测方法和要求进行检测，保证检测结果客观公正、真实准确，保守受检产品和企业的商业秘密，并承担相应法律责任。

第九条 利用自有检测实验室检测确定能效等级的生产者和进口商，应当保证其检测实验室具备按照能源效率强制性国家标准进行检测的能力，并鼓励其取得国家认可机构的认可。

利用自有检测实验室检测确定能效等级的生产者和进口商，对其检测实验室出具的产品能效检测报告负责，并承担相应法律责任。

第十条 列入《目录》的用能产品，生产者应当于出厂前、进口商应当于进口前向授权机构申请备案。能效标识备案应当提交以下材料：

（一）生产者营业执照或者登记注册证明复制件；进口商营业执照以及与境外生产者订立的相关合同复制件；

（二）产品能效检测报告；

（三）能效标识样本；

（四）产品基本配置清单等有关材料；

（五）利用自有检测实验室进行检测的，应当提供实验室检测能力证明材料

（包括实验室人员能力、设备能力和检测管理规范），已经获得国家认可机构认可的，还应当提供相应认可证书复制件；利用第三方检验检测机构进行检测的，应当提供检验检测机构的资质认定证书复制件。

（六）由代理人提交备案材料的，应当有生产者或者进口商的委托代理文件等。

上述材料应当真实、准确、完整。

外文材料应当附有中文译本，并以中文文本为准。

第十一条 进境的列入《目录》的用能产品符合下列情形之一的，可以免于标注能效标识及备案：

（一）外国驻华使馆、领事馆或者国际组织驻华机构及其外交人员的自用物品；

（二）香港、澳门特别行政区政府驻大陆官方机构及其工作人员的自用物品；

（三）入境人员随身从境外带入境内的自用物品；

（四）外国政府援助、赠送的物品；

（五）为科研、测试所需的产品；

（六）为考核技术引进生产线所需的零部件；

（七）直接为最终用户维修目的所需的产品；

（八）工厂生产线、成套生产线配套所需的设备和部件（不包含办公用品）。

第十二条 能效标识内容发生变化的，应当重新备案。

第十三条 授权机构应当对生产者和进口商使用的能效标识及产品能效检测报告进行核验。

第十四条 授权机构应当自收到完整备案材料之日起 10 个工作日内完成能效标识的备案工作，并于备案完成之日起 5 个工作日内公告备案的能效标识样本。

能效标识备案不收取费用。

第十五条 生产者和进口商应当对其标注的能效标识及相关信息的准确性负责。

第十六条 销售者（含网络商品经营者）应当建立并执行进货检查验收制度，验明列入《目录》的用能产品能效标识，不得销售应当标注而未标注能效标识的产品。

第三方交易平台（场所）经营者对通过平台（场所）销售的列入《目录》的用能产品应当建立能效标识检查监控制度，发现违反本办法规定行为的，应当及时采取措施制止。

第十七条 任何单位和个人不得伪造、冒用能效标识或者利用能效标识进行虚假宣传。

第三章　监督管理

第十八条　国家质检总局负责组织实施对能效标识使用的监督检查、专项检查和验证管理。

地方质检部门负责对所辖区域内能效标识的使用实施监督检查、专项检查和验证管理，发现有违反本办法规定行为的，通报同级节能主管部门，并通知授权机构。

第十九条　授权机构应当撤销能效不合格产品生产者或者进口商的相关备案信息并及时公告。

第二十条　列入《目录》的用能产品生产者、进口商、销售者（含网络商品经营者）、第三方交易平台（场所）经营者、企业自有检测实验室和第三方检验检测机构应当接受监督检查、专项检查和验证管理。

企业自有检测实验室、第三方检验检测机构在能效检测中，伪造检验检测结果或者出具虚假能效检测报告的，授权机构自发现之日起一年内不再采信其检验检测结果。

第二十一条　授权机构应当建立规范的工作制度，客观、公正开展备案工作，保守备案产品和企业的商业秘密。

第二十二条　任何单位和个人对违反本办法规定的行为，可以向地方节能主管部门、地方质检部门举报。地方节能主管部门、地方质检部门应当及时调查处理，并为举报人保密，授权机构应当予以配合。

第二十三条　国家发展改革委、国家质检总局和国家认监委对违反本办法规定的行为建立信用记录，并纳入全国统一的信用信息共享交互平台。

第四章　罚　　则

第二十四条　地方节能主管部门、地方质检部门依据《中华人民共和国节约能源法》等相关法律法规，在各自的职责范围内对违反本办法规定的行为进行处罚。

第二十五条　生产、进口、销售不符合能源效率强制性国家标准的用能产品，依据《中华人民共和国节约能源法》第七十条予以处罚。

第二十六条　在用能产品中掺杂、掺假，以假充真、以次充好，以不合格品冒充合格品的，或者进口属于掺杂、掺假，以假充真、以次充好，以不合格品冒充合格品的用能产品的，依据《中华人民共和国产品质量法》第五十条、《中华人民共和国进出口商品检验法》第三十五条的规定予以处罚。

第二十七条　违反本办法规定，应当标注能效标识而未标注的，未办理能效标识备案的，使用的能效标识不符合有关样式、规格等标注规定的（包括不符合网络交易产品能效标识展示要求的），伪造、冒用能效标识或者利用能效标识进行虚假宣传的，依据《中华人民共和国节约能源法》第七十三条予以处罚。

第二十八条　违反本办法规定，企业自有检测实验室、第三方检验检测机构在能效检测中，伪造检验检测结果或者出具虚假能效检测报告的，依据《中华人民共和国产品质量法》、《检验检测机构资质认定管理办法》予以处罚。

第二十九条　从事能效标识管理的国家工作人员及授权机构工作人员，玩忽职守、滥用职权或者包庇纵容违法行为的，依法予以处分；构成犯罪的，依法追究刑事责任。

第五章　附　　则

第三十条　本办法由国家发展改革委、国家质检总局负责解释。

第三十一条　本办法自 2016 年 6 月 1 日起施行。2004 年 8 月 13 日国家发展改革委、国家质检总局令第 17 号发布的《能源效率标识管理办法》同时废止。

重点用能单位节能管理办法

（1999 年 3 月 10 日国家经济贸易委员会令第 7 号发布）

第一章　总　则

第一条　为加强重点用能单位的节能管理，提高能源利用效率和经济效益，保护环境，根据《中华人民共和国节约能源法》的规定，制定本办法。

第二条　本办法所称重点用能单位是指：

（一）年综合能源消费量 1 万吨标准煤以上（含 1 万吨，下同）的用能单位；

（二）各省、自治区、直辖市经济贸易委员会（经济委员会、计划与经济委员会，下同）指定的年综合能源消费量 5000 吨标准煤以上（含 5000 吨，下同）、不足 1 万吨标准煤的用能单位。能源消费的核算单位是法人企业。

第三条　重点用能单位应遵守《中华人民共和国节约能源法》及本办法的规定，按照合理用能的原则，加强节能管理，推进技术进步，提高能源利用效率，降低成本，提高效益，减少环境污染。

第二章　监　督　管　理

第四条　国家经济贸易委员会负责全国重点用能单位节能监督管理工作。国务院有关部门在各自的职责范围内协助做好重点用能单位节能监督管理工作。各省、自治区、直辖市经济贸易委员会负责本行政区内重点用能单位节能监督管理工作。

第五条　国家经济贸易委员会会同国家统计局定期公布年综合能源消费量 1 万吨标准煤以上的重点用能单位名单，并定期发布年综合能源消费量 1 万吨标准煤以上的重点用能单位能源利用状况公报。

第六条　各省、自治区、直辖市经济贸易委员会会同同级统计部门，定期公布本行政区内年综合能源消费量 5000 吨标准煤以上、不足 1 万吨标准煤的重点用能单位名单，并报国家经济贸易委员会备案；定期发布本行政区内年综合能源消费量 5000 吨标准煤以上、不足 1 万吨标准煤的重点用能单位能源利用状况公报。

第七条　各省、自治区、直辖市经济贸易委员会按照年综合能源消费量制定重点用能单位分级管理方案并报国家经济贸易委员会备案。

实施分级管理的主管经济贸易委员会履行下列职责：

（一）组织对重点用能单位的固定资产投资工程项目可行性研究报告中的节能篇（章）提出评价意见；

（二）监督检查重点用能单位的主要耗能设备和工艺系统能源利用状况，委托具有检验测试资格的单位对重点用能单位进行节能的检验测试；

（三）会同同级质量技术监督管理部门检查重点用能单位能源计量工作，会同同级统计管理部门检查重点用能单位能源消费和能源利用状况统计工作。

第八条　国家经济贸易委员会和省、自治区、直辖市经济贸易委员会负责委托具有培训条件的单位，对重点用能单位的能源管理人员进行节能培训。

第三章　重点用能单位的节能管理

第九条　重点用能单位应贯彻执行国家的节能法律、法规、方针、政策和标准。

第十条　重点用能单位应接受主管经济贸易委员会对其能源利用状况的监督、检查。

第十一条　重点用能单位应建立健全节能管理制度，运用科学的管理方法和先进的技术手段，制定并组织实施本单位节能计划和节能技术进步措施，合理有效地利用能源。

第十二条　重点用能单位每年应安排一定数额资金用于节能科研开发、节能技术改造和节能宣传与培训。

第十三条　重点用能单位应健全能源计量、监测管理制度，配备合格的能源计量器具、仪表，能源计量器具的配备和管理应达到《企业能源计量器具配备和管理导则》规定的国家标准。

第十四条　重点用能单位应建立能源消费统计和能源利用状况报告制度。重点用能单位应指定专人负责能源统计，建立健全原始记录和统计台账。

重点用能单位应在每年 1 月底前向主管经济贸易委员会报送上一年度的能源利用状况报告。报告应包括能源购入、能源加工转换与消费、单位产品能耗、主要耗能设备和工艺能耗、能源利用效率、能源管理、节能措施和节能经济效益分析、预测能源消费等。

第十五条　重点用能单位应建立能源消耗成本管理制度。重点用能单位应根据国家经济贸易委员会和省、自治区、直辖市经济贸易委员会会同有关部门制定的单位产品能耗限额，制定先进、合理的企业单位产品能耗限额，实行能源消耗成本管理。

第十六条　重点用能单位应建立有利于节约能源、降低消耗、提高经济效益的节能工作责任制。明确节能工作岗位的任务和责任，通过岗位责任制和能耗定额管理等形式将能源使用管理制度化、落实到人，纳入经济责任制。

第十七条　重点用能单位应开展节能宣传与培训。主要耗能设备操作人员未经节能培训不得上岗。

第十八条　重点用能单位应设立能源管理岗位，聘任的能源管理人员应熟悉国家有关节能法律、法规、方针、政策，具有节能知识、三年以上实际工作经验和工程师以上（含工程师）职称，并报主管经济贸易委员会备案。能源管理人员负责对本单位的能源利用状况进行监督检查。

第四章　奖　　惩

第十九条　各级人民政府对在节能管理和节能技术进步中取得显著成绩的重点用能单位和个人给予表彰和奖励。

第二十条　重点用能单位应制定节奖超罚办法，安排一定的节能奖励资金，对节能工作中取得成绩的集体和个人给予奖励；对浪费能源的集体和个人给予惩罚。

第二十一条　重点用能单位违反本办法第十条规定，拒绝接受监督、检查的；或违反本办法第十四条规定，未建立能源消费统计和能源利用状况报告制度的；或违反本办法第十八条规定，未设立能源管理岗位或所聘能源管理人员不符合要求的，由主管经济贸易委员会以书面形式责令限期改正。逾期未改正的，对其及有关负责人给予通报批评。

第二十二条　重点用能单位虚报、瞒报、拒报、迟报、伪造、篡改能源消费统计资料的，按《中华人民共和国统计法》的有关规定予以处罚。

第五章　附　　则

第二十三条　本办法由国家经济贸易委员会负责解释。

第二十四条　本办法自公布之日起施行。

工业节能管理办法

（2016 年 4 月 27 日工业和信息化部令第 33 号公布）

第一章 总 则

第一条 为了加强工业节能管理，健全工业节能管理体系，持续提高能源利用效率，推动绿色低碳循环发展，促进生态文明建设，根据《中华人民共和国节约能源法》等法律、行政法规，制定本办法。

第二条 本办法所称工业节能，是指在工业领域贯彻节约资源和保护环境的基本国策，加强工业用能管理，采取技术上可行、经济上合理以及环境和社会可以承受的措施，在工业领域各个环节降低能源消耗，减少污染物排放，高效合理地利用能源。

第三条 本办法适用于中华人民共和国境内工业领域的用能及节能监督管理活动。

第四条 工业和信息化部负责全国工业节能监督管理工作，组织制定工业能源战略和规划、能源消费总量控制和节能目标、节能政策和标准，组织协调工业节能新技术、新产品、新设备、新材料的推广应用，指导和组织工业节能监察工作等。

县级以上地方人民政府工业和信息化主管部门负责本行政区域内工业节能监督管理工作。

第五条 工业企业是工业节能主体，应当严格执行节能法律、法规、规章和标准，加快节能技术进步，完善节能管理机制，提高能源利用效率，并接受工业和信息化主管部门的节能监督管理。

第六条 鼓励行业协会等社会组织在工业节能规划、节能标准的制定和实施、节能技术推广、能源消费统计、节能宣传培训和信息咨询、能效水平对标达标等方面发挥积极作用。

第二章 节 能 管 理

第七条 各级工业和信息化主管部门应当编制并组织实施工业节能规划或者行动方案。

第八条 各级工业和信息化主管部门应当加强产业结构调整，会同有关部门制定有利于工业节能减排的产业政策，综合运用阶梯电价、差别电价、惩罚性电价等价格政策，以及财税支持、绿色金融等手段，推动传统产业绿色化改造和节能产业发展。

各级工业和信息化主管部门应当推动高效节能产品和设备纳入政府采购名录，在政府性投资建设项目招标中优先采用。

第九条 工业和信息化部建立工业节能技术、产品的遴选、评价及推广机制，发布先进适用工业节能技术、高效节能设备（产品）推荐目录，以及达不到强制性能效标准的落后工艺技术装备淘汰目录。加快先进工业节能技术、工艺和设备的推广应用，加强工业领域能源需求侧管理，培育工业行业能效评估中心，推进工业企业节能技术进步。

鼓励关键节能技术攻关和重大节能装备研发，组织实施节能技术装备产业化示范，促进节能装备制造业发展。

第十条 工业和信息化部依法组织制定并适时修订单位产品能耗限额、工业用能设备（产品）能源利用效率等相关标准以及节能技术规范，并组织实施和监督。

鼓励地方和工业企业依法制定严于国家标准、行业标准的地方工业节能标准和企业节能标准。

引导行业协会等社会组织和产业技术联盟根据本行业特点制定团体节能标准。

第十一条 工业和信息化部组织编制工业能效指南，发布主要耗能行业产品（工序）等工业能效相关指标，建立行业能效水平指标体系并实行动态调整。

第十二条 各级工业和信息化主管部门根据工业能源消费状况和工业经济发展情况，研究提出本行政区域工业能源消费总量控制目标和节能目标，实行目标管理。

第十三条 各级工业和信息化主管部门应当依据职责对工业企业固定资产投资项目节能评估报告开展有关节能审查工作。对通过审查的项目，应当加强事中事后监管，对节能措施落实情况进行监督管理。

第十四条 各级工业和信息化主管部门应当定期分析工业能源消费和工业节能形势，建立工业节能形势研判和工业能耗预警机制。

第十五条 各级工业和信息化主管部门应当建立工业节能管理岗位人员和专业技术人员的教育培训机制，制定教育培训计划和大纲，组织开展专项教育和岗位培训。

各级工业和信息化主管部门应当开展工业节能宣传活动，积极宣传工业节能政策法规、节能技术和先进经验等。

第十六条 各级工业和信息化主管部门应当培育节能服务产业发展，支持节能服务机构开展工业节能咨询、设计、评估、计量、检测、审计、认证等服务，积极推广合同能源管理、节能设备租赁、政府和社会资本合作模式、节能自愿协议等节能机制。科学确立用能权、碳排放权初始分配，开展用能权、碳排放权交易相关工作。

第三章 节能监察

第十七条 工业和信息化部指导全国的工业节能监察工作，组织制定和实施全国工业节能监察年度工作计划。

县级以上地方人民政府工业和信息化主管部门应当结合本地区实际情况，组织实施本地区工业节能监察工作。

第十八条 各级工业和信息化主管部门应当加强节能监察队伍建设，建立健全节能监察体系。

节能监察机构所需经费依法列入同级财政预算，支持完善硬件设施、加强能力建设、开展业务培训。实施节能监察不得向监察对象收取费用。

第十九条 各级工业和信息化主管部门应当组织节能监察机构，对工业企业执行节能法律法规情况、强制性单位产品能耗限额及其他强制性节能标准贯彻执行情况、落后用能工艺技术设备（产品）淘汰情况、固定资产投资项目节能评估和审查意见落实情况、节能服务机构执行节能法律法规情况等开展节能监察。

各级工业和信息化主管部门应当明确年度工业节能监察重点任务，并根据需要组织节能监察机构开展联合监察、异地监察等。

工业和信息化部可以根据需要委托地方节能监察机构执行有关专项监察任务。

第二十条 工业节能监察应当主要采取现场监察方式，必要时可以采取书面监察等方式。现场监察应当由两名以上节能监察人员进行，可以采取勘察、采样、拍照、录像、查阅有关文件资料和账目，约见和询问有关人员，对用能产品、设备和生产工艺的能源利用状况进行监测和分析评价等措施。

第二十一条 节能监察机构应当建立工业节能监察情况公布制度，定期公开工业节能监察结果，主动接受社会监督。

第四章 工业企业节能

第二十二条 工业企业应当加强节能减排工作组织领导，建立健全能源管理制度，制定并实施企业节能计划，提高能源利用效率。

第二十三条 工业企业应当设立可测量、可考核的年度节能指标，完善节能目标考核奖惩制度，明确岗位目标责任，加强激励约束。

第二十四条 工业企业对各类能源消耗实行分级分类计量，合理配备和使用符合国家标准的能源计量器具，提高能源计量基础能力，确保原始数据真实、准确、完整。

第二十五条　工业企业应当明确能源统计人员，建立健全能源原始记录和统计台账，加强能源数据采集管理，并按照规定报送有关统计数据和资料。

第二十六条　工业企业应当严格执行国家用能设备（产品）能效标准及单位产品能耗限额标准等强制性标准，禁止购买、使用和生产国家明令淘汰的用能设备（产品），不得将国家明令淘汰的用能工艺、设备（产品）转让或者租借他人使用。

第二十七条　鼓励工业企业加强节能技术创新和技术改造，开展节能技术应用研究，开发节能关键技术，促进节能技术成果转化，采用高效的节能工艺、技术、设备（产品）。

鼓励工业企业创建"绿色工厂"，开发应用智能微电网、分布式光伏发电、余热余压利用和绿色照明等技术，发展和使用绿色清洁低碳能源。

第二十八条　工业企业应当定期对员工进行节能政策法规宣传教育和岗位技术培训。

第五章　重点用能工业企业节能

第二十九条　加强对重点用能工业企业的节能管理。重点用能工业企业包括：

（一）年综合能源消费总量一万吨标准煤（分别折合 8000 万千瓦时用电、6800 吨柴油或者 760 万立方米天然气）以上的工业企业；

（二）省、自治区、直辖市工业和信息化主管部门确定的年综合能源消费总量五千吨标准煤（分别折合 4000 万千瓦时用电、3400 吨柴油或者 380 万立方米天然气）以上不满一万吨标准煤的工业企业。

第三十条　工业和信息化部加强对全国重点用能工业企业节能管理的指导、监督。

省、自治区、直辖市工业和信息化主管部门对本行政区域内重点用能工业企业节能实施监督管理。

设区的市和县级人民政府工业和信息化主管部门在上级工业和信息化主管部门的指导下，对重点用能工业企业实施属地管理，并可以根据实际情况，确定重点用能工业企业以外的工业企业开展节能监督管理。

第三十一条　重点用能工业企业应当根据能源消费总量和生产场所集中程度、生产工艺复杂程度，设立能源统计、计量、技术和综合管理岗位，任用具有节能专业知识、实际工作经验及中级以上技术职称的企业高级管理人员担任能源管理负责人，形成有岗、有责、全员参与的能源管理组织体系。

重点用能工业企业能源管理岗位设立和能源管理负责人任用情况应当报送有关的工业和信息化主管部门备案。

第三十二条　鼓励重点用能工业企业开展能源审计，并根据审计结果制定企业节能规划和节能技术改造方案，跟踪、落实节能改造项目的实施情况。

第三十三条　重点用能工业企业应当每年向有关的工业和信息化主管部门报送上年度的能源利用状况报告。能源利用状况报告包括能源购入、加工、转换与消费情况，单位产品能耗、主要耗能设备和工艺能耗、能源利用效率，能源管理、节能措施、节能效益分析、节能目标完成情况以及能源消费预测等内容。

第三十四条　重点用能工业企业不能完成年度节能目标的，由有关的工业和信息化主管部门予以通报。

第三十五条　重点用能工业企业应当积极履行社会责任，鼓励重点用能工业企业定期发布包含能源利用、节能管理、员工关怀等内容的企业社会责任报告。

第三十六条　重点用能工业企业应当开展能效水平对标达标活动，确立能效标杆，制定实施方案，完善节能管理，实施重大节能技术改造工程，争创能效"领跑者"。

第三十七条　鼓励重点用能工业企业建设能源管控中心系统，利用自动化、信息化技术，对企业能源系统的生产、输配和消耗实施动态监控和管理，改进和优化能源平衡，提高企业能源利用效率和管理水平。

第三十八条　重点用能工业企业应当建立能源管理体系，采用先进节能管理方法与技术，完善能源利用全过程管理，促进企业节能文化建设。

第六章　法　律　责　任

第三十九条　各级工业和信息化主管部门和相关部门依据职权，对有下列情形之一的工业企业，依照《中华人民共和国节约能源法》等法律法规予以责令限期改正、责令停用相关设备、警告、罚款等，并向社会公开：

（一）用能不符合强制性能耗限额和能效标准的；

（二）能源统计和能源计量不符合国家相关要求的；

（三）能源数据弄虚作假的；

（四）生产、使用国家明令淘汰的高耗能落后用能产品、设备和工艺的；

（五）违反节能法律、法规的其他情形。

第四十条　各级工业和信息化主管部门及节能监察机构工作人员，在工业节能管理中有下列情形之一的，依法给予处分；构成犯罪的，依法追究刑事责任：

（一）泄露企业技术秘密、商业秘密的；

（二）利用职务上的便利谋取非法利益的；

（三）违法收取费用的；

（四）滥用职权、玩忽职守、徇私舞弊的。

第七章　附　　则

第四十一条　县级以上地方人民政府工业和信息化主管部门可以依据本办法和本地实际，制定具体实施办法。

第四十二条　本办法自 2016 年 6 月 30 日起施行。

节能监察办法

（2016 年 1 月 15 日国家发展和改革委员会第 33 号令发布）

第一章　总　　则

第一条　为规范节能监察行为，提升节能监察效能，提高全社会能源利用效率，依据《中华人民共和国节约能源法》等有关法律、法规，结合节能监察工作实际，制定本办法。

第二条　本办法所称节能监察，是指依法开展节能监察的机构（以下简称节能监察机构）对能源生产、经营、使用单位和其他相关单位（以下简称被监察单位）执行节能法律、法规、规章和强制性节能标准的情况等进行监督检查，对违法违规用能行为予以处理，并提出依法用能、合理用能建议的行为。

第三条　国家发展和改革委员会负责全国节能监察工作的统筹协调和指导。

县级以上地方人民政府管理节能工作的部门负责本行政区域内节能监察工作的统筹协调和指导。

第四条　节能监察应当遵循合法、公开、公平、公正的原则。

第二章　节能监察机构职责

第五条　省、市、县三级节能监察机构的节能监察任务分工，由省级人民政府管理节能工作的部门结合本地实际确定。

上一级节能监察机构应当对下一级节能监察机构的业务进行指导。

第六条　节能监察机构应当开展下列工作：

（一）监督检查被监察单位执行节能法律、法规、规章和强制性节能标准的情况，督促被监察单位依法用能、合理用能，依法处理违法违规行为；

（二）受理对违法违规用能行为的举报和投诉，办理其他行政执法单位依法移送或者政府有关部门交办的违法违规用能案件；

（三）协助政府管理节能工作的部门和有关部门开展其他节能监督管理工作；

（四）节能法律、法规、规章和规范性文件规定的其他工作。

第七条　节能监察机构应当配备必要的取证仪器和装备，具有从事节能监察所需的现场检测取证和合理用能评估等能力。

第八条　节能监察人员应当取得行政执法证件，并具备开展节能监察工作需要的专业素质和业务能力。

节能监察机构应当定期对节能监察人员进行业务培训。

第九条 实施节能监察不得向被监察单位收取费用。

第十条 节能监察机构应当建立健全相关保密制度，保守被监察单位的技术和商业秘密。

第三章　节能监察实施

第十一条 节能监察机构依照授权或者委托，具体实施节能监察工作。节能监察应当包括下列内容：

（一）建立落实节能目标责任制、节能计划、节能管理和技术措施等情况；

（二）落实固定资产投资项目节能评估和审查制度的情况，包括节能评估和审查实施情况、节能审查意见落实情况等；

（三）执行用能设备和生产工艺淘汰制度的情况；

（四）执行强制性节能标准的情况；

（五）执行能源统计、能源利用状况分析和报告制度的情况；

（六）执行设立能源管理岗位、聘任能源管理负责人等有关制度的情况；

（七）执行用能产品能源效率标识制度的情况；

（八）公共机构采购和使用节能产品、设备以及开展能源审计的情况；

（九）从事节能咨询、设计、评估、检测、审计、认证等服务的机构贯彻节能要求、提供信息真实性等情况；

（十）节能法律、法规、规章规定的其他应当实施节能监察的事项。

第十二条 县级以上人民政府管理节能工作的部门应当会同有关部门结合本地实际，编制节能监察计划并组织节能监察机构实施。

节能监察计划的实施情况应当报本级人民政府管理节能工作的部门。

第十三条 节能监察分为书面监察和现场监察。

实施书面监察，应当将实施监察的依据、内容、时间和要求书面通知被监察单位。

实施现场监察，应当于实施监察的五日前将监察的依据、内容、时间和要求书面通知被监察单位。办理涉嫌违法违规案件、举报投诉和应当以抽查方式实施的节能监察除外。

第十四条 实施书面监察时，被监察单位应当按照书面通知要求如实报送材料。节能监察机构应当在二十个工作日内对被监察单位报送材料的完整性、真实性，以及是否符合节能法律、法规、规章和强制性节能标准等情况进行审查。

被监察单位所报材料信息不完整的，节能监察机构可以要求被监察单位在五个工作日内补充完善，补充完善所用时间不计入审查期限。

第十五条　有下列情形之一的，节能监察机构应当实施现场监察：

（一）节能监察计划规定应当进行现场监察的；

（二）书面监察发现涉嫌违法违规的；

（三）需要对被监察单位的能源利用状况进行现场监测的；

（四）需要现场确认被监察单位落实限期整改通知书要求的；

（五）被监察单位主要耗能设备、生产工艺或者能源利用状况发生重大变化影响节能的；

（六）对举报、投诉内容需要现场核实的；

（七）应当实施现场节能监察的其他情形。

第十六条　现场监察应当有两名以上节能监察人员在场，并出示有效的行政执法证件，告知被监察单位实施节能监察的依据、内容、要求和方法，并制作现场监察笔录，必要时还应当制作询问笔录。

监察笔录和询问笔录应当如实记录实施节能监察的时间、地点、内容、参加人员、现场监察和询问的实际情况，并由节能监察人员和被监察单位的法定代表人或者其委托人、被询问人确认并签名；拒绝签名的，应当由两名以上节能监察人员在监察笔录或者询问笔录中如实注明，不影响监察结果的认定。

第十七条　实施现场监察可以采取下列措施：

（一）进入有关场所进行勘察、采样、拍照、录音、录像、制作笔录等；

（二）查阅、复制或者摘录与节能监察事项有关的文件、账目等资料；

（三）约见、询问有关人员，要求说明有关事项、提供相关材料；

（四）对用能产品、设备和生产工艺的能源利用状况等进行监测和分析评价；

（五）责令被监察单位停止明显违法违规用能行为；

（六）节能法律、法规、规章规定可以采取的其他措施。

第十八条　被监察单位有违反节能法律、法规、规章和强制性节能标准行为的，节能监察机构应当下达限期整改通知书。

被监察单位有不合理用能行为，但尚未违反节能法律、法规、规章和强制性节能标准的，节能监察机构应当下达节能监察建议书，提出节能建议或者节能措施。

节能监察机构在作出限期整改通知书前，应当充分听取被监察单位的意见，对被监察单位提出的事实、理由和证据应当进行复核。被监察单位提出的事实、理由和证据成立的，节能监察机构应当采纳。

限期整改通知书或者节能监察建议书应当在对本单位的节能监察活动结束后十五日内送达被监察单位。

被监察单位对限期整改通知书有异议的，可依法申请行政复议或者提起行政诉讼。

第十九条 被监察单位应当按照限期整改通知书的要求进行整改。节能监察机构应当进行跟踪检查并督促落实。

被监察单位的整改期限一般不超过六个月。确需延长整改期限的，被监察单位应当在期限届满十五日前以书面形式向节能监察机构提出延期申请，节能监察机构应当在期限届满前作出是否准予延期的决定，延期最长不得超过三个月。节能监察机构未在期限届满前作出决定的，视为同意延期。

第二十条 节能监察机构在同一年度内对被监察单位的同一监察内容不得重复监察。但确认被监察单位整改落实情况、处理举报投诉和由上一级节能监察机构组织的抽查除外。

第二十一条 节能监察人员与被监察单位有利害关系或者其他关系，可能影响公正监察的，应当回避。

第二十二条 建立节能监察情况公布制度。节能监察机构应当向社会公布违反节能法律、法规和标准的企业名单、整改期限、措施要求等节能监察结果。

第四章　法　律　责　任

第二十三条 被监察单位应当配合节能监察人员依法实施节能监察。

被监察单位拒绝依法实施的节能监察的，由有处罚权的节能监察机构或委托开展节能监察的单位给予警告，责令限期改正；拒不改正的，处 1 万元以上 3 万元以下罚款。阻碍依法实施节能监察的，移交公安机关按照《治安管理处罚法》相关规定处理，构成犯罪的，依法追究刑事责任。

第二十四条 被监察单位在整改期限届满后，整改未达到要求的，由节能监察机构将相关情况向社会公布，并纳入社会信用体系记录。被监察单位仍有违反节能法律、法规、规章和强制性节能标准的用能行为的，由节能监察机构将有关线索转交有处罚权的机关进行处理。

第二十五条 节能监察机构实施节能监察有违法违规行为的，被监察单位有权向本级人民政府管理节能监察机构的机构或者上一级节能监察机构投诉。

节能监察人员滥用职权、玩忽职守、徇私舞弊，有下列情形之一的，由有管理权限的机构依法给予处分；构成犯罪的，依法追究刑事责任：

（一）泄露被监察单位的技术秘密和商业秘密的；

（二）利用职务之便非法谋取利益的；

（三）实施节能监察时向被监察单位收费或者变相收费的；

（四）有其他违法违规行为并造成较为严重后果的。

第五章 附 则

第二十六条 本办法由国家发展和改革委员会负责解释。

第二十七条 本办法自 2016 年 3 月 1 日起施行。

电力并网互联争议处理规定

（2006 年 11 月 2 日国家电力监管委员会令第 21 号公布）

第一条　为了规范电力并网互联争议处理行为，促进电网公平、无歧视开放，保证电力交易正常进行，保障电力系统安全稳定运行，维护电力企业合法权益和社会公共利益，根据《电力监管条例》，制定本规定。

第二条　本规定所称电力并网互联争议，包括电力并网争议和电力互联争议。电力并网争议是指发电企业与电网企业达不成并网调度协议，影响电力交易正常进行的争议；电力互联争议是指电网企业之间达不成互联调度协议，影响电力交易正常进行的争议。

第三条　国家电力监管委员会及其派出机构（以下简称电力监管机构）处理电力并网互联争议应当遵循合理、合法、公正、高效的原则。

电力并网互联争议可能危及电力系统安全稳定运行或者造成其他重大影响的，电力监管机构应当采取措施防止影响扩大。

第四条　电力监管机构工作人员处理电力并网互联争议，应当忠于职守，依法办事，公正廉洁，不得利用职务便利牟取不正当利益。

第五条　电力并网争议由电网企业所在地的国家电力监管委员会区域监管局城市监管办公室负责处理；未设立城市监管办公室的，由所在区域的国家电力监管委员会区域监管局负责处理。本区域内跨省、自治区、直辖市的电力并网争议由电网企业所在地的国家电力监管委员会区域监管局负责处理。跨区域的或者在全国范围内有重大影响的电力并网争议由国家电力监管委员会负责处理。

电力互联争议由国家电力监管委员会区域监管局负责处理。跨区域的或者在全国范围内有重大影响的电力互联争议由国家电力监管委员会负责处理。

第六条　发电企业与电网企业之间、电网企业与电网企业之间发生电力并网互联争议，双方当事人应当协商解决；协商不成的，任何一方可以申请电力监管机构处理。

第七条　发电企业或者电网企业申请电力监管机构处理电力并网互联争议，应当提交书面申请书，并按照被申请人人数提交申请书副本。

申请书应当载明下列事项：

（一）当事人名称、住所和法定代表人姓名、职务；

（二）争议具体事项；

（三）具体的处理请求、事实及理由；

（四）相关证据材料及其目录。

第八条 电力监管机构收到电力并网互联争议处理申请书后，应当对申请书的内容进行初步审查，按照下列规定办理：

（一）符合本规定第二条、第五条规定的，应当予以受理，并自决定受理之日起7日内书面通知当事人，并将申请书副本送达被申请人；

（二）不符合本规定第二条、第五条规定的，不予受理，书面通知申请人，并说明不予受理的理由。

第九条 电力监管机构发现发电企业与电网企业之间、电网企业与电网企业之间发生电力并网互联争议的，应当由有管辖权的电力监管机构进行核查，对符合本规定第二条、第五条规定的，应当受理，并自决定受理之日起7日内书面通知当事人。

第十条 被申请人应当自收到受理通知之日起10日内向电力监管机构提交答辩书和有关证据材料。

电力监管机构依照本规定第九条受理的，当事人应当自收到受理通知之日起10日内向电力监管机构提交书面陈述和有关证据材料。

第十一条 电力监管机构办理电力并网互联争议，可以组成争议处理小组。

争议处理小组具体负责联系双方当事人，促进双方当事人意见交流，组织必要的调查研究和论证会，提出协调意见和裁决意见以及处理有关事项。

第十二条 电力监管机构办理电力并网互联争议，应当查明事实，充分听取双方的意见，审查当事人提供的书面材料和有关证据。必要时，电力监管机构可以组织当事人相互质证和辩论，也可以依法进行调查、检查或者核查。

电力监管机构办理电力并网互联争议，应当研究确定双方当事人的主要分歧，促使双方当事人围绕主要分歧交换意见。

第十三条 电力监管机构办理电力并网互联争议应当进行协调，在查明事实的基础上，依据法律、法规和规章，提出电力并网互联争议协调意见。

第十四条 当事人接受电力并网互联争议协调意见的，电力监管机构应当制作电力并网互联争议协调意见书，争议处理终止。

当事人应当根据电力并网互联争议协调意见书签署并网调度协议或者互联调度协议。

协调应当自争议受理之日起60日内终结。

第十五条 当事人一方或者双方不接受电力并网互联争议协调意见的，协调终结。电力监管机构应当自协调终结之日起15日内作出裁决。

第十六条 电力监管机构作出裁决，应当制作电力并网互联争议裁决书。电力并网互联争议裁决书应当包括下列内容：

（一）当事人的名称、住所、法定代表人的姓名和职务；

（二）争议的事项、理由和请求；

（三）裁决认定的事实和适用的法律、行政法规和规章等；

（四）裁决结果；

（五）不服裁决结果的救济途径和法定期限；

（六）作出裁决的机构名称、印章和日期。

第十七条 电力并网互联争议裁决书应当自电力监管机构作出裁决后 10 日内送达当事人。

第十八条 电力并网互联争议情况复杂的，经当事人申请或者电力监管机构认为必要，可以根据争议的不同类型，邀请与当事人无利害关系的电力技术、经济、法律方面的专家，举行专家论证会。每次论证会邀请的专家不得少于 5 人。

专家论证会作出的结论或者争议解决方案，应当作为电力并网互联争议协调意见或者裁决决定的依据。

第十九条 当事人在电力监管机构作出裁决前，可以自行依法达成协议，并报电力监管机构备案。

当事人自行达成协议的，视为撤销申请，争议处理终止。

第二十条 电力并网互联争议裁决依法作出后，当事人应当在裁决规定的时限内履行。逾期不履行的，由电力监管机构责令履行，并向社会公布；拒不履行的，电力监管机构依法申请人民法院强制执行。

第二十一条 当事人对电力监管机构作出的裁决不服的，可以依法提起行政复议或者行政诉讼。

第二十二条 当事人不遵守有关规章、规则的，根据《电力监管条例》第三十一条的规定依法予以处理。

第二十三条 当事人拒绝或者阻碍电力监管机构及其从事监管工作的人员依法履行监管职责，或者提供虚假或者隐瞒重要事实的文件、资料的，根据《电力监管条例》第三十四条的规定依法予以处理。

第二十四条 电力监管机构工作人员处理电力并网互联争议滥用职权、徇私舞弊、玩忽职守的，依法给予行政处分；构成犯罪的，依法追究刑事责任。

第二十五条 本规定自 2007 年 1 月 1 日起施行。

电力监管机构现场检查规定

（2006年4月7日国家电力监管委员会令第20号公布）

第一条　为了加强电力监管，规范电力监管机构现场检查行为，维护电力投资者、经营者、使用者的合法权益和社会公共利益，根据《电力监管条例》和有关法律、行政法规的规定，制定本规定。

第二条　本规定适用于国家电力监管委员会及其派出机构（以下简称电力监管机构）进入电力企业或者电力调度交易机构的工作场所、用户的用电场所或者其他有关场所，对电力企业、电力调度交易机构、用户或者其他有关单位（以下简称被检查单位）遵守国家有关电力监管规定的情况进行检查。

电力监管机构进行电力事故调查、对涉嫌违法行为的立案调查、对有关事实或者行为的核查，法律、法规、规章另有规定的，从其规定。

国务院决定或者批准进行的专项检查，其范围、内容、时限和程序另有规定的，从其规定。

第三条　电力监管机构进行现场检查应当统筹安排、注重实效。

第四条　电力监管机构进行现场检查应当事先拟定现场检查方案，经电力监管机构负责人审核批准后，制作现场检查通知书。

现场检查方案应当包括检查依据、检查时间、检查对象、检查事项等内容。

现场检查通知书应当包括检查依据、检查时间安排、检查事项、检查人员名单、被检查单位配合和协助的事项等内容。

第五条　电力监管机构应当事先将现场检查通知书的内容告知被检查单位。必要时，可以持现场检查通知书直接进行现场检查。

电力监管机构进行现场检查时，应当出具现场检查通知书。

第六条　电力监管机构进行现场检查时，检查人员不得少于2人。

检查人员进行现场检查时，应当出示电力监管执法证；未出示电力监管执法证的，被检查单位有权拒绝检查。

第七条　电力监管机构可以根据需要聘请具有相关专业知识的人员协助检查。

第八条　被检查单位及其工作人员应当配合和协助电力监管机构进行现场检查。

第九条　检查人员可以根据需要，询问被检查单位的工作人员，要求其对有关事项作出说明。询问时，检查人员不得少于2人。

被询问人应当客观、如实地向检查人员作出说明，不得隐瞒、捏造事实。

检查人员应当做好询问笔录。询问结束时，被询问人应当当场校核询问笔录并签字。

第十条　检查人员根据需要可以查阅、复制与检查事项有关的文件、资料，对可能被转移、隐匿、损毁的文件、资料予以封存。

被检查单位应当按照检查人员的要求提供有关资料、文件。

检查人员查阅、复制有关文件、资料，应当办理相关手续并妥善保存。

第十一条　检查人员进行现场检查时，发现被检查单位有违反国家有关电力监管规定的行为的，应当责令其当场改正或者限期改正，并制作笔录，由检查人员和被检查单位负责人签字确认。

责令期限改正的，被检查单位应当在规定的期限内提交限期改正的情况报告。逾期未改正的，电力监管机构可以继续进行现场检查。

第十二条　现场检查结束后，检查人员应当向电力监管机构提交现场检查报告。现场检查报告应当包括现场检查的基本情况、基本结论以及有关问题的处理情况等内容。

第十三条　现场检查结束后，电力监管机构应当及时向被检查单位反馈检查结果；必要时，可以按照有关规定向社会公开检查结果。

第十四条　电力监管机构对现场检查中发现的违法行为，依法应当给予行政处罚的，按照有关规定给予行政处罚。

第十五条　检查人员应当严肃执法、廉洁奉公。

检查人员有下列情形之一的，根据情节轻重，给予批评教育或者行政处分；构成犯罪的，依法追究刑事责任：

（一）违反规定的程序进行现场检查的；

（二）干预被检查单位正常的生产经营活动的；

（三）利用检查工作为本人、亲友或者他人谋取利益的；

（四）泄露检查工作中知悉的国家秘密、商业秘密、个人隐私的；

（五）其他违反现场检查规定的行为。

第十六条　被检查单位及其工作人员有下列情形之一的，按照《电力监管条例》第三十四条和国家有关规定处理：

（一）拒绝或者阻碍检查人员依法履行监管职责的；

（二）提供虚假或者隐瞒重要事实的文件、资料的。

第十七条　本规定自 2006 年 5 月 15 日起施行。

电力监管机构投诉处理规定

（2006 年 1 月 24 日国家电力监管委员会令第 18 号公布）

第一条 为了保护公民、法人和其他组织的合法权益，维护电力市场秩序，规范投诉处理工作，根据有关法律、行政法规，制定本规定。

第二条 本规定适用于国家电力监管委员会及其派出机构（以下简称电力监管机构）处理公民、法人或者其他组织向电力监管机构提出的投诉请求。

第三条 电力监管机构处理投诉应当依法、公正、及时。

第四条 电力监管机构应当向社会公布投诉电话、电子信箱、投诉接待的时间和地点、查询投诉事项进展及结果的方式等相关事项。

第五条 公民、法人或者其他组织认为电力监管机构、电力企业、电力调度交易机构侵害其合法权益，可以采用书信、电子邮件、传真、电话、走访等方式向电力监管机构提出投诉请求。

多人采用走访形式投诉的，应当推选代表，代表人数不得超过 5 人。

第六条 投诉人提出投诉请求，应当向电力监管机构提交下列材料：

（一）投诉书，内容包括投诉人的姓名或者名称、住所和联系方式，被投诉人的名称、住所和联系方式，投诉事项，投诉请求等；

（二）与投诉事项相关的证明资料，包括书面资料、照片、录音、录像等。

第七条 电力监管机构应当对投诉事项进行登记、编号。

第八条 电力监管机构应当自收到投诉事项之日起 7 日内作出是否受理的决定；作出不予受理决定的，应当向投诉人说明理由。

第九条 投诉请求符合下列条件的，电力监管机构应当受理：

（一）有明确的投诉人和被投诉人的；

（二）有明确的投诉请求、事实和理由的；

（三）属于电力监管机构的职责范围的。

第十条 有下列情形之一的，电力监管机构不予受理：

（一）投诉人与投诉事项没有利害关系；

（二）投诉事项不属于电力监管机构的职责范围的；

（三）投诉事项已经或者依法应当通过诉讼、仲裁或者行政复议等法定途径解决的；

（四）依照法律、法规或者国家有关规定应当由电力企业或者其他组织先行处理的；

（五）投诉事项的内容不符合有关法律、法规规定的；

（六）电力监管机构已经作出处理，投诉人又以同一事实或者理由再次投诉的。

第十一条 电力监管机构受理的投诉，由被投诉人所在地的国家电力监管委员会派出机构负责办理。

国家电力监管委员会派出机构认为投诉情况重大、复杂的，可以报请国家电力监管委员会办理。

第十二条 电力监管机构处理投诉的工作人员应当恪尽职守、秉公办事，查明事实、分清责任，宣传法制、教育疏导，及时妥善处理，不得推诿、敷衍、拖延。

电力监管机构处理投诉的工作人员有下列情形之一的，应当回避：

（一）与投诉事项有利害关系的；

（二）与当事人有利害关系的；

（三）其他电力监管机构认为应当回避的情形。

第十三条 电力监管机构办理投诉事项，发现投诉事项不属于受理范围的，应当终止办理，并告知投诉人终止办理的理由。

第十四条 电力监管机构办理投诉事项期间，投诉人与被投诉人自行和解或者通过其他方式和解的，可以向电力监管机构申请撤回投诉。

电力监管机构作出是否准予撤回投诉，按照下列规定办理：

（一）已经查明有违法行为的，不予撤回投诉，并继续调查处理；

（二）撤回投诉不损害国家利益、社会公共利益或者其他当事人合法权益的，准予撤回投诉，终止办理。

第十五条 电力监管机构办理投诉事项期间，发现投诉人、被投诉人有违反有关电力监管法律、法规、规章和其他规范性文件的行为，需要立案调查的，应当按照有关规定立案调查处理。

电力监管机构办理投诉事项期间，发现投诉人、被投诉人有违法行为，但不属于电力监管机构查处范围的，应当移送有关部门进行处理。电力监管机构应当自作出移送决定之日起5日内告知投诉人。

第十六条 电力监管机构经调查核实，应当依照有关电力监管的法律、法规、规章和其他规范性文件，分别作出下列处理决定：

（一）投诉请求事实清楚，符合法律、法规、规章和其他规范性文件的，予以支持；

（二）投诉请求事由合理但缺乏法律依据的，应当对投诉人做好解释工作；

（三）投诉请求缺乏事实根据或者不符合法律、法规、规章和其他规范性文件的，不予支持。

电力监管机构依照前款第（一）项规定作出支持投诉请求决定的，本机构可以直接执行的，予以执行；本机构不能直接执行的，督促有关单位执行。

第十七条 投诉事项应当自受理之日起 60 日内办结。有下列情形之一的，经电力监管机构负责人批准后，可以延长办理期间，但延长期限不得超过 30 日，并告知投诉人延期理由：

（一）投诉事项复杂，涉及多方主体的；

（二）投诉事项调查取证困难的；

（三）投诉事项需要专业鉴定的；

（四）其他需要延长办理期间的。

第十八条 电力监管机构办结投诉事项，应当自作出投诉处理决定之日起 5 日内告知投诉人；对多人采用走访形式投诉的，电力监管机构应当将投诉处理结果告知其选出的代表。

第十九条 投诉事项社会影响较大的，电力监管机构可以将投诉事项及其处理情况向社会公布。

第二十条 电力监管机构处理投诉的工作人员滥用职权、徇私舞弊、以权谋私，视其情节轻重给予批评或者行政处分；构成犯罪的，依法追究刑事责任。

第二十一条 投诉人应当对自己所投诉的内容负责。诬告、诽谤被投诉人，或者以投诉为名制造事端，干扰电力监管工作正常进行的，按照有关规定处理。

第二十二条 本办法自 2006 年 4 月 1 日起施行。

电力监管机构举报处理规定

（2006 年 1 月 17 日国家电力监管委员会令第 17 号公布）

第一条　为了保障公民、法人和其他组织依法行使举报权利，规范举报处理工作，根据《电力监管条例》，制定本规定。

第二条　本规定适用于国家电力监管委员会及其派出机构（以下简称电力监管机构）处理公民、法人或者其他组织对违反有关电力监管法律、法规、规章和其他规范性文件的行为的举报。

第三条　电力监管机构处理举报应当依法、公正、及时。

第四条　电力监管机构应当向社会公布举报电话、电子信箱、举报接待的时间和地点、查询举报事项进展及结果的方式等相关事项。

第五条　公民、法人或者其他组织可以采用书信、电子邮件、传真、电话、走访等方式向电力监管机构举报。

多人采用走访形式举报的，应当推选代表，代表人数不得超过 5 人。

第六条　电力监管机构接到通过邮寄信件、发送电子邮件、传真、登录电力监管机构网站等方式进行的举报，应当保存原始材料。举报材料是电子形式的，应当打印。能够与举报人取得联系的，应当与举报人确认举报事项；不能与举报人取得联系，应当注明情况。

电力监管机构接听电话举报，应当填写电话举报记录。有条件的，可以录音。

电力监管机构接待来访举报，应当填写来访接待记录，经举报人核对后签字；举报人不愿签字的，接待人员应当注明情况。

电力监管机构接到国务院交办或者国务院有关部门、地方人民政府及其工作部门移送的举报，应当指定专人处理。

第七条　电力监管机构应当对举报信件、举报材料打印件、电话举报记录或者录音、举报来访接待记录、交办或者移送的举报材料进行登记、编号。

第八条　电力监管机构对被举报人基本情况清楚、有具体的违法事实、线索清晰并附带相关证据材料的举报，应当受理。

第九条　举报有下列情形之一的，电力监管机构不予受理：

（一）举报事项不属于电力监管机构职责范围的；

（二）没有明确的被举报人或者被举报人无法查找；

（三）没有具体的违法事实或者查案线索不清晰的。

第十条 电力监管机构受理的举报，由被举报人所在地的国家电力监管委员会派出机构负责办理。

国家电力监管委员会派出机构认为举报案件重大、情况复杂的，可以报请国家电力监管委员会办理。

第十一条 电力监管机构处理举报的工作人员应当恪尽职守、秉公办事，查明事实、分清责任，及时妥善处理，不得推诿、敷衍、拖延。

电力监管机构处理举报的工作人员有下列情形之一的，应当回避：

（一）与举报事项有利害关系的；

（二）与当事人有利害关系的；

（三）其他电力监管机构认为应当回避的情形。

第十二条 电力监管机构按照下列规定作出举报处理决定：

（一）经调查核实，被举报人违法事实清楚、证据确凿的，依法给予行政处罚、行政处分或者其他处理；涉嫌构成犯罪，依法需要追究刑事责任的，移送司法机关依法处理；

（二）经调查核实，被举报人的行为未违法的，终止办理，予以结案；

（三）举报事项证据不足，无法查明的，终止办理，予以结案。

第十三条 举报应当自受理之日起 60 日内办结。有下列情形之一的，经电力监管机构负责人批准后，可以延长办理期限，但延长期限不得超过 30 日，对具名举报的举报人，应当告知其延期理由：

（一）举报事项复杂，涉及多方主体的；

（二）举报事项调查取证困难的；

（三）举报事项需要专业鉴定的；

（四）其他需要延长办理期限的。

第十四条 举报办结后，电力监管机构有举报人的联系地址、联系电话的，应当及时告知举报人处理结果。

第十五条 举报事项性质恶劣、社会影响较大的，电力监管机构可以将被举报人的违法行为及其处理情况向社会公布。

第十六条 电力监管机构应当依法保护举报人的合法权益，不得泄露举报人的举报材料和相关信息。

第十七条 电力监管机构按照有关规定对举报有功的人员和单位给予奖励。

第十八条 电力监管机构工作人员泄露举报信息或者隐匿、销毁举报材料，滥用职权、徇私舞弊的，视其情节轻重给予批评教育或者行政处分；构成犯罪的，依法追究刑事责任。

第十九条 举报人应当对自己所举报的内容负责。诬告、诽谤被举报人，或者以举报为名制造事端，干扰电力监管工作正常进行的，按照有关规定处理。

第二十条 本规定自 2006 年 4 月 1 日起施行。

电力监管执法证管理办法

（2006 年 4 月 7 日国家电力监管委员会令第 19 号公布）

第一条 为了加强电力监管，规范电力监管执法证的管理，维护电力投资者、经营者、使用者的合法权益和社会公共利益，根据《电力监管条例》和有关法律、行政法规的规定，制定本办法。

第二条 电力监管执法证（以下简称执法证）是国家电力监管委员会及其派出机构（以下简称电力监管机构）从事监管业务的人员进行行政执法的有效证件。

电力监管机构从事监管业务的人员，应当按照本办法取得和使用执法证。

第三条 国家电力监管委员会（以下简称电监会）负责执法证的颁发和管理。

电力监管机构对本单位人员使用执法证的情况实施监督管理。

第四条 申请执法证，应当符合下列条件：

（一）是电力监管机构的工作人员，从事与电力监管相关工作一年以上；

（二）熟悉电力监管政策法规和专业知识，经过电力监管执法培训并考试合格；

（三）忠于职守，依法办事，公正廉洁。

第五条 电力监管执法培训和考试，由电监会人事部门组织实施。

第六条 申请执法证，应当按照隶属关系向电监会各部门、各派出机构提出。电监会各部门、各派出机构，应当对申请人员的资格条件进行初审，并向电监会人事部门提交符合条件人员的名册和相关证明材料。

电监会人事部门审查申请人员的资格条件，向符合条件的人员颁发执法证。

第七条 电力监管机构从事监管业务的人员，在进行现场检查、现场核查、现场处罚、案件调查、事故调查处理或者执行监管决定等现场执法工作时，必须向当事人出示执法证。

第八条 执法证限本人使用，不得转借他人，不得毁损、涂改。

第九条 持证人有下列情形之一的，由所在单位批评教育；情节严重的，暂扣其执法证：

（一）超越法定权限执法或者违反法定程序执法，尚未造成严重后果的；

（二）拒绝或者拖延履行法定职责，尚未造成严重后果的；

（三）现场执法时未按照要求出示执法证的；

（四）执法态度蛮横或者故意刁难当事人的；

（五）参加执法专门业务培训考核不合格的。

执法证暂扣期限为 30 日。暂扣期间，持证人不得从事行政执法工作。

第十条 持证人有下列情形之一的，经电监会审查，吊销其执法证：

（一）超越法定权限执法或者违反法定程序执法，造成严重后果的；

（二）拒绝或者拖延履行法定职责，造成严重后果的；

（三）故意毁损、涂改执法证或者转借他人使用执法证的；

（四）滥用执法证或者利用执法证谋取私利、违法乱纪的；

（五）徇私舞弊、玩忽职守的。

被吊销执法证的，不得从事行政执法工作。

第十一条 电力监管机构每年第一季度对本单位持证人员上年度的行政执法情况进行审验，对不符合本办法第四条第（二）项、第（三）项规定的，由所在单位收回其执法证。

执法证被收回的，本年度不得从事行政执法工作，重新接受电力监管执法培训及考试。

电监会派出机构持证人员的年度审验结果，应当报电监会人事部门备案。

第十二条 持证人对暂扣、吊销或者收回执法证的决定不服的，可自收到书面决定之日起 10 日内，向电监会人事部门提出申诉；电监会人事部门应当按照有关规定进行复核，发现确有错误的，应当及时纠正。

第十三条 执法证丢失的，应当立即向所在单位和电监会人事部门报告，在电监会网站和中国电力报上公告声明作废，由电监会人事部门按照有关规定补发。

第十四条 持证人因调动、退休、辞职、被辞退或者被开除等原因，不再从事电力监管工作的，所在单位收回执法证，由电监会人事部门注销。

第十五条 执法证由电监会统一印制，统一编号，加盖电监会印章。

第十六条 本办法自 2006 年 5 月 15 日起施行。

电力监管报告编制发布规定

（2007 年 4 月 10 日国家电力监管委员会令第 23 号公布）

第一条　为了完善电力监管制度，加强电力监管，规范电力监管报告编制和发布行为，根据《电力监管条例》和国家有关规定，制定本规定。

第二条　本规定所称电力监管报告，是指国家电力监管委员会及其派出机构（以下简称电力监管机构）履行电力监管职责向社会公开发布的文书。

电力监管报告适用于电力监管机构公布电力企业、电力调度交易机构和其他有关单位（以下统称监管相对人）执行有关电力监管法律、法规、规章和其他规范性文件的情况，违反有关电力监管法律、法规、规章和其他规范性文件的行为以及电力监管机构的处理结果。

第三条　编制电力监管报告应当依法进行，坚持实事求是、客观公正的原则。

第四条　编制和发布电力监管报告，应当依法保守国家秘密和企业商业秘密，并充分考虑可能产生的社会影响。

第五条　电力监管机构根据年度监管工作重点，制定电力监管报告年度计划。

电力监管报告年度计划由电力监管机构主席（局长、专员）办公会议决定。

电力监管报告年度计划应当明确电力监管报告的名称、起草单位、资料来源、完成时间等。

根据监管工作需要，经电力监管机构主席（局长、专员）批准，可以增加电力监管报告年度计划项目。

第六条　电力监管报告包括下列基本内容：

（一）标题，统一称为"××××××监管报告"；

（二）监管依据，即实施监管所依据的有关电力监管法律、法规、规章和其他规范性文件的具体规定；

（三）基本情况，包括监管相对人的基本情况和监管相对人执行有关电力监管法律、法规、规章和其他规范性文件具体规定的基本情况；

（四）监管评价，即电力监管机构对监管相对人执行有关电力监管法律、法规、规章和其他规范性文件具体规定情况的评价意见；

（五）存在的违法违规问题，监管机构的处理结果和整改要求；

（六）监管建议，即对不属于电力监管机构直接处理的事项，可以向监管相对人或者政府有关部门提出建议。

第七条 电力监管报告由具体实施监管的部门、单位起草。

起草单位起草电力监管报告，应当如实反映监管相对人执行有关电力监管法律、法规、规章和其他规范性文件具体规定的情况，不得隐瞒实施监管中发现的监管相对人违反有关电力监管法律、法规、规章和其他规范性文件具体规定的行为。

起草单位引用监管相对人有关具体事实的，应当与监管相对人核实；发现相关信息事实不清或者相互矛盾的，应当进行调查。

第八条 监管相对人应当按照国家有关规定和电力监管机构的要求，及时提供有关文件、资料，并对有关文件、资料的真实性、完整性负责；配合和协助电力监管机构进行现场检查、电力事故调查、违法行为立案调查以及有关事实或者行为核查。

第九条 电力监管报告内容涉及其他单位或者部门职责的，起草单位应当征求相关单位或者部门的意见。

第十条 电力监管报告由电力监管机构主席（局长、专员）办公会议决定。

国家电力监管委员会派出机构编制的电力监管报告，涉及跨区域或者在全国有重大影响的事项的，应当报国家电力监管委员会批准。

第十一条 电力监管报告以监管公告发布。

监管公告由电力监管机构主席（局长、专员）签署。

监管公告应当载明序号、编制单位、电力监管报告名称、发布日期。

第十二条 电力监管报告可以通过下列形式向社会公开发布：

（一）广播、电视；

（二）报纸、杂志等出版物；

（三）政府门户网站；

（四）新闻发布会；

（五）其他形式。

第十三条 电力监管机构向社会公开发布电力监管报告形成的有关材料，应当按照有关规定整理归档。

第十四条 电力监管机构工作人员在编制发布电力监管报告工作中有下列情形之一的，依法追究其责任：

（一）有意隐瞒或者夸大事实的；

（二）玩忽职守造成信息、数据严重失实的；

（三）违反规定擅自对外公布报告内容的；

（四）违反国家有关保密规定的。

第十五条 监管相对人有下列情形之一的，依法追究其责任：

（一）拒绝或者阻碍电力监管机构依法履行监管职责的；

（二）提供虚假或者隐瞒重要事实的文件、资料的。

第十六条　国家电力监管委员会派出机构发布监管报告，报国家电力监管委员会备案。

第十七条　本规定自 2007 年 5 月 10 日起施行。

国家电力监管委员会行政复议办法

（2010 年 6 月 9 日国家电力监管委员会令第 29 号公布）

第一条 为了防止和纠正违法或者不当的具体行政行为，保护公民、法人和其他组织的合法权益，保障电力监管依法进行，规范电力监管行政复议工作，根据《中华人民共和国行政复议法》（以下简称行政复议法）、《中华人民共和国行政复议法实施条例》（以下简称行政复议法实施条例）和《电力监管条例》，制定本办法。

第二条 公民、法人或者其他组织向国家电力监管委员会（以下简称电监会）提出行政复议申请，电监会办理行政复议案件，适用本办法。

公民、法人或者其他组织认为电监会及其派出机构（以下简称电力监管机构）的具体行政行为侵犯其合法权益，可以依照行政复议法、行政复议法实施条例和本办法向电监会申请行政复议。

第三条 电监会负责法制工作的部门（以下简称法制工作部门）是电监会行政复议机构，具体办理行政复议事项，履行行政复议法第三条、行政复议法实施条例第三条规定的职责。

第四条 有下列情形之一的，公民、法人或者其他组织可以依法向电监会申请行政复议：

（一）对电力监管机构作出的警告、罚款、没收违法所得、没收非法财物、吊销许可证等行政处罚决定不服的；

（二）对电力监管机构作出的封存文件资料等行政强制措施决定不服的；

（三）对电力监管机构作出的有关许可证等证书的变更、撤销的决定不服的；

（四）认为符合法定条件，申请电力监管机构颁发许可证等证书，或者申请电力监管机构审批、登记有关事项，电力监管机构没有依法办理的；

（五）对电力监管机构作出的发电企业在电力市场中所占份额比例的处理决定不服的；

（六）对电力监管机构作出的发电厂并网、电网互联以及发电厂与电网协调运行的处理决定不服的；

（七）对电力监管机构作出的电力市场向从事电力交易的主体公平、无歧视开放以及输电企业公平开放电网的处理决定不服的；

（八）认为电力监管机构在电力监管信息公开工作中的具体行政行为侵犯其合

法权益的；

（九）对电力监管机构作出的有关电力企业信息公开的决定不服的；

（十）对电力监管机构作出的水电站大坝安全等级决定不服的；

（十一）认为电力监管机构的其他具体行政行为侵犯其合法权益的。

第五条 电力监管机构对信访事项作出的处理意见，不属于行政复议范围；信访人不服电力监管机构作出的信访处理意见的，依照《信访条例》规定的复查、复核程序办理。

公民、法人或者其他组织在信访中提出不服电力监管机构作出的具体行政行为并且有行政复议请求的，电力监管机构信访工作人员应当告知信访人可以依法申请行政复议。

第六条 公民、法人或者其他组织向电监会提出行政复议申请，应当符合行政复议法第九条和行政复议法实施条例第十五条、第十六条有关申请期限的规定。

第七条 依照行政复议法、行政复议法实施条例和本办法申请行政复议的公民、法人或者其他组织是行政复议的申请人。作出具体行政行为的电力监管机构是被申请人。

第八条 申请人申请行政复议，可以书面申请，也可以口头申请。申请人书面申请的，应当依照行政复议法实施条例第十九条规定提交行政复议申请书。申请人口头申请的，法制工作部门应当依照行政复议法实施条例第二十条规定，当场制作行政复议申请笔录并由申请人签字确认。

第九条 法制工作部门收到行政复议申请后，应当在 5 日内进行审查，依照法定的权限、程序和期限予以处理。

法制工作机构收到行政复议申请的日期，依照下列规定确定：

（一）申请人当面递交行政复议申请书或者口头申请行政复议的，以当面递交或者口头申请的日期为收到行政复议申请的日期；

（二）申请人采取邮寄、传真或者电子邮件等方式提出行政复议申请的，以法制工作部门签收或者接收的日期为收到行政复议申请的日期；

（三）县级地方人民政府依照行政复议法第十八条规定转送行政复议申请的，以法制工作部门签收或者接收的日期为收到行政复议申请的日期。

第十条 行政复议申请符合行政复议法实施条例第二十八条规定的，法制工作部门应当受理并告知申请人。

第十一条 有下列情形之一，法制工作部门不予受理并书面告知申请人：

（一）申请人与具体行政行为没有利害关系的；

（二）没有正当理由，行政复议申请未在法定申请期限内提出的；

（三）申请人不服电力监管机构作出的电力争议调解决定的；

（四）申请人在向电监会申请行政复议前，已经向有关行政机关申请行政复议或者已经向人民法院提起行政诉讼，有关行政机关或者人民法院已经依法受理的；

（五）法律、行政法规规定的其他不予受理的情形。

第十二条 行政复议申请材料不齐全或者表述不清楚的，法制工作部门应当按照行政复议法实施条例第二十九条规定通知申请人补正。

有下列情形之一，法制工作部门可以认定为行政复议申请材料不齐全或者表述不清楚：

（一）未依照行政复议法实施条例第十九条第（一）项规定提供申请人基本情况的；

（二）没有申请人身份证明文件的；

（三）没有明确的被申请人的；

（四）行政复议请求不具体、不明确的；

（五）委托代理人参加行政复议的法律文书不齐全或者委托权限不明确的；

（六）未依照行政复议法实施条例第二十一条的规定提供证明材料或者证明材料明显不充分的；

（七）国家有关规定规定的其他情形。

第十三条 法制工作部门应当自受理行政复议申请之日起 7 日内，制作行政复议答复通知书，并将行政复议答复通知书、行政复议申请书副本或者行政复议申请笔录复印件以及申请人提交的有关证据、材料的副本发送被申请人；其中，电监会作为被申请人的，法制工作部门应当将行政复议答复通知书、行政复议申请书副本或者行政复议申请笔录复印件以及申请人提交的有关证据、材料的副本送交电监会原承办具体行政行为的部门或者机构。

被申请人应当自收到行政复议答复通知书、行政复议申请书副本或者行政复议申请笔录复印件以及申请人提交的有关证据、材料的副本之日起 10 日内，向法制工作部门提交行政复议答复意见书；其中，电监会作为被申请人的，由电监会原承办具体行政行为的部门或者机构负责提交行政复议答复意见书。

第十四条 行政复议答复意见书应当载明下列事项：

（一）被申请人当初作出具体行政行为的主要事实、证据、依据和其他有关材料；

（二）对申请人行政复议申请中陈述的事实和理由进行答辩；

（三）对申请人的请求提出意见、建议；

（四）答复单位盖章或者负责人签名；

（五）答复的日期。

第十五条 法制工作部门收到行政复议答复意见书后，应当依照行政复议法、行政复议法实施条例的有关规定，对被申请人当初作出具体行政行为的主要事实、证据、依据、程序等进行全面审理，提出审理意见。

第十六条 对于重大、复杂的行政复议案件或者社会影响较大的行政复议案件，法制工作部门应当提请电监会负责人集体讨论。

电监会负责人集体讨论行政复议案件时，法制工作部门应当介绍案件基本情况，提交审理意见。

第十七条 审理意见经电监会负责人同意或者集体讨论通过后，法制工作部门应当根据审理意见制作行政复议决定书。

第十八条 行政复议决定应当自行政复议申请受理之日起 60 日内作出。

根据行政复议法第三十一条规定，有下列情形之一的，经电监会负责人批准，可以适当延长行政复议期限；但是延长期限最多不超过 30 日：

（一）根据行政复议法实施条例第三十三条规定采取听证方式审理的；

（二）申请人、第三人提出新的事实、证据需要进行调查核实的；

（三）申请人与被申请人依照行政复议法实施条例第四十条规定和解，或者法制工作部门依照行政复议法实施条例第五十条规定进行调解的；

（四）情况复杂，不能在规定期限内作出行政复议决定的其他情况。

延长行政复议期限，应当制作行政复议延期通知书，告知申请人和被申请人。

第十九条 涉及行政复议的其他事项，本办法未作规定的，适用行政复议法、行政复议法实施条例和国家有关行政复议的其他规定。

第二十条 本办法自 2010 年 9 月 1 日起施行。

规范性文件

电力规划管理办法

（国能电力〔2016〕139号）

第一章 总 则

第一条 为加强电力规划管理，促进电力工业健康发展，依据《中华人民共和国电力法》等相关法律法规和《中共中央 国务院关于进一步深化电力体制改革的若干意见》要求，制定本办法。

第二条 电力规划是指导电力工业发展的纲领性文件，是能源规划的重要组成部分，应纳入国民经济和社会发展规划。本办法所称电力规划指五年期规划，与国民经济和社会发展规划同步，定期编制并公开发布。研究和编制电力规划应展望十年至十五年电力发展趋势。

第三条 电力规划主要包括全国电力规划（含区域电力规划，下同）和省级电力规划。全国电力规划由国家能源局负责编制，经国家发展和改革委员会审定后，由国家能源局公开发布（保密内容除外）。省级电力规划由省级能源主管部门负责编制，报国家能源局衔接并达成一致后，由省级人民政府批准并公开发布（保密内容除外）。全国电力规划指导省级电力规划，省级电力规划服从全国电力和能源规划及省级能源发展规划，全国电力规划和省级电力规划应做到上下衔接，协调统一。

第四条 电力规划工作可分为研究与准备、编制与衔接、审定与发布、实施与调整、评估与监督等环节。

第五条 电力规划应遵循国家法律、法规，贯彻落实国家能源发展战略和相关产业政策，满足电力行业相关规程、规范和标准的要求，同步开展环境影响评价，注重提升覆盖面、权威性和科学性，增强透明度和公众参与度。

第六条 电力规划应在能源发展总体规划框架下，统筹衔接水电、煤电、气电、核电、新能源发电以及输配电网等规划；支持非化石能源优先利用和分布式能源发展，努力实现电力系统安全可靠、经济合理、清洁环保、灵活高效；鼓励创新，促进电力产业升级，积极推动能源生产、消费、供给与科技革命，促进能源与经济社会创新、协调、绿色、开放、共享发展。

第二章 组织与职责

第七条 国家能源局是全国电力规划的责任部门，省级能源主管部门是省级电力规划的责任部门，按照"政府主导、机构研究、咨询论证、多方参与、科学决策"的原则，分别组织编制全国和省级电力规划。规划编制主要参与者包括：政府部门、研究机构、电力企业、电力行业相关单位和电力规划、环境保护专家等。

第八条 电力规划研究机构是电力规划研究工作的主要承担单位，受国家能源局、省级能源主管部门委托，开展电力规划专题研究和综合研究。

第九条 电力企业是电力规划的主要实施主体和安全责任主体，应负责提供规划基础数据，积极承担电力规划的研究课题，提出规划建议，支持和配合规划工作，并按审定的全国、省级电力规划编制企业规划。

第十条 电力企业联合会等行业协会、学会、科研机构和高校等相关单位，应积极参与配合电力规划工作，向能源主管部门提出研究建议。

第十一条 建立完善电力规划专家库，聘请专家参与规划研究和论证，提供技术咨询。

第三章 研究与准备

第十二条 电力规划编制应从全面、深入、专业的研究入手，并以电力规划研究成果为基础。电力规划研究包括电力规划建议、电力规划专题研究和电力规划综合研究三类。

（一）电力规划建议是电力企业立足自身主营业务研究提出的规划建议，以及电力行业协会、学会、科研机构和高校等自主或受托提出的规划建议，是电力规划的关键支撑和基础。

（二）电力规划专题研究是针对影响电力规划的重大问题开展的研究，主要涉及电力需求、结构与布局、系统安全、经济评价、环境评价、科技进步、体制改革等。

（三）电力规划综合研究是在规划建议、规划专题研究的基础上，通过综合比选与平衡衔接，提出全面系统的电力规划研究成果。综合研究是编制电力规划的核心技术支撑。

第十三条 国家能源局和省级能源主管部门应按照能源规划工作总体安排，提前两年开展电力规划编制，及时启动专题和综合研究工作。

第十四条 电力规划专题研究和电力规划综合研究，由能源主管部门通过招标或协商等方式，委托电力规划研究机构或有资质的研究机构承担，也可由有关单位及专家根据工作需要，自行选题组织专题研究。研究过程中，能源主管部门应通过专题调研和座谈会议等方式，重点对电力需求、规模与布局、系统安全、电力流向等内容听取地方政府、电力企业和电力用户的意见和建议。

第十五条 重要的规划专题研究完成后，应由能源主管部门组织咨询机构和专家评审，并提出评审意见。规划环境影响评价研究和水资源供应研究应征询环境和水资源主管部门意见。

第十六条 电力规划综合研究报告完成后，由国家能源局或省级能源主管部门组织咨询机构和专家评审，并提出评审意见，作为编制全国和省级电力规划的依据。

第十七条 及时修订完善电力规划研究相关技术标准和报告内容深度规定，不断提高研究水平和报告质量。

第四章 编 制 与 衔 接

第十八条 电力规划编制要以电力规划综合研究成果为依据，充分吸收电力规划建议，全面落实国家和地方经济社会发展目标要求，深入分析电力工业现状、面临的形势以及政策、资源和生态环境等约束性因素，提出电力发展的指导思想、基本原则、发展目标、重点任务及保障措施。

第十九条 全国电力规划应重点提出五年规划期内大型水电（含抽水蓄能）、核电规模及项目建设安排（含投产与开工），风电、光伏（光热）等新能源发电建设规模，煤电基地开发规模，跨省跨区电网项目建设安排（含投产与开工），省内500千伏及以上电网项目建设安排（含投产与开工），以及省内自用煤电、气电规模。

第二十条 省级电力规划应重点明确所属地区的大中型水电（含抽水蓄能）、煤电、气电、核电等项目建设安排（含投产与开工），进一步明确新能源发电的建设规模和布局，提出110千伏（66千伏）及以上电网项目建设安排（含投产和开工）和35千伏及以下电网建设规模。

第二十一条 电力规划应在建设规模、投产时序、系统接入和消纳市场等方面统筹衔接水电、煤电、气电、核电、新能源发电等各类电源专项规划，形成协调统一的电力规划。

第二十二条 电力规划编制中，应通过联席会议、调研走访、专题讨论等机制和方式，加强电力规划与土地利用、城乡建设、环境保护、水资源利用等相关规划的协调，加强电力规划与交通运输、设备制造、供气供热、城市管网等上下游行业规划的协调，加强规划环境影响评价成果与规划草案完善的互动反馈。

第二十三条 电力规划应与能源发展总体规划衔接一致，按照省级电力规划服从全国电力规划和省级能源发展规划的原则，通过"两上两下"，对全国电力规划和省级电力规划进行衔接，对送电省电力规划和受电省电力规划进行衔接，保证上下级规划和相关酱级规划之间有效衔接、协调统一。

"一上"，规划编制工作启动后，各省级能源主管部门研究提出省级电力规划初稿，提交国家能源局。

"一下"，国家能源局组织对省级规划初稿进行汇总平衡后，初步明确全国规划主要目标、总体框架和各省级规划的边界条件，并书面反馈各省级能源主管部门。

"二上"，各省级能源主管部门根据反馈意见编制省级电力规划（含规划环境影响评价），报送国家能源局。

"二下"，国家能源局对各省级电力规划综合衔接平衡，并书面反馈意见，省级能源主管部门按照反馈意见修改完善省级电力规划。

第二十四条 建立健全电力规划指标体系，加强电力规划指标的量化管理，提高规划的指导性和可操作性。

第二十五条 电力规划草案形成后，应广泛征求政府部门、电力企业、其他相关单位和专家意见。电力规划上报审定前，宜委托有资质的中介机构进行咨询并提出咨询意见。研究探索电力规划听证制度。

第五章 审定与发布

第二十六条 全国电力规划一般于五年规划第一年的五月底前由国家能源局报经国家发展改革委审定，由国家能源局公开发布。

第二十七条 省级电力规划一般于五年规划第一年的六月底前由省级能源主管部门编制完成报国家能源局衔接并达成一致后，按程序公开发布。

第六章 实施与调整

第二十八条 电力规划审定发布后，各级能源主管部门及电力企业应全面落实规划明确的各项任务。

第二十九条 已经纳入电力规划或符合规划布局的项目，业主单位可依据审定的规划向国土、城建、环保、水利等部门申请支持性文件；需要核准的，由相应主管部门按程序核准。核电项目相关规定另行制定。

第三十条 未纳入电力规划的重大项目、不符合规划布局的电力项目不予核准。特殊情况下，应先调整规划后再行核准。省级能源主管部门年度核准的新能源发电规模不应超过年度开发方案确定的当年开工规模。需要超过时，应及时调整规划并报告主管部门审定。未经核准的电力项目，不得进入电力市场交易，不得纳入电网准许成本并核定输配电价，不得享受电价补贴、税收减免等扶持政策。

第三十一条 电力企业应按照审定发布的电力规划，制定企业发展规划，积极开展规划项目前期工作，有序推进项目建设，保障规划顺利落实。

第三十二条 各级政府及能源主管部门应重视和支持电力规划的实施，注重电力规划与土地利用规划和城乡建设规划实施的协调，保障电力建设项目厂址、站址和输电走廊用地。

第三十三条 已经纳入电力规划但未按期实施的电源、电网建设项目，项目业主应及时向能源主管部门说明情况。无正当理由不按期实施、并造成严重后果的，能源主管部门应对业主通报批评；属于发电等竞争性领域的，能源主管部门可对无正当理由不按期实施的项目通过招标或协商等方式交由其他投资主体实施。

第三十四条 规划实施过程中，可根据实际情况对电力规划进行适当滚动和调整。电力规划发布两至三年后，国家能源局和省级能源主管部门可根据经济发展情况和规划实施情况对五年规划进行滚动。如遇重大变化，或应电力企业申请，也可由规划编制部门按程序组织对规划具体项目进行调整。

第三十五条 开展电力规划滚动的，应在电力规划执行第二年组织开展专题研究工作，第三年编制滚动规划，并对滚动规划进行评审、审定和发布。

第三十六条 开展电力规划调整的，应委托规划研究机构开展专题研究，经专门机构评估论证后，按程序将新增电力项目纳入规划，或将相关项目调出规划。

第三十七条 全国电力规划滚动调整由国家能源局组织，按程序公开发布（保密内容除外）；省级电力规划滚动调整由省级能源主管部门负责，经与全国规划衔接调整后，按程序公开发布（保密内容除外）。

第三十八条 继续深化行政审批制度改革，逐步推行政府规划指导、企业自主决策的电力项目建设新机制。积极探索电源项目前期工作市场化和业主招标制。

第七章 评 估 与 监 督

第三十九条 国家能源局及派出机构和省级能源主管部门应加强对电力规划实施情况的评估和监督。

第四十条 建立电力规划定期评估机制。规划实施两年后，国家能源局应委托中介机构开展全国电力规划中期评估咨询，省级能源主管部门应委托中介机构开展省级电力规划中期评估咨询，分别形成《电力规划实施中期评估报告》；五年规划结束后，形成《电力规划实施评估报告》。国家能源局派出机构应相应编制并发布《中期电力规划实施情况监管报告》和《五年期电力规划实施情况监管报告》，作为规划编制和滚动调整的重要参考。

第四十一条 电力规划实施情况评估工作应对电力规划成功的经验进行总结，对暴露的问题进行分析，并提出相关建议。

第四十二条 在规划实施过程中，能源主管部门可定期进行监督检查，发现问题及时纠正。探索建立规划审计制度。

第八章 保 障 措 施

第四十三条 各级能源主管部门应加强对电力规划编制、实施、评估的组织领导，将规划管理工作作为推动电力发展的重要手段，做到五年规划指导年度计划。

第四十四条 健全和完善国家和省级电力规划研究机构和技术支撑体系。国家电力规划研究中心等电力规划研究机构应充分发挥研究力量的支撑作用，与相关协会、学会、科研机构、高校和企业密切协作，构建强有力的规划研究支撑体系。重视电力规划人才储备和培养，加强电力规划模型、软件、平台等技术手段的研发，增强规划编制的技术支撑能力。各省应建立电力规划支撑体系。

第四十五条 建立健全电力规划标准体系，修订完善电力规划技术标准，推动电力规划工作标准化。

第四十六条 加快电力规划信息平台建设，推进电力规划信息共享，为规划研究和编制提供全面、准确、开放的数据支撑。地方政府相关部门、行业协会、电力企业应为信息平台建设提供必要的基础数据和信息。

第四十七条 规划研究、规划编制和信息平台建设及维护经费纳入国家和各级地方政府财政预算。合理确定规划编制经费水平，保障规划编制工作经费需要。

第九章 附 则

第四十八条 本办法由国家能源局负责解释。

第四十九条 全国和省级电力规划工作应当遵循本办法，地级市及以下能源主管部门参照执行。

第五十条 本办法自公布之日起实施。

有序放开配电网业务管理办法

（发改经体〔2016〕2120号）

第一章　总　　则

第一条　为落实《中共中央　国务院关于进一步深化电力体制改革的若干意见》（中发〔2015〕9号），鼓励社会资本有序投资、运营增量配电网，促进配电网建设发展，提高配电网运营效率，制定本办法。

第二条　本办法所称的配电网业务是指满足电力配送需要和规划要求的增量配电网投资、建设、运营及以混合所有制方式投资配电网增容扩建。配电网原则上指110千伏及以下电压等级电网和220（330）千伏及以下电压等级工业园区（经济开发区）等局域电网。除电网企业存量资产外，其他企业投资、建设和运营的存量配电网，适用本办法。

第三条　按照管住中间、放开两头的体制架构，结合输配电价改革和电力市场建设，有序放开配电网业务，鼓励社会资本投资、建设、运营增量配电网，通过竞争创新，为用户提供安全、方便、快捷的供电服务。拥有配电网运营权的售电公司，具备条件的要将配电业务和竞争性售电业务分开核算。

第四条　有序放开配电网业务要遵循以下基本原则：

（一）规划引领。增量配电网络应符合省级配电网规划，保证增量配电网业务符合国家电力发展战略、产业政策和市场主体对电能配送的要求。

（二）竞争开放。鼓励社会资本积极参与增量配电网业务，通过市场竞争确定投资主体。

（三）权责对等。社会资本投资增量配电网业务并负责运营管理，应遵守国家有关技术规范标准，在获取合理投资收益同时，履行安全可靠供电、保底供电和社会普遍服务等义务。

（四）创新机制。拥有配电网运营权的售电公司应创新运营机制和服务方式，以市场化、保底供电等多种方式向受托用户售电，并可为用户提供综合能源服务，利用现代信息技术，向用户提供智能用电、科学用电的服务，促进能源消费革命。

第二章　增量配电网项目管理

第五条　增量配电网项目管理包括规划编制、项目论证、项目核准及项目建设等。

地方政府能源管理部门负责增量配电网项目管理，制定增量配电网项目管理的相关规章制度，做好项目建设过程中的指导和协调，根据需要开展项目验收和后评价。

第六条　增量配电网项目须纳入地方政府能源管理部门编制的配电网规划。

第七条　符合条件的市场主体依据规划向地方政府能源管理部门申请作为增量配电网项目的业主。地方政府能源管理部门应当通过招标等市场化机制公开、公平、公正优选确定项目业主，明确项目建设内容、工期、供电范围并签订协议。

第八条　项目业主完成可行性论证并获得所有支持性文件，具备核准条件后向地方政府能源管理部门申请项目核准。地方政府能源管理部门按照核准权限核准项目，国家能源局派出机构向项目业主颁发电力业务许可证（供电类）或赋予相应业务资质，不得附加其他前置条件。

第九条　项目业主遵循"整体规划、分步实施"的原则，依据电力建设管理相关规章制度和技术标准，按照项目核准要求组织项目设计、工程招投标、工程施工等，开展项目投资建设。

第十条　电网企业按照电网接入管理的有关规定以及电网运行安全的要求，向项目业主无歧视开放电网，提供便捷、及时、高效的并网服务。

第三章　配电网运营

第十一条　向地方政府能源管理部门申请并获准开展配电网业务的项目业主，拥有配电区域内与电网企业相同的权利，并切实履行相同的责任和义务。符合售电公司准入条件的，履行售电公司准入程序后，可开展售电业务。

第十二条　除电网企业存量资产外，拥有配电网存量资产绝对控股权的公司，包括高新产业园区、经济技术开发区、地方电网、趸售县等，未经营配电网业务的，可向地方政府能源管理部门申请并获准开展配电网业务。符合售电公司准入条件的，履行售电公司准入程序后，可开展售电业务。

第十三条　拥有配电网运营权的项目业主须依法取得电力业务许可证（供电类）。

第十四条　符合准入条件的项目业主，可以只拥有投资收益权，配电网运营权可委托电网企业或符合条件的售电公司，自主签订委托协议。

第十五条　电网企业控股增量配电网拥有其运营权，在配电区域内仅从事配电网业务。其竞争性售电业务，应逐步实现由独立的售电公司承担。鼓励电网企业与社会资本通过股权合作等方式成立产权多元化公司经营配电网。

第十六条　配电网运营者在其配电区域内从事供电服务，包括：

（一）负责配电网络的调度、运行、维护和故障消除。

（二）负责配电网建设与改造。

（三）向各类用户无歧视开放配电网络，负责用户用电设备的报装、接入和增容。

（四）向各类用户提供计量、抄表、收费、开具发票和催缴欠费等服务。

（五）承担其电力设施保护和防窃电义务。

（六）向各类用户提供电力普遍服务。公开配电网络的运行、检修和供电质量、服务质量等信息。受委托承担电力统计工作。

（七）向市场主体提供配电服务、增值服务。

（八）向非市场主体提供保底供电服务。在售电公司无法为其签约用户提供售电服务时，直接启动保底供电服务。

（九）承担代付其配电网内使用的可再生能源电量补贴的责任。

（十）法律、法规、规章规定的其他业务。

第十七条 配电区域内的售电公司或电力用户可以不受配电区域限制购电。配电区域内居民、农业、重要公用事业、公益性服务以外的用电价格，由发电企业或售电公司与电力用户协商确定的市场交易价格、配电网接入电压等级对应的省级电网共用网络输配电价（含线损和政策性交叉补贴）、配电网的配电价格、以及政府性基金及附加组成；居民、农业、重要公用事业、公益性服务等用电，继续执行所在省（区、市）的目录销售电价。配电区域内电力用户承担的国家规定的政府性基金及附加，由配电公司代收、省级电网企业代缴。

增量配电区域的配电价格由所在省（区、市）价格主管部门依据国家输配电价改革有关规定制定，并报国家发展改革委备案。配电价格核定前，暂按售电公司或电力用户接入电压等级对应的省级电网共用网络输配电价扣减该配电网接入电压等级对应的省级电网共用网络输配电价执行。

第十八条 配电网运营者向配电区域内用户提供的配电网服务包括：

（一）向市场主体提供配电网络的可用容量、实际容量等必要的市场信息。

（二）与市场主体签订经安全校核的三方购售电合同。

（三）履行合同约定，包括电能量、电力容量、辅助服务、持续时间、供电安全等级、可再生能源配额比例、保底供电服务内容等。

（四）承担配电区域内结算业务，按照政府核定的配电价格收取配电费，按照国家有关规定代收政府性基金和交叉补贴，按合同向各方支付相关费用。

第十九条 配电网运营者向居民、农业、重要公用事业和公益性服务等电力用户，具备市场交易资格选择不参与市场交易的电力用户，售电公司终止经营、无法提供售电服务的电力用户，以及政府规定暂不参与市场交易的其他电力用户实行保底供电服务。包括：

（一）按照国家标准或者电力行业标准提供安全、可靠的电力供应。

（二）履行普遍供电服务义务。

（三）按政府定价或有关价格规则向电力用户收取电费。

（四）按政府定价向发电企业优先购电。

第二十条 配电网运营者可有偿为各类用户提供增值服务。包括但不限于：

（一）用户用电规划、合理用能、节约用能、安全用电、替代方式等服务。

（二）用户智能用电、优化用电、需求响应等。

（三）用户合同能源管理服务。

（四）用户用电设备的运行维护。

（五）用户多种能源优化组合方案，提供发电、供热、供冷、供气、供水等智能化综合能源服务。

第二十一条 配电网运营者不得超出其配电区域从事配电业务。

发电企业及其资本不得参与投资建设电厂向用户直接供电的专用线路，也不得参与投资建设电厂与其参与投资的增量配电网络相连的专用线路。

第四章 配电网运营者的权利与义务

第二十二条 配电网运营者拥有以下权利：

（一）享有公平接入电网的权利。

（二）享有配电区域内投资建设、运行和维护配电网络的权利。

（三）享受公平通过市场安全校核、稳定购电的权利。

（四）公平获得电网应有的信息服务。

（五）为用户提供优质专业的配售电服务，获得配电和相关增值服务收入。

（六）参与辅助服务市场。

（七）获取政府规定的保底供电补贴。

第二十三条 配电网运营者须履行以下义务：

（一）满足国家相关技术规范和标准。

（二）遵守电力交易规则和电力交易机构有关规定，按要求向电力交易机构提供电力交易业务所需的各项信息。

（三）执行电网规划，服从并网管理。

（四）服从电力调度管理，遵守调度指令，提供电力调度业务所需的各项信息。

（五）保证配电网安全、可靠供电。

（六）无歧视开放电网，公平提供电源（用户）接入等普遍服务和保底供电服务。

（七）代国家收取政府性基金及政策性交叉补贴。

（八）接受监管机构监管。

第五章 附 则

第二十四条 本办法由国家发展改革委、国家能源局负责解释。

第二十五条 本办法所称的电网企业特指国家电网公司、中国南方电网有限责任公司和内蒙古电力（集团）有限责任公司和各地方电网企业。

第二十六条 本规则自发布之日起施行，有效期3年。

电力建设工程备案管理规定

（电监资质〔2012〕69号）

第一条 为进一步加强电力业务许可监管和电力建设施工安全监管，规范电力建设工程备案工作，根据《电力建设安全生产监督管理办法》、《电力业务许可证（发电类）监督管理办法》、《电力业务许可证（输电类、供电类）监督管理办法》等规章制度，制定本规定。

第二条 本规定适用于发电、电网企业依法取得审批或核准的电力建设工程的备案工作。电力建设工程包括发电建设工程、电网建设工程的新建、扩建、改建、拆除等活动。

第三条 电力工程建设（管理）单位是电力建设工程备案的责任主体，具体负责向电力监管机构备案并对备案内容的真实性负责。

第四条 电力建设工程实行属地备案原则，在电力工程建设地电力监管机构备案。跨省、跨区的电力建设工程按建设地点分别在所在地电力监管机构备案。

第五条 电力建设工程备案主要内容：

（一）项目基本情况，包括项目名称、地点、审批或者核准情况、开工报告批准情况、主要建设内容、施工工期及进度安排、招标时间及招标文件编号、项目是否符合环境保护、安全有关规定和要求等。

（二）电力工程建设（管理）单位基本情况，包括单位名称、地址，取得电力业务许可证情况，项目负责人和安全管理机构负责人姓名及联系方式。

（三）参建单位（含设计、施工、监理单位等）基本情况，包括参建单位名称、项目负责人姓名及联系方式、取得承装（修、试）电力设施许可证及其他资质证书情况，主要工作内容等。

（四）安全管理措施，包括安全生产组织体系、安全投入计划、施工组织方案、安全保障和应急处置措施等内容。

（五）当地电力监管机构要求备案的其他材料。

对于110kV及以下电网建设工程，以及5万千瓦（不含5万千瓦）以下范围的发电建设工程（不含小水电工程）等建设工期短、投资规模小的电力建设工程，可以仅备案（一）、（二）、（五）所列内容或项目建设计划。

第六条 电力建设工程备案程序如下：

（一）电力工程建设（管理）单位在电力建设工程开工报告批准之日起15个

工作日内向所在地电力监管机构提交备案材料。

（二）电力监管机构对收到电力工程建设（管理）单位提交的备案材料，在15 个工作日内，将满足备案要求的电力建设工程项目在 12398 信息公开网、各派出机构网站等进行公告。

第七条　电力工程建设（管理）单位、参建单位或者其项目负责人发生变化，施工合同、工程工期等发生重大变化的，电力工程建设（管理）单位应及时向电力监管机构办理备案变更手续。

第八条　电力建设工程未按规定时间备案的，应当责令改正；逾期未改正的，或提供虚假备案材料、隐瞒重要事实、拒绝提供备案材料的，依照《电力监管条例》第三十四条的有关规定进行处理。

第九条　电监会此前对电力建设工程备案规定与本规定不一致的，按本规定执行。

第十条　电力监管机构要加强对电力建设工程备案的管理，不得借备案谋取不正当利益。

第十一条　电监会派出机构可根据本辖区内电力建设工程实际，制定本辖区电力建设工程备案实施细则。

第十二条　本规定自 2013 年 1 月 1 日起施行。

可再生能源发电有关管理规定

（发改能源〔2006〕13 号）

第一章　总　　则

第一条　为了促进可再生能源发电产业的发展，依据《中华人民共和国可再生能源法》和《中华人民共和国电力法》，特制定本规定。

第二条　本规定所称的可再生能源发电包括：水力发电、风力发电、生物质发电（包括农林废弃物直接燃烧和气化发电、垃圾焚烧和垃圾填埋气发电、沼气发电）、太阳能发电、地热能发电以及海洋能发电等。

第三条　依照法律和国务院规定取得行政许可的可再生能源并网发电项目和电网尚未覆盖地区的可再生能源独立发电项目适用本规定。

第四条　可再生能源发电项目实行中央和地方分级管理。

国家发展和改革委员会负责全国可再生能源发电项目的规划、政策制定和需国家核准或审批项目的管理。省级人民政府能源主管部门负责本辖区内属地方权限范围内的可再生能源发电项目的管理工作。

可再生能源发电规划应纳入同级电力规划。

第二章　项目管理

第五条　可再生能源开发利用要坚持按规划建设的原则。可再生能源发电规划的制定要充分考虑资源特点、市场需求和生态环境保护等因素，要注重发挥资源优势和规模效益。项目建设要符合省级以上发展规划和建设布局的总体要求，做到合理有序开发。

第六条　主要河流上建设的水电项目和 25 万千瓦及以上水电项目，5 万千瓦及以上风力发电项目，由国家发展和改革委员会核准或审批。其他项目由省级人民政府投资主管部门核准或审批，并报国家发展和改革委员会备案。需要国家政策和资金支持的生物质发电、地热能发电、海洋能发电和太阳能发电项目向国家发展和改革委员会申报。

第七条　可再生能源发电项目的上网电价，由国务院价格主管部门根据不同类型可再生能源发电的特点和不同地区的情况，按照有利于促进可再生能源开发利用和经济合理的原则确定，并根据可再生能源开发利用技术的发展适时调整和公布。

实行招标的可再生能源发电项目的上网电价，按照中标确定的价格执行；电网企业收购和销售非水电可再生能源电量增加的费用在全国范围内由电力用户分摊，具体办法另行制定。

第八条 国家发展和改革委员会负责制定可再生能源发电统计管理办法。省级人民政府能源主管部门负责可再生能源发电的统计管理和汇总，并于每年 2 月 10 日前上报国家发展和改革委员会。

第九条 国家电力监管委员会负责可再生能源发电企业的运营监管工作，协调发电企业和电网企业的关系，对可再生能源发电、上网和结算进行监管。

第三章 电网企业责任

第十条 省级（含）以上电网企业应根据省级（含）以上人民政府制定的可再生能源发电中长期规划，制定可再生能源发电配套电网设施建设规划，并纳入国家和省级电网发展规划，报省级人民政府与国家发展和改革委员会批准后实施。

第十一条 电网企业应当根据规划要求，积极开展电网设计和研究论证工作，根据可再生能源发电项目建设进度和需要，进行电网建设与改造，确保可再生能源发电全额上网。

第十二条 可再生能源并网发电项目的接入系统，由电网企业建设和管理。

对直接接入输电网的水力发电、风力发电、生物质发电等大中型可再生能源发电项目，其接入系统由电网企业投资，产权分界点为电站（场）升压站外第一杆（架）。

对直接接入配电网的太阳能发电、沼气发电等小型可再生能源发电项目，其接入系统原则上由电网企业投资建设。发电企业（个人）经与电网企业协商，也可以投资建设。

第十三条 电网企业负责对其所收购的可再生能源电量进行计量、统计，省级电网企业应于每年 1 月 20 日前汇总报送省级人民政府能源主管部门，并抄报国家发展和改革委员会。

第四章 发电企业责任

第十四条 发电企业应当积极投资建设可再生能源发电项目，并承担国家规定的可再生能源发电配额义务。发电配额指标及管理办法另行规定。

大型发电企业应当优先投资可再生能源发电项目。

第十五条 可再生能源发电项目建设、运行和管理应符合国家和电力行业的有关法律法规、技术标准和规程规范，注重节约用地，满足环保、安全等要求。

第十六条 发电企业应按国家可再生能源发电项目管理的有关规定，认真做好设计、用地、水资源、环保等有关前期准备工作，依法取得行政许可，未经许可不得擅自开工建设。

获得行政许可的项目，应在规定的期限内开工和建成发电。未经原项目许可部门同意，不得对项目进行转让、拍卖或变更投资方。

第十七条 可再生能源发电项目建设，应当严格执行国家基本建设项目管理的有关规定，落实环境保护、生态建设、水土保持等措施，加强施工管理，确保工程质量。

第十八条 发电企业应该安装合格的发电计量系统，并在每年的 1 月 15 日前将上年度的装机容量、发电量及上网电量上报省级人民政府能源主管部门。

第五章 附   则

第十九条 电网企业和发电企业发生争议，可以根据事由向国家发展和改革委员会或国家电力监管委员会申请调解，不接受调解的，可以通过民事诉讼裁处。

第二十条 不执行本规定造成企业和国家损失的，由国家发展和改革委员会或省级人民政府委托的审计事务所进行审查核定损失，按照核定的损失额赔偿损失。有关罚款办法另行制定。

第二十一条 本规定自发布之日起执行。

第二十二条 本规定由国家发展和改革委员会负责解释。

光伏电站项目管理暂行办法

(国能新能〔2013〕329 号)

第一章 总 则

第一条 为规范光伏电站项目管理，保障光伏电站和电力系统安全可靠运行，促进光伏发电产业持续健康发展，根据《中华人民共和国可再生能源法》、《中华人民共和国电力法》、《中华人民共和国行政许可法》、《电力监管条例》和《国务院关于促进光伏产业健康发展的若干意见》，制定本办法。

第二条 本办法适用于作为公共电源建设及运行管理的光伏电站项目。

第三条 光伏电站项目管理包括规划指导和规模管理、项目备案管理、电网接入与运行、产业监测与市场监督等环节的行政管理、技术质量管理和安全监管。

第四条 国务院能源主管部门负责全国光伏电站项目建设和运行的监督管理工作。省级能源主管部门在国务院能源主管部门指导下，负责本地区光伏电站项目建设和运行的监督管理工作。委托国家太阳能发电技术归口管理单位承担光伏电站建设和运行技术管理工作。

第二章 规划指导和规模管理

第五条 国务院能源主管部门负责编制全国太阳能发电发展规划。根据国家能源发展规划、可再生能源发展规划，在论证各地区太阳能资源、光伏电站技术经济性、电力需求、电网条件的基础上，确定全国光伏电站建设规模、布局和各省（区、市）年度开发规模。

第六条 省级能源主管部门根据全国太阳能发电发展规划，以及国务院能源主管部门下达的本地区年度指导性规模指标和开发布局意见，按照"统筹规划、合理布局、就近接入、当地消纳"的原则，编制本地区光伏电站建设年度实施方案建议。

第七条 各省（区、市）光伏电站建设年度实施方案建议包括建设规模、项目布局、电网接入、电力消纳评价和建设计划等内容。各省（区、市）应在每年12 月末总结本地区光伏电站建成投产及运行情况的基础上，向国务院能源主管部门报送第二年度的光伏电站建设实施方案建议。

第八条 国务院能源主管部门根据全国太阳能发电发展规划，结合各地区报送的光伏电站建设和运行情况、年度实施方案建议，确认需要国家资金补贴的光伏电站的年度实施方案，下达各省（区、市）光伏电站建设年度实施方案。

第九条　各地区按照国务院能源主管部门下达的年度指导性规模指标，扣除上年度已办理手续但未投产结转项目的规模后，作为本地区本年度新增备案项目的规模上限。

第十条　各地区年度实施方案的完成情况，作为国务院能源主管部门确定下一年度该地区年度指导性规模的重要依据。对已发生明显弃光限电问题且未及时解决的地区，停止下达该地区年度新增指导性规模指标及年度实施方案。对建设实施情况差的地区，相应核减下年度该地区指导性规模指标。

第三章　项目备案管理

第十一条　光伏电站项目建设前应做好规划选址、资源测评、建设条件论证、市场需求分析等项目开工前的各项准备工作。

第十二条　光伏电站项目开展太阳能资源测评，应收集项目场址或具有场址代表性的连续一年以上实测太阳能辐射数据和有关太阳能资源评估成果。

第十三条　项目单位应重点落实光伏电站项目的电力送出条件和消纳市场，按照"就近接入、当地消纳"的原则开展项目电力消纳分析，避免出现不经济的光伏电站电力远距离输送和弃光限电。

第十四条　省级能源主管部门依据国务院投资项目管理规定对光伏电站项目实行备案管理。备案项目应符合国家太阳能发电发展规划和国务院能源主管部门下达的本地区年度指导性规模指标和年度实施方案，已落实接入电网条件。

第十五条　光伏电站完成项目备案后，应抓紧落实各项建设条件，在办理法律法规要求的其他相关建设手续后及时开工建设，并与电网企业做好配套电力送出工程的衔接。

第十六条　国务院有关部门对符合条件的备案项目纳入可再生能源资金补贴目录。未纳入补贴目录的光伏电站项目不得享受国家可再生能源发展基金补贴。

第十七条　为促进光伏发电技术进步和成本下降，提高国家补贴资金使用效益，国务院能源主管部门根据需要适时组织地方采取招标等竞争性方式选择项目投资企业，并确定项目的国家补贴额度。以招标等竞争性方式组织建设的光伏电站项目规模不计入本地区年度指导性规模指标。

第四章　电网接入与运行

第十八条　光伏电站配套电力送出工程应与光伏电站建设协调进行。光伏电站项目单位负责投资建设项目场址内集电线路和升压站工程，电网企业负责投资建设项目场址外配套电力送出工程。各省级能源主管部门负责做好协调工作。

第十九条　电网企业应根据全国太阳能发电发展规划、各地区光伏电站建设规划和年度实施方案，统筹开展光伏电站配套电网规划和建设，根据需要采用智能电网等先进技术，提高电网接纳光伏发电的能力。

第二十条　光伏电站项目接网意见由省级电网企业出具，分散接入低压电网且规模小于 6 兆瓦的光伏电站项目的接网意见由地市级或县级电网企业出具。

第二十一条　电网企业应按照积极服务、简捷高效的原则，建立和完善光伏电站项目接网审核和服务程序。项目单位提出接入系统设计报告评审申请后，电网企业原则上应在 60 个工作日内出具审核意见，或对于不具备接入条件的项目说明原因。电网企业应提高光伏电站配套电网工程相关工作的效率，做到配套电力送出工程与光伏电站项目同步建设，同时投运。

第二十二条　光伏电站项目应符合国家有关光伏电站接入电网的技术标准，涉网设备必须通过检测论证。经国家认可的检测认证机构检测合格的设备，电网企业不得要求进行重复检测。

第二十三条　电网企业应按国家有关技术标准和管理规定，在项目单位提交并网调试申请后 45 个工作日内，配合开展光伏电站涉网设备和电力送出工程的并网调试、竣工验收，与项目单位签订并网调度协议和购售电合同。双方签订的并网调度协议和购售电合同必须符合《可再生能源法》关于全额保障性收购的规定。

第二十四条　电网企业应采取系统性技术措施，完善光伏电站并网运行的调度技术体系，按照法律规定和有关管理规定保障光伏电站安全高效并网运行，全额保障性收购光伏电站的发电量。

第二十五条　光伏电站项目应按照有关规范要求，认真做好光伏电站并网安全工作，会同电网企业积极整改项目运行中出现的安全问题，保证光伏电站安全和电力系统可靠运行。

第五章　产业监测与市场监督

第二十六条　国务院能源主管部门按照建设项目工程质量有关要求，加强光伏电站建设质量监督管理及运行监管，将建设和运行的实际情况作为制定产业政策，调整各地区年度建设规模和布局的依据。根据产业发展状况和需求，及时完善行业规范和标准体系。

第二十七条　项目主体工程和配套电力送出工程完工后，项目单位应及时组织项目竣工验收，并将竣工验收报告报送省级能源主管部门，抄送国家太阳能发电技术归口管理单位。

第二十八条　国务院能源主管部门适时组织有资质的咨询机构，根据相关技术规定对通过竣工验收并投产运行 1 年以上的重点项目的建设和运行情况进行后评价，作为完善行业规范和标准的重要依据。项目单位应按照评价报告对项目设施和运行管理进行必要的改进。

第二十九条　各省级能源主管部门应规范本地区光伏电站开发市场秩序管理，严格控制开展前期工作项目规模，保持本地区光伏电站有序发展。

第三十条　国务院能源主管部门负责加强对光伏电站运行监管；项目单位应加强光伏电站运行维护管理，积极配合电网企业的并网运行调度管理；电网企业应加强优化调度，保障光伏电站安全高效运行和发电量全额保障性收购。

第三十一条　国务院能源主管部门依托国家太阳能发电技术归口管理部门建立可再生能源项目信息系统，对各地区光伏电站项目建设、运行情况进行监测。项目单位应按照有关要求，建立光伏电站运行管理信息系统，并向国家太阳能发电技术归口管理单位报送相关信息。

第三十二条　光伏电站建设、调试和运行过程中，如发生人员伤亡、重大设备损坏及事故，项目单位应按规定及时向所在地能源监管部门和安全生产监督管理部门报告；如发现关键设备批量质量问题，项目单位应在第一时间向项目所在地能源主管部门报告，地方能源主管部门视情况上报国务院能源主管部门。

第六章　违规责任

第三十三条　项目单位不得自行变更光伏电站项目备案文件的重要事项，包括项目投资主体、项目场址、建设规模等主要边界条件。

第三十四条　电网企业未按全额保障性收购的法律规定和有关管理规定完成收购光伏电站发电量，国家能源管理部门和监管机构责令电网企业限期纠正。按照《可再生能源法》第二十九条规定电网企业应承担赔偿责任。

第七章　附　　则

第三十五条　本办法由国家能源局负责解释。

第三十六条　本办法自发布之日起施行。

分布式光伏发电项目管理暂行办法

(国能新能〔2013〕433号)

第一章 总 则

第一条 为规范分布式光伏发电项目建设管理，推进分布式光伏发电应用，根据《中华人民共和国可再生能源法》、《中华人民共和国电力法》、《中华人民共和国行政许可法》以及《国务院关于促进光伏产业健康发展的若干意见》，制定本办法。

第二条 分布式光伏发电是指在用户所在场地或附近建设运行，以用户侧自发自用为主、多余电量上网且在配电网系统平衡调节为特征的光伏发电设施。

第三条 鼓励各类电力用户、投资企业、专业化合同能源服务公司、个人等作为项目单位，投资建设和经营分布式光伏发电项目。

第四条 国务院能源主管部门负责全国分布式发电规划指导和监督管理；地方能源主管部门在国务院能源主管部门指导下，负责本地区分布式光伏发电规划、建设的监督管理；国家能源局派出机构负责对本地区分布式光伏发电规划和政策执行、并网运行、市场公平及运行安全进行监管。

第五条 分布式光伏发电实行"自发自用、余电上网、就近消纳、电网调节"的运营模式，电网企业采用先进技术优化电网运行管理，为分布式光伏发电运行提供系统支撑，保障电力用户安全用电，鼓励项目投资经营主体与同一供电区内的电力用户在电网企业配合下以多种方式实现分布式光伏发电就近消纳。

第二章 规 模 管 理

第六条 国务院能源主管部门依据全国太阳能发电相关规划，各地区分布式发电需求和建设条件，对需要国家资金补贴的项目实行总量平衡和年度指导规模管理，不需要国家资金补贴的项目部纳入年度指导规模管理范围。

第七条 省级能源主管部门依据本地区分布式光伏发电发展情况，提出下一年度需要国家资金补贴的项目规划申请。国务院能源主管部门结合各地项目资源、实际应用以及可再生能源电价附加征收情况，统筹协调平衡后，下达各地区年度指导规模，在年度中期可视各地区实施情况进行微调。

第八条 国务院能源主管部门下达的分布式光伏发电年度指导规模，在该年度内未使用的规模指标自动失效，当年规模指标与实际需求差距较大的，地方能

314

源主管部门可适时提出调整申请。

第九条 鼓励各级地方政府通过市场竞争方式降低分布式光伏发电的补贴标准，优先支持申请低于国家补贴标准的分布式光伏发电项目建设。

第三章 项 目 备 案

第十条 省级以下能源主管部门依据国务院投资项目管理规定和国务院能源主管部门下达的本地区分布式光伏发电的年度指导规模指标，对分布式光伏发电项目实行备案管理，具体备案办法由省级人民政府制定。

第十一条 项目备案工作应根据分布式光伏发电项目特点尽可能简化程序，免除发电业务许可、规划选址、土地预审、水土保持、环境影响评价、节能评估及社会风险评估等支持性文件。

第十二条 对个人利用自有住宅及在住宅区域内建设的分布式光伏发电项目，由当地电网企业直接登记并集中向当地能源主管部门备案，不需要国家资金补贴的项目由省级能源主管部门自行管理。

第十三条 各级管理部门和项目单位不得自行变更项目备案文件的主要事项，包括投资主体、建设地点、项目规划、运营模式等，确需变更时，由备案部门按程序办理。

第十四条 在年度指导规模指标范围内的分布式光伏发电项目，自备案之日起两年内未建成投产的，在年度指导规模中取消，并同时取消享受国家资金补贴的资格。

第十五条 鼓励地市级或县级政府结合当地实际建设与电网接入申请、并网调试和验收、电费结算和补贴发放等相结合的分布式光伏发电项目备案、竣工验收等一站式服务体系，简化办理流程、提高管理效率。

第四章 建 设 条 件

第十六条 分布式光伏发电项目所依托的建筑物及设施应具有合法性，项目单位与项目所依托的建筑物、场地及设施所有人非同一主体时，项目单位应与所有人签订建筑物、场地及设施的使用或租用协议，视经营方式与电力用户签订合同能源服务协议。

第十七条 分布式光伏发电项目的设计和安装应符合有关管理规定、设备标准、建筑工程规范和安全规范等要求，承担项目设计、查咨询、安装和监理的单位，应具有国家规定的相应资质。

第十八条 分布式光伏发电项目采用的光伏电池组件、逆变器等设备应通过符合国家规定的认证认可机构的检测认证，符合相关接入电网的技术要求。

第五章　电网接入和运行

第十九条　电网企业收到项目单位并网接入申请后,应在 20 个工作日内出具并网接入意见,对于集中多点接入的分布式光伏发电项目可延长到 30 个工作日。

第二十条　以 35 千伏及以下电压等级接入电网的分布式光伏发电项目,由地级市或县级电网企业按照简化程序办理相关并网手续,并提供并网咨询、电能表安装、并网调试及验收等服务。

第二十一条　以 35 千伏以上电压等级接入电网且所发电力在并网点范围内使用的分布式光伏发电项目,电网企业应根据其接入方式、电量使用范围,本着简便和及时高效的原则做好并网管理,提供相关服务。

第二十二条　接入公共电网的分布式光伏发电项目,接入系统工程以及因接入引起的公共电网改造部分由电网企业投资建设,接入用户侧的分布式光伏发电项目,用户侧的配套工程由项目单位投资建设,因项目接入电网引起的公共电网改造部分由电网企业投资建设。

第二十三条　电网企业应采用先进运行控制技术,提高配电网智能化水平,为接纳分布式光伏发电创造条件,在分布式光伏发电安装规模较大、占电网负荷比重较高的供电区,电网企业应根据发展需要建设分布式光伏发电并网运行监测、公寓预测和优化运行相结合的综合技术体系,实现分布式光伏发电高效利用和系统安全运行。

第六章　计 量 与 结 算

第二十四条　分布式光伏项目本体工程建成后,向电网企业提出并网调试和验收申请,电网企业指导和配合项目单位开展并网运行调试和验收,电网企业应根据国家有关标准制定分布式光伏发电电网接入和并网运行验收办法。

第二十五条　电网企业负责对分布式光伏发电项目的全部发电量、上网电量分布计量、免费提供并安装电能计量表,不向项目单位收取系统备用容量费。电网企业在有关并网接入和运行等所有环节提供的服务均不向项目单位收取费用。

第二十六条　享受电量补贴政策的分布式光伏发电项目,由电网企业负责向项目单位按月转付国家补贴资金,按月结算余电上网电量电费。

第二十七条　在经济开发区等相对独立的供电区同一组织建设的分布式光伏发电项目,余电上网部分可向该供电区内其他电力用户直接售电。

第七章　产 业 信 息 监 测

第二十八条　组织地市级或县级能源主管部门按月汇总项目备案信息,省级能源主管部门按季分类汇总备案信息后报送国务院能源主管部门。

第二十九条 各省级能源主管部门负责本地区分布式光伏发电项目建设和运行信息统计，并分别于每年 7 月、次年 1 月向国务院能源主管部门报送上半年和上一年度的统计信息，同时抄送国家能源局及其派出监管机构，国家可再生能源信息中心。

第三十条 电网企业负责建设本级电网覆盖范围内分布式光伏发电的运行监测体系，配合本级能源主管部门内所在地的能源管理部门按季报送项目建设运行信息，包括项目建设、发电量、上网电量，电费和补贴发放与结算等信息。

第三十一条 国务院能源主管部门委托国家可再生能源信息中心开展分布式光伏发电行业信息管理，组织研究制定工程设计、安装、验收等环节的标准规范、统计全国分布式光伏发电项目建设运行信息，分析评价行业发展现状和趋势，及时提出相关政策建议，经国务院能源主管部门批准，适时发布相关产业信息。

第八章 违规责任

第三十二条 电网企业未能按照规定收购分布式光伏发电项目余电上网电量，造成项目单位损失的，应当按照《中华人民共和国可再生能源法》的规定承担经济赔偿责任。

第九章 附　则

第三十三条 本办法由国家能源局负责解释，自发布之日起施行。

附表：1．分布式光伏发电项目备案汇总表（略）
　　　2．1 兆以上分布式光伏发电项目信息表（略）

发电权交易监管暂行办法

（电监市场〔2008〕15号）

第一条 为贯彻落实国家节能减排有关政策，保护电力企业合法权益，促进和规范发电权交易，制定本办法。

第二条 开展发电权交易，应当遵循电网安全、节能减排、平等自愿、公开透明、效益共享的原则。

第三条 开展发电权交易，应与电力市场建设工作统筹考虑，纳入市场建设规划，做好发电权交易与其他电力交易品种之间的协调与衔接。

第四条 发电权交易是指以市场方式实现发电机组、发电厂之间电量替代的交易行为，也称替代发电交易。

发电权交易的电量包括各类合约电量，目前主要参照省级人民政府下达的发电量指标。

第五条 发电权交易原则上由高效环保机组替代低效、高污染火电机组发电，由水电、核电等清洁能源发电机组替代火电机组发电。

纳入国家小火电机组关停规划并按期或提前关停的机组在规定期限内可依据国家有关规定享受发电量指标并进行发电权交易。

第六条 发电权交易可以在省级人民政府当年发电量指标的基础上进行。在小水电比例较高的省份，原则上以多年平均发电量为基础进行。

第七条 发电权交易一般在省级电网范围内进行，并创造条件跨省、跨区进行。

第八条 发电权交易可以通过双边交易方式或集中交易方式进行交易。

双边交易是指发电企业交易双方自主协商确定交易电量和交易价格；集中交易是指电力交易机构通过统一的交易平台进行集中撮合交易。

第九条 发电权交易应在满足电网安全校核有关条件后实施。电网安全校核的相关参数条件应向市场主体公布并向电力监管机构备案。

第十条 交易周期内，发电企业被替代的电量不得超过其所拥有的发电量指标或合约电量的分解电量，替代电量不得超过满足安全约束的发电能力。

第十一条 交易双方按照电力交易机构确认后的成交结果签订发电权交易合同（或发电权交易确认单），明确交易周期、成交电量、成交价格、结算方式等。

第十二条 发电权交易引起网损变化时，应当按照核定的网损率或交易各方

318

协商的网损补偿方式进行有关网损补偿。

第十三条 国家电力监管委员会及其派出机构依法对发电权交易实施监管。

第十四条 发电权交易结果应报所在地电力监管机构和当地政府有关部门备案。

第十五条 电力交易机构应按月、季、年汇总分析发电企业由于开展发电权交易产生的能耗和污染物排放变化情况，结合交易电量和价格、电费结算、网损补偿等信息，及时报所在地电力监管机构，并定期向相关交易主体披露。

第十六条 各区域电监局对本地区发电权交易进行综合指导，各省（区、市）电力监管机构定期对辖区内发电权交易的开展情况进行检查，并向社会公布。

第十七条 本办法自颁布之日起施行。

电力用户与发电企业直接交易试点基本规则（试行）

（电监市场〔2009〕50 号）

第一章 总 则

第一条 为规范和推进电力用户与发电企业直接交易（以下简称直接交易）试点工作，依据《关于完善电力用户与发电企业直接交易试点工作有关问题的通知》（电监市场〔2009〕20 号）以及国家有关法律法规，制定本规则。

第二条 直接交易是指符合准入条件的电力用户与发电企业按照自愿参与、自主协商的原则直接进行的购售电交易，电网企业按规定提供输电服务。

第三条 直接交易应符合国家产业政策和宏观调控政策，坚持市场化原则，保证电力市场公平开放。

第二章 准 入 与 退 出

第四条 参加直接交易的电力用户、发电企业，应当是具有法人资格、财务独立核算、信用良好、能够独立承担民事责任的经济实体。内部核算的电力用户、发电企业经法人单位授权，可参与试点。

电力用户和发电企业的具体准入条件，按国家相关规定执行。

第五条 符合直接交易准入条件的电力用户和发电企业可向电力监管机构和政府有关部门提出申请，经按程序审核批准后取得直接交易主体资格。

第六条 直接交易双方，在合同期内原则上不得退出直接交易，如需退出直接交易，由有关部门审核批准。退出方给对方造成损失的，应予适当补偿，补偿方式可在合同中约定，或参照电监市场〔2009〕20 号文件的精神协商确定。

第七条 取得资格并参与直接交易的企业有下列行为之一的，取消其交易资格，并承担相应违约责任。

（一）违反国家电力或环保政策并受处罚的；

（二）私自将所购电量转售给其他电力用户的；

（三）拖欠直接交易及其他电费一个月以上的；

（四）不服从电网调度命令的。

第三章　交　易　方　式

第八条　坚持市场化原则，交易主体自愿参与、自主选择交易方式。

第九条　直接交易可以采取自由协商、交易洽谈会、信息平台等方式进行，通过自主协商达成交易意向，签订交易合同。

自由协商方式，由电力用户与发电企业自由寻找交易对象。

交易洽谈会方式，通过交易洽谈会形式，进行交易信息沟通，交易主体自由选择交易对象。

信息平台方式，由电力监管机构授权的第三方提供信息平台，电力用户和发电企业通过信息平台发布交易意向，寻找交易对象。

第四章　交　易　价　格

第十条　直接交易价格由电力用户与发电企业通过协商自主确定，非因法定事由，不受第三方干预。

鼓励电力用户与发电企业之间采用上下游产品价格联动定价形成机制。

第十一条　输配电损耗以输配电价方式支付，企业不再抵扣损耗电量。

第十二条　电网企业应公平、公正地向直接交易双方提供输配电服务，按照国家批准并公布的输配电价和结算电量收取输配电费，并代为收取政府性基金和附加。

第十三条　委托电力调度机构调度、运行的发电企业和电力用户的自有电力线路，按规定批准后按照委托运行维护方式执行。委托方应交纳委托运营维护费，不再另交输配电费。委托运营维护费用由委托方和受托方协商确定，报相应电力监管机构和政府有关部门备案。

第五章　容量剔除及电量分配

第十四条　取得直接交易资格的发电企业，合同期限内按照签订的合同电量剔除相应的发电容量，电力调度机构不再对这部分剔除容量分配计划电量。

第十五条　剔除容量原则上依据直接交易合同电量和对应合同用户的上一年用电利用小时数进行测算。

合同用户的上一年用电利用小时数=合同用户上一年总用电量/该用户上一年的最大需求容量（或变压器报装容量）

第十六条　在安排发电上网计划分配电量时，剔除直接交易发电容量后的剩余发电容量，按照"三公"调度原则参与本地区计划电量分配。

第十七条　因电网安全约束等非发电企业和电力用户原因导致的直接交易受

限的，电力用户的用电计划和发电企业的发电容量应纳入本地区正常计划平衡分配。

第六章　合同签订与调整

第十八条　年度及以上的直接交易经交易双方自主协商达成交易意向并通过电网安全校核的，应按照国家电监会制定的合同示范文本（电监市场〔2009〕29号）签订直接交易购售电合同和输配电服务合同。

第十九条　直接交易合同签订后，电力调度机构应将直接交易电量一并纳入发电企业的发电计划和用户的用电计划。安排调度计划时，应优先保证直接交易合同电量。

第二十条　在不影响已执行合同的情况下，交易双方可协商提出直接交易合同调整意向，经电力调度机构安全校核后，签订直接交易购售电合同的补充协议，并与电网公司签订输配电服务合同的补充协议。电力调度机构按照补充协议的约定及时修订交易双方年度内剩余时段的发电计划和购电计划。

第二十一条　直接交易购售电合同和输配电服务合同报电力监管机构备案，共同作为交易执行依据。

第七章　安全校核与交易执行

第二十二条　直接交易的安全校核应在规定时间内完成。在规定期限内，电力调度机构未对直接交易合同提出异议的，视为通过安全校核。

第二十三条　安全校核的顺序是：先签订合同优先于后签订的合同；长期合同电量优先于短期合同电量。

第二十四条　当参与直接交易机组因技术原因无法完成合同电量时，可依据有关规则将发电权转让给其他符合准入条件的发电机组。

第二十五条　电力用户应执行政府批准的有序用电方案，按照电网安全需要实施错峰避峰等限电措施。

第二十六条　电力系统发生紧急情况时，电力调度机构有权按照保证安全的原则实施调度，事后应向电力监管机构报告紧急情况进行认定，并向受到影响的市场成员书面说明原因。

第二十七条　电力系统发生事故时，电力调度有权按照保证安全的原则实施调度，事后应向电力监管机构报告并向受到影响的交易双方书面说明原因并在后续的发供电计划中滚动调整。

第二十八条　直接交易实际执行电量与合同电量发生偏差时，需进行余缺电量调剂。允许偏差范围暂定为3%。

第八章 计量与结算

第二十九条 直接交易电量以电力用户与电网企业签订的《供用电合同》所约定的计量点的计量电量为准,直接交易电量对应的发电企业上网电量以发电企业与电网企业签订的《购售电合同》中所约定计量点的计量电量为准。

合同的电能计量装置、电能计量装置校验要求和计量装置异常处理办法按电力用户与所在电网企业签订的《供用电合同》和发电企业与电网企业签订的《购售电合同》的约定执行。

第三十条 直接交易结算有直接结算和委托结算两种方式。具体结算方式由电力用户、发电企业选择并在合同中约定。

第三十一条 建立直接交易购售电合同履约保证金制度。履约保证金的比例及相关责任、义务由直接交易双方在合同中明确。

第九章 信息披露

第三十二条 直接交易主体,应根据各自职责及时披露相关信息,并按照有关规定报送电力监管机构及省级政府有关部门。

第三十三条 电力用户应披露以下信息:

(一)电力用户的公司股权结构、投产时间、用电电压等级、最大生产能力、年用电量、电费欠缴情况、产品电力单耗、用电负荷率等。

(二)直接交易需求信息。

(三)直接交易电量完成情况、电量清算情况、电费结算情况等信息。

第三十四条 发电企业应披露以下信息:

(一)发电企业的机组台数、机组容量、投产日期、发电业务许可证等。

(二)已签合同电量、发电装机容量扣减直接交易容量后剩余容量等信息。

(三)直接交易电量完成情况、电量清算情况、电费结算情况等信息。

第三十五条 电网企业应披露以下信息:

(一)输配电价标准、政府性基金和附加、输配电损耗率等。

(二)年度电力供需预测,主要输配电设备典型时段的最大允许容量、预测需求容量、约束限制的依据等。

第三十六条 电力调度交易机构应披露以下信息:

(一)直接交易合同电量、发电机组剔除容量等。

(二)由于电网安全约束限制了直接交易的具体输配线线路或输变电设备名称、限制容量、限制依据、该输配电设备上其他用户的使用情况、约束时段等。

(三)直接交易电量执行、电量清算、电费结算等情况。

第十章 监管措施

第三十七条 电力监管机构会同有关部门对电力用户与发电企业直接交易的实施进行监管。各区域电监局应对区域内各省（市、区）的电力用户与发电企业直接交易工作予以协调指导。

第三十八条 有关电力企业和电力用户应签订直接交易合同及输电服务合同，报电力监管机构、政府有关部门备案。

第三十九条 电力监管机构会同有关部门负责审核合同用户年度利用小时数和发电剔除容量。

第四十条 电力监管机构会同有关部门对试点情况定期总结评价，发布监管报告。

第十一章 附 则

第四十一条 本办法自 2010 年 1 月 1 日起试行。

售电公司准入与退出管理办法

(发改经体〔2016〕2120号)

第一章 总 则

第一条 为积极稳妥推进售电侧改革,建立健全有序竞争的市场秩序,保护各类市场主体的合法权益,依据《中共中央 国务院关于进一步深化电力体制改革的若干意见》(中发〔2015〕9号)和电力体制改革配套文件,制定本办法。

第二条 售电公司准入与退出,坚持依法依规、开放竞争、安全高效、改革创新、优质服务、加强监管的原则。

第三条 本办法所指售电公司是指提供售电服务或配售电服务的市场主体。售电公司可以采取多种方式通过电力市场购电,包括向发电企业购电、通过集中竞价购电、向其他售电公司购电等,并将所购电量向用户或其他售电公司销售。

电网企业的售电公司适用本办法。

第四条 电力、价格主管部门和监管机构依法对售电公司市场行为实施监管和开展行政执法工作。

第二章 准 入 条 件

第五条 售电公司准入条件。

(一)依照《中华人民共和国公司法》登记注册的企业法人。

(二)资产要求。

1. 资产总额不得低于2千万元人民币。

2. 资产总额在2千万元至1亿元人民币的,可以从事年售电量6至30亿千瓦时的售电业务。

3. 资产总额在1亿元至2亿元人民币的,可以从事年售电量30至60亿千瓦时的售电业务。

4. 资产总额在2亿元人民币以上的,不限制其售电量。

(三)从业人员。拥有10名及以上专业人员,掌握电力系统基本技术、经济专业知识,具备电能管理、节能管理、需求侧管理等能力,有三年及以上工作经验。

至少拥有一名高级职称和三名中级职称的专业管理人员。

(四)经营场所和设备。应具有与售电规模相适应的固定经营场所及电力市场技术支持系统需要的信息系统和客户服务平台，能够满足参加市场交易的报价、信息报送、合同签订、客户服务等功能。

（五）信用要求。无不良信用记录，并按照规定要求做出信用承诺，确保诚实守信经营。

（六）法律、法规规定的其他条件。

第六条 拥有配电网运营权的售电公司除上述准入条件外，还需具备以下条件：

（一）拥有配电网运营权的售电公司的注册资本不低于其总资产的20%。

（二）按照有关规定取得电力业务许可证（供电类）。

（三）增加与从事配电业务相适应的专业技术人员、营销人员、财务人员等，不少于20人，其中至少拥有两名高级职称和五名中级职称的专业管理人员。

（四）生产运行负责人、技术负责人、安全负责人应具有五年以上与配电业务相适应的经历，具有中级及以上专业技术任职资格或者岗位培训合格证书。

（五）具有健全有效的安全生产组织和制度，按照相关法律规定开展安全培训工作，配备安全监督人员。

（六）具有与承担配电业务相适应的机具设备和维修人员。对外委托有资质的承装（修、试）队伍的，要承担监管责任。

（七）具有与配电业务相匹配并符合调度标准要求的场地设备和人员。

（八）承诺履行电力社会普遍服务、保底供电服务义务。

第七条 已具有法人资格且符合售电公司准入条件的发电企业、电力建设企业、高新产业园区、经济技术开发区、供水、供气、供热等公共服务行业和节能服务公司可到工商部门申请业务范围增项，并履行售电公司准入程序后，开展售电业务。

除电网企业存量资产外，现有符合条件的高新产业园区、经济技术开发区和其他企业建设、运营配电网的，履行相应的准入程序后，可自愿转为拥有配电业务的售电公司。

第三章 准 入 程 序

第八条 "一注册"。电力交易机构负责售电公司注册服务。符合准入条件的售电公司自主选择电力交易机构办理注册，获取交易资格。

各电力交易机构对注册信息共享，无须重复注册。

第九条 "一承诺"。售电公司办理注册时，应按固定格式签署信用承诺书，并向电力交易机构提交以下资料：营业执照、法人代表、资产证明、从业人员、经营场所和设备等基本信息和银行账户、售电范围等交易信息。

拥有配电网运营权的售电公司还需提供配电网电压等级、供电范围、电力业务许可证（供电类）等相关资料。

第十条 "一公示"。接受注册后，电力交易机构要通过"信用中国"（www.creditchina.gov.cn）等政府指定网站，将售电公司满足准入条件的信息、材料和信用承诺书向社会公示，公示期为 1 个月。

第十一条 公示期满无异议的售电公司，注册手续自动生效。电力交易机构将公示期满无异议的售电公司纳入自主交易市场主体目录，实行动态管理并向社会公布。

第十二条 公示期间存在异议的售电公司，注册暂不生效，暂不纳入自主交易市场主体目录。售电公司可自愿提交补充材料并申请再次公示；经两次公示仍存在异议的，由省级政府有关部门或能源监管机构核实处理。

第十三条 "三备案"。电力交易机构按月汇总售电公司注册情况向能源监管机构、省级政府有关部门和政府引入的第三方征信机构备案，并通过"信用中国"网站和电力交易平台网站向社会公布。

第十四条 售电公司注册信息发生变化时，应在 5 个工作日内向相应的电力交易机构申请变更。业务范围、公司股东、股权结构等有重大变化的，售电公司应再次予以承诺、公示。

第四章 权 利 与 义 务

第十五条 售电公司享有以下权利并履行以下义务：

（一）可以采取多种方式通过电力市场购售电，可以自主双边交易，也可以通过交易机构集中交易。参与双边交易的售电公司应将交易协议报交易机构备案并接受安全校核。

售电公司可以自主选择交易机构跨省跨区购电。

（二）同一配电区域内可以有多个售电公司。同一售电公司可在省内多个配电区域内售电。

（三）可向用户提供包括但不限于合同能源管理、综合节能、合理用能咨询和用电设备运行维护等增值服务，并收取相应费用。

（四）承担保密义务，不得泄露用户信息。

（五）服从电力调度管理和有序用电管理，执行电力市场交易规则。

（六）参照国家颁布的售电合同范本与用户签订合同，提供优质专业的售电服务，履行合同规定的各项义务，并获取合理收益。合同范本由国家能源主管部门另行制定。

（七）受委托代理用户与电网企业的涉网事宜。

（八）按照国家有关规定，在省级政府指定网站和"信用中国"网站上公示公司资产、经营状况等情况和信用承诺，依法对公司重大事项进行公告，并定期公布公司年报。

（九）任何单位与个人不得干涉用户自由选择售电公司的权利。

第十六条 拥有配电网运营权的售电公司享有以下权利并履行以下义务：

（一）拥有并承担售电公司全部的权利与义务。

（二）拥有和承担配电区域内与电网企业相同的权利和义务，按国家有关规定和合同约定承担保底供电服务和普遍服务。

（三）承担配电区域内电费收取和结算业务。按照政府核定的配电价收取配电费；按合同向各方支付相关费用，并向其供电的用户开具发票；代收政府性基金及附加，交电网企业汇总后上缴财政；代收政策性交叉补贴，按照国家有关规定支付给电网企业。

（四）承担配电网安全责任，确保承诺的供电质量。

（五）按照规划、国家技术规范和标准投资建设配电网，负责配电网运营、维护、检修和事故处理，无歧视提供配电服务，不得干预用户自主选择售电公司。

（六）同一配电区域内只能有一家公司拥有该配电网运营权。不得跨配电区域从事配电业务。

（七）承担代付其配电网内使用的可再生能源电量补贴的责任。

第五章　退　出　方　式

第十七条 售电公司有下列情形之一的，应强制退出市场并注销注册：

（一）隐瞒有关情况或者以提供虚假申请材料等方式违法违规进入市场，且拒不整改的；

（二）严重违反市场交易规则，且拒不整改的；

（三）依法被撤销、解散，依法宣告破产、歇业的；

（四）企业违反信用承诺且拒不整改或信用评价降低为不适合继续参与市场交易的；

（五）被有关部门和社会组织依法依规对其他领域失信行为做出处理，并被纳入严重失信主体"黑名单"的；

（六）法律、法规规定的其他情形。

第十八条 售电公司被强制退出，其所有已签订但尚未履行的购售电合同由地方政府主管部门征求合同购售电各方意愿，通过电力市场交易平台转让给其他售电公司或交由电网企业保底供电，并处理好其他相关事宜。

第十九条 省级政府或省级政府授权的部门在确认售电公司符合强制退出条

件后，应通过省级政府指定网站和"信用中国"网站向社会公示 10 个工作日。公示期满无异议的，方可对该售电公司实施强制退出。

第二十条　售电公司可以自愿申请退出售电市场，并提前 30 个工作日向相应的电力交易机构提交退出申请。申请退出之前应将所有已签订的购售电合同履行完毕或转让，并处理好相关事宜。

第二十一条　拥有配电网运营权的售电公司申请自愿退出时，应妥善处置配电资产。若无其他公司承担该地区配电业务，由电网企业接收并提供保底供电服务。

第二十二条　电力交易机构收到售电公司自愿退出市场的申请后，应通过省级政府指定网站和"信用中国"网站向社会公示 10 个工作日。公示期满无异议的，方可办理退出市场手续。

第二十三条　电力交易机构应及时将强制退出和自愿退出且公示期满无异议的售电公司从自主交易市场主体目录中删除，同时注销市场交易注册，向能源监管机构、省级政府有关部门和政府引入的第三方征信机构备案，并通过"信用中国"网站和电力交易平台网站向社会公布。

第六章　售电公司信用体系建设

第二十四条　建立完善售电公司信用评价制度。依托政府有关部门网站、电力交易平台网站、"信用中国"网站和第三方征信机构，开发建设售电公司信用信息系统和信用评价体系。建立企业法人及其负责人、从业人员信用记录，将其纳入全国信用信息共享平台，确保各类企业的信用状况透明，可追溯、可核查。

第二十五条　第三方征信机构定期向政府有关部门和电力交易机构报告售电公司信用评价和有关情况，并向社会公布。

第二十六条　国家能源局派出机构和省级政府有关部门根据职责对售电公司进行监管，对违反交易规则和失信行为按规定进行处罚，记入信用记录，情节特别严重或拒不整改的，经过公示等有关程序后纳入涉电严重失信企业黑名单。强制退出的售电公司直接纳入黑名单。

第二十七条　建立电力行业违法失信行为联合惩戒机制，对纳入涉电严重失信企业黑名单的售电公司及负有责任的法定代表人、自然人股东、其他相关人员（以下简称"当事人"）采取以下惩戒措施：

（一）电力交易机构 3 年内不再受理该企业注册申请，其法定代表人 3 年内不得担任售电公司的法定代表人、董事、监事、高级管理人员。

（二）对当事人违法违规有关信息向金融机构提供查询服务，作为融资授信活动中的重要参考因素。

（三）限制当事人取得政府资金支持。

（四）对当事人申请公开发行企业债券的行为进行限制。

（五）工商行政管理、总工会、行业协会等部门和单位在法定代表人任职资格、授予荣誉、评比先进等方面，依法依规对其进行限制。

（六）按照相关法律法规进行处罚。

第七章　附　　则

第二十八条　各省级政府可依据本办法制定实施细则。

第二十九条　本办法由国家发展改革委、国家能源局负责解释。

第三十条　本办法所称的电网企业特指国家电网公司、中国南方电网有限责任公司和内蒙古电力（集团）有限责任公司和各地方电网企业。

第三十一条　本办法自发布之日起施行，有效期3年。

上网电价管理暂行办法

（发改价格〔2005〕514号）

第一章 总 则

第一条 为完善上网电价形成机制，推进电力体制改革，依据国家有关法律、行政法规和《国务院关于印发电力体制改革方案的通知》（国发〔2002〕5号）、《国务院办公厅关于印发电价改革方案的通知》（国办发〔2003〕62号），制定本办法。

第二条 上网电价是指发电企业与购电方进行上网电能结算的价格。

第三条 上网电价管理应有利于电力系统安全、稳定运行，有利于促进电力企业提高效率和优化电源结构，有利于向供需各方竞争形成电价的改革方向平稳过渡。

第四条 本办法适用于中华人民共和国境内符合国家建设管理有关规定建设的发电项目并依法注册的发电企业上网电价管理。

第二章 竞价上网前的上网电价

第五条 原国家电力公司系统直属并已从电网分离的发电企业，暂执行政府价格主管部门按补偿成本原则核定的上网电价，并逐步按本办法第七条规定执行。

第六条 电网公司保留的电厂中，已核定上网电价的，继续执行政府价格主管部门制定的上网电价。未核定上网电价的电厂，电网企业全资拥有的，按补偿成本原则核定上网电价，并逐步按本办法第七条规定执行；非电网企业独资建设的，执行本办法第七条规定。

第七条 独立发电企业的上网电价，由政府价格主管部门根据发电项目经济寿命周期，按照合理补偿成本、合理确定收益和依法计入税金的原则核定。其中，发电成本为社会平均成本；合理收益以资本金内部收益率为指标，按长期国债利率加一定百分点核定。通过政府招标确定上网电价的，按招标确定的电价执行。

第八条 除政府招标确定上网电价和新能源的发电企业外，同一地区新建设的发电机组上网电价实行同一价格，并事先向社会公布；原来已经定价的发电企业上网电价逐步统一。

第九条 在保持电价总水平基本稳定的前提下，上网电价逐步实行峰谷分时、丰枯季节电价等制度。

第十条 燃料价格涨落幅度较大时，上网电价在及时反映电力供求关系的前提下，与燃料价格联动。

第十一条 跨省、跨区电力交易的上网电价按国家发展改革委印发的《关于促进跨地区电能交易的指导意见》有关规定执行。

第三章　竞价上网后的上网电价

第十二条 建立区域竞争性电力市场并实行竞价上网后，参与竞争的发电机组主要实行两部制上网电价。其中，容量电价由政府价格主管部门制定，电量电价由市场竞争形成。容量电价逐步过渡到由市场竞争确定。

各地也可根据本地实际采取其他过渡方式。

不参与竞价上网的发电机组，上网电价按本办法第七条执行。

第十三条 政府制定的容量电价水平，应反映电力成本和市场供需状况，有利于引导电源投资。

第十四条 在同一电力市场范围内，容量电价实行同一标准。

第十五条 容量电价以区域电力市场或电力调度交易中心范围内参与竞争的各类发电机组平均投资成本为基础制定。计算公式：

容量电价＝容量电费/机组的实际可用容量

其中：容量电费＝K×（折旧＋财务费用）

K为根据各市场供求关系确定的比例系数。

折旧按政府价格主管部门确定的计价折旧率核定。

财务费用按平均投资成本80%的贷款比例计算确定。

第十六条 容量电价保持相对稳定。

第十七条 容量电费由购电方根据发电机组的实际可用容量按月向发电企业支付。

第十八条 电量电价通过市场竞争形成。各区域电力市场选择符合本区域实际的市场交易模式，同一区域电力市场内各电力调度交易中心的竞价规则应保持一致。

第十九条 在电网企业作为单一购买方的电力市场中，可以实行发电企业部分电量在现货市场上竞价上网，也可以实行发电企业全部电量在现货市场上竞价上网。在公开招标或充分竞争的前提下，电网企业也可以与发电企业开展长期电能交易。

第二十条　有条件的地区可建立发电与用户买卖双方共同参与的电力市场，实行双边交易与现货交易相结合的市场模式；鼓励特定电压等级或特定用电容量的用户、独立核算的配电公司与发电企业经批准直接进行合同交易和参与现货市场竞争。

第二十一条　在发电和用户买卖双方共同参与的电力市场中，双边交易的电量和电价由买、卖双方协商确定；现货市场的电量电价，按卖方申报的供给曲线和买方申报的需求曲线相交点对应的价格水平确定；竞价初期，为保证市场交易的顺利实现，可制定相应的规则，对成交价格进行适当调控。

第二十二条　竞价上网后，实行销售电价与上网电价联动机制。

为避免现货市场价格出现非正常涨落，政府价格主管部门可会同有关部门根据区域电力市场情况对发电报价进行限价。

竞价初期，建立电价平衡机制，保持销售电价的相对稳定。

第二十三条　常规水力发电企业及燃煤、燃油、燃气发电企业（包括热电联产电厂）、新建和现已具备条件的核电企业参与市场竞争；风电、地热等新能源和可再生能源企业暂不参与市场竞争，电量由电网企业按政府定价或招标价格优先购买，适时由政府规定供电企业售电量中新能源和可再生能源电量的比例，建立专门的竞争性新能源和可再生能源市场。

第二十四条　符合国家审批程序的外商直接投资发电企业，1994 年以前建设并已签订购电合同的、1994 年及以后经国务院批准承诺过电价或投资回报率的，在保障投资者合理收益的基础上，可重新协商，尽可能促使其按新体制运行。

第二十五条　为维护电力系统的安全稳定运行，发电企业要向电力市场提供辅助服务。有偿辅助服务价格管理办法另行制定。

第四章　上网电价管理

第二十六条　竞价上网前，区域电网或区域电网所属地区电网统一调度机组的上网电价由国务院价格主管部门制定并公布，其他发电企业上网电价由省级政府价格主管部门制定并公布。

第二十七条　竞价实施后，区域电力市场及所设电力调度交易中心的容量电价由国务院价格主管部门制定。不参与电力市场竞争的发电企业上网电价，按第二十六条规定进行管理。

第二十八条　政府价格主管部门和电力监管部门按照各自职责对电力市场价格执行情况进行监督和管理。电力监管部门按照法律、行政法规和国务院有关规定向政府价格主管部门提出调整电价的建议。有关电价信息向社会公开，接受社会监督。

第二十九条 对市场交易主体的价格违法行为，电力监管部门有权予以制止；政府价格主管部门按国家有关规定进行行政处罚。当事人不服的，可依法向有关部门提请行政复议或向人民法院提起诉讼。

第五章 附　则

第三十条 本办法由国家发展和改革委员会负责解释。

第三十一条 本办法自 2005 年 5 月 1 日起执行。

输配电价管理暂行办法

（发改价格〔2005〕514 号）

第一章 总 则

第一条 为建立健全合理的输配电价机制，促进电网发展，提高电网经营企业效率，维护电网安全、稳定运行，根据国家有关法律、行政法规和《国务院关于印发电力体制改革方案的通知》（国发〔2002〕5 号）、《国务院办公厅关于印发电价改革方案的通知》（国办发〔2003〕62 号），制定本办法。

第二条 本办法所称输配电价是指电网经营企业提供接入系统、联网、电能输送和销售服务的价格总称。

第三条 输配电价由政府制定，实行统一政策，分级管理。

第四条 电网输电业务、配电业务应逐步在财务上实行独立核算。

第五条 输配电价按"合理成本、合理盈利、依法计税、公平负担"的原则制定，以有利于引导电网投资、完善电网结构，促进区域电力市场的建立和发展，满足国民经济和社会发展的需要。

第六条 本办法适用于中华人民共和国境内依法批准注册的电网经营企业。

第二章 输配电价体系

第七条 输配电价分为共用网络输配电服务价格、专项服务价格和辅助服务价格。

第八条 共用网络输配电服务价格指电网经营企业为接入共用网络的电力用户提供输配电和销售服务的价格，简称共用网络输配电价。输配分开后，应单独制定输电价格和配电价格。

第九条 专项服务价格是指电网经营企业利用专用设施为特定用户提供服务的价格，分为接入价、专用工程输电价和联网价三类。接入价指电网经营企业为发电厂提供接入系统服务的价格。

专用工程输电价指电网经营企业利用专用工程提供电能输送服务的价格。

联网价指电网经营企业利用专用联网工程为电网之间提供联网服务的价格。

第十条 辅助服务价格是指电力企业提供有偿辅助服务的价格，办法另行制定。

第三章 输配电价确定

第十一条 电价改革初期，共用网络输配电价由电网平均销售电价（不含代收的政府性基金）扣除平均购电价和输配电损耗后确定，逐步向成本加收益管理方式过渡。

第十二条 输、配电价向成本加收益管理方式过渡过程中，现行输、配电成本与输、配电价格差距较大的电网，逐步调整输、配电价。

第十三条 在成本加收益管理方式下，政府价格主管部门对电网经营企业输、配电业务总体收入进行监管，并以核定的准许收入为基础制定各类输、配电价。

第十四条 共用网络服务和专项服务的准许收入应分别核定，准许收入由准许成本、准许收益和税金构成。

第十五条 准许成本由折旧费和运行维护费用构成。其中，折旧费以政府价格主管部门核准的有效资产中可计提折旧的固定资产原值和国务院价格主管部门制定的定价折旧率为基础核定，运行维护费用原则上以电网经营企业的社会平均成本为基础核定。

第十六条 准许收益等于有效资产乘以加权平均资金成本。

有效资产由政府价格主管部门核定，包括固定资产净值、流动资产和无形资产（包括土地使用权价值、专利和非专利技术价值）三部分，不含应当从电网经营企业分离出去的辅业、多经及三产资产。在建工程投资应按上年实际有效投资计入有效资产。

有效投资是指经政府主管部门核定，符合项目核准、招投标法等规定的投资。

加权平均资金成本（%）＝权益资本成本×（1－资产负债率）

＋债务资本成本×资产负债率

权益资本成本按无风险报酬率加上风险报酬率核定，初期，按同期长期国债利率加一定百分点核定；债务资本成本按国家规定的长期贷款利率确定。条件成熟时，电网经营企业加权平均资金成本按资本市场正常筹资成本核定。

第十七条 税金根据国家有关规定执行。

第四章 共用网络输配电价

第十八条 共用网络输、配电价以承担输、配电功能相对应的电网资产为基础定期核定。

区域电网内共用网络按邮票法统一制定输电价，省级配电价以省为价区分电压等级制定。输、配电损耗按电压等级核定，列入销售电价。

第十九条　共用网络输、配电价，按电压等级统一制定，下一电压等级应合理分摊上一电压等级的成本费用。同一区域相同电压等级实行同价。

第五章　专项服务价格

第二十条　竞价上网后，为有利于发电企业公平竞争，接入系统工程由电网经营企业投资建设的，实行接入价；由发电企业投资建设的，不实行接入价。

第二十一条　接入价以政府价格主管部门核定的接入系统工程准许收入为基础制定，实行单一制容量电价，由接入系统的电厂支付。

第二十二条　专用工程输电价以政府价格主管部门核定的准许收入为基础制定，实行两部制输电价，由该工程的使用方支付。

当两个及以上用户共用专用工程输电的，按各方使用输电容量的比例分摊准许收入。

第二十三条　联网价以核定的准许收入为基础，分两种情况制定。

（一）没有长期电量交易的联网工程，联网价实行单一制容量电价，由联网双方支付。

（二）具有长期电量交易的联网工程，联网价实行两部制电价。联网容量电价是为联网备用服务制定的价格，由联网双方支付；联网电量电价是为长期电量输送服务制定的价格，由受电电网支付。

第二十四条　联网双方支付的联网费用通过共用网络输配电价回收。

第六章　输配电价管理

第二十五条　共用网络输配电价、联网价和专项输电工程输电价由国务院价格主管部门负责制定；接入跨省电网的接入价由国务院价格主管部门负责制定，接入省内电网的接入价由省级价格主管部门提出方案，报国务院价格主管部门审批。独立配电企业的配电价格由省级价格主管部门制定。

第二十六条　对输配电价的重大决策，国务院价格主管部门应充分听取电力监管部门、电力行业协会及有关市场主体的意见；电力监管部门按照法律、行政法规和国务院有关规定向政府价格主管部门提出调整电价的建议。

第二十七条　各级政府价格主管部门和电力监管部门按各自职责对输配电价进行监督和检查。

第七章　附　　则

第二十八条　本办法由国家发展和改革委员会负责解释。

第二十九条　各地可依据本办法结合实际情况相应制定实施细则，报国家发展和改革委员会同意后执行。

第三十条　本办法自 2005 年 5 月 1 日起执行。

销售电价管理暂行办法

（发改价格〔2005〕514号）

第一章 总 则

第一条 为建立健全合理的销售电价机制，充分利用价格杠杆，合理配置电力资源，保护电力企业和用户的合法权益，根据国家有关法律、行政法规和《国务院关于印发电力体制改革方案的通知》（国发〔2002〕5号）、《国务院办公厅关于印发电价改革方案的通知》（国办发〔2003〕62号），制定本办法。

第二条 本办法所称销售电价是指电网经营企业对终端用户销售电能的价格。

第三条 销售电价实行政府定价，统一政策，分级管理。

第四条 制定销售电价的原则是坚持公平负担，有效调节电力需求，兼顾公共政策目标，并建立与上网电价联动的机制。

第五条 本办法适用于中华人民共和国境内依法批准注册的电网经营企业。

第二章 销售电价的构成及分类

第六条 销售电价由购电成本、输配电损耗、输配电价及政府性基金四部分构成。

购电成本指电网企业从发电企业（含电网企业所属电厂）或其他电网购入电能所支付的费用及依法缴纳的税金，包括所支付的容量电费、电度电费。

输配电损耗指电网企业从发电企业（含电网企业所属电厂）或其他电网购入电能后，在输配电过程中发生的正常损耗。

输配电价指按照《输配电价管理暂行办法》制定的输配电价。

政府性基金指按照国家有关法律、行政法规规定或经国务院以及国务院授权部门批准，随售电量征收的基金及附加。

第七条 销售电价分类改革的目标是分为居民生活用电、农业生产用电、工商业及其他用电价格三类。

第八条 销售电价分类根据用户承受能力逐步调整。先将非居民照明、非工业及普通工业、商业用电三大类合并为一类；合并后销售电价分为居民生活用电、大工业用电、农业生产用电、贫困县农业排灌用电、一般工商业及其他用电五大类，大工业用电分类中只保留中小化肥一个子类。

第九条　每类用户按电压等级定价。在同一电压等级中，条件具备的地区按用电负荷特性制定不同负荷率档次的价格，用户可根据其用电特性自行选择。

第三章　销售电价的计价方式

第十条　居民生活、农业生产用电，实行单一制电度电价。工商业及其他用户中受电变压器容量在 100 千伏安或用电设备装接容量 100 千瓦及以上的用户，实行两部制电价。受电变压器容量或用电设备装接容量小于 100 千伏安的实行单一电度电价，条件具备的也可实行两部制电价。

第十一条　两部制电价由电度电价和基本电价两部分构成。

电度电价是指按用户用电度数计算的电价。

基本电价是指按用户用电容量计算的电价。

第十二条　基本电价按变压器容量或按最大需量计费，由用户选择，但在一年之内保持不变。

第十三条　基本电价按最大需量计费的用户应和电网企业签订合同，按合同确定值计收基本电费，如果用户实际最大需量超过核定值 5%，超过 5%部分的基本电费加一倍收取。用户可根据用电需求情况，提前半个月申请变更下一个月的合同最大需量，电网企业不得拒绝变更，但用户申请变更合同最大需量的时间间隔不得少于六个月。

第十四条　实行两部制电价的用户，按国家有关规定同时实行功率因数调整电费办法。

第十五条　销售电价实行峰谷、丰枯和季节电价，具体时段划分及差价依照所在电网的市场供需情况和负荷特性确定。

第十六条　具备条件的地区，销售电价可实行高可靠性电价、可中断负荷电价、节假日电价、分档递增或递减电价等电价形式。

第四章　销售电价的制定和调整

第十七条　按电价构成的因素确定平均销售电价。以平均销售电价为基础，合理核定各类用户的销售电价。

第十八条　平均销售电价按计算期的单位平均购电成本加单位平均输配电损耗、单位平均输配电价和政府性基金确定。

第十九条　各电压等级平均销售电价，按计算期的单位平均购电成本加该电压等级输配电损耗、该电压等级输配电价和政府性基金确定。

第二十条　居民生活和农业生产电价，以各电压等级平均电价为基础，考虑用户承受能力确定，并保持相对稳定。如居民生活和农业生产电价低于平均电价，其价差由工商业及其他用户分摊。

第二十一条　各电压等级工商业及其他类的平均电价，按各电压等级平均电价加上应分摊的价差确定，并与上网电价建立联动机制。

第二十二条　各电压等级工商业及其他用户的单一制电度电价分摊容量成本的比例，依据实行单一制电度电价用户与实行两部制电价用户负荷比例确定。

第二十三条　各电压等级工商业及其他用户的两部制电价中的基本电价和电度电价，按容量成本占总成本的比例分摊确定。

第二十四条　条件具备的地区，在 10 千伏及以上电压等级接入且装接容量在一定规模以上的工商业及其他用户，按用电负荷特性制定不同用电小时或负荷率档次的价格。

第二十五条　各电压等级工商业及其他用户两部制电价中，各用电特性用户应承担的容量成本比例按峰荷责任确定。

第二十六条　不同用电特性的用户基本电价和电度电价的比例，考虑用户的负荷率、用户最高负荷与电网最高负荷的同时率等因素确定。

第二十七条　销售电价的调整，采取定期调价和联动调价两种形式。

定期调价是指政府价格主管部门每年对销售电价进行校核，如果年度间成本水平变化不大，销售电价应尽量保持稳定。

联动调价是指与上网电价实行联动，适用范围仅限于工商业及其他用户。政府价格主管部门核定销售电价后，实际购电价比计入销售电价中的购电价升高或下降的价差，通过购电价格平衡账户进行处理。当购电价格升高或下降达到一定的幅度时，销售电价相应提高或下降，但调整的时间间隔最少为一个月。

第二十八条　输配电价及政府性基金的标准调整后，销售电价相应调整。

第五章　销售电价管理

第二十九条　各级政府价格主管部门负责对销售电价的管理、监督。在输、配分开前，销售电价由国务院价格主管部门负责制定；在输、配分开后，销售电价由省级人民政府价格主管部门负责制定，跨省的报国务院价格主管部门审批。

第三十条　政府价格主管部门在制定和调整销售电价时，应充分听取电力监管部门、电力行业协会及有关市场主体的意见。

第三十一条　居民生活用电销售电价的制定和调整，政府价格主管部门应进行听证。

第三十二条　各级政府价格主管部门和电力监管部门按各自职责对销售电价进行监督和检查，价格主管部门对违反法律、法规和政策规定的行为依法进行处罚。

第六章　附　　则

第三十三条　上级电网经营企业对下级独立核算电网经营企业的趸售电价，以终端销售电价为基础，给予合理的折扣制定。折扣的价差由电网直供用户分摊。

第三十四条　对农村用户的销售电价，已实行城乡用电同网同价的，按电网的终端销售电价执行；尚未实行城乡用电同网同价的，以电网的终端销售电价为基础，加上农村低压电网维护费制定。

第三十五条　发电企业向特定电压等级或特定用电容量用户直接供电，销售电价由发电企业与用户协商确定，并执行规定的输配电价和基金标准，具体办法另行制定。

第三十六条　各省、自治区、直辖市人民政府价格主管部门根据本办法的要求制定实施细则，报国家发展和改革委员会同意后执行。

第三十七条　本办法由国家发展和改革委员会负责解释。

第三十八条　本办法自 2005 年 5 月 1 日起执行。

电价监督检查暂行规定

（电监价财〔2010〕33 号）

第一章 总 则

第一条 为加强电价政策执行情况的监督检查，规范电价监督检查行为，维护电力市场的正常秩序，保护电力企业和电力用户的合法权益，根据《电力监管条例》和国家有关规定，制定本规定。

第二条 电力监管机构实施电价监督检查应当遵循依法、公开、公正的原则，并接受社会和公众的监督。

第三条 电力监管机构对电力企业（包括电力调度交易机构，下同）执行国家电价政策以及电力市场价格行为的监督检查适用本规定。

第二章 监督检查内容

第四条 电力监管机构监督检查电力企业执行国家电价政策的行为，包括：

（一）电力企业执行政府价格主管部门核定的上网电价情况；

（二）电力企业执行政府价格主管部门核定的输配电价情况；

（三）电力企业执行政府价格主管部门核定的销售电价情况；

（四）电力企业执行政府性基金和附加政策情况；

（五）电力企业执行国家制定辅助服务收费标准情况；

（六）电力企业执行国家制定各项涉及电力业务的价格和收费政策情况；

（七）电力企业执行其他涉及国家电价政策情况。

第五条 电力监管机构监督检查电力企业执行电力市场价格行为，包括：

（一）已建立竞争性电力市场，并实行竞价上网的，电力企业按照市场交易规则、交易模式，实行竞价及执行最高最低限价情况，以及现货市场报价及执行情况；

（二）在替代发电或发电权交易中，电力企业合同、协议价格执行情况；

（三）参与电力用户与发电企业直接交易的，双方协商确定直接交易价格及国家规定的输配电价执行情况；

（四）跨省、跨区域电能交易国家尚未核定价格的，电力企业按有关规定协商确定交易价格及执行情况，双方协商确定输配电价情况以及向国家有关部门的备

案情况;

（五）电力企业在电力市场中其他价格行为。

第六条　电力监管机构监督检查电力企业按照国家规定上报相关电价信息资料情况，以及信息资料的及时性、真实性和准确性。

第三章　监督检查的组织实施

第七条　国家电力监管委员会负责组织开展全国性电价监督检查工作，并将检查结果通过监管报告等形式向社会公开发布。

国家电力监管委员会负责组织协调全国性重大电价监督检查事宜，必要时联合国家价格主管部门及其他有关部门共同开展全国电价专项检查。

第八条　各派出机构根据有关规定负责本辖区电价监督检查工作，组织对辖区电力企业进行监督检查。

第九条　各派出机构在电价监督检查中，认为需由国家电力监管委员会决定的事件，可报请国家电力监管委员会处理。

第十条　电价监督检查分为定期检查和不定期检查，可以采取交叉检查、专项检查、重点检查等方式。

第十一条　定期检查原则上每年进行一次，由电力监管机构统一部署并组织实施。不定期检查由电力监管机构根据具体情况进行，可与投诉举报及日常检查相结合。

第十二条　电力监管机构实施监督检查时，应当遵守有关法律法规及相关要求，事前向被检查单位发出检查通知书，明确检查事项。特殊情况时，可以持现场检查通知书或电力监管执法证件直接进入被检查单位进行检查。

第十三条　检查人员在实施监督检查时应当出示电力监管执法证件，检查人员不得少于两人。

第十四条　电力监管机构在实施电价监督检查时，可以采取下列措施：

（一）进入电力企业进行检查；

（二）询问有关人员，要求其对有关检查事项做出说明；

（三）查阅、复制与检查事项有关的文件、资料，对可能被转移、隐匿、损毁的文件、资料予以封存；

（四）向其他企业和电力用户了解核实相关情况；

第十五条　电力监管机构进行电价监督检查时，相关电力企业和电力用户应予配合，接受询问并如实提供有关资料，不得拖延、阻挠、拒绝。

第十六条　电力监管机构工作人员不得将依法取得的资料或者了解的情况用于依法进行监管以外的任何目的，不得泄露当事人的商业秘密。

第十七条 电力监管机构可以根据需要聘请具有相关专业知识的人员协助进行监督检查。必要时,可邀请人大代表、政协委员、群众团体代表参加监督检查。

第十八条 任何单位、组织和个人对电力企业违反国家有关电价法律、法规和政策规定的行为有权向电力监管机构投诉和举报。

第四章 法 律 责 任

第十九条 电力监管机构从事监管工作的人员违反电力监管有关规定,损害电力企业、电力用户的合法权益以及社会公共利益的,依法给予行政处分;构成犯罪的,依法追究刑事责任。

第二十条 对电力企业违反国家有关电价法律、法规和政策的行为,以及电力市场中的不正当竞价行为,电力监管机构有权要求其自行予以纠正,或限期改正。

第二十一条 电力企业因价格违法行为致使电力用户或其他电力企业多付价款的,应当予以退还,不能退还的上缴国库。造成损害的,应当依法承担赔偿责任。

第二十二条 电力监管机构对电力企业违反有关电价法律、法规和政策,损害社会公共利益的行为及其处理结果,可以向社会公布。造成重大损失或重大影响的,依法提出其主管部门对主要负责人和直接责任人员给予行政处分的建议。

第二十三条 电力企业有下列情形之一的,按照《电力监管条例》第三十四条和国家有关规定处理:

(一)拒绝或者阻碍电力监管机构及其从事监管工作的人员依法履行监管职责的;

(二)提供虚假或者转移、隐瞒重要事实的文件、资料的;

(三)未按照有关规定报送材料和披露信息的;

(四)造成市场不公平交易的。

第二十四条 电力监管机构对电价监督检查中发现的电价违法行为,可以向价格主管部门提出行政处罚建议。

第二十五条 电力企业和电力用户对电力监管机构做出处罚决定不服,可以依法申请行政复议或者提起行政诉讼。

第二十六条 电力监管机构在电价监督检查中发现地方政府或其他有关部门有违反国家电价法律、法规和政策行为的,应当向国务院及有关部门反映,并提出纠正和处理建议。

第五章 附 则

第二十七条 本规定自 2011 年 1 月 1 日起执行。

电力系统破坏性地震应急预案

(电安生〔1997〕132 号)

1. 总则

1.1 为保证地震应急工作可靠、高效、有序进行，最大限度地减轻地震灾害，根据国办发〔1997〕54 号文印发的《国家破坏性地震应急预案》的要求，结合电力工业的特点和实际，制定本预案。

1.2 电力系统各地区各级电力企业，当本地区发生一般破坏性地震、严重破坏性地震，造成特大损失的严重破坏性地震后都要作出应急反应，立即按应急预案投入抗震救灾；在国务院或地方人民政府抗震救灾指挥部统一领导下，做好"电力保障"的一切应急工作和"紧急支援"工作。

1.3 本规定适用于中国境内电力系统各级电力企业。

2. 抗震救灾机构的设立

2.1 电力系统各级电力企业抗震救灾机构的组成：

指挥长：本级第一行政负责人、企业法人代表。

副指挥长：本级行政分管电力生产、建设负责人。

成员：本级各职能部门负责人（含消防、保卫、卫生、交通负责人）。

2.2 抗震救灾指挥部的成立

当接到当地地方政府临震预报或发生一般破坏性及以上地震后，有关电力企业的抗震救灾机构即宣告成为抗震救灾指挥部，并进入临震应急期或震后应急期；

当发生严重破坏性及以上地震后，网局或省电力局（公司）的抗震救灾机构即宣告成为抗震救灾指挥部并进入震后应急期；

当发生造成特大损失的严重破坏性地震后，部（国家电力公司）的抗震救灾机构即宣告成为临时抗震救灾指挥部并进入震后应急期。

2.3 抗震救灾指挥部履行指挥及组织协调破坏性地震应急工作及抗震救灾工作职责。

2.4 各电力企业在接到当地人民政府临震预报或破坏性地震后应立即向上一级抗震救灾机构报告，同时直接报告电力工业部抗震救灾机构。

3．发生破坏性地震的应急反应

3.1 一般破坏性地震的应急反应

3.1.1 一般破坏性地震是指造成一定数量的人员伤亡和经济损失（指标低于严重破坏性地震）的地震。

3.1.2 本地区发生一般破坏性地震后，地方有关电力企业抗震救灾指挥部立即按本预案作出"电力保障"的应急反应；网或省电力局（公司）抗震救灾指挥部要迅速了解震性、灾情，包括电业职工的伤亡及电力设施、设备受破坏情况和供电受损情况，确定应急工作规模，报告省政府及电力部，并在省政府抗震救灾指挥部统一领导下，做好协调"电力保障"的应急工作。

3.2 严重破坏性地震的应急反应

3.2.1 严重破坏性地震是指造成人员死亡 200 人到 1000 人，直接经济损失达本省（自治区、直辖市）上一年国内生产总值 1～5%的地震。在 100 万人口以上的大城市或地区发生大于 6.5 级、小于 7.0 级的地震；或在 50 万～100 万人口的城市或地区发生 7.0 级以上的地震，也视为严重破坏性地震。

3.2.2 本省发生严重破坏性地震后，网局或省电力局（公司）抗震救灾指挥部立即按本预案作出"电力保障"的应急反应，立即与省政府抗震救灾指挥部取得联系并报电力部，迅速查清人员伤亡、电力设备、设施、供电受损情况，指挥、协调"电力保障"的应急工作。

3.2.3 网局或省电力局（公司）抗震救灾指挥部要在本系统内组织人力、物力，在省政府抗震救灾指挥部统一领导和调动下，对地震灾区进行"紧急支援"工作。

3.3 造成特大损失的严重破坏性地震的应急反应。

3.3.1 造成特大损失的严重破坏性地震是造成人员死亡数超过 1000 人，直接经济损失超过本省（自治区、直辖市）上一年国内生产总值 5%以上的地震，在 100 万人口的大城市或地区发生 7.0 级以上的地震也视为造成特大损失的严重破坏性地震。

3.3.2 发生造成特大损失的严重破坏性地震后，部（国家电力公司）临时抗震救灾指挥部、地震区所在的网局或省电力局（公司）抗震救灾指挥部，立即按本预案作出"电力保障"的应急反应；网局或省电力局（公司）抗震救灾指挥部要在省政府抗震救灾指挥部统一领导和调动下，迅速组织本系统的力量投入"电力保障"的应急工作和"紧急支援"工作；部（国家电力公司）临时抗震救灾指挥部要在国务院临时抗震救灾指挥部统一领导和调动下，迅速组织协调全系统的力量投入"电力保障"和"紧急支援"工作。

3.3.3 当发生造成特大损失的严重破坏性地震后，部（国家电力公司）临时抗震救灾指挥部要立即派出联络员参加国务院临时抗震救灾指挥部（国家地震局为指挥部办事机构），并在指挥部统一领导下，负责与本部联络。

4. 临震应急期"电力保障"应急的准备工作

4.1 接到地方政府抗震救灾指挥部临震预报通知后，地方有关电力企业抗震救灾指挥部即进入临震应急期。

4.2 进入临震应急期"电力保障"等项应急准备工作。

（1）做好抗震救灾物资准备工作。包括电力设备、设施，供电线路和通信线路一旦遭地震破坏恢复所需的物资、器材准备；对震后可能引发火灾及时扑灭制止火灾漫延的各种准备；交通车辆应急使用的准备；抢救的医疗物资准备等。

（2）做好电力调度工作。对可能受地震影响或地震产生的次生灾害危及的电源设备、设施，要做好运行方式的调整或变更，特别是对核电站、水电站要按受危害最小和损失最小的原则做好运行方式变更的预案，并经其主管机构或主管负责人批准后实施。

（3）做好重要用户备用电源的应急等项工作。临震应急期要派人催促重要用户（如水源厂（地）、公安、消防、监狱等重要用户）对备用电源进行检查，使其处于应急可靠备用状态；供电部门还要准备必要的移动或应急电源，确保重要用户应急之用。

（4）人员组织和分工。发供电企业运行值班人员要坚守岗位，精心操作；各级调度值班人员要严肃调度纪律，进入"临战状态"，下达命令正确，执行命令准确无误，保证地震期间电力调度无差错；要组织好抢险队伍，并做好分工使处于应急状态。

（5）对地震后可能发生危及电力设备、设施的地质灾害，如滑坡、塌方、泥石流、地面沉降下陷，裂缝等采取紧急预防措施或加固措施。

（6）接到避震通知后，协助当地政府做好电业职工及家属的避震疏散工作。

5. 破坏性地震震后应急期的"电力保障"及"紧急支援"工作

（1）发生破坏性地震后，当地有关电力企业在抗震救灾指挥部领导下，立即查清地震造成电力设备、设施的破坏情况，查清供电线路、通信系统受损情况，立即投入抗震救灾和自救恢复工作，并迅速向上级报告。

（2）网局或省电力局（公司）抗震救灾指挥部迅速组织本系统力量协助地震区电力企业恢复被破坏的发、输、变、配电力设施和电力调度通信设施功能，电力调度要保障重要用户及灾区用电供应。

（3）网局或省电力局（公司）抗震救灾指挥部应根据需要组织力量奔赴受地震危害的电力建设工程参加抢险、抢救工作，尽可能减少损失。

（4）电力保障工作还包括对震后受次生灾害危及的电力设备、设施采取紧急处置措施，加强监视和检测，防止灾害扩展，减轻或消除污染危害。

（5）各级电力系统的医疗队伍，交通车辆等处于可调用状态，随时服从省政府抗震救灾指挥部门调动，奔赴地震灾害地区参加抗震救灾的"紧急支援"工作。

（6）地震区域各级电力企业的保卫部门除加强本企业治安管理和安全保卫工作外，还要协助地震灾区公安部门预防和打击各种违法犯罪活动。

（7）地震地区电力部门应尽快做好地震灾害造成的损失统计与评估工作，逐级上报，并由电力部报国家地震主管部门或由部临时抗震救灾指挥部报国务院临时抗震救灾指挥部。

核事故应急状态下保障供电规定（试行）

（电安生〔1997〕176号）

1 总则

1.1 为保证核电厂一旦发生事故时，电网能够持续、稳定地向核事故地区提供电力供应，维护社会稳定和为核事故处理工作提供保障，特制定本规定。

1.2 本规定依据国务院《核电厂核事故应急管理条例》和《国家核事故应急计划》制定。

1.3 本规定适用于向核事故应急计划区负责供电的各级电力部门及核电厂备用电源的管理部门。

1.4 核事故应急计划区的范围系指以核电厂为中心，半径30至50公里划定的区域范围。国家核应急组织另作划定的，以其划定并宣布的范围为准。

1.5 向核事故应急计划区供电的各级电力部门依据本规定的原则制定电网保障供电的实施细则；核电厂备用电源的管理部门依据本规定的原则制定在核事故情况下电网因特殊原因中断供电的备用电源自我保障供电的实施细则。

1.6 实施细则在核电厂投料前6个月完成并执行。

2 组织及职责

2.1 电力部在国家核事故应急协调委员会领导下，其职责：

　　a. 参与国家核事故应急工作的管理和应急计划与应急准备的协调工作；

　　b. 制定核事故应急状态下保障供电的原则和方案；

　　c. 协调电网等电力系统事故与核事故（核事件）之间的关系；

　　d. 在核事故应急情况下，参与指挥、协调应急响应工作。

2.2 负责向核事故应急计划区供电的有关省电力局（公司）职责：

　　a. 制定核事故应急状态下电网保障供电的实施细则；

　　b. 在所辖范围内做好电网向核事故应急计划区供电区的应急准备工作；

　　c. 在核事故状态下，组织力量做好向核事故应急计划区供电区的应急响应工作。

2.3 核电厂职责：电网特殊情况下，一旦失去外部电源后应保证备用电源的自保障供电。

2.4 省电力局（公司）下属的各供电企业、各级电力调度部门的职责由省电力局规定。

2.5 负责向核事故应急计划区供电的省电力局（公司）和下一级供电局（公司）应成立"核事故应急领导小组"或根据省应急组织的建制成立相应的领导机构：

　　a. 核事故应急领导小组为非常设机构；

　　b. 领导小组负责人由省电力局、市（区）供电局的主要领导兼任。名单排序应考虑到一旦发生核事故时，负责人不能行使指挥任务时其他代理人的自然延递顺序；

　　c. 领导小组应指定至少一名通讯联络负责人，负责人应具备随时掌握领导小组负责人的去向和状况的条件；

　　d. 领导小组应指定至少一种通讯联络方式及号码；

　　e. 以上名单及通讯方式上报和下发并备案。

2.6 核事故应急领导小组可以委托指定的部门完成日常的核事故应急准备工作。

2.7 核事故应急领导小组在核电厂进入场外应急状态时，全权指挥供电保障行动。

2.8 核电厂进入场内应急状态时，可以不动用核事故应急领导小组，按照正常的生产指挥系统做好核电厂厂用电的供电保障工作。

3 核事故的应急准备

3.1 供电部门的核应急准备工作按以下重点排序：

　　a. 保证核事故状态下向应急计划区供电的线路安全，如发生应能迅速抢修并恢复；

　　b. 保证核事故状态下向应急计划区供电的设备安全，如发生应能迅速抢修并恢复；

　　c. 保证核事故状态下向应急计划区供电的电网安全，如发生应能迅速处理并恢复。

3.2 核电厂的应急准备应包括以下内容：

　　a. 根据管理权限的划分，保证网供专用备用电源线路的健康、完好；

　　b. 保证特殊情况下电网失电后，备用电机立即启动、投运。

3.3 有关地市级供电局应将应急计划区内的主要备品备件登记注册，作为应急文件专门保存，其内容可根据 3.1 所列顺序和距核电厂半径距离由详至简。

3.4 保障供电的核事故应急准备工作应结合事故处理人员的人身防护进行。

3.5 按照"积极兼容"的方针和《国家核事故应急计划》的规定，参加核应急响应人员的个人防护用品由地方或核电厂应急组织准备，部分变电站、调度人员的防护用品可提前与之联系。

3.6 在以核电厂为中心，半径 10 公里划定的区域内，一般不应建变电站。必须建的应采用无人值守变电站。

3.7 省电力局应根据情况定期组织核事故应急防护和安全知识的学习。核事故应急领导小组成员、抢修人员、核应急计划区内的调度和变电站值班人员应有计划的重点学习。

3.8 各级电力部门应积极参加地方核应急组织的演习，或单独组织演习。演习应至少两年一次。

3.9 场内应急状态下保障电网供电的准备工作由核电厂与地方供电部门协同解决。如防护技术的提供、事故预想、协同进行演习等。

4 核事故的应急响应

4.1 当核电厂事故进入场外应急状态时，核事故应急领导小组应立即集中并处于待命状态。

4.2 当核电厂事故进入场外应急状态时，核事故应急领导小组应首先将负责人名单、临时指挥部所在地、通讯联络方式再次通知有关单位和部门。

4.3 当核电厂事故进入场外应急状态时，各级核事故应急领导小组的通讯联系必须保证 24 小时畅通。因通讯设施不满足要求的，应立即向省核应急组织申请予以协调解决。

4.4 事故领导小组所采取的应急响应行动应服从国家或核事故应急组织统一指挥，其他任何组织和个人的命令、指令如与核应急组织的任务、目的不一致，均不得执行。

4.5 核事故应急领导小组对上级组织的命令、指令应核实其电话及内容，并做好记录。

4.6 省、地区（市）电力局内部的其他组织和个人的意见应以建议的形式提供给核事故应急领导小组，由核事故应急领导小组决定是否采纳并下达。

4.7 当核电厂事故进入场外应急状态时，核事故领导小组有与事故处理有关的人事组织、抢修指挥、物品调配权，任何单位和个人必须予以配合，不得拒绝和拖延。

4.8 当核电厂事故进入场外应急状态，同时发生核事故区域的停电事故，领导小组应立即组织人员予以抢修并恢复送电。抢修人员的个人防护用品、药品及防护技术保障向省核应急组织申请提供。

4.9 当核电厂事故进入场外应急状态时，防护用品、药品首先满足以下人员：

  a. 必须留守在可能或已经核污染地区的变电站值班人员；

  b. 必须留守在可能或已经核污染地区的调度值班人员；

  c. 必须进入可能或已经核污染地区的指挥人员和事故处理人员。

以上必需人员应控制人数，以满足最低限度需要为原则。

4.10 对于已暂不需要维持供电保障的地区，领导小组应报请省核应急组织后，统一指挥人员撤离工作现场。同时应指定一支特别反应的抢修、操作队伍待命，以便迅速集结行动。

4.11 当核电厂事故进入场外应急状态时，各级电力部门应根据需要配合地方核应急组织做好职工的隐蔽、服用稳定性碘制剂、控制通道、控制食物和水源、撤离、迁移、对受影响的区域去污等项应急防护措施。

4.12 对于国家、地方核应急组织在核事故应急响应工作中所调用的物品、派出力量、返还情况、损坏情况应进行登记。

4.13 场外应急状态的终止由省级人民政府发布。场外应急状态终止后，有关省电力局（公司）应在一个月内向电力部提交总结报告。

5 附则

5.1 核事故应急工作的奖励与处罚办法，按国务院《核电厂核事故应急管理条例》的有关条款执行。

5.2 本规定下列用语含义：

核事故应急：指为了控制和缓解核事故、减轻核事故后果而采取的不同于正常秩序和正常工作程序的紧急行动。

场外应急：应急级别之一。系指辐射后果已超越场区（受营运单位有效控制的核设施所在的区域），实施场内和场外总体应急响应行动。

应急准备：为应付核事故和辐射应急而进行的准备工作。

应急响应：为控制或减轻核事故和辐射应急状态的后果而采取的紧急行动。

应急计划区：为在事故时能及时、有效地采取保护公众的防护行动，事先在核电厂周围建立的、制定有应急计划并做好应急准备的区域。

5.3 本规定由电力部安全监察及生产协调司负责解释。

5.4 本规定自颁布之日起执行。

并网核电厂电力生产安全管理规定

（电安生〔1997〕239号）

1 总则

1.1 根据国务院授予电力工业部行业安全管理的职能和国家有关的法律、法规，以及根据电力行业的有关规程、规范，结合我国电网现状、核电厂的运营体制和核电生产的特点，制定本规定。

1.2 制定本规定的目的是通过对核电厂电力安全生产加强行业管理，促进核电厂和电网稳定运行，保障企业和社会效益。同时加强对"电力生产安全管理控制事件"（以下简称"控制事件"）的调查分析，为总结经验教训，研究核电厂事故规律，提高规划、设计、施工安装、调试、运行和检修水平以及设备制造质量的可靠性提供依据。

1.3 核电厂全体职工必须贯彻"安全第一、预防为主"的方针；核电厂要坚持确保核安全、电厂安全、电网安全、人身安全的原则，保证电力安全生产。

1.4 核电厂必须服从电网统一调度。

1.5 本规定适用于并入电网运行的核电厂及相关电网。

2 电力生产安全管理

2.1 核电厂是核电安全生产的直接责任单位，必须建立，健全安全生产责任制度。核电厂必须依法制订和完善管理核电厂电力安全生产的实施细则；核电厂全体职工必须层层落实安全生产责任制，遵章指挥，遵章操作。

2.2 核电厂及其管理部门要明确负责电力生产安全管理工作的机构并有专人和网或省电力公司的安监机构进行联系，密切合作。电力部有关安全工作的文件要发至核电厂，电力行业有关的重大安全活动、专业会议、技术交流会议应通知核电厂派员参加。

2.3 并网核电厂及网或省电力公司要采取措施，确保电网及核电厂的安全。核电厂常规部分的技术问题分析、电力生产安全管理控制事件的统计、可靠性管理统计等均要纳入网或省电力管理部门的分析统计之内，以利于总结经验，提高运行水平。

2.4 核电厂应按调度规定时间报送负荷曲线，并确保带某一稳定负荷（即核电机组在安全范围内的某一稳定负荷）。当发生危及电网及地区供电安全的情况时，核电厂应执行调度命令，及时采取措施，保证电网的安全稳定。

2.5 当核电机组不能维持稳定负荷运行时，要严格执行最低安全技术出力的规定（由核电厂根据有关规定和保证安全的实际需要确定的最低运行负荷值报电力工业部及网或省电力公司备案）；当最低安全负荷都不能维持时，要及时通知电网调度并做到安全停堆、停机。

2.6 核电厂要向电网调度部门报送检修计划，待批准后执行（涉及核安全及突发事故除外）；核电厂对设备、系统进行有可能发生突然停机、停堆及其他影响电网稳定的试验、校验前，必须做好严格的安全措施，经核电厂技术主管审查批准，并提前向电网调度申请，待调度批复后进行；批复试验时间必须在核安全规定的允许范围内。核电厂要把试验允许时间范围预先告知调度。

2.7 电网调度在编制月度发电计划时，应满足核电厂完成国家下达或协议规定的发电量的运行条件；核电机组一般不参与日峰谷调峰；特殊需要的日调峰，电网调度要预先通知核电厂（紧急事故除外）。

2.8 核电厂与电网调度部门应按调度规定建立工作联系制度。

2.9 核电厂与电网订立上网协议及供电合同时，应有保证电力安全生产的条款。

3 电力生产安全管理控制事件

核电厂在加强核安全管理的同时，必须加强对下列"控制事件"的控制和管理：

3.1 人身死亡 1 人或重伤 3 人以上。

3.2 核电机组非计划、强迫停运。

3.3 核电机组异常运行引起了全厂有功出力降低，比电网规定的有功负荷曲线值低 10%以上，并且延续时间超过 1 小时。

3.4 核电厂的主汽轮机、发电机、主变压器及开关站严重损坏，30 天内不能修复或修复后达不到原出力和安全水平。

3.5 其他电力部认定必须上报的事件。

4 控制事件调查

4.1 发生控制事件应进行认真、实事求是、科学的调查分析，要做到事件原因不清楚不放过，事件责任者和应受教育者没有受到教育不放过，没有采取防范措施不放过；对重复发生的事件应检查"安全责任制"的落实差距并采取切实有效的措施防止再发生。

4.2 控制事件由核电厂及其管理部门负责进行调查，同时应邀请所在网或省电力公司安监机构派员参加。

4.3 主要由于核电厂原因停堆、停机而造成电网失稳定事故时，电网管理部门进行事故分析时应邀请核电厂及其管理部门派员参加。

5 统计报告

5.1 发生控制事件 3.1，3.2 时，应在 24 小时内用电话或电报、传真向网或省电力管理部门报告；网或省电力管理部门应立即向电力部转报；其余控制事件可缓报。

5.2 核电厂发生 3.1，3.2 控制事件时，应参照"电业生产事故调查规程"的规定向网或省电力管理部门及电力部提供详细的事件调查报告书。

5.3 核电厂电力生产统计年报表要抄送所在网或省电力管理部门。

5.4 事件报告、报表应及时、准确、完整。

6 控制事件处理

电力工业部对核电厂发生重大人身伤亡事故及频繁、重复发生的控制事件按下列规定进行处理。

6.1 当发生一次死亡 3 人（或死亡和重伤 10 人）以上重大事故时，在电力系统内发通报批评核电厂安全第一责任人；核电厂有关责任人的处理由核电厂管理部门制定具体办法。

6.2 当发生核电厂"人员责任"造成设备严重损坏及一年内连续发生同一原因的控制事件，在电力系统内通报。

6.3 有关网、省电力公司安监机构应设专人对核电厂控制事件进行跟踪分析，对其中存在的安全管理方面的问题及时向核电厂提出指导意见和改进建议并报电力部备查。

6.4 核电厂所在网或省电力管理部门每年至少一次检查核电厂电力安全生产情况，安全生产责任制及其落实情况，控制事件的处理和采取的安全措施等情况。

7 附件

7.1 本规定由电力工业部负责解释。

7.2 本规定自 1997 年 5 月 1 日起执行。

电力企业应急预案管理办法

（国能安全〔2014〕508号）

第一章 总 则

第一条 为规范电力企业应急预案管理工作，完善电力企业应急预案体系，增强电力企业应急预案的科学性、针对性、实效性和可操作性，依据《中华人民共和国突发事件应对法》、《电力安全事故应急处置和调查处理条例》、《电力安全生产监督管理办法》、《突发事件应急预案管理办法》、《生产经营单位生产安全事故应急预案编制导则》等法律、法规、规章和标准，制定本办法。

第二条 本办法适用于电力企业应急预案的编制、评审、发布、备案、培训、演练和修订等工作。

第三条 电力企业应急预案管理工作应当遵循分类管理、分级负责、条块结合、网厂协调的原则。对涉及国家机密的应急预案，应当严格按照国家保密规定进行管理。

第四条 国家能源局负责对电力企业应急预案管理工作进行监督和指导。国家能源局派出机构在授权范围内，负责对辖区内电力企业应急预案管理工作进行监督和指导。

涉及跨区域的电力企业应急预案管理的监督指导工作，由国家能源局协调确定；同一区域内涉及跨省的电力企业应急预案管理的监督指导工作，由区域监管局负责。

第五条 电力企业是应急预案管理工作的责任主体，应当按照本办法的规定，建立健全应急预案管理制度，完善应急预案体系，规范开展应急预案的编制、评审、发布、备案、培训、演练、修订等工作，保障应急预案的有效实施。

第二章 预 案 编 制

第六条 电力企业应当依据有关法律、法规、规章、标准和规范性文件要求，结合本单位实际情况，编制相关应急预案，并按照"横向到边，纵向到底"的原则建立覆盖全面、上下衔接的应急预案体系。

第七条 电力企业应急预案体系主要由综合应急预案、专项应急预案和现场处置方案构成。

第八条　电力企业应当根据本单位的组织结构、管理模式、生产规模、风险种类、应急能力及周边环境等，组织编制综合应急预案。

综合应急预案是应急预案体系的总纲，主要从总体上阐述突发事件的应急工作原则，包括应急预案体系、风险分析、应急组织机构及职责、预警及信息报告、应急响应、保障措施等内容。

第九条　电力企业应当针对本单位可能发生的自然灾害类、事故灾难类、公共卫生事件类和社会安全事件类等各类突发事件，组织编制相应的专项应急预案。

专项应急预案是电力企业为应对某一类或某几类突发事件，或者针对重要生产设施、重大危险源、重大活动等内容而制定的应急预案。专项应急预案主要包括事件类型和危害程度分析、应急指挥机构及职责、信息报告、应急响应程序和处置措施等内容。

第十条　电力企业应当根据风险评估情况、岗位操作规程以及风险防控措施，组织本单位现场作业人员及相关专业人员共同编制现场处置方案。

现场处置方案是电力企业根据不同突发事件类别，针对具体的场所、装置或设施所制定的应急处置措施，主要包括事件特征、应急组织及职责、应急处置和注意事项等内容。

第十一条　电力企业应当成立以主要负责人（或分管负责人）为组长，相关部门人员参加的应急预案编制工作组，明确工作职责和任务分工，制定工作计划，组织开展应急预案编制工作。应急预案编制工作组成员中的安全管理人员应当持有国家能源局颁发的电力安全培训合格证。

开展本单位应急预案编制工作前，电力企业应当组织对应急预案编制工作组成员进行培训，明确应急预案编制步骤、编制要素以及编制注意事项等内容。

第十二条　电力企业编制应急预案应当在开展风险评估和应急能力评估的基础上进行。

（一）风险评估。电力企业应对本单位存在的危险因素、可能发生的突发事件类型及后果进行分析，评估突发事件的危害程度和影响范围，提出风险防控措施。

（二）应急能力评估。电力企业应在全面调查和客观分析本单位应急队伍、装备、物资等情况以及可利用社会应急资源的基础上开展应急能力评估，并依据评估结果，完善应急保障措施。

第十三条　电力企业编制的应急预案应当符合下列基本要求：

（一）应急组织和人员的职责分工明确，并有具体的落实措施；

（二）有明确、具体的突发事件预防措施和应急程序，并与其应急能力相适应；

（三）有明确的应急保障措施，并能满足本单位的应急工作要求；

（四）预案基本要素齐全、完整，预案附件提供的信息准确；

（五）相关应急预案之间以及与所涉及的其他单位或政府有关部门的应急预案在内容上应相互衔接。

第十四条　电力企业可结合本单位具体情况，以应急实用手册或应急处置卡的形式，图文并茂地说明预案中的应急组织机构及职责、响应程序、处置措施、现场急救及逃生知识等内容。

第十五条　预案编制完成后，电力企业应当在应急预案评审前组织预案涉及的相关部门或人员对预案进行桌面演练，以检验预案的可操作性，并记录在案。

第三章　预 案 评 审

第十六条　电力企业应当组织本单位应急预案评审工作，组建评审专家组，涉及网厂协调和社会联动的应急预案的评审，可邀请政府相关部门、国家能源局及其派出机构和其他相关单位人员参加。

第十七条　应急预案评审结果应当形成评审意见，评审专家应当按照"谁评审、谁签字、谁负责"的原则在评审意见上签字。电力企业应当按照评审专家组意见对应急预案进行修订完善。

评审意见应当记录、存档。

第十八条　预案评审应当注重电力企业应急预案的实用性、基本要素的完整性、预防措施的针对性、组织体系的科学性、响应程序的操作性、应急保障措施的可行性、应急预案的衔接性等内容。

第十九条　电力企业应急预案经评审合格后，由电力企业主要负责人签署印发。

第四章　预 案 备 案

第二十条　电力企业应当按照以下规定将应急预案报国家能源局或其派出机构备案：

（一）中央电力企业（集团公司或总部）向国家能源局备案。

中国南方电网有限责任公司同时向当地国家能源局区域派出机构备案。

其他电力企业向所在地国家能源局派出机构备案。

（二）需要备案的应急预案包括：综合应急预案，自然灾害类、事故灾难类相关专项应急预案。

第二十一条　电力企业报备应急预案时，应先通过预案报备管理系统进行网上申请，经国家能源局或其派出机构网上审查并准予备案登记后，将有关材料刻盘送至国家能源局或其派出机构备案。

第二十二条　国家能源局及其派出机构应当指导、督促检查电力企业做好应急预案备案工作，并对电力企业应急预案的备案情况和备案内容提出审查意见。对于符合备案要求的电力企业应急预案，应当出具《电力企业应急预案备案登记表》，并建立预案库登记管理；对于不符合备案要求的电力企业应急预案，应当要求企业完善后重新备案。

第五章　预　案　培　训

第二十三条　电力企业应当组织开展应急预案培训工作，确保所有从业人员熟悉本单位应急预案、具备基本的应急技能、掌握本岗位事故防范措施和应急处置程序。应急预案教育培训情况应当记录在案。

第二十四条　电力企业应当将应急预案的培训纳入本单位安全生产培训工作计划，每年至少组织一次预案培训，并进行考核。培训的主要内容应当包括：本单位的应急预案体系构成、应急组织机构及职责、应急资源保障情况以及针对不同类型突发事件的预防和处置措施等。

第二十五条　对需要公众广泛参与的非涉密应急预案，电力企业应当配合有关政府部门做好宣传工作。

第六章　预　案　演　练

第二十六条　电力企业应当建立应急预案演练制度，根据实际情况采取灵活多样的演练形式，组织开展人员广泛参与、处置联动性强、节约高效的应急预案演练。

第二十七条　电力企业应当对应急预案演练进行整体规划，并制定具体的应急预案演练计划。

第二十八条　电力企业根据本单位的风险防控重点，每年应当至少组织一次专项应急预案演练，每半年应当至少组织一次现场处置方案演练。

第二十九条　电力企业在开展应急预案演练前，应当制定演练方案，明确演练目的、演练范围、演练步骤和保障措施等，保证演练效果和演练安全。

第三十条　电力企业在开展应急预案演练后，应当对演练效果进行评估，并针对演练过程中发现的问题对相关应急预案提出修订意见。评估和修订意见应当有书面记录。

第七章　预　案　修　订

第三十一条　电力企业编制的应急预案应当每三年至少修订一次，预案修订结果应当详细记录。

第三十二条　有下列情形之一的，电力企业应当及时对应急预案进行相应修订：

（一）企业生产规模发生较大变化或进行重大技术改造的；

（二）企业隶属关系发生变化的；

（三）周围环境发生变化、形成重大危险源的；

（四）应急指挥体系、主要负责人、相关部门人员或职责已经调整的；

（五）依据的法律、法规和标准发生变化的；

（六）应急预案演练、实施或应急预案评估报告提出整改要求的；

（七）国家能源局及其派出机构或有关部门提出要求的。

第三十三条　应急预案修订涉及应急组织体系与职责、应急处置程序、主要处置措施、事件分级标准等重要内容的，修订工作应当参照本办法规定的预案编制、评审与发布、备案程序组织进行。仅涉及其他内容的，修订程序可根据情况适当简化。

第八章　监　督　管　理

第三十四条　对于在电力企业应急预案编制和管理工作中做出显著成绩的单位和人员，国家能源局及其派出机构可以给予表彰和奖励。

第三十五条　电力企业未按照本办法规定实施应急预案管理有关工作的，国家能源局及其派出机构应责令其限期整改；造成后果的将依据有关规定追究其责任。

第三十六条　国家能源局及其派出机构可不定期督查和重点抽查电力企业应急预案编制和评审情况。对评审过程存在不规范行为的，应当责令其改正；发现弄虚作假的，则撤销备案。

第九章　附　　则

第三十七条　本办法中所称电力企业是指以从事发电、输电、供电生产和电力建设等为主营业务的企业。

第三十八条　核电站涉及核事件的应急预案管理工作不适用于本办法。

第三十九条　本办法自发布之日起施行。原国家电力监管委员会《电力企业应急预案管理办法》同时废止。

重大活动电力安全保障工作规定（试行）

（办安全〔2010〕88 号）

第一章 总 则

第一条 为规范重大活动电力安全保障工作，加强电力安全保障工作的监督管理，保证供用电安全，依据《电力监管条例》和国家有关规定，制定本规定。

本规定适用于承担重大活动电力安全保障任务的电力企业、重点用户和电力监管机构。

第二条 本规定所称重大活动，是指由省级以上人民政府组织或认定的、具有重大影响和特定规模的政治、经济、科技、文化、体育等活动。

第三条 重大活动电力安全保障工作的总体目标是：确保重大活动期间电力系统安全稳定运行，确保重点用户供、用电安全，杜绝造成严重社会影响的停电事件发生。

第四条 重大活动电力安全保障应当遵循"超前部署、规范管理、各负其责、相互协作"的工作原则。

第五条 电力企业是安全生产的责任主体，承担重大活动期间发电、输电、供电设施安全运行和电力可靠供应的职责。

重点用户是安全用电的责任主体，承担重大活动期间其产权范围内的变压器、线路、自备应急电源等用电设施安全可靠运行的职责。

电力监管机构依法对重大活动电力安全保障工作实施监管。

第六条 重大活动电力安全保障工作分为准备、实施、总结三个阶段。

准备阶段，主要包括保障工作组织机构建立、保障工作方案制定、安全评估和隐患治理、网络与信息安全防控、电力设施安全保卫、配套电力工程建设、应急机制建立等工作。

实施阶段，主要包括落实保障工作方案、人员到岗到位、重要电力设施及用电设施的巡视检查和现场保障、突发事件处置、信息报告等工作。

总结阶段，主要包括工作评估总结、经验交流、表彰奖励等工作。

第七条 电力企业、重点用户和电力监管机构应当结合安全生产日常工作，建立重大活动电力安全保障工作常态机制，推进重大活动电力安全保障工作制度化和规范化建设。

第八条 重大活动电力安全保障工作中应当严格执行保密制度，防止涉密资料和敏感信息外泄。

第九条 电力企业、重点用户、电力监管机构、重大活动举办方等相关单位应当相互沟通，密切配合，共同做好电力安全保障工作。

第二章 工 作 职 责

第十条 电力企业重大活动电力安全保障工作主要职责是：

（一）贯彻落实各级政府和有关部门关于重大活动电力安全保障工作的决策部署；

（二）提出本单位重大活动电力安全保障工作的目标和要求，制定本单位保障工作方案并组织实施；

（三）开展安全评估和隐患治理、网络与信息安全防控、电力设施安全保卫等工作，确保重大活动期间电力设施安全运行；

（四）建立重大活动电力安全保障应急体系和应急机制，制定应急预案，开展应急培训和演练，及时处置电力突发事件；

（五）协助重点用户开展用电安全检查，督促重点用户进行隐患整改，开展重点用户供电服务工作；

（六）及时向电力监管机构报送电力安全保障工作情况。

第十一条 重点用户重大活动电力安全保障工作主要职责是：

（一）贯彻落实各级政府和有关部门关于重大活动电力安全保障工作的决策部署；

（二）制定、落实重大活动安全用电管理制度，制定电力安全保障工作方案并组织实施；

（三）及时消除用电设施安全隐患，保证用电设施安全稳定运行；

（四）建立安全用电应急机制，制定停电事件应急预案，开展应急培训和演练，及时处置涉及用电安全的突发事件。

第十二条 电力监管机构重大活动电力安全保障工作主要职责是：

（一）贯彻落实国家和地方政府有关重大活动电力安全保障工作的决策部署；

（二）建立重大活动电力安全保障监管机制，协调、指导电力企业、重点用户开展电力安全保障工作；

（三）监督检查电力企业、重点用户重大活动电力安全保障工作开展情况；

（四）协调政府有关部门和重大活动举办地人民政府，解决电力安全保障工作相关重大问题。

第三章　保障工作方案制定

第十三条　电力企业应当根据重大活动电力安全保障任务的特点和要求，制定本单位电力安全保障总体工作方案，并报电力监管机构备案。

总体工作方案主要内容包括：工作目标、组织机构、重要电力设施范围、分阶段重点工作、监督检查等。

第十四条　电力企业应当在重大活动电力安全保障总体工作方案基础上，针对生产专业和生产环节的不同特点，细化工作目标和措施，根据需要制定重大活动电力安全保障专项工作方案。

第十五条　电网企业重大活动电力安全保障专项工作方案主要有：

（一）调度运行专项方案：内容包括重大活动期间电网运行方式安排、供（配）电设施接线方式、保证电力系统安全稳定运行的措施等；

（二）设备运行专项方案：内容包括电力设备隐患排查治理计划、设备运行维护措施等；

（三）供电服务专项方案：内容包括重点用户的基本情况、供电服务措施等；

（四）网络与信息安全专项方案：内容包括重点网络安全防护措施、敏感信息管控措施、实时监测措施等；

（五）安全保卫专项方案：内容包括重要电力设施的安全保卫范围和标准、现场看护安排、巡视检查制度等；

（六）配套电力工程建设专项方案：内容包括配套电力工程建设计划、进度安排、施工质量保证措施、大负荷试验方案等。

第十六条　发电企业重大活动电力安全保障专项工作方案主要有：

（一）生产安全专项方案：内容包括重要发电厂范围、隐患排查治理计划、设备运行维护措施等。水力发电企业还应当包括大坝、水库运行安全相关内容；

（二）物资保障专项方案：内容包括煤、气、油、化学用品等生产物资供应保障措施；

（三）厂区安全保卫专项方案：内容包括主厂房、升压站、制氢站、油区、灰坝、水电站大坝等重点部位的安全保卫措施、现场看护安排、巡视检查制度等；

（四）网络与信息安全专项方案：内容包括重点网络安全防护措施、敏感信息管控措施、实时监测措施等；

（五）环境保护专项方案：内容包括环保设备在线运行保障措施、污染物减排措施等。

第十七条　电力企业可根据重大活动电力安全保障任务要求和本单位具体情况，对专项方案内容进行调整，并可根据需要增加其他专项方案。

364

第四章　安全评估与隐患治理

第十八条　电网企业应当开展以下重大活动安全评估：

（一）电网运行风险评估：对影响主配网安全稳定运行的主要因素和环节进行评估；

（二）设备运行安全评估：对输电、变电、配电设施的健康状况、运行环境等进行评估；

（三）网络与信息安全评估：对重要网络、重要应用系统、门户网站、电子邮件及网络互联接口等方面的安全状况进行评估；

（四）应急能力评估：对应急预案、应急演练、应急队伍、技术装备、物资储备、后勤保障等方面的情况进行评估；

（五）用电安全评估：对重点用户运行管理、人员资质、设备状况、自备应急电源配置、应急处置能力等方面的情况进行评估。

第十九条　发电企业应当开展以下重大活动安全评估：

（一）设备运行安全评估：对发电机组及其辅助设备、相关涉网设备等电力设备的健康状况、运行环境等进行评估；

（二）燃料保障能力评估：对发电用煤、油、气等燃料的供应风险、保障能力等进行评估；

（三）危险源安全状况评估：对列入国家、省、市级的重大危险源，以及企业内部确认的其他危险源的安全状况进行评估；

（四）网络与信息安全评估：对重要网络、重要应用系统、门户网站、电子邮件及网络互联接口等方面的安全状况进行评估；

（五）水电站大坝安全风险评估：对大坝及附属水工结构状况、防洪度汛、安全保卫等方面的情况进行评估；

（六）应急能力评估：对应急预案、应急演练、应急队伍、技术装备、物资储备、后勤保障等方面情况进行评估。

第二十条　电力企业应当结合安全评估工作，全面治理安全隐患。对可能影响重大活动供电安全的隐患，应当落实责任，落实措施，落实资金，落实时限，完成整改工作。

第二十一条　电力企业应当将重大活动安全评估和隐患整改情况向电力监管机构及时报告。

第五章　网络与信息安全防控

第二十二条　电力企业应当按照国家和行业网络与信息安全保障要求，制定重大活动期间的网络与信息安全防护策略和防护措施，制定专项应急预案，开展应急培训和演练。

第二十三条　电力企业应当对信息安全组织机构和人员落实、安全策略配置、网络边界完整性防护、网络设备和服务器配置、病毒防护和操作系统补丁升级、应用系统账户口令管理、机房出入人员管理及系统维护操作登记、移动存储介质管理及数据备份、应急响应与灾难恢复等方面的工作进行检查，发现问题及时整改。

第二十四条　电力企业应当按照分区防御策略要求，落实网络互联接口管控、网站入侵防护和病毒木马防治措施，开展对互联网出口、对外服务业务系统和终端计算机的安全监测。必要时可以临时采取其他非常规措施保障网络与信息安全，并将有关情况报电力监管机构备案。

第二十五条　电力企业应当对重大活动相关网络设备、操作系统、应用系统进行重点安全防护，严格网络设备安全配置策略，安装系统补丁，开展容灾备份，落实移动存储介质管理措施，及时分析日志。

第二十六条　电力企业应当依据国家和行业等级保护要求，开展为重大活动提供服务的电力信息系统安全等级保护建设，及时完成相关信息系统的定级、备案、测评、整改工作。

第六章　电力设施安全保卫

第二十七条　电力企业应当建立重要电力设施安全保卫机制，综合采取人防、物防、技防措施，防止外力破坏、盗窃、恐怖袭击等因素影响重大活动电力安全保障工作。

第二十八条　电力企业应当与公安（武警）、当地群众建立联动机制，根据重大活动的时段安排和重要电力设施对重大活动可靠供电的影响程度，确定重要电力设施的保卫方式。

（一）警企联防。电力企业在发电厂、变电站、电力调度中心等相关电力设施、生产场所周边设置固定、流动岗位，由公安（武警）人员与本单位安全保卫人员联合站岗值勤；在重要输电线路沿线，由公安（武警）人员、企业专业护线人员、沿线群众按照事先制定的保卫方案进行现场值守和巡视检查。

（二）专群联防。电力企业在发电厂、变电站、电力调度中心等相关电力设施、生产场所周边设置固定、流动岗位，由本单位安全保卫人员站岗值勤；在重要输电线路沿线，由本单位专业护线人员、沿线群众按照事先制定的保卫方案进行现场值守和巡视检查。

（三）企业自防。电力企业组织本单位生产操作人员、安全保卫人员，按照事先制定的保卫方案，对相关电力设施、生产场所进行现场值守和巡视检查。

第二十九条 电力企业应当将需要实行警企联防的重要电力设施名单报电力监管机构备案。

第三十条 电力企业应当加大电力设施物防投入，加固、修缮重要电力生产场所防护体，按照需求配置、更新安保器材和防暴装置，并对安保器材、防暴装置的发放、使用和维护进行统一管理。

第三十一条 电力企业应当在重要电力设施内部及周界安装视频监控、高压脉冲电网、远红外报警等技防系统，并保证技防系统正确投入使用。

电力企业可以根据需要将重要变电站、发电厂重点部位等生产场所的视频监控系统接入公安机关保安监控系统，实现多方监控。

第三十二条 重要电力生产场所应当实行分区管理和现场准入制度，对出入人员、车辆和物品进行安全检查。

第三十三条 重要电力设施遭受破坏后，电力企业应当及时进行处置，并向当地公安机关和所在地电力监管机构报告。

第七章 配套电力工程建设

第三十四条 电力企业应当及时掌握配套电力工程建设情况，做好其接入系统的准备工作。

第三十五条 电力企业应当采取措施，确保配套电力工程质量和施工安全，保证工程按期投入使用。

第三十六条 电力企业应当及时组织完成新投产设备的传动试验等工作，对新设备运行情况进行重点监测，并创造条件对新设备进行大负荷试验。

第三十七条 重大活动举办方应当为配套电力工程建设提供必要的条件。

第八章 用电安全管理

第三十八条 重大活动举办方选择活动举办场所、相关服务场所时，应当优先选择具备双回路及以上供电电源、自备应急电源容量满足保安负荷用电要求的场所。

对不具备上述条件的场所，重大活动举办方应当协调相关单位，采取建设临时电力工程、租赁应急电源等方式，提高供电可靠性。

第三十九条 重点用户应当掌握用电设施基本情况，建立并及时更新变（配）电设备清册、电气接线图、设备试验报告、二次设备整定参数等档案资料，并按照供电企业需要向其提供。

第四十条 重点用户应当根据电力安全保障工作需要，明确工作目标，制定重大活动期间用电设施运行方案、安全保卫措施等，明确活动期间用电设施操作要求、巡视检查规定、自备应急电源运行方式，保证用电安全。

第四十一条　重点用户应当对用电设施的运行方式、运行环境、健康状况等进行评估，发现问题及时整改。

第四十二条　重点用户应当开展用电设施隐患排查和预防性试验，并创造条件进行大负荷试验，及时消除安全隐患。

供电企业应当对上述工作提供技术支持。

第四十三条　重点用户电气运行人员数量应当满足用电设施运行维护需要，电气运行人员应当按照国家和行业规定持证上岗。

第四十四条　重点用户应当根据重大活动保障工作需要，储备必要的用电设施备品、备件和应急物资。

第四十五条　重大活动举办方应当协调解决重点用户在用电安全中存在的问题，监督重点用户对用电设施安全隐患进行整改。

第四十六条　供电企业应当开展重点用户供用电安全服务，提出安全用电建议，督促重点用户进行安全隐患整改，指导重点用户维护维修用电设施，协助重点用户制定停电事件应急预案，开展应急培训和演练。

第九章　电力应急管理

第四十七条　电力企业、重点用户应当建立重大活动电力安全保障应急指挥体系和应急机制，制定突发事件应急预案。

第四十八条　重大活动电力安全保障突发事件应急预案主要包括：人身事故、电网事故、设备事故、重点用户停电事件、发电厂全厂停电事故、网络信息系统安全事故、防自然灾害、燃料供应紧缺事件、防外力破坏和恐怖袭击、环境污染事故等应急预案。

第四十九条　电力企业应当开展突发事件应急培训和演练，及时完善相关应急预案。

第五十条　电力企业应当配置应急队伍及装备，足额储备应急物资。

电力安全保障应急队伍、装备、物资，应当在重大活动电力安全保障工作实施前落实到位。

第五十一条　电力企业应当开展电力预警工作，及时掌握气象信息、自然灾害情况，研判电网负荷变化趋势，适时发布电力预警信息。

第五十二条　重点用户应当编制停电事件应急预案，开展应急培训和演练，提高应对突发事件的能力。

第五十三条　经常举办重大活动、经常为重大活动提供服务的场所，应当按照国家电力监管委员会《关于加强重要电力用户供电电源及自备应急电源配置监督管理工作的意见》，配备自备应急电源，并定期维护。

第五十四条 电力突发事件发生后，电力企业应当及时启动应急预案，采取有效措施，恢复重点用户供电，并将有关情况及时向电力监管机构报告。

受到影响的重点用户应当及时启动自备应急电源，保证保安负荷用电。当自备应急电源启动失效时，供电企业应当提供必要的支援。

第十章　电力安全保障实施

第五十五条 电力企业、重点用户应当根据重大活动电力安全保障需要，提前完成保障准备工作。

重大活动开始前，电网企业应当适时安排相关电网保持全接线、全保护运行方式，不安排设备计划检修和调试。

第五十六条 电力企业、重点用户应当按照重大活动安排及电力安全保障工作方案规定，及时启动电力安全保障工作，并保证各项方案、措施落实到位。

第五十七条 电力企业、重点用户应当实时监视、监测电力系统和用电设施运行状态，严格按照电力安全保障工作方案规定开展重要电力设施、用电设施特巡检查，及时消除设备缺陷。

第五十八条 电力企业、重点用户应当跟踪掌握重大活动举办期间自然灾害情况，及时采取应对措施，防止电力设施、用电设施故障影响重大活动电力安全保障工作的事件发生。

第五十九条 电力企业、重点用户应当严格执行值班制度。各级领导应当深入现场，指挥、协调、监督本单位电力安全保障工作方案的实施；生产运行人员应当按照岗位职责要求，执行巡视、检查和报告制度。

电力企业、重点用户应当保证应急物资、应急车辆、常用备件保持随时可调、可用状态。

第六十条 电力企业应当实时监测网络与信息系统运行情况，及时发现信息安全风险，并采取措施消除安全隐患，保证网络与信息系统运行稳定，防止敏感信息泄露。

第六十一条 电力企业应当按照电力监管机构的要求，指定专人负责，及时、完整地报送电力安全保障工作信息，主要包括：

（一）电力系统运行情况；

（二）电力生产事故，发电、输电、供电设备故障情况；

（三）重点用户可靠供电情况，供电服务开展情况；

（四）电力设施安全保卫工作情况；

（五）网络与信息安全情况；

（六）自然灾害及其对电力系统的影响情况；

（七）需要报告的其他情况。

第六十二条 电力企业应当按照国家有关规定，规范电力安全保障活动的新闻宣传及信息发布程序，及时、准确发布电力安全保障工作信息。

第十一章　电力安全保障监管

第六十三条 电力监管机构应当及时了解电力企业、重点用户保障工作开展情况，提出监管要求。

第六十四条 电力监管机构应当根据电力安全保障任务需要，制定重大活动电力安全保障工作方案。主要内容包括：保障工作目标、组织机构及其职责、保障工作范围及时限、工作要求、应急措施、监管措施等。

第六十五条 电力监管机构应当对电力企业、重点用户重大活动电力安全保障工作进行专项检查，督促电力企业、重点用户对存在的问题进行整改。

第六十六条 电力监管机构应当编制重大活动电力安全保障突发事件应急预案，主要内容包括：各部门职责、应急处置程序、应急保障措施等。

电力监管机构应当开展应急培训和演练。

第六十七条 电力监管机构应当与政府有关部门沟通协调，通报电力安全保障工作情况，协调解决电力设施安全保卫、发电燃料供应、重点用户用电安全等方面遇到的问题。

第六十八条 重大活动电力安全保障实施期间，电监会派出机构应当及时掌握电力安全保障工作实施情况，并向电监会报告。

第六十九条 重大活动电力安全保障实施期间，电力监管机构应当实行 24 小时值班和 12398 电话值班制度。值班人员应当随时保持与政府有关部门、重要电力企业的沟通联系。

第十二章　附　　则

第七十条 电力企业、重点用户、电力监管机构应当及时总结电力安全保障工作经验，对工作突出的单位和个人进行表彰。

第七十一条 省级以上人民政府临时组织的重要活动，电力企业可以参照本规定相关要求，开展电力安全保障工作。

电力企业应当及时将上述电力安全保障任务向电力监管机构报告。

第七十二条 本规定下列用词的含义：

（一）"重点用户"，是指重大活动举办场所、相关服务场所，以及可能对重大活动造成严重影响的其他用电单位。

（二）"重要电力设施"，是指与重大活动电力安全保障相关的发电厂、变电站、输（配）电线路、电力调度中心、电力应急中心等电力设施或场所。

（三）"配套电力工程"，是指与重大活动电力安全保障工作相关的永久性或临时性新建、改建、扩建电力工程。

第七十三条 电力企业、重点用户可依据本规定，制定本单位重大活动电力安全保障实施办法。

第七十四条 本规定自印发之日起施行。

电力安全隐患监督管理暂行规定

（电监安全〔2013〕5号）

第一章 总 则

第一条 为贯彻落实"安全第一、预防为主、综合治理"方针，明确电力行业安全隐患（以下简称"隐患"）分级分类标准，规范隐患排查治理工作，建立隐患监督管理的长效机制，防止电力事故和电力安全事件的发生，依据《电力监管条例》等国家相关法律法规和电力行业相关规定，制定本规定。

第二条 发电（含核电厂常规岛部分）、输变电、供电企业和电力建设工程项目隐患排查治理和电力监管机构对隐患实施安全监管，适用本规定。

第三条 本规定所称隐患是指电力生产和建设施工过程中产生的可能造成人身伤害，或影响电力（热力）正常供应，或对电力系统安全稳定运行构成威胁的设备设施不安全状态、不良工作环境以及安全管理方面的缺失。

第二章 分 级 分 类

第四条 根据隐患的产生原因和可能导致电力事故事件类型，隐患可分为人身安全隐患、电力安全事故隐患、设备设施事故隐患、大坝安全隐患、安全管理隐患和其他事故隐患等六类。

第五条 根据隐患的危害程度，隐患分为重大隐患和一般隐患。其中：重大隐患分为Ⅰ级重大隐患和Ⅱ级重大隐患。

第六条 重大隐患是指可能造成一般以上人身伤亡事故、电力安全事故，直接经济损失100万元以上的电力设备事故和其他对社会造成较大影响事故的隐患。

（一）Ⅰ级重大隐患主要包括：

1. 人身安全隐患：可能导致10人以上死亡，或者50人以上重伤事故的隐患。

2. 电力安全事故隐患：可能导致发生国务院第599号令《电力安全事故应急处置和调查处理条例》规定的较大以上电力安全事故的隐患。

3. 设备设施事故隐患：可能造成直接经济损失5000万元以上设备事故的隐患。

4. 大坝安全隐患：可能造成水电站大坝或者燃煤发电厂贮灰场大坝溃决的

隐患。

5. 其他事故隐患：可能导致发生《国家突发环境事件应急预案》规定的重大以上环境污染事故的隐患。

（二）Ⅱ级重大隐患主要包括：

1. 人身安全隐患：可能导致 1 人以上、10 人以下死亡，或者 1 人以上、50 人以下重伤事故的隐患。

2. 电力安全事故隐患：可能导致发生国务院第 599 号令《电力安全事故应急处置和调查处理条例》规定的一般电力安全事故的隐患。

3. 设备设施事故隐患：可能造成直接经济损失 100 万元以上、5000 万元以下的设备事故的隐患。

4. 大坝安全隐患：可能造成水电站大坝漫坝、结构物或边坡垮塌、泄洪设施或挡水结构不能正常运行的隐患，或者造成燃煤发电厂贮灰场大坝断裂、倒塌、滑移、灰水灰渣泄漏、排洪设施损坏的隐患。

5. 安全管理隐患：安全监督管理机构未成立，安全责任制未建立，安全管理制度、应急预案严重缺失，安全培训不到位，发电机组（风电场）并网安全性评价未定期开展，水电站大坝未开展安全注册和定期检查，燃煤发电厂贮灰场大坝未开展安全评估等隐患。

6. 其他事故隐患：可能导致发生《火灾事故调查规定》（公安部第 108 号令）和《公安部关于修改〈火灾事故调查规定〉的决定》（公安部第 121 号令）规定的火灾事故隐患；可能导致发生《国家突发环境事件应急预案》规定的一般和较大等级的环境污染事故的隐患。

第七条 一般隐患是指可能造成电力安全事件，直接经济损失 10 万元以上、100 万元以下的电力设备事故，人身轻伤和其他对社会造成影响事故的隐患。

第三章 认 定 原 则

第八条 隐患等级应在客观因素最不利的情况下，按照其可能直接造成的最严重后果来认定。不同类型的隐患，应按照其可能导致不同等级事故（事件）的最严重程度认定。

第九条 人身安全隐患的认定：

（一）死伤人数按隐患可能导致的最严重后果计算，可能导致重伤的按死亡计算。

（二）在特定条件下，确认不会导致人身死亡和重伤的隐患，可以认定为人身轻伤。

第十条 电力安全事故（事件）隐患的认定：

（一）在认定隐患可能造成发电厂或者变电站全厂（站）对外停电事故（事件）时，不考虑其可能对电网造成的电压波动。

（二）在认定隐患可能造成发电机组故障停运事故（事件）时，不考虑其可能导致的电网减负荷。

（三）在认定隐患可能造成电网减供负荷和城市供用户停电事故（事件）时，县供电企业事故等级认定可参照县级市事故等级的认定。

（四）供热电厂停止供热是指所有时间段的供热中断。

第十一条 设备设施事故隐患的认定：

（一）设备设施事故隐患的认定应按照隐患可能造成最严重的设备设施损坏计算。造成设备部分零部件损坏，但无法更换损坏零部件的，应计算整套设备的损失。

（二）隐患可能造成的财产损失费用，包括固定资产损失，或者为恢复其功能所发生的备品配件、材料、人工、运输、清理等费用以及事故罚款、赔偿费用等。

（三）设备设施的修复和整改时间认定，按照设备设施正常采购、修复及更换时间来计算，特殊设备考虑厂家标准制造时间。

第十二条 大坝安全隐患的认定：

按照《水电站大坝运行安全管理规定》（电监会第 3 号令），安全等级评定为险坝的水电站大坝，定为Ⅰ级重大隐患；安全等级评定为病坝的水电站大坝，定为Ⅱ级重大隐患。按照电监会《燃煤发电厂贮灰场安全监督管理规定》（电监安全〔2013〕3 号），安全等级评定为险态灰场的燃煤发电厂贮灰场，定为Ⅰ级重大隐患；安全等级评定为病态灰场的燃煤发电厂贮灰场，定为Ⅱ级重大隐患。

第十三条 安全管理隐患的认定：

（一）安全监督管理机构未成立，是指未按照国家有关法规要求设立独立的安全监督管理机构。

（二）安全责任制未建立，是指未能明确企业各级领导、各职能部门、工程技术人员和现场生产人员在生产运营和建设施工中应负的安全责任。

（三）安全管理制度严重缺失，是指按照发电、供电企业和电力建设项目安全生产标准化规范及达标评级标准要求，"法律法规与安全管理制度"部分得分没能达到 36 分以上的。

（四）应急预案严重缺失，是指企业未能按照《电力企业综合应急预案编制导则（试行）》以及本单位的组织结构、管理模式、生产规模和风险种类等特点，编制综合应急预案；或者编制的应急预案内容不符合《电力企业专项应急预案编制导则（试行）》和《电力企业现场处置方案编制导则（试行）》的基本要求。

（五）安全培训不到位，是指未按照《国务院安委会关于进一步加强安全培训工作的决定》（安委〔2012〕10 号）要求，实行三项岗位人员（企业主要负责人、安全管理人员和特种作业人员）持证上岗和先培训后上岗制度。

（六）应急演练未开展，是指没有开展应急演练或虽已开展应急演练但无相关记录和总结的。

（七）发电机组（风电场）并网安全性评价未开展，是指未按照电监会《关于印发〈发电机组并网安全评价及条件〉的通知》（办安全〔2009〕72 号）、《关于印发〈风力发电场并网安全评价及条件〉的通知》（办安全〔2011〕79 号）要求开展并网安全性评价工作的。

（八）水电站大坝未开展安全注册和定期检查，是指水电站未按照《水电站大坝运行安全管理规定》（电监会 3 号令）开展大坝安全注册和定期检查。燃煤发电厂未按照《燃煤发电厂贮灰场安全监督管理规定》（电监安全〔2013〕3 号）开展贮灰场大坝安全等级评定。

第十四条 火灾事故隐患的认定：

（一）影响人员疏散或者灭火救援的；

（二）消防设施不完好有效，影响防火灭火功能的；

（三）擅自改变防火分区，容易导致火势蔓延、扩大的；

（四）在人员密集场所违反消防安全规定，使用、存储易燃易爆化学品的；

（五）不符合城市消防安全布局要求，影响公共安全的；

（六）其他违反消防法规的情形。

第十五条 环境污染事故隐患的认定：按照因危险源泄漏，可能对人身、设备设施、大气、水源等方面造成的危害程度以及因环境污染可能引发的跨行政区域纠纷的严重程度认定。

第四章 监 督 管 理

第十六条 电力企业是隐患排查治理工作的责任主体，电力企业分管安全负责人对隐患排查、治理、统计、分析、上报和管控工作全面负责。电力企业应按照"谁主管、谁负责"和"全方位覆盖、全过程闭环"的原则，落实职责分工，完善工作机制，对隐患进行初步评估，并于每月 10 日前向电力监管机构报送上月隐患排查治理情况（见附表 1），于每季度第一个月 10 日前报送上季度隐患排查治理分析总结。

第十七条 建立重大隐患即时报告制度。电力企业经过自评估确定为重大隐患的，应当立即向所在地区电力监管机构报告。涉及消防、环保、防洪、航运和灌溉等重大隐患，电力企业要同时报告地方人民政府有关部门协调整改。重大隐患信息报告应包括：隐患名称、隐患现状及其产生的原因、隐患危害程度、整改措施和应急预案、办理期限、责任单位和责任人员（见附表2）。

第十八条 电力监管机构对整改时间超过180天的重大隐患实行挂牌督办制度。电监会负责对整改时间超过180天的Ⅰ级重大隐患挂牌督办，电监会派出机构负责对整改时间超过180天的Ⅱ级隐患进行挂牌督办。电监会可根据情况委托派出机构对部分Ⅰ级重大隐患挂牌督办；涉及到跨省跨区和多个单位的Ⅱ级重大隐患，派出机构可报请电监会挂牌督办。

第十九条 电监会派出机构对所辖地区电力企业报送的以及在督查中发现的重大隐患要按照本规定第六条进行定级和登记建档，确定为重大隐患的，应组织评估。经评估为Ⅱ级重大隐患的且整改时间超过180天的，要向相关企业下达重大隐患挂牌督办通知单。经评估为Ⅰ级重大隐患的且整改时间超过180天的，应于2个工作日内将重大隐患信息报送电监会和当地人民政府。

整改时间超过180天的Ⅰ级重大隐患挂牌督办通知单可由电监会下达到全国电力安全生产委员会企业成员单位并告知有关派出机构，或通过派出机构直接下达到被挂牌的电力企业。重大隐患挂牌督办通知单主要包括：督办名称、督办事项、整改和过程防控要求、办理期限、督办解除程序和方式。

对整改时间不超过180天的重大隐患，电力监管机构要加强现场督查和指导。

第二十条 电力企业要建立隐患管理台账，制定切实可行的整治方案，落实整改责任、整改资金、整改措施、整改预案和整改期限，限期将隐患整改到位。在重大隐患治理过程中，应当加强监测，采取有效的预防措施，制定应急预案，开展应急演练，实现重大隐患的可控在控。

第二十一条 在重大隐患排除前或者排除过程中无法保证安全的，如果不影响电力（热力）供应，电力企业应当停工停产或者停止运行存在重大隐患的设备设施，撤离人员，并及时向电力监管机构和政府有关部门报告。重大隐患治理完成后，电力企业要组织技术人员和专家对重大隐患治理情况进行评估，符合安全生产条件的，需经电力监管机构审查验收同意方可恢复施工和生产。

第二十二条 电力监管机构要加强现场监督检查，及时了解重大隐患整改工作进度，对于隐患整改责任不落实、未能按规定时间完成整改的电力企业，电力监管机构有权责令其暂时停工停产。

第二十三条 电力监管机构要加强信息交流工作，建立隐患月报告、季度分析、年度总结制度，定期统计分析和通报所辖地区电力企业在隐患管理制度建设、责任落实、奖惩机制和信息报告等方面的工作情况，并于每月17日前向电监会报送上月本地区重大隐患治理情况，每季度第一个月17日前报送上季度隐患排查治理分析总结。

第二十四条 电力监管机构对于电力企业自主排查评估、及时上报重大隐患并得到有效治理的，要给予通报表扬；在督查时发现重大隐患而相关电力企业未上报的，要给予通报批评，造成严重后果的，要从严追究相关责任。

第五章　附　　则

第二十五条　本规定由电监会负责解释并监督执行。

第二十六条　各电力企业应结合各自实际和特点，制定管理办法或实施细则，并报相应电力监管机构备案。

第二十七条　本规定自印发之日起执行。

附表 1　201　年　月电力安全隐患排查治理情况月报表（略）

附表 2　重大电力安全隐患信息报告单（略）

电网安全风险管控办法（试行）

（国能安全〔2014〕123号）

第一章 总 则

第一条 为了有效防范电网大面积停电风险，建立以科学防范为导向，流程管理为手段，全过程闭环监管为支撑的全面覆盖、全程管控、高效协同的电网安全风险管控机制，制定本办法。

第二条 电网企业及其电力调度机构、发电企业、电力用户在电网安全风险管控中负主体责任，国家能源局及其派出机构负责电网安全风险管控工作的监督管理。

第三条 各有关单位应当高度重视电网安全风险管控工作，定期梳理电网安全风险，有针对性地做好风险识别、风险分级、风险监视、风险控制工作，以便及时了解、掌握和化解电网安全风险。

第二章 电网安全风险识别

第四条 电网企业及其电力调度机构负责组织进行风险识别，发电企业、电力用户应当配合电网企业及其电力调度机构做好风险识别工作。风险识别工作在于合理确定风险防控范围。风险识别应明确风险可能导致的后果、查找风险原因、判明故障场景。

第五条 风险可能导致的后果由各级电网企业及其电力调度机构根据电力安全事故（事件）的标准，结合本地电网的实际情况确定，可以选用电网减供负荷、停电用户的比例或对电网稳定运行和电能质量的影响程度等指标。

第六条 风险根据形成原因可以分为内在风险和外在风险。内在风险主要包括电网结构风险、设备风险（含一次设备风险和二次设备风险）；外在风险主要包括人为风险、自然风险、外力破坏风险。部分风险可以由多个原因组合而成。

第七条 故障场景可以参照《电力系统安全稳定导则》规定的三级大扰动，各电力企业可以根据实际情况将第三级大扰动中的多重故障、其他偶然因素进行细化。

第三章 电网安全风险分级

第八条 电网企业及其电力调度机构负责组织进行风险分级。风险分级在于判明风险大小，并为后续监视和控制提供依据。

第九条　风险等级主要根据风险可能导致的后果来进行划分。对于可能导致特别重大或重大电力安全事故的风险，定义为一级风险；对于可能导致较大或一般电力安全事故的风险，定义为二级风险；其他定义为三级风险。

第四章　电网安全风险监视

第十条　电网安全风险监视在于密切跟踪风险的发展变化情况。风险监视工作应当遵循"分区、分级"的原则。

第十一条　对于跨区电网风险，由国家电网公司负责监视，国家能源局负责相关工作的监督指导；对于区域内跨省电网风险，由当地区域电网企业负责监视，国家能源局当地区域派出机构负责相关工作的监督指导；对于省内电网风险，由当地电网企业负责监视，国家能源局当地派出机构负责相关工作的监督指导。

第十二条　对于三级电网安全风险，由相关电网企业自行监视；对于二级以上电网安全风险，相关电网企业应当报告国家能源局当地派出机构；对于一级电网安全风险，国家能源局当地派出机构应当上报国家能源局并抄报当地省（自治区、直辖市）人民政府。

第五章　电网安全风险控制

第十三条　电网安全风险控制在于把电网安全风险可能导致的后果限制在合理范围内。各电力企业负责本企业范围内风险控制措施的落实，国家能源局及其派出机构负责督促指导电力企业的风险控制工作。

第十四条　电网企业应当制定风险控制方案，按照国家有关法规和技术规定、规程等的要求，综合考虑风险控制方法与途径，必要时与发电企业、电力用户等其他风险相关方进行沟通和说明，确保风险控制措施的可行性和可操作性。各风险相关方应当落实各自责任，保证风险控制所需的人力、物力、财力。

第十五条　临时控制电网安全风险的具体措施可以分为降低风险概率、减轻风险后果、提高应急处置能力等方面。降低风险概率的措施包括但不限于专项隐患排查、组织设备特巡、精心挑选作业人员、加强现场安全监督、加强设备技术监督管理。减轻风险后果的措施包括但不限于转移负荷、调整运行方式、合理安排作业时间、采取需求侧管理措施。提高应急处置能力的措施包括但不限于制定现场应急处置方案、开展反事故应急演练、提前告知用户安全风险、提前预警灾害性天气。

第十六条　降低电网安全风险的途径包括但不限于纳入电网规划和建设计

划、纳入技改检修项目计划、纳入管理制度和标准、纳入日常生产工作计划、纳入培训教育计划。

第十七条　各电力企业应当对风险控制方案的实施效果进行评估，对下级单位风险控制方案的落实情况进行检查，确保风险控制措施得到有效实施。

第六章　风险管控与其他工作的衔接

第十八条　风险管控应当与电网规划相结合，通过优化电网规划，适当调整规划项目实施次序，增强网架结构，提高系统抵御风险能力。

第十九条　风险管控应当与电网建设相结合，通过严格执行设计方案，强化过程控制，提升建设施工水平，严格竣工验收，确保电网建设工程质量。

第二十条　风险管控应当与生产计划安排相结合，在安排检修计划和夏（冬）高峰、丰（枯）水期、重要保电、配合大型工程建设等特殊时期方式时，应同时考虑风险管控措施。

第二十一条　风险管控应当与物资管理相结合，通过加强设备物资采购管理，加强设备监造工作，提升输变电设备整体技术和质量水平。

第二十二条　风险管控应当与隐患排查治理相结合，通过加强日常安全隐患排查和治理工作，消除影响电力系统安全运行的重大隐患和薄弱环节，减少事故，确保电网安全。

第二十三条　风险管控应当与可靠性管理相结合，通过加强设备全寿命周期管理，分析设备的运行状况、健康水平，落实整改措施，降低电网运行的潜在风险。同时加强设备可靠性统计工作，为风险的识别、分级提供技术支持。

第二十四条　风险管控应当与应急管理相结合，通过完善应急预案体系，建立健全应急联动机制，加强应急演练，形成多元化应急物资储备方式，控制和减少事故造成的损失。

第七章　工作实施和监督管理

第二十五条　各省级以上电网企业应按年度对所辖 220 千伏以上电网开展电网安全风险管控工作，并在此基础上形成本企业年度风险管控报告。报告中应包括以下内容：

（一）全面总结本企业电网安全风险管控工作开展情况；

（二）深入分析所辖电网存在的安全风险；

（三）提出有针对性的风险管控措施和建议。

各省级以上电网企业应当于当年 9 月 30 日前将本企业年度风险管控报告报国家能源局或者有关派出机构。

第二十六条　国家能源局各派出机构应当汇总形成本省（区域）年度风险管控报告，于当年 10 月 15 日前上报国家能源局。

第二十七条　对于二级以上的电网安全风险，电网企业要将风险控制方案和实施效果评估报告报担负相应风险监视监督指导职责的国家能源局或者有关派出机构。对于发电企业、电力用户等风险相关方未落实风险控制方案的，电网企业要及时报告国家能源局当地派出机构和地方政府有关部门。

第二十八条　国家能源局及其派出机构应当加强对企业上报的电网安全风险的跟踪监视，不定期开展对电网安全风险管控落实情况的监督检查或重点抽查。

第二十九条　对于未按要求报告或未及时采取管控措施而导致电力安全事故或事件的，国家能源局或者有关派出机构将依据有关法律法规对责任单位和责任人从严处理。

第八章　附　　则

第三十条　本办法由国家能源局负责解释。

第三十一条　国家能源局各派出机构及各电力企业可依据本办法制定具体的实施细则。

第三十二条　本办法中所称"以上"均包括本数。

第三十三条　本办法自公布之日起试行。

电力安全事件监督管理规定

(国能安全〔2014〕205 号)

第一条 为贯彻落实《电力安全事故应急处置和调查处理条例》(以下简称《条例》),加强对可能引发电力安全事故的重大风险管控,防止和减少电力安全事故,制定本规定。

第二条 本规定所称的电力安全事件,是指未构成电力安全事故,但影响电力(热力)正常供应,或对电力系统安全稳定运行构成威胁,可能引发电力安全事故或造成较大社会影响的事件。

第三条 电力企业应当加强对电力安全事件的管理,严格落实安全生产责任,建立健全相关的管理制度,完善安全风险管控体系,强化基层基础安全管理工作,防止和减少电力安全事件。

第四条 电力企业应当依照《条例》和本规定,制定本企业电力安全事件相关管理规定,明确电力安全事件分级分类标准、信息报送制度、调查处理程序和责任追究制度等内容。

第五条 电力企业制定的电力安全事件相关管理规定应当报送国家能源局及其派出机构。属于全国电力安全生产委员会成员单位的电力企业向国家能源局报送,其他电力企业向当地国家能源局派出机构(以下简称"派出机构")报送。电力安全事件相关管理规定作出修订后,应当重新报送。

第六条 国家能源局以及派出机构指导、督促电力企业开展电力安全事件防范工作,并重点加强对以下电力安全事件的监督管理:

(一)因安全故障(含人员误操作,下同)造成城市电网(含直辖市、省级人民政府所在地城市、其他设区的市、县级市电网)减供负荷比例或者城市供电用户停电比例超过《电力安全事故应急处置和调查处理条例》规定的一般电力安全事故比例数值 60% 以上;

(二)500 千伏以上系统中,一次事件造成同一输电断面两回以上线路同时停运;

(三)省级以上电力调度机构管辖的安全稳定控制装置拒动或误动、330 千伏以上线路主保护拒动或误动、330 千伏以上断路器拒动;

(四)装机总容量 1000 兆瓦以上的发电厂、330 千伏以上变电站因安全故障造成全厂(全站)对外停电;

（五）±400千伏以上直流输电线路双极闭锁或一次事件造成多回直流输电线路单极闭锁；

（六）发生地市级以上地方人民政府有关部门确定的特级或者一级重要电力用户外部供电电源因安全故障全部中断；

（七）因安全故障造成发电厂一次减少出力1200兆瓦以上，或者装机容量5000兆瓦以上发电厂一次减少出力2000兆瓦以上，或者风电场一次减少出力200兆瓦以上；

（八）水电站由于水工设备、水工建筑损坏或者其他原因，造成水库不能正常蓄水、泄洪，水淹厂房、库水漫坝；或者水电站在泄洪过程中发生消能防冲设施破坏、下游近坝堤岸垮塌；

（九）燃煤发电厂贮灰场大坝发生溃决，或发生严重泄漏并造成环境污染；

（十）供热机组装机容量200兆瓦以上的热电厂，在当地人民政府规定的采暖期内同时发生2台以上供热机组因安全故障停止运行并持续12小时。

第七条 发生第六条所列电力安全事件后，对于造成较大社会影响的，发生事件的单位负责人接到报告后应当于1小时内向上级主管单位和当地派出机构报告，在未设派出机构的省、自治区、直辖市，应当向当地国家能源局区域派出机构报告。全国电力安全生产委员会成员单位接到报告后应当于1小时内向国家能源局报告。

其他电力安全事件报国家能源局的时限为事件发生后24小时。同时，当地派出机构要对事件进一步核实，及时向国家能源局报送事件情况的书面报告。

第八条 电力企业对发生的电力安全事件，应当吸取教训，按照本企业的相关管理规定，制定和落实防范整改措施。

对第六条所列电力安全事件，电力企业应当依据国家有关事故调查程序，组织调查组进行调查处理。

对电力系统安全稳定运行或对社会造成较大影响的电力安全事件，国家能源局及其派出机构认为必要时，可以专项督查。

第九条 对第六条所列电力安全事件的调查期限依据《电力安全事故应急处置和调查处理条例》规定的一般电力安全事故调查期限执行，调查工作结束后5个工作日内，电力企业应当将调查结果以书面形式报国家能源局及其派出机构。

第十条 涉及电网企业、发电企业等两个或者两个以上企业的电力安全事件，组织联合调查时发生争议且一方申请国家能源局及其派出机构调查的，可以由国家能源及其派出机构组织调查。

第十一条 对发生第六条所列电力安全事件且负有主要责任的电力企业，国家能源局及其派出机构将视情况采取约谈、通报、现场检查和专项督办等手段加强督导，督促电力企业落实安全生产主体责任，全面排查安全隐患，落实防范整改措施，切实提高安全生产管理水平，防止类似事件重复发生，防止由电力安全事件引发电力安全事故。

第十二条 电力企业违反本规定要求的，由国家能源局及其派出机构依据有关规定处理。

第十三条 派出机构可根据本规定，结合本辖区实际，制定相关实施细则。

第十四条 本规定自发布之日起执行。

电力行业网络与信息安全管理办法

（国能安全〔2014〕317号）

第一章　总　　则

第一条　为加强电力行业网络与信息安全监督管理，规范电力行业网络与信息安全工作，根据《中华人民共和国计算机信息系统安全保护条例》及国家有关规定，制定本办法。

第二条　电力行业网络与信息安全工作的目标是建立健全网络与信息安全保障体系和工作责任体系，提高网络与信息安全防护能力，保障网络与信息安全，促进信息化工作健康发展。

第三条　电力行业网络与信息安全工作坚持"积极防御、综合防范"的方针，遵循"统一领导、分级负责，统筹规划、突出重点"的原则。

第二章　监督管理职责

第四条　国家能源局是电力行业网络与信息安全主管部门，履行电力行业网络与信息安全监督管理职责。国家能源局派出机构根据国家能源局的授权，负责具体实施本辖区电力企业网络与信息安全监督管理。

第五条　国家能源局依法履行电力行业网络与信息安全监督管理工作职责，主要内容为：

（一）组织落实国家关于基础信息网络和重要信息系统安全保障工作的方针、政策和重大部署，并与电力生产安全监督管理工作相衔接；

（二）组织制定电力行业网络与信息安全的发展战略和总体规划；

（三）组织制定电力行业网络与信息安全等级保护、风险评估、信息通报、应急处置、事件调查与处理、工控设备安全性检测、专业人员管理、容灾备份、安全审计、信任体系建设等方面的政策规定及技术规范，并监督实施；

（四）组织制定电力行业网络与信息安全应急预案，督促、指导电力企业网络与信息安全应急工作，组织或参加信息安全事件的调查与处理；

（五）组织建立电力行业网络与信息安全工作评价与考核机制，督促电力企业落实网络与信息安全责任、保障网络与信息安全经费、开展网络与信息安全工程建设等工作；

（六）组织开展电力行业网络与信息安全信息通报、从业人员技能培训考核等工作；

（七）组织开展电力行业网络与信息安全的技术研发工作；

（八）电力行业网络与信息安全监督管理的其他事项。

第三章 电力企业职责

第六条 电力企业是本单位网络与信息安全的责任主体，负责本单位的网络与信息安全工作。

第七条 电力企业主要负责人是本单位网络与信息安全的第一责任人。电力企业应当建立健全网络与信息安全管理制度体系，成立工作领导机构，明确责任部门，设立专兼职岗位，定义岗位职责，明确人员分工和技能要求，建立健全网络与信息安全责任制。

第八条 电力企业应当按照电力监控系统安全防护规定及国家信息安全等级保护制度的要求，对本单位的网络与信息系统进行安全保护。

第九条 电力企业应当选用符合国家有关规定、满足网络与信息安全要求的信息技术产品和服务，开展信息系统安全建设或改建工作。

第十条 电力企业规划设计信息系统时，应明确系统的安全保护需求，设计合理的总体安全方案，制定安全实施计划，负责信息系统安全建设工程的实施。

第十一条 电力企业应当按照国家有关规定开展电力监控系统安全防护评估和信息安全等级测评工作，未达到要求的应当及时进行整改。

第十二条 电力企业应当按照国家有关规定开展信息安全风险评估工作，建立健全信息安全风险评估的自评估和检查评估制度，完善信息安全风险管理机制。

第十三条 电力企业应当按照网络与信息安全通报制度的规定，建立健全本单位信息通报机制，开展信息安全通报预警工作，及时向国家能源局或其派出机构报告有关情况。

第十四条 电力企业应当按照电力行业网络与信息安全应急预案，制定或修订本单位网络与信息安全应急预案，定期开展应急演练。

第十五条 电力企业发生信息安全事件后，应当及时采取有效措施降低损害程度，防止事态扩大，尽可能保护好现场，按规定做好信息上报工作。

第十六条 电力企业应当按照国家有关规定，建立健全容灾备份制度，对关键系统和核心数据进行有效备份。

第十七条 电力企业应当建立网络与信息安全资金保障制度，有效保障信息系统安全建设、运维、检查、等级测评和安全评估、应急及其他的信息安全资金。

第十八条 电力企业应当加强信息安全从业人员考核和管理。从业人员应当定期接受相应的政策规范和专业技能培训，并经培训合格后上岗。

第四章 监督检查

第十九条 国家能源局及其派出机构依法对电力企业网络与信息安全工作进行监督检查。

第二十条 国家能源局及其派出机构进行监督检查和事件调查时，可以采取下列措施：

（一）进入电力企业进行检查；

（二）询问相关单位的工作人员，要求其对有关检查事项作出说明；

（三）查阅、复制与检查事项有关的文件、资料，对可能被转移、隐匿、损毁的文件、资料予以封存；

（四）对检查中发现的问题，责令其当场改正或者限期改正。

第五章 附 则

第二十一条 本办法由国家能源局负责解释。

第二十二条 本办法自发布之日起实施，有效期五年。2007 年 12 月 4 日原国家电力监管委员会发布的《电力行业网络与信息安全监督管理暂行规定》（电监信息〔2007〕50 号）同时废止。

电力网电能损耗管理规定

（能源节能〔1990〕1149号）

第一章 总 则

第 1 条 电力网电能损耗率（简称线损率）是国家考核电力部门的一项重要经济指标，也是象征电力系统规划设计水平、生产技术水平和经营管理水平的一项综合性技术经济指标。

为推动各级电力部门加强线损管理，根据国务院颁发的《节约能源管理暂行条例》和能源部颁发的《"节约能源管理暂行条例"电力工业实施细则》，特制订本规定。

第 2 条 各级电力部门要强化规划设计，改善电网结构，实现电网经济运行；不断提高生产技术水平，改进经营管理；研究改革线损管理制度，努力降低电力网电能损耗。

第 3 条 本规定适用于全国各级电压的已投入运行的电力系统。

第 4 条 各电业管理局（以下简称网局）、各省（市、自治区）电力局（以下简称省局）可根据本规定的要求，结合本地区和本单位的具体情况，制定《电力网电能损耗管理规定》实施细则。

第二章 管理体制和职责

第 5 条 各网局、省局应建立、健全节能领导小组，由主管节能的局领导或总工程师负责领导线损工作，确定生技、计划、调度、基建、农电、用电等部门在线损工作方面的职责分工和综合归口部门。归口部门应配备线损管理的专职技术干部，其他部门可设置线损工作的专职或兼职技术干部。网局、省局的职责是：

1. 负责贯彻国家和能源部的节电方针、政策、法规、标准及有关节电指示，并监督、检查下属单位的贯彻执行情况；

2. 制定本地区的降低线损规划，组织落实重大降损措施；

3. 核定和考核下属单位的线损率计划指标；

4. 总结交流线损工作经验和分析降损效果及存在的问题，提出改进措施。

节能领导小组有关线损的日常工作，由归口部门办理。

第 6 条 供电局（电业局、地区电力局、供电公司）（以下简称供电局）、县电力局（农电局、供电局、供电公司）（以下简称县电力局）应建立、健全由生技、计划、调度、用电、计量、农电等有关科室人员组成线损领导小组，由主管节能的局领导或总工程师任组长，负责领导线损工作。归口部门应配备线损专职技术干部，处理领导小组的日常工作，其他科室和基层生产单位应设置线损专职或兼职技术干部。供电局、县电力局的职责是：

1. 负责监督、检查全局线损工作；
2. 负责编制并实施本局线损率计划指标、降损规划和降损措施计划；
3. 落实并努力完成上级下达的线损率指标。

第 7 条 各级电力部门的线损归口单位线损专职人员的职责是：

1. 会同有关部门编制线损率计划指标；
2. 会同有关部门编制本局的降低线损的措施计划，并监督实施；
3. 总结交流线损工作经验，组织技术培训；
4. 按期组织线损理论计算，定期进行线损综合分析，编制线损专业统计分析报告；
5. 会同有关部门检查线损工作、线损率指标完成情况和线损奖惩的实施情况；
6. 参加基建、技改等工程项目的设计审查；
7. 与有关部门共同拟定线损奖金分配方案。

第三章 指 标 管 理

第 8 条 各级电力部门按期编制、下达线损率计划指标，并组织、督促努力完成。

线损率计划指标的编制以线损理论计算值和前几年线损率统计值为基础，并根据以下影响线损率升降的诸因素进行修正：

1. 系统电源分布的变化、负荷增长与用电构成的变化；
2. 电网结构的变化、系统运行方式和系统中的潮流分布的变化；
3. 基建、改进及降损技术措施工程投运的影响；
4. 新增大工业用户投运的影响；
5. 系统中主要元件的更换及通过元件负荷的变化。

第 9 条 线损率指标实行分级管理，按期考核的原则。也可根据本地区、本单位具体情况实行逐级承包。其管理与考核范围按调度管辖、电压等级和承包单位划分。

凡由网局、省局调度管理的送电、变电（包括调相机等）设备，在送变电过程中的电能损耗称为网损，分别由网局的网调、省局的省调负责管理，并接受考核；凡由供电局管理的送、变、配电（包括调相机等）设备，在送变配电过程中的电能损耗称为地区线损，由供电局负责管理，并接受考核。地区线损还应分解为送变电线损和配电线损，分别由供电局所属地区调度所、地区供电局、县电力局负责管理，并接受考核。

第 10 条 线损率指标在实行分级管理、按期考核的基础上，由供电局负责管理的送变电线损和配电线损，可根据本单位的具体情况，将线损率指标按电压等级、分变电站、分线路（或片）承包给各基层单位或班组。

第 11 条 转供电、互供电和两个以上供电局共用线路的线损，由供电局双方根据具体情况协商或由上一级主管网局、省局协调解决。跨大区电网、跨省电网供电的过境网损，由双方网局、省局共同协商解决。

第 12 条 用户专用线路、专用变压器的电能损耗由产权所有者负担。如专用线路、变压器产权虽已移交供电局，而该线路、变压器又系专供某特定用户者，其电能损耗的负担也可经双方协调确定。趸售部分在趸购单位管理范围内所发生的电能损耗由趸购单位负担，任何部门及个人无权减免应承担的电能损耗。

第 13 条 为了便于检查和考核线损管理工作，根据具体情况可建立以下与线损管理有关的小指标进行内部统计和考核：

1. 技术措施降损电量及营业追补电量；
2. 电能表校前合格率、校验率、轮换率、故障率；
3. 母线电量不平衡率；
4. 月末及月末日 24 点抄见电量比重；
5. 变电站站用电指标完成率；
6. 高峰负荷时功率因数、低谷负荷时功率因数、月平均功率因数；
7. 电压监视点电压合格率。

网局、省局、供电局均应逐级统计和考核上列各项小指标。各局亦可根据本单位具体情况增加若干小指标进行内部统计和考核。

第 14 条 各级电力部门应对线损率进行月统计季考核。根据部颁的统计办法按期编送统计报表。当线损率有较大变化时，必须进行分析并查出原因。

第 15 条 为使线损分析工作不断深入，使它能够反映出各种电压等级电网的网络结构、设备技术状况、用电构成及管理水平等方面的特点，各级电力部门除执行部颁的统计办法和有关规定外，应开展以下线损统计和分析工作：

1. 网损和地区线损中的送变电线损分析应分压、分线进行，配电线损的分析应分区、分站、分线或分台区进行，并分别与其相对应的线损理论计算值进行比较，以掌握线损电量的组成，找出送变配电系统的薄弱环节，明确降损的主攻方向；

2．按电力网中元件分类统计分析线损。按电网中升、降压变压器、配电变压器和各级电压的输、送、配电线路等主要元件的技术参数，通过理论计算和统计分类，掌握电网中线路总损耗，各级电压等级线路的损耗及所占比重，变压器总损耗，各级电压变压器的损耗及所占比重，其中变压器铜损和铁损又各占若干等等，便于找出问题，采取措施；

3．按售电构成统计分析线损。以电压等级划分，将无损的用户专用线、专用变电站、通过用户的转供电、趸售电等相应的售电量扣除后进行统计分析，以求得真实的线损率。

第16条　各级电力部门应认真总结线损管理经验，计算降低线损的效果。每季进行一次线损分析，每半年进行一次小结，全年进行一次总结，并分别报送有关上级。

第四章　技术措施

第17条　各级电力部门在进行电网规划设计时，应按照原水电部颁《电力系统安全稳定导则》和《城市电网规划设计导则（试行）》的有关规定执行，并将降损节电作为综合技术经济分析的重要内容之一，以便合理加强电网的建设和改造，不断提高电网运行的经济性。

第18条　各级电力部门每年应制订降低线损的技术措施计划，分别纳入基建、大修、技改等工程项目安排实施。

第19条　各级电力部门都要采取各种行之有效的降损措施。重点抓好电网规划、调整电网布局、升压改造、简化电压等级、缩短供电半径、减少迂回供电，合理选择导线截面、变压器规格、容量及完善防窃电措施等项工作。首先要对投资少、工期短、降损效果显著的措施，抓紧实施。

第20条　按照能源部颁 SD 325－1989《电力系统电压和无功电力技术导则》和《电力系统电压和无功电力管理条例》的规定，并按电力系统无功优化计算的结果，合理配置无功补偿设备，做到无功就地补偿、分压、分区平衡，改善电压质量，降低电能损耗。

第21条　各级调度部门要根据电力系统设备的技术状况、负荷潮流的变化及时调整运行方式，做到电网经济运行，大力推行带电作业，维持电网正常运行方式；要搞好变压器的经济运行，调整超经济运行范围的变压器，及时停运空载变压器；排灌用变压器要专用化，在非排灌季节应及时退出运行。

第22条　各级电力部门应有计划地逐步将高能耗的配电变压器更换或改造为低能耗的配电变压器。凡新购置配电变压器必须是低能耗的，否则各物资部门不得购买，供电部门不准装用。使用部门不得投入运行。

第 23 条 各级电力部门必须定期组织负荷实测，并进行线损理论计算。35千伏及以上系统每年进行一次计算，10千伏及以下系统至少每二年进行一次。遇有电源分布、网络结构有重大变化时还应及时计算，线损理论计算应按管理与考核范围分压进行，其计算原则和方法可参照部颁《电力网电能损耗计算导则》（试行）的有关规定。理论计算值要与统计值进行对比，找出管理上和设备上的问题，有针对性地采取改进措施。为提高理论计算的准确度和速度，应使用电子计算机计算，并不断开发和充实计算程序。

第五章 用 电 管 理

第 24 条 各级电力部门必须加强用电管理工作，加强各营业管理岗位责任制，减少内部责任差错，防止窃电和违章用电。坚持开展经常性的用电检查，及时发现由于管理不善所产生的电量损失，以降低管理线损。

第 25 条 合理安排抄表例日，应使每个月的供、售电量尽可能相对应，以减少统计线损率的波动。对专用线路、专用变电站、趸售单位和季节性供电的用户以及有条件实行月末日 24 点抄表的用户，均必须在月末日 24 点抄表，月末日 24 点抄见电量和月末抄见电量应占总售电量的 75% 以上。其余用户的抄表例日应予固定，不得变更。

第 26 条 加强对用户无功电力的管理，提高用户无功补偿设备的补偿效果，帮助督促用户按照《全国供用电规则》、部颁《电力系统电压和无功电力管理条例》和《功率因数调整电费办法》的规定，采用集中与分散补偿相结合的方式，增加无功补偿设备，提高功率因数，使之达到规定的标准值。

用户安装无功集中补偿设备，应同时安装随电压、功率因数或时间变化能自动投切的装置。无自动投切装置的新用户不予接电，已投产的老用户限期补装。

第 27 条 凡实行功率因数调整电费的用户，应装设带有防倒装置的无功电能表，凡有可能向电网倒送无功电量的用户，应在计费计量点加装带有防倒装置的反向无功电能表，按倒送的无功电量与实用无功电量两者绝对值之和，计算月平均功率因数；根据电网需要，对大用户（由各供电局确定报省局批准）实行高峰功率因数考核；对部分大用户还可逐步试行高峰、低谷功率因数考核。

第 28 条 发电厂直供的用户，其功率因数考核标准，可由当地供电局根据电压和无功潮流计算确定，并应报省局核准。

第 29 条 严格发电厂厂用电、变电站站用电的管理，应消除发电厂内及附近和变电站内及附近的无偿用电和违章用电现象。厂、站用电均应装表计量，并接受当地供电部门的用电监察。

站用电应计入线损中，应列为考核变电站的一项技术经济指标。

发电厂和变电站的其他生产用电（如大、小修、基建、修配、熔冰、试验等）和非生产用电（如办公楼照明、职工宿舍用电等）应由当地供电部门严格管理，装表计量收费，不得计入厂用、站用电和线损之中。

第六章　电能计量管理

第 30 条　发电厂与电力网的关口电能计量装置、变电站和用户的电能计量装置均应由当地供电局进行测试和管理。特殊情况可由网局或省局指定单位进行测试与管理。

第 31 条　电能计量装置应按部颁《电能计量装置管理规程》、《电能计量装置检验规程》和网局、省局的有关规程的规定，定期进行检验和调换。高压电能表调前合格率应达到 99%以上，高压电能表故障率应小于 1%，检验率应达到 100%，低压三相电能表轮换率应达到 100%。

第 32 条　电能计量装置接线应正确可靠，各元件的误差必须在允许范围之内。Ⅰ、Ⅱ、Ⅲ类电能计量装置实行综合误差考核管理。电压互感器二次回路电压降，Ⅰ类不应超过二次额定电压的 0.25%；Ⅱ、Ⅲ类不应超过 0.5%。

第 33 条　各级电力试验研究所负责对电能计量设备进行监督，对电能标准表计负责传递、检定工作，并对发电厂、供电局、县电力局使用的标准电能表，至少每六个月检定一次，标准互感器至少每两年检定一次。对大型发电、供电设备、重要联络线的电能表及其他重要关口电能表也应进行监督，定期抽查检验，并指导发电厂、供电局采取针对性措施，以保证电能计量的准确性。

第 34 条　新投产的发电厂、变电站的电能计量装置的装设地点、安装条件以及电能计量装置准确度等，应根据考核电力系统技术经济指标、分压分线统计分析和合理计费的要求安装，并应符合有关规程的规定。已运行的发电厂、变电站电能计量装置不全和准确度不合要求的，由发电厂、供电局、县电力局逐步更换和补齐，首先要对大型发电机组、枢纽变电站、重要联络线、大用户的主要计量点，应分期、分批换装为 0.5～1.0 级电能表及 0.2～0.5 级测量用互感器。

大用户专用变电站和专用线路计量电能表用的测量用互感器的装设应按《电力装置的电测量仪表装置设计规范》和《全国供用电规则》的规定执行。

凡新装或增装的电能计量装置均应有电能计量管理负责人和线损专责人参加设计审查和验收。

第 35 条　发电厂和变电站的运行人员应加强对电能计量的运行管理，按月做母线和全厂、站的电量平衡计算。发电厂和 220 千伏及以上变电站母线的电量不平衡率不超过±1%；220 千伏以下变电站母线电量不平衡率不应超过±2%。

第七章 奖 惩

第 36 条 根据财政部、原劳动人事部、原国家经委（86）财工字第 17 号文《颁发国营工业交通企业原材料、燃料节约奖试行办法》和能源部有关规定实行节电奖。

第 37 条 节电奖按照定额进行考核。网局和直属省局的线损率定额，由能源部核定；省局的线损率定额由网局核定；供电局的线损率定额由网局或省局核定。

第 38 条 节电奖奖金由主管局统一分配，不得挪用。各级节能管理部门负责管好、用好该项奖金，发给与降损工作有关的单位和个人，要防止平均主义。并应制订出相应的线损奖分配和奖惩办法。

节能管理部门应提出奖金总额的 30%～40%用于奖励节能效果显著、对节能工作贡献大的单位和个人。

第 39 条 能源部、网局及省局对降损节电工作有突出贡献的单位和个人，给以表彰；对不能完成能耗定额的单位，相应扣减其节能奖金额；对长期不能完成节电任务的单位，给予通报批评。

第八章 附 则

第 40 条 本规定自颁发日起实行。

第 41 条 本规定由能源部负责解释。

节约用电管理办法

（国经贸资源〔2000〕1256号）

第一章　总　则

第一条　为了加强节能管理，提高能效，促进电能的合理利用，改善能源结构，保障经济持续发展，根据《中华人民共和国节约能源法》、《中华人民共和国电力法》，制定本办法。

第二条　本办法所称电力，是指国家和地方电网以及企业自备电厂等所提供的各类电能。

第三条　本办法所称节约用电，是指加强用电管理，采取技术上可行、经济上合理的节电措施，减少电能的直接和间接损耗，提高能源效率和保护环境。

第四条　国家经济贸易委员会、国家发展计划委员会按照职责分工主管全国的节约用电工作，负责制定节约用电政策、规划，发布节约用电信息，定期公布淘汰低效高耗电的生产工艺、技术和设备目录，监督、指导全国的节约用电工作。

地方各级人民政府节约用电主管部门和行业节约用电管理部门负责制定本地区和本行业的节约用电规划，实行高耗电产品电耗限额管理和电力需求侧管理，监督、指导各自职责范围内的节约用电工作。

第五条　国家经济贸易委员会、国家发展计划委员会和地方各级人民政府节约用电主管部门鼓励、支持节约用电科学技术的研究和推广，加强节约用电宣传和教育，普及节约用电科学知识，提高全民的节约用电意识。

第六条　任何单位和个人都应当履行节约用电义务。国家经济贸易委员会、地方各级人民政府节约用电主管部门和行业节约用电管理部门依法建立节约用电奖惩制度。

第二章　节约用电管理

第七条　根据《中华人民共和国节约能源法》第十五条、第十六条之规定，国家经济贸易委员会、国家发展计划委员会和地方各级人民政府节约用电主管部门，应当会同有关部门，加强对高耗电行业的监督和指导，督促其采取有效的节约用电措施，推进节约用电技术进步，降低单位产品的电力消耗。

第八条　国家经济贸易委员会对高耗电的主要产品实行单位产品电耗最高限

额管理，定期公布主要高耗电产品的国内先进电耗指标。

地方各级人民政府节约用电主管部门和行业节约用电管理部门可根据本地区和本行业实际情况制定不高于国家公布的单位产品电耗最高限额指标。

第九条 用电负荷在 500 千瓦及以上或年用电量在 300 万千瓦时及以上的用户应当按照《企业设备电能平衡通则》（GB/T 3484）规定，委托具有检验测试技术条件的单位每二至四年进行一次电平衡测试，并据此制定切实可行的节约用电措施。

第十条 用电负荷在 1000 千瓦及以上的用户，应当遵守《评价企业合理用电技术导则》（GB/T 3485）和《产品电耗定额和管理导则》（GB/T 5623）的规定。不符合节约用电标准、规程的，应当及时改正。

第十一条 电力用户应当根据本办法的有关条款，积极采取经济合理、技术可行、环境允许的节约用电措施，制定节约用电规划和降耗目标，做好节约用电工作。

第十二条 固定资产投保资项目的可行性研究报告中应当包括用电设施的节约用电评价等合理用能的专题论证。其中，高耗电的工程项目，应当经有资格的咨询机构评估。

高耗电的指标由省级及省级以上人民政府节约用电主管部门制定。

第十三条 禁止生产、销售国家明令淘汰的低效高耗电的设备、产品。国家明令淘汰的低效高耗电的工艺、技术和设备，禁止在新建或改建工程项目中采用；正在使用的应限期停止使用，不得转移他人使用。

第十四条 用电产品说明书和产品标识上应当注明耗电指标。鼓励推广经过国家节能认证的节约用电产品，鼓励建立能源服务公司，促进高耗电工艺、技术和设备的淘汰和改造，传播节约用电信息。

第三章 电力需求侧管理

第十五条 电力需求侧管理，是指通过提高终端用电效率和优化用电方式，在完成同样用电功能的同时减少电量消耗和电力需求，达到节约能源和保护环境，实现低成本电力服务所进行的用电管理活动。

第十六条 各级经济贸易委员会要积极推动需求侧管理。对终端用户进行负荷管理，推行可中断负荷方式和直接负荷控制，以充分利用电力系统的低谷电能。

第十七条 鼓励下列节约用电措施：

（一）推广绿色照明技术、产品和节能型家用电器；

（二）降低发电厂用电和线损率，杜绝不明损耗；

（三）鼓励余热、余压和新能源发电，支持清洁、高效的热电联产、热电冷联产和综合利用电厂；

（四）推广用电设备经济运行方式；

（五）加快低效风机、水泵、电动机、变压器的更新改造，提高系统运行效率；

（六）推广高频可控硅调压装置、节能型变压器；

（七）推广交流电动机调速节电技术；

（八）推行热处理、电镀、铸锻、制氧等工艺的专业化生产；

（九）推广热泵、燃气—蒸汽联合循环发电技术；

（十）推广远红外、微波加热技术；

（十一）推广应用蓄冷、蓄热技术。

第十八条　电力规划或综合资源规划中应当包括电力需求侧管理的内容。

第十九条　扩大两部制电价的使用范围，逐步提高基本电价，降低电度电价；加速推广峰谷分时电价和丰枯电价，逐步拉大峰谷、丰枯电价差距；研究制定并推行可停电负荷电价。

第二十条　对应用国家重点推广或经过国家节能认证的节约用电产品的电力用户，可向省级价格主管部门和电力行政管理部门申请减免新增电力容量供电工程贴费，价格主管部门在征求电力企业意见的基础上予以协调处理；对列入《国家高新技术产品目录》的节约用电技术和产品，享受国家规定的税收优惠政策。

第二十一条　电力企业应当加强电力需求侧管理的宣传和推动工作，其所发生的有关费用可在管理费用中据实列支。

第四章　节约用电技术进步

第二十二条　国家鼓励、支持先进节约用电技术的创新，公布先进节约用电技术的开发重点和方向，建立和完善节约用电技术服务体系，培育和规范节约用电技术市场。

第二十三条　国家组织实施重大节约用电科研项目、节约用电示范工程，组织提出节约用电产品的节能认证和推广目录。

国家制定优惠政策，支持节约用电示范工程和节约用电推广目录中的技术、产品，并鼓励引进国外先进的节约用电技术和产品。

第二十四条　地方财政安排的科学研究经费应当支持先进节约用电技术的研究和应用。

第五章　奖　　惩

第二十五条　国家经济贸易委员会、国家发展计划委员会和地方各级人民政府节约用电主管部门和行业节约用电管理部门对在节电降耗中成绩显著的集体和个人应当给予表彰和奖励。

第二十六条 企业应当制定奖惩办法，对在单位产品电力消耗管理中取得成绩的集体和个人给予奖励，对单位产品电力消耗超过最高限额的集体和个人给予惩罚。

第二十七条 违反本办法第八条规定，单位产品电力消耗超过最高限额指标的，限期治理；未达到要求的或逾期不治理的，由县级以上人民政府节约用电主管部门提出处理建议，报请同级人民政府按照国务院规定的权限责令停业整顿或者关闭。

新建或改建超过单位产品电耗最高限额的产品生产能力的工程项目，由县级以上人民政府节约用电主管部门会同项目审批单位责令停止建设。

第二十八条 违反本办法第十三条规定，新建或改建工程项目采用国家明令淘汰的低效高耗电的工艺、技术和设备的，由县级以上人民政府节约用电主管部门会同项目审批单位责令停止建设，并依法追究项目责任人和设计负责人的责任。

违反本办法第十三条规定，生产、销售国家明令淘汰的低效高耗电的设备、产品的；或使用国家明令淘汰的低效高耗电的工艺、技术和设备的；或将国家明令淘汰的低效高耗电的设备、产品转让他人使用的，按照《中华人民共和国节约能源法》的有关规定予以处罚。

第六章 附 则

第二十九条 本办法自发布之日起施行。

附件：九种高耗电产品最高限额和国内比较先进指标（略）

电力需求侧管理办法

（发改运行〔2010〕2643号）

第一章　总　　则

第一条　为提高电能利用效率，促进电力资源优化配置，保障用电秩序，根据《中华人民共和国电力法》、《中华人民共和国节约能源法》、《电力供应与使用条例》等法律法规，制定本办法。

第二条　本办法适用于在中华人民共和国境内开展电力需求侧管理工作。

第三条　本办法所称电力需求侧管理是指为提高电力资源利用效率，改进用电方式，实现科学用电、节约用电、有序用电所开展的相关活动。

第四条　满足电力需求应坚持节约与开发并举、节约优先的原则，在增加供应的同时，统筹考虑并优先采用需求侧管理措施。

第五条　国家发展和改革委员会负责全国电力需求侧管理工作，国务院其他有关部门在各自职责范围内负责相关工作。

县级以上人民政府电力运行主管部门负责本行政区域内的电力需求侧管理工作，县级以上人民政府其他有关部门在各自职责范围内负责相关工作。

第六条　电力需求侧管理是实现节能减排目标的一项重要措施，各地区、各有关部门和单位都应积极推进电力需求侧管理工作的开展。

第七条　电网企业是电力需求侧管理的重要实施主体，应自行开展并引导用户实施电力需求侧管理，为其他各方开展相关工作提供便利条件。

第八条　电力用户是电力需求侧管理的直接参与者，国家鼓励其实施电力需求侧管理技术和措施。

第二章　管 理 措 施

第九条　各省级电力运行主管部门会同有关部门和单位组织制定本省、自治区、直辖市电力需求侧管理规划、年度工作目标和实施方案，做好电力需求侧管理资源潜力调查、市场分析等工作。

第十条　各地区有关部门根据本地区经济发展目标和电力供需特点，将通过需求侧管理节约的电力和电量，作为一种资源纳入电力工业发展规划、能源发展规划和地区经济发展规划。

第十一条　各级价格主管部门推动并完善峰谷电价制度，鼓励低谷蓄能，在具备条件的地区实行季节电价、高可靠性电价、可中断负荷电价等电价制度，支持实施电力需求侧管理。

第十二条　各地区有关部门定期选择本省、自治区、直辖市电力需求侧管理潜力较大的用户，组织有关单位为其开展电力需求侧管理提供咨询服务，并鼓励节能服务公司积极发挥作用。

第十三条　电网企业应加强对电力用户用电信息的采集、分析，为电力用户实施电力需求侧管理提供技术支撑和信息服务。

第十四条　各省级电力运行主管部门会同有关部门和单位制定本省、自治区、直辖市电网企业的年度电力电量节约指标，并加强考核。指标原则上不低于有关电网企业售电营业区内上年售电量的 0.3%、最大用电负荷的 0.3%。电网企业可通过自行组织实施或购买服务实现，通过实施有序用电减少的电力电量不予计入。

第十五条　鼓励电网企业采用节能变压器，合理减少供电半径，增强无功补偿，引导用户加强无功管理，实现分电压等级统计分析线损等，稳步降低线损率。

第十六条　鼓励用户采用符合国家有关要求的高效用电设备和变频、热泵、电蓄冷、电蓄热等技术，合理配置无功补偿装置，加强无功管理，优化用电方式，配合政府主管部门和电网企业开展电力需求侧管理。

第十七条　鼓励通过第三方机构认定电力电量节约量。

第十八条　电网企业应通过电力负荷管理系统开展负荷监测和控制，负荷监测能力达到本地区最大用电负荷的 70%以上，负荷控制能力达到本地区最大用电负荷的10%以上，100 千伏安及以上用户安全。

第十九条　有序用电应优先满足维护社会秩序、避免发生人身或重大设备安全事故、保障群众生命财产安全和居民生活的用电需求。

第二十条　各省级电力运行主管部门每年根据电力供需形势和国家有关政策，组织编制本省、自治区、直辖市有序用电方案，经本级人民政府同意后组织实施，并报国家发展和改革委员会备案。

第二十一条　有序用电方案实施过程中，电力运行主管部门应组织好信息发布、监督检查及相关统计工作，电网企业应做好配合，电力用户应按照有序用电方案采取相应措施。

第三章　激　励　措　施

第二十二条　电力需求侧管理所需资金来源于电价外附加征收的城市公用事业附加、差别电价收入、其他财政预算安排等。

第二十三条 电力需求侧管理资金应主要用于电力负荷管理系统的建设、运行和维护，实施试点、示范和重点项目的补贴，实施有序用电的补贴和有关宣传、培训、评估费用。

第二十四条 电网企业开展电力需求侧管理工作合理的支出，可计入供电成本。

第四章 附 则

第二十五条 本办法中电力负荷管理系统是指用于对电力用户用电信息进行采集、分析及对电力负荷进行控制的软硬件平台和开展电力需求侧管理的信息技术辅助系统。

第二十六条 各省级电力运行主管部门可会同有关部门结合本省、自治区、直辖市实际情况，制定相关实施细则。

第二十七条 本办法自 2011 年 1 月 1 日起实施。

有序用电管理办法

(发改运行〔2011〕832号)

第一章 总 则

第一条 为落实科学发展观，加强电力需求侧管理，确保电网安全稳定运行，保障社会用电秩序，根据《中华人民共和国电力法》、《电力供应与使用条例》、《电网调度管理条例》等法律法规，制定本办法。

第二条 本办法适用于中华人民共和国境内有序用电管理工作。

第三条 本办法所称有序用电，是指在电力供应不足、突发事件等情况下，通过行政措施、经济手段、技术方法，依法控制部分用电需求，维护供用电秩序平稳的管理工作。

第四条 有序用电工作遵循安全稳定、有保有限、注重预防的原则。

第五条 国家发展和改革委员会负责全国有序用电管理工作，国务院其他有关部门在各自职责范围内负责相关工作。

县级以上人民政府电力运行主管部门负责本行政区域内的有序用电管理工作，县级以上地方人民政府其他有关部门在各自职责范围内负责相关工作。

第六条 电网企业是有序用电工作的重要实施主体；电力用户应支持配合实施有序用电。

第二章 方案编制

第七条 各省级电力运行主管部门应组织指导省级电网企业等相关单位，根据年度电力供需平衡预测和国家有关政策，确定年度有序用电调控指标，并分解下达各地市电力运行主管部门。

第八条 各地市电力运行主管部门应组织指导电网企业，根据调控指标编制本地区年度有序用电方案。地市级有序用电方案应定用户、定负荷、定线路。

第九条 各省级电力运行主管部门应汇总各地市有序用电方案，编制本地区年度有序用电方案，并报本级人民政府、国家发展和改革委员会备案。

第十条 编制年度有序用电方案原则上应按照先错峰、后避峰、再限电、最后拉闸的顺序安排电力电量平衡。

各级电力运行主管部门不得在有序用电方案中滥用限电、拉闸措施，影响正

402

常的社会生产生活秩序。

第十一条 编制有序用电方案原则上优先保障以下用电：

（一）应急指挥和处置部门，主要党政军机关，广播、电视、电信、交通、监狱等关系国家安全和社会秩序的用户；

（二）危险化学品生产、矿井等停电将导致重大人身伤害或设备严重损坏企业的保安负荷；

（三）重大社会活动场所、医院、金融机构、学校等关系群众生命财产安全的用户；

（四）供水、供热、供能等基础设施用户；

（五）居民生活，排灌、化肥生产等农业生产用电；

（六）国家重点工程、军工企业。

第十二条 编制有序用电方案应贯彻国家产业政策和节能环保政策，原则上重点限制以下用电：

（一）违规建成或在建项目；

（二）产业结构调整目录中淘汰类、限制类企业；

（三）单位产品能耗高于国家或地方强制性能耗限额标准的企业；

（四）景观照明、亮化工程；

（五）其他高耗能、高排放企业。

第十三条 各级电力运行主管部门和电网企业应及时向社会和相关电力用户公布有序用电方案，加强宣传并组织演练。

第十四条 有序用电方案涉及的电力用户应加强电能管理，编制具有可操作性的内部负荷控制方案。电网企业应充分利用电力负荷管理系统等技术手段给予帮助指导。

第十五条 重要用户应按照国家有关规定配置应急保安电源。

第十六条 本地区电力供需平衡发生重大变化时，省级电力运行主管部门应及时调整年度有序用电方案。

第三章　预　警　管　理

第十七条 各级电力运行主管部门应定期向社会发布电力供需平衡预测、有序用电方案、相关政策措施等供用电信息，并可委托电网企业披露月度及短期供用电信息。

第十八条 各省级电网企业应密切跟踪电力供需变化，预计因各种原因导致电力供应出现缺口的，应及时报告相关省级电力运行主管部门。

第十九条 各级电力运行主管部门和电网公司应及时向社会发布预警信息。

原则上按照电力或电量缺口占当期最大用电需求比例的不同，预警信号分为四个等级：

    Ⅰ级：特别严重（红色、20%以上）；

    Ⅱ级：严重（橙色、10%～20%）；

    Ⅲ级：较重（黄色、5%～10%）；

    Ⅳ级：一般（蓝色、5%以下）。

第四章 方 案 实 施

第二十条 各省级电力运行主管部门应根据电力供需情况，及时启动有序用电方案，并报告本级人民政府、国家发展和改革委员会。

第二十一条 有序用电方案实施期间，电网企业应在电力运行主管部门指导下加强网省间余缺调剂和相互支援。发电企业应加强设备运行维护和燃料储运。电力用户应加强节电管理，有序用电方案涉及的用户应按要求采取相应措施。

第二十二条 电网企业应依据有序用电方案，结合实际电力供应能力和用电负荷情况，合理做好日用电平衡工作。

第二十三条 在保证有序用电方案整体执行效果的前提下，电网企业应优化有序用电措施，在电力电量缺口缩小时及时有序释放用电负荷，尽量满足用户合理需求，减少限电损失。

第二十四条 紧急状态下，电网企业应执行事故限电序位表、处置电网大面积停电事件应急预案和黑启动预案等。

第二十五条 除第二十四条情况外，在对用户实施、变更、取消有序用电措施前，电网企业应通过公告、电话、传真、短信等方式履行告知义务。

第二十六条 有序用电方案实施期间，电网企业应开展有序用电影响用电负荷、用电量等相关统计工作，并及时报电力运行主管部门。

第五章 奖 惩 措 施

第二十七条 各地可利用电力需求侧管理等方面的资金，对除产业结构调整目录中淘汰类、限制类企业外实施有序用电的用户给予适当补贴。

第二十八条 鼓励有条件的地区建立可中断负荷电价和高可靠性电价机制。省级价格主管部门会同电力运行主管部门，可按照收支平衡的原则，确定可中断负荷电价和高可靠性电价标准，按规定报批后执行。

第二十九条 电网企业可与除产业结构调整目录中淘汰类、限制类企业外的电力用户协商签订可中断负荷协议、高可靠性负荷协议，在有序用电方案实施期间，执行可中断负荷电价、高可靠性电价。电网企业因执行上述电价政策造成的收支差额，纳入当地销售电价调整统筹平衡。

第三十条 对积极采取电力需求侧管理措施并取得明显效果的电力用户，可适度放宽对其用电的限制。

第三十一条 有序用电方案实施期间，各地电力运行主管部门应对方案执行情况组织监督检查。

（一）对执行方案不力、擅自超限额用电的电力用户，要责令改正；情节严重的，可按照国家规定程序停止供电。

（二）对违反有序用电方案和相关政策的电网企业，要责令改正；情节严重的，可通报批评。

（三）对非计划停机或出力受阻的发电企业，省级电力运行主管部门应加大考核力度，可相应调减其年度发电量。

（四）对违反有关规定的电力运行管理人员，要责令改正；情节严重的，依法给予行政处分。

第六章　附　则

第三十二条 本办法下列用语的含义：

（一）错峰，是指将高峰时段的用电负荷转移到其他时段，通常不减少电能使用。

（二）避峰，是指在高峰时段削减、中断或停止用电负荷，通常会减少电能使用。

（三）限电，是指在特定时段限制某些用户的部分或全部用电需求。

（四）拉闸，是指各级调度机构发布调度命令，切除部分用电负荷。

（五）电力缺口是指某一时间点，所有用户错峰、避峰、限电、拉闸负荷之和。

（六）电量缺口是指某一时间段内，所有用户避峰、限电、拉闸影响电量之和。

（七）本办法有关数量的表述中，"以上"含本数，"以下"不含本数。

第三十三条 本办法由国家发展和改革委员会负责解释。

第三十四条 各省级电力运行主管部门可结合本地区实际情况，制定相关实施细则。

第三十五条 本办法自 2011 年 5 月 1 日起施行。

供电企业信息公开实施办法

（国能监管〔2014〕149 号）

第一条 为了提高供电企业工作透明度，充分发挥供电企业信息公开对人民群众生产生活和经济社会活动的服务作用，切实保障广大电力用户的知情权、参与权、监督权，根据《中华人民共和国政府信息公开条例》、《电力监管条例》和《电力企业信息披露规定》，制定本办法。

第二条 本办法所称供电企业是指已取得供电类电力业务许可证，依法从事供电业务的企业。

第三条 供电企业信息公开应当遵循真实准确、规范及时、便民利民的原则，并对本企业发布的信息内容负责。

第四条 国务院能源主管部门及其派出机构对供电企业信息公开的情况实施监管。

第五条 供电企业信息公开的内容，分为主动公开的信息和依申请公开的信息。

第六条 供电企业应当依照本办法和国家有关规定，主动公开以下与人民群众利益密切相关的信息：

（一）供电企业基本情况。企业性质、办公地址、营业场所、联系方式、电力业务许可证（供电类）及编号等。如有变化需自发生变化之日起 20 个工作日内更新。

（二）供电企业办理用电业务的程序及时限。各类用户办理新装、增容与变更用电性质等用电业务的程序、时限要求等。如有变化需自发生变化之日起 20 个工作日内更新。

（三）供电企业执行的电价和收费标准。供电企业向各类用户计收电费时执行的电价标准以及供电企业向用户提供有偿服务时收费的项目、标准和依据等。如有变化需自发生变化之日起 20 个工作日内更新。

（四）供电质量和"两率"情况。供电企业执行的供电质量标准以及供电企业电压合格率、供电可靠率情况等。电压合格率和供电可靠率按季度公布，具体公布日期由各单位根据本单位情况确定。

（五）停限电有关信息。因供电设施计划检修需要停限电的，供电企业应当提前 7 日公告停电区域、停电线路和停电时间；因供电设施临时检修需要停限电的，供电企业应当提前 24 小时公告停电区域、停电线路和停电时间；其他情况发生停限电，包括供电营业区有序用电方案、限电序位等，供电企业应按国家规定将有关情况及时公布。

（六）供电企业供电服务所执行的法律法规以及供电企业制定的涉及用户利益的有关管理制度和技术标准。如有变化需自发生变化之日起 20 个工作日内更新。

（七）供电企业供电服务承诺以及投诉电话。如有变化需自发生变化之日起 20 个工作日内更新。

（八）供电企业应按照《国家能源局关于进一步规范用户受电工程市场的通知》（国能监管〔2013〕408 号）要求，公开用户受电工程相关信息。

（九）其他需要主动公开的信息。

第七条 除本办法第六条规定供电企业主动公开的信息外，电力用户还可以根据自身生产、生活、科研等特殊需要，向供电企业申请获取相关信息。

第八条 供电企业应当建立健全信息发布保密审查机制，明确审查的责任和程序，依照《中华人民共和国保守国家秘密法》以及有关规定对拟公开的信息进行保密审查和管理。

第九条 供电企业应当将主动公开的信息，通过企业网站、营业厅、公开栏、电子显示屏、便民资料手册、信息发布会、新闻媒体等多种便于公众知晓的方式公开，同时通过网站链接、开设专栏等方式在国务院能源主管部门派出机构的门户网站进行公开。

第十条 供电企业应当编制并公布信息公开指南和目录，如有变动应及时更新。

信息公开指南应当包括信息的分类、获取方式、信息公开工作机构的名称、办公地址、办公时间、联系电话、传真号码、电子邮箱等内容。

信息公开目录，应当包括信息索引、名称、内容概要、生成日期等内容。

第十一条 电力用户依照本办法第七条规定向供电企业申请获取信息的，应当采用书面形式。书面申请内容应当包括申请人的名称、身份证明及联系方式；申请公开的内容；申请公开内容的用途。

第十二条 供电企业收到信息公开申请，能够当场答复的，应当当场予以答复。不能当场答复的，应当自收到申请之日起 15 个工作日内予以答复；如需延长答复期限的，应当经供电企业信息公开工作机构负责人同意，并告知申请人，延长答复的期限不得超过 15 个工作日。如不能公开的，应当说明理由。

第十三条 供电企业依申请提供信息的，除可以收取检索、复制、邮寄等成本费用外，不得收取其他费用。供电企业不得通过其他组织、个人以有偿服务的方式提供信息。

供电企业收取检索、复制、邮寄等成本费用的标准，按照政府主管部门的相关规定执行。

第十四条 国务院能源主管部门及其派出机构采取以下措施对供电企业的信息公开工作进行监督、评议和考核：

（一）供电企业应每年3月5日前编写上一年度信息公开年报，并在其门户网站上发布，同时按要求报国务院能源主管部门派出机构。

（二）国务院能源主管部门派出机构于每年3月31日前，对辖区内所有供电企业上一年度通过企业门户网站主动公开信息情况进行统计、评价、形成年报，予以公布。

（三）国务院能源主管部门及其派出机构将供电企业信息公开工作纳入监管范围，对工作突出的企业和个人予以表彰，并通报当地政府和上级企业。

（四）供电企业未按照本办法公开有关信息或者公开虚假信息的，国务院能源主管部门及其派出机构依法追究其责任。

第十五条 公民、法人或者其他组织认为供电企业不依法履行信息公开义务的，可以拨打电话或发送短信至投诉举报热线12398向国务院能源主管部门及其派出机构投诉。

第十六条 本办法中未尽事项，参照《中华人民共和国政府信息公开条例》执行。

第十七条 本办法自发布之日起施行。

第十八条 自本办法发布之日起，原国家电力监管委员会发布的《供电企业信息公开实施办法》（试行）废止。

承装（修、试）电力设施许可证监督管理实施办法

（电监资质〔2012〕24号）

第一条 为规范和加强承装（修、试）电力设施许可证监督管理工作，根据《承装（修、试）电力设施许可证管理办法》以及国家有关规定，制定本办法。

第二条 本办法适用于国家电力监管委员会及其派出机构（以下简称电力监管机构）对承装（修、试）电力设施单位、发电企业、输电企业和供电企业等遵守承装（修、试）电力设施许可证制度情况的监督管理。

第三条 国家电力监管委员会（以下简称电监会）负责指导、监督和协调全国承装（修、试）电力设施许可证（以下简称许可证）监督管理工作。

电监会派出机构（以下简称派出机构）负责辖区内许可证监督管理工作，依法严肃查处违规行为，重大情况和问题应当及时报告电监会。

第四条 派出机构通过核查承装（修、试）电力设施单位年度自查材料、信息报送及分析等非现场监管方式以及必要的现场监管方式，履行许可证监督管理职责。

第五条 派出机构对取得许可证的单位是否持续符合许可证法定条件的情况实施监督管理。

取得许可证单位的注册资本和净资产、设备、生产经营场所、从业人员等发生变化，不符合许可证法定条件的，派出机构应当责令其限期整改，并对整改情况予以复查。逾期不改的，派出机构应当根据其实际条件重新核定许可证的类别和等级；不符合许可证最低等级法定条件的，应当撤销许可，按照规定办理许可注销手续。

第六条 承装（修、试）电力设施单位按照规定申请许可证有效期延续的，应当在有效期届满三十日前提出申请。派出机构应当依法进行审查，并按照下列规定在许可证有效期届满前作出是否准予延续的决定：

（一）符合许可证法定条件的，派出机构应当依法作出准予延续的书面决定，许可证有效期起始日为原许可证有效期届满日次日；

（二）不符合许可证法定条件的，派出机构应当依法作出不予延续的决定，以书面形式通知该单位，通知书中应当说明不予延续的理由。

未获得许可证有效期延续的单位，可以重新申请许可证。重新申请取得的许可证，应当重新编号。

第七条　许可证有效期届满未按照规定申请延续或者延续申请未被批准的，派出机构应当按照规定办理许可注销手续。

第八条　派出机构对承装（修、试）电力设施单位是否存在非法转让许可证的行为实施监督管理。任何单位、个人不得以任何方式非法转让许可证。

派出机构发现承装（修、试）电力设施单位具有下列情形之一的，应当对其是否存在非法转让许可证的行为进行调查核实：

（一）未将其承包的承装（修、试）电力设施业务依法进行分包，在施工现场所设项目管理机构的项目负责人、技术负责人、财务负责人、质量管理人员、安全管理人员等不是本单位人员的；

（二）施工现场实际施工人与中标单位或者施工合同约定的施工单位之间不存在资产产权关系或者统一的财务核算关系的；

（三）其他涉嫌非法转让许可证的。

本条所称本单位人员，是指与本单位有合法的人事或者劳动关系的人员。

第九条　派出机构对承装（修、试）电力设施单位是否存在将承装（修、试）电力设施业务转包给其他单位、个人或者分包给未取得许可证或者超越许可证许可范围的单位、个人的情况实施监督管理。

承装（修、试）电力设施单位具有下列情形之一的，派出机构应当对其是否存在违反许可证制度的行为进行调查核实：

（一）分包后未在施工现场设立项目管理机构和派驻相应管理人员，未对施工活动进行组织管理的；

（二）以劳务分包等名义将承包的承装（修、试）电力设施业务交由其他单位、个人承担的；

（三）其他涉嫌违反许可证制度的。

第十条　派出机构对承装（修、试）电力设施单位从事承装（修、试）电力设施活动的分支机构情况实施监督管理。

（一）承装（修、试）电力设施单位的子公司从事承装（修、试）电力设施活动的，应当独立申请许可证并以自己的名义从事承装（修、试）电力设施活动；

（二）承装（修、试）电力设施单位的分公司从事承装（修、试）电力设施活动的，应当按照本办法规定备案。经备案的分公司可以以总公司名义从事承装（修、试）电力设施活动，并由总公司承担相应法律责任。

第十一条　承装（修、试）电力设施单位设立从事承装（修、试）电力设施活动分公司的，应当自工商行政管理部门办理有关登记手续之日起三十日内，分别向本单位所在地以及分公司所在地的派出机构备案，提交下列材料：

（一）企业法人营业执照或者事业单位法人证书副本复印件，许可证复印件，分公司工商营业执照副本复印件；

（二）分公司章程或者设立分公司的文件；

（三）本办法实施后新设立的分公司，提供本单位设立分公司开办资金的证明；本办法实施前已设立但未备案的分公司，提供能够反映分公司财务状况、经营成果等的本单位合并年度会计报表；

（四）对分公司从事承装（修、试）电力设施活动的授权书；

（五）分公司营业场所使用证明复印件，分公司负责人、技术和安全负责人任职文件和身份证明复印件，分公司有关人员电工进网作业许可证和身份证明复印件；

（六）派出机构要求提供的其他材料。

承装（修、试）电力设施单位在颁发许可证的派出机构辖区以外设立的分公司备案后，分公司在备案的派出机构辖区内从事承装（修、试）电力设施活动，视同已经向备案的派出机构报告。

本办法实施前已设立但未备案的分公司，其备案的时间由派出机构具体规定。

第十二条 承装（修、试）电力设施单位变更、撤销从事承装（修、试）电力设施活动分公司的，应当按照前条规定的程序分别向本单位所在地以及变更、撤销的分公司所在地的派出机构备案，并提交下列材料：

（一）变更分公司的，提交变更后分公司的工商营业执照副本复印件；

（二）撤销分公司的，提交工商行政管理部门出具的准予分公司注销登记的证明文件复印件；

（三）派出机构要求提供的其他材料。

第十三条 派出机构对承装（修、试）电力设施单位遵守电工进网作业许可证制度的情况实施监督管理。

第十四条 承装（修、试）电力设施单位应当按照颁发许可证派出机构的规定，对本单位遵守许可证制度等的情况进行自查，每年以电子信息或者纸质材料等形式报送下列材料：

（一）自查报告；

（二）许可证副本；

（三）企业法人营业执照或者事业单位法人证书副本复印件；

（四）设立从事承装（修、试）电力设施活动分公司的，提供本单位与分公司的合并年度会计报表，以及各分公司工商营业执照副本复印件；

（五）派出机构要求报送的其他材料。

承装（修、试）电力设施单位对其报送材料的真实性和完整性负责，不得提供虚假材料或者隐瞒有关情况。

第十五条 承装（修、试）电力设施单位报送的自查报告应当包括下列内容：

（一）本单位的财务状况，注册资本、设备、生产经营场所、从业人员等的变化情况；

（二）承装（修、试）电力设施活动情况，以及业务分包、施工现场项目管理机构设立、跨区作业等情况；

（三）遵守电工进网作业许可证制度情况；

（四）遵守国家有关安全生产管理规定，以及相关电力技术、安全、定额和质量标准等情况；

（五）其他相关情况。

自查报告应当包括从事承装（修、试）电力设施活动分公司的有关情况。

第十六条 派出机构按照规定的程序，对承装（修、试）电力设施单位报送自查材料的真实性和完整性进行抽查。

第十七条 承装（修、试）电力设施单位未按照派出机构规定报送年度自查材料的，派出机构责令限期改正。逾期未改的，由派出机构向社会公告，并依法给予行政处罚。

第十八条 派出机构应当加强对承装（修、试）电力设施单位施工现场下列情况的监督检查：

（一）施工现场实际施工人与中标单位或者施工合同约定的施工单位是否一致，是否取得许可证并在许可范围内从业；

（二）是否存在允许其他单位、个人以本单位名义从事承装（修、试）电力设施活动的情形；

（三）是否将承包的承装（修、试）电力设施业务转包给其他单位、个人，或者分包给未取得许可证或者超越许可证许可范围的单位、个人；

（四）跨区从事承装（修、试）电力设施活动的，是否按照规定向工程所在地派出机构报告；

（五）分公司从事承装（修、试）电力设施活动的，是否按照规定备案；

（六）在用户受电、送电装置上作业的人员是否全部取得电工进网作业许可证并按照规定注册；

（七）遵守国家有关安全生产管理规定的情况；

（八）需要现场检查的其他事项。

第十九条 派出机构应当将有下列情形的单位作为重点抽查对象：

（一）发生工程质量责任事故或者生产安全事故的；

（二）受到他人向电力监管机构投诉、举报的；

（三）技术、安全负责人等关键岗位人员变动频繁的；

（四）未按照规定提交年度自查材料的；

（五）派出机构认为应当抽查的其他情形。

第二十条 派出机构根据年度自查材料的审查情况以及其他日常监督管理情况，对承装（修、试）电力设施单位遵守许可证制度、国家有关安全生产管理规定以及其他有关规定的情况进行年度综合评价，并将评价等次记录在许可证副本上。

年度综合评价等次为良好或者一般的，在许可证副本上加盖监督检查戳记以及评价等次，发还许可证副本；年度综合评价等次为差的，责令限期整改。整改合格后，在许可证副本上加盖监督检查戳记以及评价等次，发还许可证副本。

第二十一条 派出机构应当将承装（修、试）电力设施单位年度综合评价等次记录在其许可证信用档案中。

第二十二条 发电企业、输电企业和供电企业应当健全工程建设管理制度、工程分包管理制度和生产管理制度，将许可证作为从事承装、承修、承试电力设施活动的必要条件；在业务招标文件中应当要求投标单位必须取得相应的许可证；不得将承装（修、试）电力设施业务发包给未取得许可证或者超越许可证许可范围的单位、个人。

第二十三条 供电企业应当健全用户工程报装制度，应当在受理电力用户用电申请环节告知用户需委托取得相应许可证的单位从事受电设施施工；应当严格履行查验义务，在用户受电工程中间检查、竣工检验环节查验施工单位是否取得许可证并在许可范围内从业。

第二十四条 派出机构发现承装（修、试）电力设施单位、发电企业、输电企业和供电企业存在违法违规问题的，可以责令其当场改正或者限期整改；依法需要做出行政处罚的，按照有关规定作出处理决定。

被责令整改的单位应当按照要求进行整改，在整改期限届满之日起十日内将整改情况书面报告派出机构；派出机构视情况决定是否对整改情况进行复查。

对未按照要求整改的，派出机构可以约谈其负责人；情节严重的，由派出机构对该单位进行通报批评，并依法进行处理。

第二十五条 承装（修、试）电力设施单位违反本办法规定，将承装（修、试）电力设施业务转包给其他单位、个人或者分包给未取得许可证或者超越许可证许可范围的单位、个人的，由施工地派出机构给予通报批评。

第二十六条 承装（修、试）电力设施单位违反本办法规定，未对从事承装（修、试）电力设施活动的分公司进行备案的，由承装（修、试）电力设施单位所在地的派出机构责令限期改正；逾期未改的，由承装（修、试）电力设施单位所在地的派出机构给予通报批评。

第二十七条　发电企业、输电企业、供电企业违反本办法规定，有下列情形之一的，由派出机构给予通报批评：

（一）本单位承装、承修、承试电力设施业务由未取得许可证或者超越许可证许可范围的单位、个人承担的；

（二）未履行查验义务，存在用户受电工程由未取得许可证或者超越许可证许可范围的单位、个人承担的。

第二十八条　承装（修、试）电力设施单位在颁发许可证的派出机构辖区外发生违法违规行为的，由行为发生地的派出机构依据有关规定处理，并将其违法违规事实、处理结果抄告颁发许可证的派出机构。

需要作出降低许可证等级、变更许可证类别处理，以及需要办理许可注销手续的，由颁发许可证的派出机构作出决定并实施。

第二十九条　派出机构查处伪造、涂改以及倒卖许可证等违法行为，发现违法事实涉嫌犯罪，依法需要追究刑事责任的，应当按照《行政执法机关移送涉嫌犯罪案件的规定》（国务院令第310号）等规定及时移送案件。

第三十条　对于应当注销的许可，取得许可证的单位未按照规定办理注销手续，派出机构可以通过公告注销。自公告发布之日起满三十日，视为许可被注销。

第三十一条　电力监管机构实施许可证监督检查，不得妨碍被检查单位正常的生产经营活动，不得索取或者收受被检查单位的财物，不得谋取其他利益。

电力监管机构的工作人员在许可证监督管理活动中滥用职权、玩忽职守、徇私舞弊的，依法给予行政处分，构成犯罪的，依法追究刑事责任。

第三十二条　本办法自发布之日起施行。

司 法 解 释

最高人民法院行政审判庭关于征收中央直属发电厂的水力发电用水和火力发电贯流式冷却用水水资源费问题的答复

（2007年11月5日　〔2007〕行他字第17号）

广西壮族自治区高级人民法院：

你院报来的《关于广西桂冠电力股份有限公司诉大化瑶族自治县水利局征收水资源费及行政处罚上诉一案的请示》收悉。经研究，答复如下：

国务院颁布的《取水许可和水资源费征收管理条例》于2006年4月15日起施行，在该条例施行之后，应当根据该条例的有关规定征收水资源费。

此复。

最高人民法院关于审理破坏电力设备
刑事案件具体应用法律若干问题的解释

（2007 年 8 月 13 日最高人民法院审判委员会第 1435
次会议通过 法释〔2007〕15 号）

为维护公共安全，依法惩治破坏电力设备等犯罪活动，根据刑法有关规定，现就审理这类刑事案件具体应用法律的若干问题解释如下：

第一条 破坏电力设备，具有下列情形之一的，属于刑法第一百一十九条第一款规定的"造成严重后果"，以破坏电力设备罪判处十年以上有期徒刑、无期徒刑或者死刑：

（一）造成一人以上死亡、三人以上重伤或者十人以上轻伤的；

（二）造成一万以上用户电力供应中断六小时以上，致使生产、生活受到严重影响的；

（三）造成直接经济损失一百万元以上的；

（四）造成其他危害公共安全严重后果的。

第二条 过失损坏电力设备，造成本解释第一条规定的严重后果的，依照刑法第一百一十九条第二款的规定，以过失损坏电力设备罪判处三年以上七年以下有期徒刑；情节较轻的，处三年以下有期徒刑或者拘役。

第三条 盗窃电力设备，危害公共安全，但不构成盗窃罪的，以破坏电力设备罪定罪处罚；同时构成盗窃罪和破坏电力设备罪的，依照刑法处罚较重的规定定罪处罚。

盗窃电力设备，没有危及公共安全，但应当追究刑事责任的，可以根据案件的不同情况，按照盗窃罪等犯罪处理。

第四条 本解释所称电力设备，是指处于运行、应急等使用中的电力设备；已经通电使用，只是由于枯水季节或电力不足等原因暂停使用的电力设备；已经交付使用但尚未通电的电力设备。不包括尚未安装完毕，或者已经安装完毕但尚未交付使用的电力设备。

本解释中直接经济损失的计算范围，包括电量损失金额，被毁损设备材料的购置、更换、修复费用，以及因停电给用户造成的直接经济损失等。

最高人民法院、最高人民检察院关于办理盗窃刑事案件适用法律若干问题的解释

（2013年3月8日最高人民法院审判委员会第1571次会议、2013年3月18日最高人民检察院第十二届检察委员会第1次会议通过　法释〔2013〕8号）

为依法惩治盗窃犯罪活动，保护公私财产，根据《中华人民共和国刑法》、《中华人民共和国刑事诉讼法》的有关规定，现就办理盗窃刑事案件适用法律的若干问题解释如下：

第一条　盗窃公私财物价值一千元至三千元以上、三万元至十万元以上、三十万元至五十万元以上的，应当分别认定为刑法第二百六十四条规定的"数额较大"、"数额巨大"、"数额特别巨大"。

各省、自治区、直辖市高级人民法院、人民检察院可以根据本地区经济发展状况，并考虑社会治安状况，在前款规定的数额幅度内，确定本地区执行的具体数额标准，报最高人民法院、最高人民检察院批准。

在跨地区运行的公共交通工具上盗窃，盗窃地点无法查证的，盗窃数额是否达到"数额较大"、"数额巨大"、"数额特别巨大"，应当根据受理案件所在地省、自治区、直辖市高级人民法院、人民检察院确定的有关数额标准认定。

盗窃毒品等违禁品，应当按照盗窃罪处理的，根据情节轻重量刑。

第二条　盗窃公私财物，具有下列情形之一的，"数额较大"的标准可以按照前条规定标准的百分之五十确定：

（一）曾因盗窃受过刑事处罚的；

（二）一年内曾因盗窃受过行政处罚的；

（三）组织、控制未成年人盗窃的；

（四）自然灾害、事故灾害、社会安全事件等突发事件期间，在事件发生地盗窃的；

（五）盗窃残疾人、孤寡老人、丧失劳动能力人的财物的；

（六）在医院盗窃病人或者其亲友财物的；

（七）盗窃救灾、抢险、防汛、优抚、扶贫、移民、救济款物的；

（八）因盗窃造成严重后果的。

第三条　二年内盗窃三次以上的，应当认定为"多次盗窃"。

非法进入供他人家庭生活，与外界相对隔离的住所盗窃的，应当认定为"入

户盗窃"。

携带枪支、爆炸物、管制刀具等国家禁止个人携带的器械盗窃，或者为了实施违法犯罪携带其他足以危害他人人身安全的器械盗窃的，应当认定为"携带凶器盗窃"。

在公共场所或者公共交通工具上盗窃他人随身携带的财物的，应当认定为"扒窃"。

第四条 盗窃的数额，按照下列方法认定：

（一）被盗财物有有效价格证明的，根据有效价格证明认定；无有效价格证明，或者根据价格证明认定盗窃数额明显不合理的，应当按照有关规定委托估价机构估价；

（二）盗窃外币的，按照盗窃时中国外汇交易中心或者中国人民银行授权机构公布的人民币对该货币的中间价折合成人民币计算；中国外汇交易中心或者中国人民银行授权机构未公布汇率中间价的外币，按照盗窃时境内银行人民币对该货币的中间价折算成人民币，或者该货币在境内银行、国际外汇市场对美元汇率，与人民币对美元汇率中间价进行套算；

（三）盗窃电力、燃气、自来水等财物，盗窃数量能够查实的，按照查实的数量计算盗窃数额；盗窃数量无法查实的，以盗窃前六个月月均正常用量减去盗窃后计量仪表显示的月均用量推算盗窃数额；盗窃前正常使用不足六个月的，按照正常使用期间的月均用量减去盗窃后计量仪表显示的月均用量推算盗窃数额；

（四）明知是盗接他人通信线路、复制他人电信码号的电信设备、设施而使用的，按照合法用户为其支付的费用认定盗窃数额；无法直接确认的，以合法用户的电信设备、设施被盗接、复制后的月缴费额减去被盗接、复制前六个月的月均电话费推算盗窃数额；合法用户使用电信设备、设施不足六个月的，按照实际使用的月均电话费推算盗窃数额；

（五）盗接他人通信线路、复制他人电信码号出售的，按照销赃数额认定盗窃数额。

盗窃行为给失主造成的损失大于盗窃数额的，损失数额可以作为量刑情节考虑。

第五条 盗窃有价支付凭证、有价证券、有价票证的，按照下列方法认定盗窃数额：

（一）盗窃不记名、不挂失的有价支付凭证、有价证券、有价票证的，应当按票面数额和盗窃时应得的孳息、奖金或者奖品等可得收益一并计算盗窃数额；

（二）盗窃记名的有价支付凭证、有价证券、有价票证，已经兑现的，按照兑现部分的财物价值计算盗窃数额；没有兑现，但失主无法通过挂失、补领、补办手续等方式避免损失的，按照给失主造成的实际损失计算盗窃数额。

第六条 盗窃公私财物，具有本解释第二条第三项至第八项规定情形之一，或者入户盗窃、携带凶器盗窃，数额达到本解释第一条规定的"数额巨大"、"数额特别巨大"百分之五十的，可以分别认定为刑法第二百六十四条规定的"其他严重情节"或者"其他特别严重情节"。

第七条 盗窃公私财物数额较大，行为人认罪、悔罪，退赃、退赔，且具有下列情形之一，情节轻微的，可以不起诉或者免予刑事处罚；必要时，由有关部门予以行政处罚：

（一）具有法定从宽处罚情节的；

（二）没有参与分赃或者获赃较少且不是主犯的；

（三）被害人谅解的；

（四）其他情节轻微、危害不大的。

第八条 偷拿家庭成员或者近亲属的财物，获得谅解的，一般可以不认为是犯罪；追究刑事责任的，应当酌情从宽。

第九条 盗窃国有馆藏一般文物、三级文物、二级以上文物的，应当分别认定为刑法第二百六十四条规定的"数额较大"、"数额巨大"、"数额特别巨大"。

盗窃多件不同等级国有馆藏文物的，三件同级文物可以视为一件高一级文物。

盗窃民间收藏的文物的，根据本解释第四条第一款第一项的规定认定盗窃数额。

第十条 偷开他人机动车的，按照下列规定处理：

（一）偷开机动车，导致车辆丢失的，以盗窃罪定罪处罚；

（二）为盗窃其他财物，偷开机动车作为犯罪工具使用后非法占有车辆，或者将车辆遗弃导致丢失的，被盗车辆的价值计入盗窃数额；

（三）为实施其他犯罪，偷开机动车作为犯罪工具使用后非法占有车辆，或者将车辆遗弃导致丢失的，以盗窃罪和其他犯罪数罪并罚；将车辆送回未造成丢失的，按照其所实施的其他犯罪从重处罚。

第十一条 盗窃公私财物并造成财物损毁的，按照下列规定处理：

（一）采用破坏性手段盗窃公私财物，造成其他财物损毁的，以盗窃罪从重处罚；同时构成盗窃罪和其他犯罪的，择一重罪从重处罚；

（二）实施盗窃犯罪后，为掩盖罪行或者报复等，故意毁坏其他财物构成犯罪的，以盗窃罪和构成的其他犯罪数罪并罚；

（三）盗窃行为未构成犯罪，但损毁财物构成其他犯罪的，以其他犯罪定罪处罚。

第十二条 盗窃未遂，具有下列情形之一的，应当依法追究刑事责任：

（一）以数额巨大的财物为盗窃目标的；

（二）以珍贵文物为盗窃目标的；

（三）其他情节严重的情形。

盗窃既有既遂，又有未遂，分别达到不同量刑幅度的，依照处罚较重的规定处罚；达到同一量刑幅度的，以盗窃罪既遂处罚。

第十三条　单位组织、指使盗窃，符合刑法第二百六十四条及本解释有关规定的，以盗窃罪追究组织者、指使者、直接实施者的刑事责任。

第十四条　因犯盗窃罪，依法判处罚金刑的，应当在一千元以上盗窃数额的二倍以下判处罚金；没有盗窃数额或者盗窃数额无法计算的，应当在一千元以上十万元以下判处罚金。

第十五条　本解释发布实施后，《最高人民法院关于审理盗窃案件具体应用法律若干问题的解释》（法释〔1998〕4 号）同时废止；之前发布的司法解释和规范性文件与本解释不一致的，以本解释为准。

最高人民法院研究室关于对《关于查处窃电
行为有关问题的请示》答复意见的函

(2002 年 9 月 6 日　法研〔2002〕118 号)

国务院法制办公室秘书行政司:

你司送来征求意见的安徽省政府法制办《关于查处窃电行为有关问题的请示》(以下称"请示")收悉。经研究,提出以下意见:

一、《中华人民共和国电力法》(以下称电力法)第六条、第七条已经明确规定了政府电力管理部门的行政管理职责和电力企业的民事法律关系主体地位,而且电力企业的这种地位在《中华人民共和国合同法》(以下称合同法)第十章"供用电、水、气、热力合同"中有更具体的体现。因此,电力企业在供电合同的订立和履行过程中的活动应当适用合同法和其他有关民事法律。供电局发现用户有窃电行为的,可以依法提起民事诉讼。

二、虽然供电活动属于合同法规定的民事活动,但鉴于供电活动的特殊性和电力管理制度的传统,电力法对供电企业和用户的权利义务又作了一些特别规定。例如,第三十二条规定:"用户用电不得危害供电、用电安全和扰乱供电、用电秩序。对危害供电、用电安全和扰乱供电、用电秩序的供电企业有权制止。"第三十三条规定:"供电企业应当按照国家核准的电价和用电计量装置的记录,向用户计收电费。供电企业查电人员和抄表收费人员进入用户,进行用电安全检查或者抄表收费时,应当出示有关证件。用户应当按照国家核准的电价和用电计量装置的记录,按时交纳电费;对供电企业查电人员和抄表收费人员依法履行职责,应当提供方便。"这些规定属于特别法的规定,与合同法不相抵触。

三、电力法第六条第二款规定:"县级以上地方人民政府经济综合主管部门是本行政区域内的电力管理部门,负责电力事业的监督管理。县级以上地方人民政府有关部门在各自的职责范围内负责电力事业的监督管理。"也就是说,自该法1996 年 4 月 1 日生效施行之日起,原来各级政府中实行政企合一的电力局(或称供电局、电业局等)依法不再享有行政监督管理职权,而改由各级人民政府的经贸委行使该职权,电力局成为单独的电力企业。因此,其他行政法规、规章中关于电力局行政监督管理职权的规定与电力法和合同法不一致的,不应当继续使用。

四、关于"请示"中所称"我省市县机构改革尚未完成,市、县供电局属于政企合一机构",不能作为与电力法有关规定对抗的理由。国务院和地方各级人民政府将电力企业与电力监督管理部门的机构和职能分开，是根据电力法进行的。电力法从公布到生效之前已经留有三个月的准备时间，各级人民政府相关的改革工作应当在法律生效之前完成，以保证法律的执行。某些地方在电力法实施后六年半之久尚未完成这一工作，属于工作中的问题，不应影响电力法有关规定的效力。

　　以上意见供参考。

最高人民法院研究室

二〇〇二年九月六日

最高人民法院关于曹豪哲诉延边电业局、姜国政赔偿一案的责任划分及法律适用问题的复函

（1993 年 5 月 5 日）

吉林省高级人民法院：

你院《关于曹豪哲诉延边电业局、姜国政赔偿一案如何划分责任及适用法律的请示》收悉。经研究，我们认为，延边电业局的高压供电行为和姜国政在变压器台下堆柴垛的行为导致了受害人曹豪哲伤残的后果。延边电业局作为特殊侵权责任主体，且未能按《电力设施保护条例》采取有力措施消除危险，应负主要责任。姜国政违反《电力设施保护条例》的规定，对损害结果的发生也负有重要责任。曹豪哲无行为能力，被延边电业局和姜国政共同造成的危险致残，如法院认定其监护人未尽到监护职责，要求过苛，不宜这样处理。

以上意见供参考。

附：

吉林省高级人民法院关于曹豪哲诉延边电业局、姜国政
赔偿一案如何划分责任及适用法律的请示

（1992 年 10 月 30 日）

最高人民法院：

我省延边朝鲜族自治州中级人民法院，受理了曹豪哲诉延边电业局、姜国政赔偿上诉一案。据查，姜国政于一九八六年末开始将自家柴禾及建房用木料堆放在和龙镇秀湖胡同第四十七号电线杆处的 H 变压台下。和龙供电局曾通知姜国政将其柴禾搬除，但姜未搬除。一九九〇年四月五日中午十二时许，曹豪哲顺着姜国政之柴禾及木料攀上该 H 变压台，被高压电击倒，双手因烧伤致残，经医院治疗，但至今生活不能自理，待截肢后安装假肢。经法医鉴定为三级伤残。

和龙县法院认为：本案事故的发生是由于电力部门对供电设施管理不得力，姜国政不听电力部门劝阻在变压器台下堆放柴禾，监护人未尽到监护责任而造成的。因此，延边电业局应承担百分之五十的责任；姜国政承担百分之三十的责

任；监护人承担百分之二十的责任。延边电业局不服，以其已尽到职责，没有过错为由提出上诉。对此事故，国家能源部正式发文，认为电业部门没有责任。

延边朝鲜族自治州中级法院在划分责任和适用法律上，因与国家能源部的意见产生分歧，向我院请示。经我们研究，在划分责任和适用法律上有两种意见，故呈报最高人民法院批示。

第一种意见：适用过错责任原则，双方当事人均应承担相应的民事责任。根据《电力设施保护条例》（以下简称条例）的规定，延边电业局是当地保护电力设施的行政主管部门，有权对姜国政违反《条例》的行为采取行政处罚，并可申请人民法院强制执行。国家能源部政法规〔1991〕18 号文件第二条"和龙县供电局责令当事人限期搬除堆放在变压器的柴垛是符合《条例》第二十七条规定应当作为的职权，《条例》未授权电力主管部门要以采取强行搬除的强制措施权"的立法解释，仅说明《条例》第二十七条未授权强行搬出，但《条例》第三十二条明确授予了电力主管部门以行政处罚和申请执行权。延边电业局作为电力行政管理部门未尽到《条例》规定的职责，对供电设施管理不得力，应承担次要责任，可维持一审判决。

第二种意见：适用特殊侵权损害的民事责任，由延边电业局承担无过错的民事责任。《中华人民共和国民法通则》第一百二十三条规定："从事高空、高压、易燃、易爆、剧毒、放射性、高速运输工具等对周围环境有高度危险的作业，造成他人损害的，应当承担民事责任，如果能够证明损害是由受害人故意造成的，不承担民事责任。"运行中的电力变压器属高压范畴，对"作业"的理解不能局限于安装、架线等施工作业，只要电力设施在工作状态下，即应视为作业。曹豪哲系无行为能力人，损害不是由其故意造成的，所以延边电业局应承担特殊侵权责任。

以上何种意见正确，请批示。

最高人民法院关于从事高空高压对周围环境
有高度危险作业造成他人损害的应适用
民法通则还是电力法的复函

（2000年2月21日 〔2000〕法民字第5号）

黑龙江省高级人民法院：

你院《关于从事高空高压等对周围环境有高度危险作业造成他人损害的应适用民法通则还是电力法的请示》收悉。经研究认为：民法通则规定，如能证明损害是由受害人故意造成的，电力部门不承担民事责任；电力法规定，由于不可抗力或用户自身的过错造成损害的，电力部门不承担赔偿责任。这两部法律对归责原则的规定是有所区别的。但电力法是民法通则颁布实施后对民事责任规范所作的特别规定，根据特别法优于普通法，后法优于前法的原则，你院所请示的案件应适用电力法。

最高人民法院关于郑某与宽城满族自治县电力局、宽城满族自治县亍罗台乡亍罗台村等损害赔偿一案的复函

(2002年4月2日 〔2002〕民监他字第1号)

河北省高级人民法院：

你院请示收悉，经研究，答复如下：

宽城电力分公司在变压器安装验收时，明知台高不符合标准，且没有防护栏的情况下却违规送电，应承担郑某人身损害的主要责任；亍罗台村对供电设施疏于管理也是造成郑某人身损害的原因之一，应当承担相应责任；郑某的监护人未尽监护义务亦应承担一定责任。三者按照 70%、20%、10%的比例承担责任是适当的，精神损害抚慰金50000 元的分担也是适当的。

最高人民法院关于审理因垄断行为引发的
民事纠纷案件应用法律若干问题的规定

（2012 年 1 月 30 日最高人民法院审判委员会第 1539 次会议通过　法释
〔2012〕5 号）

为正确审理因垄断行为引发的民事纠纷案件，制止垄断行为，保护和促进市场公平竞争，维护消费者利益和社会公共利益，根据《中华人民共和国反垄断法》、《中华人民共和国侵权责任法》、《中华人民共和国合同法》和《中华人民共和国民事诉讼法》等法律的相关规定，制定本规定。

第一条　本规定所称因垄断行为引发的民事纠纷案件（以下简称垄断民事纠纷案件），是指因垄断行为受到损失以及因合同内容、行业协会的章程等违反反垄断法而发生争议的自然人、法人或者其他组织，向人民法院提起的民事诉讼案件。

第二条　原告直接向人民法院提起民事诉讼，或者在反垄断执法机构认定构成垄断行为的处理决定发生法律效力后向人民法院提起民事诉讼，并符合法律规定的其他受理条件的，人民法院应当受理。

第三条　第一审垄断民事纠纷案件，由省、自治区、直辖市人民政府所在地的市、计划单列市中级人民法院以及最高人民法院指定的中级人民法院管辖。

经最高人民法院批准，基层人民法院可以管辖第一审垄断民事纠纷案件。

第四条　垄断民事纠纷案件的地域管辖，根据案件具体情况，依照民事诉讼法及相关司法解释有关侵权纠纷、合同纠纷等的管辖规定确定。

第五条　民事纠纷案件立案时的案由并非垄断纠纷，被告以原告实施了垄断行为为由提出抗辩或者反诉且有证据支持，或者案件需要依据反垄断法作出裁判，但受诉人民法院没有垄断民事纠纷案件管辖权的，应当将案件移送有管辖权的人民法院。

第六条　两个或者两个以上原告因同一垄断行为向有管辖权的同一法院分别提起诉讼的，人民法院可以合并审理。

两个或者两个以上原告因同一垄断行为向有管辖权的不同法院分别提起诉讼的，后立案的法院在得知有关法院先立案的情况后，应当在七日内裁定将案件移送先立案的法院；受移送的法院可以合并审理。被告应当在答辩阶段主动向受诉人民法院提供其因同一行为在其他法院涉诉的相关信息。

第七条 被诉垄断行为属于反垄断法第十三条第一款第（一）项至第（五）项规定的垄断协议的，被告应对该协议不具有排除、限制竞争的效果承担举证责任。

第八条 被诉垄断行为属于反垄断法第十七条第一款规定的滥用市场支配地位的，原告应当对被告在相关市场内具有支配地位和其滥用市场支配地位承担举证责任。

被告以其行为具有正当性为由进行抗辩的，应当承担举证责任。

第九条 被诉垄断行为属于公用企业或者其他依法具有独占地位的经营者滥用市场支配地位的，人民法院可以根据市场结构和竞争状况的具体情况，认定被告在相关市场内具有支配地位，但有相反证据足以推翻的除外。

第十条 原告可以以被告对外发布的信息作为证明其具有市场支配地位的证据。被告对外发布的信息能够证明其在相关市场内具有支配地位的，人民法院可以据此作出认定，但有相反证据足以推翻的除外。

第十一条 证据涉及国家秘密、商业秘密、个人隐私或者其他依法应当保密的内容的，人民法院可以依职权或者当事人的申请采取不公开开庭、限制或者禁止复制、仅对代理律师展示、责令签署保密承诺书等保护措施。

第十二条 当事人可以向人民法院申请一至二名具有相应专门知识的人员出庭，就案件的专门性问题进行说明。

第十三条 当事人可以向人民法院申请委托专业机构或者专业人员就案件的专门性问题作出市场调查或者经济分析报告。经人民法院同意，双方当事人可以协商确定专业机构或者专业人员；协商不成的，由人民法院指定。

人民法院可以参照民事诉讼法及相关司法解释有关鉴定结论的规定，对前款规定的市场调查或者经济分析报告进行审查判断。

第十四条 被告实施垄断行为，给原告造成损失的，根据原告的诉讼请求和查明的事实，人民法院可以依法判令被告承担停止侵害、赔偿损失等民事责任。

根据原告的请求，人民法院可以将原告因调查、制止垄断行为所支付的合理开支计入损失赔偿范围。

第十五条 被诉合同内容、行业协会的章程等违反反垄断法或者其他法律、行政法规的强制性规定的，人民法院应当依法认定其无效。

第十六条 因垄断行为产生的损害赔偿请求权诉讼时效期间，从原告知道或者应当知道权益受侵害之日起计算。

原告向反垄断执法机构举报被诉垄断行为的，诉讼时效从其举报之日起中断。反垄断执法机构决定不立案、撤销案件或者决定终止调查的，诉讼时效期间从原告知道或者应当知道不立案、撤销案件或者终止调查之日起重新计算。

反垄断执法机构调查后认定构成垄断行为的，诉讼时效期间从原告知道或者应当知道反垄断执法机构认定构成垄断行为的处理决定发生法律效力之日起重新计算。

原告起诉时被诉垄断行为已经持续超过二年，被告提出诉讼时效抗辩的，损害赔偿应当自原告向人民法院起诉之日起向前推算二年计算。

最高人民法院行政审判庭关于对违法收取电费的行为应由物价行政管理部门监督管理的答复

（1999 年 11 月 17 日　行他〔1999〕第 6 号）

山西省高级人民法院：

你院〔1999〕晋法行字第 9 号"关于对乡镇企业管理局是否有权对电业局非法收取农村分类综合电价外的费用的行为进行处罚的请示"收悉。经研究，答复如下：

原则同意你院倾向性意见。即遵循特别法规定优于普通法规定的原则，对违法收取电费的行为，根据《电力法》第 66 条的规定，应由物价行政管理部门监督管理。

此复。

最高人民法院关于适用《中华人民共和国企业破产法》若干问题的规定（二）

（2013 年 7 月 29 日最高人民法院审判委员会第 1586 次会议通过　法释〔2013〕22 号）

根据《中华人民共和国企业破产法》《中华人民共和国物权法》《中华人民共和国合同法》等相关法律，结合审判实践，就人民法院审理企业破产案件中认定债务人财产相关的法律适用问题，制定本规定。

第一条　除债务人所有的货币、实物外，债务人依法享有的可以用货币估价并可以依法转让的债权、股权、知识产权、用益物权等财产和财产权益，人民法院均应认定为债务人财产。

第二条　下列财产不应认定为债务人财产：

（一）债务人基于仓储、保管、承揽、代销、借用、寄存、租赁等合同或者其他法律关系占有、使用的他人财产；

（二）债务人在所有权保留买卖中尚未取得所有权的财产；

（三）所有权专属于国家且不得转让的财产；

（四）其他依照法律、行政法规不属于债务人的财产。

第三条　债务人已依法设定担保物权的特定财产，人民法院应当认定为债务人财产。

对债务人的特定财产在担保物权消灭或者实现担保物权后的剩余部分，在破产程序中可用以清偿破产费用、共益债务和其他破产债权。

第四条　债务人对按份享有所有权的共有财产的相关份额，或者共同享有所有权的共有财产的相应财产权利，以及依法分割共有财产所得部分，人民法院均应认定为债务人财产。

人民法院宣告债务人破产清算，属于共有财产分割的法定事由。人民法院裁定债务人重整或者和解的，共有财产的分割应当依据物权法第九十九条的规定进行；基于重整或者和解的需要必须分割共有财产，管理人请求分割的，人民法院应予准许。

因分割共有财产导致其他共有人损害产生的债务，其他共有人请求作为共益债务清偿的，人民法院应予支持。

第五条　破产申请受理后，有关债务人财产的执行程序未依照企业破产法第

432

十九条的规定中止的，采取执行措施的相关单位应当依法予以纠正。依法执行回转的财产，人民法院应当认定为债务人财产。

第六条　破产申请受理后，对于可能因有关利益相关人的行为或者其他原因，影响破产程序依法进行的，受理破产申请的人民法院可以根据管理人的申请或者依职权，对债务人的全部或者部分财产采取保全措施。

第七条　对债务人财产已采取保全措施的相关单位，在知悉人民法院已裁定受理有关债务人的破产申请后，应当依照企业破产法第十九条的规定及时解除对债务人财产的保全措施。

第八条　人民法院受理破产申请后至破产宣告前裁定驳回破产申请，或者依据企业破产法第一百零八条的规定裁定终结破产程序的，应当及时通知原已采取保全措施并已依法解除保全措施的单位按照原保全顺位恢复相关保全措施。

在已依法解除保全的单位恢复保全措施或者表示不再恢复之前，受理破产申请的人民法院不得解除对债务人财产的保全措施。

第九条　管理人依据企业破产法第三十一条和第三十二条的规定提起诉讼，请求撤销涉及债务人财产的相关行为并由相对人返还债务人财产的，人民法院应予支持。

管理人因过错未依法行使撤销权导致债务人财产不当减损，债权人提起诉讼主张管理人对其损失承担相应赔偿责任的，人民法院应予支持。

第十条　债务人经过行政清理程序转入破产程序的，企业破产法第三十一条和第三十二条规定的可撤销行为的起算点，为行政监管机构作出撤销决定之日。

债务人经过强制清算程序转入破产程序的，企业破产法第三十一条和第三十二条规定的可撤销行为的起算点，为人民法院裁定受理强制清算申请之日。

第十一条　人民法院根据管理人的请求撤销涉及债务人财产的以明显不合理价格进行的交易的，买卖双方应当依法返还从对方获取的财产或者价款。

因撤销该交易，对于债务人应返还受让人已支付价款所产生的债务，受让人请求作为共益债务清偿的，人民法院应予支持。

第十二条　破产申请受理前一年内债务人提前清偿的未到期债务，在破产申请受理前已经到期，管理人请求撤销该清偿行为的，人民法院不予支持。但是，该清偿行为发生在破产申请受理前六个月内且债务人有企业破产法第二条第一款规定情形的除外。

第十三条　破产申请受理后，管理人未依据企业破产法第三十一条的规定请求撤销债务人无偿转让财产、以明显不合理价格交易、放弃债权行为的，债权人依据合同法第七十四条等规定提起诉讼，请求撤销债务人上述行为并将因此追回的财产归入债务人财产的，人民法院应予受理。

相对人以债权人行使撤销权的范围超出债权人的债权抗辩的，人民法院不予支持。

第十四条 债务人对以自有财产设定担保物权的债权进行的个别清偿，管理人依据企业破产法第三十二条的规定请求撤销的，人民法院不予支持。但是，债务清偿时担保财产的价值低于债权额的除外。

第十五条 债务人经诉讼、仲裁、执行程序对债权人进行的个别清偿，管理人依据企业破产法第三十二条的规定请求撤销的，人民法院不予支持。但是，债务人与债权人恶意串通损害其他债权人利益的除外。

第十六条 债务人对债权人进行的以下个别清偿，管理人依据企业破产法第三十二条的规定请求撤销的，人民法院不予支持：

（一）债务人为维系基本生产需要而支付水费、电费等的；

（二）债务人支付劳动报酬、人身损害赔偿金的；

（三）使债务人财产受益的其他个别清偿。

第十七条 管理人依据企业破产法第三十三条的规定提起诉讼，主张被隐匿、转移财产的实际占有人返还债务人财产，或者主张债务人虚构债务或者承认不真实债务的行为无效并返还债务人财产的，人民法院应予支持。

第十八条 管理人代表债务人依据企业破产法第一百二十八条的规定，以债务人的法定代表人和其他直接责任人员对所涉债务人财产的相关行为存在故意或者重大过失，造成债务人财产损失为由提起诉讼，主张上述责任人员承担相应赔偿责任的，人民法院应予支持。

第十九条 债务人对外享有债权的诉讼时效，自人民法院受理破产申请之日起中断。

债务人无正当理由未对其到期债权及时行使权利，导致其对外债权在破产申请受理前一年内超过诉讼时效期间的，人民法院受理破产申请之日起重新计算上述债权的诉讼时效期间。

第二十条 管理人代表债务人提起诉讼，主张出资人向债务人依法缴付未履行的出资或者返还抽逃的出资本息，出资人以认缴出资尚未届至公司章程规定的缴纳期限或者违反出资义务已经超过诉讼时效为由抗辩的，人民法院不予支持。

管理人依据公司法的相关规定代表债务人提起诉讼，主张公司的发起人和负有监督股东履行出资义务的董事、高级管理人员，或者协助抽逃出资的其他股东、董事、高级管理人员、实际控制人等，对股东违反出资义务或者抽逃出资承担相应责任，并将财产归入债务人财产的，人民法院应予支持。

第二十一条 破产申请受理前，债权人就债务人财产提起下列诉讼，破产申请受理时案件尚未审结的，人民法院应当中止审理：

（一）主张次债务人代替债务人直接向其偿还债务的；

（二）主张债务人的出资人、发起人和负有监督股东履行出资义务的董事、高级管理人员，或者协助抽逃出资的其他股东、董事、高级管理人员、实际控制人等直接向其承担出资不实或者抽逃出资责任的；

（三）以债务人的股东与债务人法人人格严重混同为由，主张债务人的股东直接向其偿还债务人对其所负债务的；

（四）其他就债务人财产提起的个别清偿诉讼。

债务人破产宣告后，人民法院应当依照企业破产法第四十四条的规定判决驳回债权人的诉讼请求。但是，债权人一审中变更其诉讼请求为追收的相关财产归入债务人财产的除外。

债务人破产宣告前，人民法院依据企业破产法第十二条或者第一百零八条的规定裁定驳回破产申请或者终结破产程序的，上述中止审理的案件应当依法恢复审理。

第二十二条 破产申请受理前，债权人就债务人财产向人民法院提起本规定第二十一条第一款所列诉讼，人民法院已经作出生效民事判决书或者调解书但尚未执行完毕的，破产申请受理后，相关执行行为应当依据企业破产法第十九条的规定中止，债权人应当依法向管理人申报相关债权。

第二十三条 破产申请受理后，债权人就债务人财产向人民法院提起本规定第二十一条第一款所列诉讼的，人民法院不予受理。

债权人通过债权人会议或者债权人委员会，要求管理人依法向次债务人、债务人的出资人等追收债务人财产，管理人无正当理由拒绝追收，债权人会议依据企业破产法第二十二条的规定，申请人民法院更换管理人的，人民法院应予支持。

管理人不予追收，个别债权人代表全体债权人提起相关诉讼，主张次债务人或者债务人的出资人等向债务人清偿或者返还债务人财产，或者依法申请合并破产的，人民法院应予受理。

第二十四条 债务人有企业破产法第二条第一款规定的情形时，债务人的董事、监事和高级管理人员利用职权获取的以下收入，人民法院应当认定为企业破产法第三十六条规定的非正常收入：

（一）绩效奖金；

（二）普遍拖欠职工工资情况下获取的工资性收入；

（三）其他非正常收入。

债务人的董事、监事和高级管理人员拒不向管理人返还上述债务人财产，管理人主张上述人员予以返还的，人民法院应予支持。

债务人的董事、监事和高级管理人员因返还第一款第（一）项、第（三）项非正常收入形成的债权，可以作为普通破产债权清偿。因返还第一款第（二）项非正常收入形成的债权，依据企业破产法第一百一十三条第三款的规定，按照该企业职工平均工资计算的部分作为拖欠职工工资清偿；高出该企业职工平均工资计算的部分，可以作为普通破产债权清偿。

第二十五条　管理人拟通过清偿债务或者提供担保取回质物、留置物，或者与质权人、留置权人协议以质物、留置物折价清偿债务等方式，进行对债权人利益有重大影响的财产处分行为的，应当及时报告债权人委员会。未设立债权人委员会的，管理人应当及时报告人民法院。

第二十六条　权利人依据企业破产法第三十八条的规定行使取回权，应当在破产财产变价方案或者和解协议、重整计划草案提交债权人会议表决前向管理人提出。权利人在上述期限后主张取回相关财产的，应当承担延迟行使取回权增加的相关费用。

第二十七条　权利人依据企业破产法第三十八条的规定向管理人主张取回相关财产，管理人不予认可，权利人以债务人为被告向人民法院提起诉讼请求行使取回权的，人民法院应予受理。

权利人依据人民法院或者仲裁机关的相关生效法律文书向管理人主张取回所涉争议财产，管理人以生效法律文书错误为由拒绝其行使取回权的，人民法院不予支持。

第二十八条　权利人行使取回权时未依法向管理人支付相关的加工费、保管费、托运费、委托费、代销费等费用，管理人拒绝其取回相关财产的，人民法院应予支持。

第二十九条　对债务人占有的权属不清的鲜活易腐等不易保管的财产或者不及时变现价值将严重贬损的财产，管理人及时变价并提存变价款后，有关权利人就该变价款行使取回权的，人民法院应予支持。

第三十条　债务人占有的他人财产被违法转让给第三人，依据物权法第一百零六条的规定第三人已善意取得财产所有权，原权利人无法取回该财产的，人民法院应当按照以下规定处理：

（一）转让行为发生在破产申请受理前的，原权利人因财产损失形成的债权，作为普通破产债权清偿；

（二）转让行为发生在破产申请受理后的，因管理人或者相关人员执行职务导致原权利人损害产生的债务，作为共益债务清偿。

第三十一条　债务人占有的他人财产被违法转让给第三人，第三人已向债务人支付了转让价款，但依据物权法第一百零六条的规定未取得财产所有权，原权利人依法追回转让财产的，对因第三人已支付对价而产生的债务，人民法院应当按照以下规定处理：

（一）转让行为发生在破产申请受理前的，作为普通破产债权清偿；

（二）转让行为发生在破产申请受理后的，作为共益债务清偿。

第三十二条 债务人占有的他人财产毁损、灭失，因此获得的保险金、赔偿金、代偿物尚未交付给债务人，或者代偿物虽已交付给债务人但能与债务人财产予以区分的，权利人主张取回就此获得的保险金、赔偿金、代偿物的，人民法院应予支持。

保险金、赔偿金已经交付给债务人，或者代偿物已经交付给债务人且不能与债务人财产予以区分的，人民法院应当按照以下规定处理：

（一）财产毁损、灭失发生在破产申请受理前的，权利人因财产损失形成的债权，作为普通破产债权清偿；

（二）财产毁损、灭失发生在破产申请受理后的，因管理人或者相关人员执行职务导致权利人损害产生的债务，作为共益债务清偿。

债务人占有的他人财产毁损、灭失，没有获得相应的保险金、赔偿金、代偿物，或者保险金、赔偿物、代偿物不足以弥补其损失的部分，人民法院应当按照本条第二款的规定处理。

第三十三条 管理人或者相关人员在执行职务过程中，因故意或者重大过失不当转让他人财产或者造成他人财产毁损、灭失，导致他人损害产生的债务作为共益债务，由债务人财产随时清偿不足弥补损失，权利人向管理人或者相关人员主张承担补充赔偿责任的，人民法院应予支持。

上述债务作为共益债务由债务人财产随时清偿后，债权人以管理人或者相关人员执行职务不当导致债务人财产减少给其造成损失为由提起诉讼，主张管理人或者相关人员承担相应赔偿责任的，人民法院应予支持。

第三十四条 买卖合同双方当事人在合同中约定标的物所有权保留，在标的物所有权未依法转移给买受人前，一方当事人破产的，该买卖合同属于双方均未履行完毕的合同，管理人有权依据企业破产法第十八条的规定决定解除或者继续履行合同。

第三十五条 出卖人破产，其管理人决定继续履行所有权保留买卖合同的，买受人应当按照原买卖合同的约定支付价款或者履行其他义务。

买受人未依约支付价款或者履行完毕其他义务，或者将标的物出卖、出质或者作出其他不当处分，给出卖人造成损害，出卖人管理人依法主张取回标的物的，人民法院应予支持。但是，买受人已经支付标的物总价款百分之七十五以上或者第三人善意取得标的物所有权或者其他物权的除外。

因本条第二款规定未能取回标的物，出卖人管理人依法主张买受人继续支付价款、履行完毕其他义务，以及承担相应赔偿责任的，人民法院应予支持。

第三十六条 出卖人破产，其管理人决定解除所有权保留买卖合同，并依据企业破产法第十七条的规定要求买受人向其交付买卖标的物的，人民法院应予支持。

买受人以其不存在未依约支付价款或者履行完毕其他义务，或者将标的物出卖、出质或者作出其他不当处分情形抗辩的，人民法院不予支持。

买受人依法履行合同义务并依据本条第一款将买卖标的物交付出卖人管理人后，买受人已支付价款损失形成的债权作为共益债务清偿。但是，买受人违反合同约定，出卖人管理人主张上述债权作为普通破产债权清偿的，人民法院应予支持。

第三十七条 买受人破产，其管理人决定继续履行所有权保留买卖合同的，原买卖合同中约定的买受人支付价款或者履行其他义务的期限在破产申请受理时视为到期，买受人管理人应当及时向出卖人支付价款或者履行其他义务。

买受人管理人无正当理由未及时支付价款或者履行完毕其他义务，或者将标的物出卖、出质或者作出其他不当处分，给出卖人造成损害，出卖人依据合同法第一百三十四条等规定主张取回标的物的，人民法院应予支持。但是，买受人已支付标的物总价款百分之七十五以上或者第三人善意取得标的物所有权或者其他物权的除外。

因本条第二款规定未能取回标的物，出卖人依法主张买受人继续支付价款、履行完毕其他义务，以及承担相应赔偿责任的，人民法院应予支持。对因买受人未支付价款或者未履行完毕其他义务，以及买受人管理人将标的物出卖、出质或者作出其他不当处分导致出卖人损害产生的债务，出卖人主张作为共益债务清偿的，人民法院应予支持。

第三十八条 买受人破产，其管理人决定解除所有权保留买卖合同，出卖人依据企业破产法第三十八条的规定主张取回买卖标的物的，人民法院应予支持。

出卖人取回买卖标的物，买受人管理人主张出卖人返还已支付价款的，人民法院应予支持。取回的标的物价值明显减少给出卖人造成损失的，出卖人可从买受人已支付价款中优先予以抵扣后，将剩余部分返还给买受人；对买受人已支付价款不足以弥补出卖人标的物价值减损损失形成的债权，出卖人主张作为共益债务清偿的，人民法院应予支持。

第三十九条 出卖人依据企业破产法第三十九条的规定，通过通知承运人或者实际占有人中止运输、返还货物、变更到达地，或者将货物交给其他收货人等方式，对在运途中标的物主张了取回权但未能实现，或者在货物未达管理人前已向管理人主张取回在运途中标的物，在买卖标的物到达管理人后，出卖人向管理人主张取回的，管理人应予准许。

出卖人对在运途中标的物未及时行使取回权，在买卖标的物到达管理人后向管理人行使在运途中标的物取回权的，管理人不应准许。

第四十条　债务人重整期间，权利人要求取回债务人合法占有的权利人的财产，不符合双方事先约定条件的，人民法院不予支持。但是，因管理人或者自行管理的债务人违反约定，可能导致取回物被转让、毁损、灭失或者价值明显减少的除外。

第四十一条　债权人依据企业破产法第四十条的规定行使抵销权，应当向管理人提出抵销主张。

管理人不得主动抵销债务人与债权人的互负债务，但抵销使债务人财产受益的除外。

第四十二条　管理人收到债权人提出的主张债务抵销的通知后，经审查无异议的，抵销自管理人收到通知之日起生效。

管理人对抵销主张有异议的，应当在约定的异议期限内或者自收到主张债务抵销的通知之日起三个月内向人民法院提起诉讼。无正当理由逾期提起的，人民法院不予支持。

人民法院判决驳回管理人提起的抵销无效诉讼请求的，该抵销自管理人收到主张债务抵销的通知之日起生效。

第四十三条　债权人主张抵销，管理人以下列理由提出异议的，人民法院不予支持：

（一）破产申请受理时，债务人对债权人负有的债务尚未到期；

（二）破产申请受理时，债权人对债务人负有的债务尚未到期；

（三）双方互负债务标的物种类、品质不同。

第四十四条　破产申请受理前六个月内，债务人有企业破产法第二条第一款规定的情形，债务人与个别债权人以抵销方式对个别债权人清偿，其抵销的债权债务属于企业破产法第四十条第（二）、（三）项规定的情形之一，管理人在破产申请受理之日起三个月内向人民法院提起诉讼，主张该抵销无效的，人民法院应予支持。

第四十五条　企业破产法第四十条所列不得抵销情形的债权人，主张以其对债务人特定财产享有优先受偿权的债权，与债务人对其不享有优先受偿权的债权抵销，债务人管理人以抵销存在企业破产法第四十条规定的情形提出异议的，人民法院不予支持。但是，用以抵销的债权大于债权人享有优先受偿权财产价值的除外。

第四十六条　债务人的股东主张以下列债务与债务人对其负有的债务抵销，债务人管理人提出异议的，人民法院应予支持：

（一）债务人股东因欠缴债务人的出资或者抽逃出资对债务人所负的债务；

（二）债务人股东滥用股东权利或者关联关系损害公司利益对债务人所负的债务。

第四十七条 人民法院受理破产申请后，当事人提起的有关债务人的民事诉讼案件，应当依据企业破产法第二十一条的规定，由受理破产申请的人民法院管辖。

受理破产申请的人民法院管辖的有关债务人的第一审民事案件，可以依据民事诉讼法第三十八条的规定，由上级人民法院提审，或者报请上级人民法院批准后交下级人民法院审理。

受理破产申请的人民法院，如对有关债务人的海事纠纷、专利纠纷、证券市场因虚假陈述引发的民事赔偿纠纷等案件不能行使管辖权的，可以依据民事诉讼法第三十七条的规定，由上级人民法院指定管辖。

第四十八条 本规定施行前本院发布的有关企业破产的司法解释，与本规定相抵触的，自本规定施行之日起不再适用。

通知复函

国务院办公厅关于实施《中华人民共和国电力法》有关问题的通知

（国办发〔1996〕11号）

各省、自治区、直辖市人民政府，国务院部委、各直属机构：

《中华人民共和国电力法》（以下简称《电力法》）于1995年12月28日由全国人大常委会通过，自1996年4月1日起施行。为了保障《电力法》的顺利施行，经国务院领导同志同意，现将有关问题通知如下：

《电力法》第六条规定："国务院电力管理部门负责全国电力事业的监督管理"；"县级以上地方人民政府经济综合主管部门是本行政区域内的电力管理部门，负责电力事业的监督管理。"这一规定体现了我国电力工业管理体制改革的要求。但是，按目前电力工业管理体制，电力工业部和现有的地方各级电力管理机构仍承担着电力事业的监督管理职责。为了保障电力建设、生产、供应的正常进行，保障《电力法》的贯彻实施，在现行电力工业管理体制改革前，仍由电力工业部和现有的地方各级电力管理机构履行《电力法》规定的电力管理部门的职责；在现行电力工业管理体制改革后，由县级以上地方人民政府指定的经济综合部门履行电力管理部门的职责。

中华人民共和国国务院办公厅

一九九六年四月二日

国家经贸委关于电力法规、规章解释等
有关事宜处理程序的通知

（国经贸厅电力〔1998〕331号）

各省、自治区、直辖市经贸委（经委、计经委）、电力工业局（厅），国家电力公司，各电管局：

根据第九届全国人民代表大会第一次会议通过的国务院机构改革方案，电力工业的政府管理职能并入国家经贸委。为保持工作的连续性、统一性和严肃性，保证电力法律法规的准确运用，经研究决定，今后凡涉及电力法规、规章和技术标准的条文解释、说明及适用范围等事宜，暂按以下程序办理：

一、提出要求的单位将书面申请及有关背景材料，报所在省（自治区、直辖市）电力行政管理部门。各地电力行政管理部门收到有关材料后转报国家经贸委，同时抄送国家电力公司。

二、国家电力公司收到抄送文件后，提出书面意见，送国家经贸委。

三、国家经贸委对国家电力公司的意见进行审核后，正式向有关省（自治区、直辖市）电力行政管理部门书面答复，同时抄送提出要求的单位和国家电力公司。

请各单位认真执行以上程序，并将执行中存在的问题及时向国家经贸委电力司反映。

国家经贸委办公厅

一九九八年十一月二十三日

财政部、国家发展改革委关于暂停征收电力监管费有关问题的通知

（财综〔2009〕49号）

国家电力监管委员会：

你会报来《关于继续收取电力监管费有关问题的函》（电监办函〔2009〕16号）收悉。经研究，现将有关问题通知如下：

一、考虑到目前发电企业和电网企业经营困难的实际情况，为切实减轻企业和社会负担，决定在全国范围内暂停征收电力监管费。你会依法履行电力监管职能所需经费，由财政部通过部门预算统筹安排。

二、你会及各派出机构等执收单位应按规定到原核发《收费许可证》的价格主管部门办理《收费许可证》注销手续，并到财政部办理财政票据缴销手续。

三、你会应严格执行本通知规定，不得以任何理由变相继续收费，并自觉接受财政、价格、审计部门的监督检查。

四、随着电力企业经营状况的改善，若需恢复征收电力监管费，由你会重新报财政部、国家发展改革委审批。

财政部　国家发展改革委

2009年7月28日

国务院办公厅关于征收水资源费有关问题的通知

（国办发〔1995〕27号）

各省、自治区、直辖市人民政府，国务院各部委、各直属机构：

自1988年7月1日起施行的《中华人民共和国水法》规定，水资源费征收办法由国务院规定。在国务院未发布水资源费征收办法的情况下，一些省、自治区、直辖市先后制定了征收水资源费的办法，在本行政区域内开征了水资源费。经国务院同意，现就有关问题通知如下：

一、水资源费征收和使用办法已经列入国务院的立法工作计划，水利部和建设部应当抓紧起草，尽快报国务院审批。

二、在国务院发布水资源费征收和使用办法前，水资源费的征收工作暂按省、自治区、直辖市的规定执行。但是，对中央直属水电厂的发电用水和火电厂的循环冷却水暂不征收水资源费，已经征收的，不再重新处理；对在农村收取的水资源费，按照《中共中央办公厅、国务院办公厅关于涉及农民负担项目审核处理意见的通知》的规定，缓收5年。

国务院办公厅
一九九五年四月二十五日

国务院办公厅关于执行国办发〔1995〕27号
文件有关问题的通知

（国办函〔1999〕1号）

国家经贸委、财政部、水利部：

1995年4月25日，《国务院办公厅关于征收水资源费有关问题的通知》（国办发〔1995〕27号）规定："在国务院发布水资源费征收和使用办法前，水资源费的征收工作暂按省、自治区、直辖市的规定执行。但是，对中央直属水电厂的发电用水和火电厂的循环冷却水暂不征收水资源费"。近年来，由于有的部门和地方对上述有关规定存在不同认识，影响了该文件的贯彻执行。经国务院领导同意，现就有关问题通知如下：

一、各地方、各部门要继续贯彻执行国办发〔1995〕27号文件的规定。

二、参照《中华人民共和国审计法实施条例》关于国有企业界定的规定，国办发〔1995〕27号文件中规定的"中央直属水电厂"、"火电厂"，是指下列电力生产企业：

（1）中央全资的电力生产企业；

（2）中央出资占企业资本总额的50%以上的电力生产企业；

（3）中央出资占企业资本总额的比例不足50%，但是中央出资实质上拥有控制权的电力生产企业。

三、国办发〔1995〕27号文件中规定的"循环冷却水"，包括第一次注入循环冷却系统的水和以后补充到该系统的水。

国务院办公厅

一九九九年一月六日

财政部、国家发展改革委、国家能源局关于规范水能（水电）资源有偿开发使用管理有关问题的通知

（财综〔2010〕105号）

各省、自治区、直辖市财政厅（局）、发展改革委、物价局、能源局：

近几年，一些省市自行出台地方性水能（水电）资源有偿开发使用政策，以水能（水电）资源开发使用权有偿出让名义向水电企业收取出让金、补偿费等名目的费用，不仅违反了行政事业性收费和政府性基金审批管理规定，而且加重了水电企业负担，影响了水电企业正常的生产经营活动。为建立规范的水资源有偿使用制度，促进水电行业持续健康发展，现就有关问题通知如下：

一、各地停止执行自行出台的水能（水电）资源有偿开发使用政策。根据《中共中央国务院关于治理向企业乱收费、乱罚款和各种摊派等问题的决定》（中发〔1997〕14号）的规定，各地不得对已建、在建和新建水电项目有偿出让水能（水电）资源开发权，不得以水能（水电）资源有偿开发使用名义向水电企业或项目开发单位和个人收取水能资源使用权出让金、水能资源开发利用权有偿出让金、水电资源开发补偿费等名目的费用。

二、切实加强水资源费征收使用管理，规范水资源有偿使用制度。按照《取水许可和水资源费征收管理条例》（国务院令第460号）、《财政部国家发展改革委水利部关于印发〈水资源费征收使用管理办法〉的通知》（财综〔2008〕79号）和《国家发展改革委财政部水利部关于中央直属和跨省水利工程水资源费征收标准及有关问题的通知》（发改价格〔2009〕1779号）的规定，各地应加强水资源费征收管理，确保水资源费及时足额征收，按规定专项用于水资源节约、保护和管理，并用于水资源的合理开发，任何单位和个人不得平调、截留或挪作他用。

三、凡未经财政部、国家发展改革委同意，各地一律不得越权设立涉及水电企业的行政事业性收费项目；未经国务院或财政部批准，不得设立涉及水电企业的政府性基金项目。凡违反规定的，要予以严肃查处。

财政部　国家发展改革委　国家能源局
二〇一〇年十一月二十三日

财政部关于分布式光伏发电实行按照电量补贴政策等有关问题的通知

（财建〔2013〕390号）

各省、自治区、直辖市、计划单列市财政厅（局），国家电网公司、中国南方电网有限责任公司：

为贯彻落实《国务院关于促进光伏产业健康发展的若干意见》（国发〔2013〕24号），现将分布式光伏发电项目按电量补贴等政策实施办法通知如下：

一、分布式光伏发电项目按电量补贴实施办法

（一）项目确认。国家对分布式光伏发电项目按电量给予补贴，补贴资金通过电网企业转付给分布式光伏发电项目单位。申请补贴的分布式光伏发电项目必须符合以下条件：

1. 按照程序完成备案。具体备案办法由国家能源局另行制定。

2. 项目建成投产，符合并网相关条件，并完成并网验收等电网接入工作。

符合上述条件的项目可向所在地电网企业提出申请，经同级财政、价格、能源主管部门审核后逐级上报。国家电网公司、中国南方电网有限责任公司（以下简称南方电网公司）经营范围内的项目，由其下属省（区、市）电力公司汇总，并经省级财政、价格、能源主管部门审核同意后报国家电网公司和南方电网公司。国家电网公司和南方电网公司审核汇总后报财政部、国家发展改革委、国家能源局。地方独立电网企业经营范围内的项目，由其审核汇总，报项目所在地省级财政、价格、能源主管部门，省级财政、价格、能源管理部门审核后报财政部、国家发展改革委、国家能源局。财政部、国家发展改革委、国家能源局对报送项目组织审核，并将符合条件的项目列入补助目录予以公告。国家电网公司、南方电网公司、地方独立电网企业经营范围内电网企业名单详见附件。

享受金太阳示范工程补助资金、太阳能光电建筑应用财政补助资金的项目不属于分布式光伏发电补贴范围。光伏电站执行价格主管部门确定的光伏发电上网电价，不属于分布式光伏发电补贴范围。

（二）补贴标准。补贴标准综合考虑分布式光伏上网电价、发电成本和销售电价等情况确定，并适时调整。具体补贴标准待国家发展改革委出台分布式光伏上网电价后再另行发文明确。

（三）补贴电量。电网企业按用户抄表周期对列入分布式光伏发电项目补贴

目录内的项目发电量、上网电量和自发自用电量等进行抄表计量，作为计算补贴的依据。

（四）资金拨付。中央财政根据可再生能源电价附加收入及分布式光伏发电项目预计发电量，按季向国家电网公司、南方电网公司及地方独立电网企业所在省级财政部门预拨补贴资金。电网企业根据项目发电量和国家确定的补贴标准，按电费结算周期及时支付补贴资金。具体支付办法由国家电网公司、南方电网公司、地方独立电网企业制定。国家电网公司和南方电网公司具体支付办法报财政部备案，地方独立电网企业具体支付办法报省级财政部门备案。

年度终了后 1 个月内，国家电网公司、南方电网公司对经营范围内的项目上年度补贴资金进行清算，经省级财政、价格、能源主管部门审核同意后报财政部、国家发展改革委、国家能源局。地方独立电网企业对经营范围内的项目上年度补贴资金进行清算，由省级财政部门会同价格、能源主管部门核报财政部、国家发展改革委、国家能源局。财政部会同国家发展改革委、国家能源局审核清算。

二、改进光伏电站、大型风力发电等补贴资金管理

除分布式光伏发电补贴资金外，光伏电站、大型风力发电、地热能、海洋能、生物质能等可再生能源发电的补贴资金继续按《财政部　国家发展改革委　国家能源局关于印发〈可再生能源电价附加补助资金管理暂行办法〉的通知》（财建〔2012〕102 号，以下简称《办法》）管理。为加快资金拨付，对有关程序进行简化。

（一）国家电网公司和南方电网公司范围内的并网发电项目和接网工程，补贴资金不再通过省级财政部门拨付，中央财政直接拨付给国家电网公司、南方电网公司。年度终了后 1 个月内，各省（区、市）电力公司编制上年度并网发电项目和接网工程补贴资金清算申请表，经省级财政、价格、能源主管部门审核后，报国家电网公司、南方电网公司汇总。国家电网公司、南方电网公司审核汇总后报财政部、国家发展改革委和国家能源局。地方独立电网企业仍按《办法》规定程序申请补贴资金。

（二）按照《可再生能源法》，光伏电站、大型风力发电、地热能、海洋能、生物质能等可再生能源发电补贴资金的补贴对象是电网企业。电网企业要按月与可再生能源发电企业根据可再生能源上网电价和实际收购的可再生能源发电上网电量及时全额办理结算。

（三）公共可再生能源独立电力系统项目补贴资金，于年度终了后由省级财政、价格、能源主管部门随清算报告一并提出资金申请。

（四）中央财政已拨付的可再生能源电价附加资金，各地财政部门应于 8 月底

全额拨付给电网企业。2012 年补贴资金按照《办法》进行清算。2013 年以后的补贴资金按照本通知拨付和清算。

三、本通知自印发之日起实施。

财政部

2013 年 7 月 24 日

附件：

电 网 企 业 名 单

国家电网公司，下属公司包括：华北电网有限公司、北京市电力公司、天津市电力公司、河北省电力公司、山西省电力公司、山东电力集团公司、上海电力公司、江苏省电力公司、浙江省电力公司、安徽省电力公司、福建省电力有限公司、辽宁省电力有限公司、吉林省电力有限公司、黑龙江省电力有限公司、内蒙古东部电力有限公司、湖北省电力公司、湖南省电力公司、河南省电力公司、江西省电力公司、四川省电力公司、重庆市电力公司、陕西省电力公司、甘肃省电力公司、青海省电力公司、宁夏电力公司、新疆电力公司、西藏电力有限公司等。

南方电网公司，下属公司包括：广东电网公司、广西电网公司、云南电网公司、贵州电网公司、海南电网公司。

地方独立电网企业，包括：内蒙古电力集团有限责任公司、湖北丹江电力股份有限公司、广西桂东电力股份有限公司、广西壮族自治区百色电力有限责任公司、重庆三峡水利电力（集团）股份有限公司、重庆乌江电力有限公司、湖南金垣电力集团股份有限公司、山西国际电力集团有限公司、吉林省地方水电有限公司、广西水利电业集团有限公司、深圳招商供电有限公司、湖南郴电国际发展股份有限公司、云南保山电力公司、陕西地方电力公司、四川水电投资经营集团公司等。

财政部关于对分布式光伏发电自发自用电量
免征政府性基金有关问题的通知

（财综〔2013〕103 号）

各省、自治区、直辖市财政厅（局），财政部驻各省、自治区、直辖市、计划单列市财政监察专员办事处：

为了促进光伏产业健康发展，根据《国务院关于促进光伏产业健康发展的若干意见》（国发〔2013〕24 号）的有关规定，对分布式光伏发电自发自用电量免收可再生能源电价附加、国家重大水利工程建设基金、大中型水库移民后期扶持基金、农网还贷资金等4项针对电量征收的政府性基金。

上述规定自本通知发文之日起施行。

财政部

2013 年 11 月 19 日

全国人民代表大会常务委员会法制工作委员会对黑龙江省人大法工委关于地方性法规中规定架空输电线路走廊不实行征地是否违法请示的答复意见

（法工办发〔2011〕128号）

黑龙江省人大常委会法制工作委员会：

你委 2011 年 4 月 20 日关于地方性法规中规定架空输电线路走廊不实行征地是否违法的请示（黑人大法工委函〔2011〕19 号）收悉。经研究认为，地方性法规根据土地管理法、森林法等相关法律规定，可以规定架空输电线路走廊不实行征地；对因保护架空输电线路走廊，给有关当事人合法权益造成损失的，应当依法给予补偿。

全国人大常委会法制工作委员会办公室

2011 年 6 月 3 日

国家环境保护总局关于高压送变电设施
环境影响评价适用标准的复函

(环函〔2004〕253 号)

北京市环境保护局:

你局《关于高压送变电设施适用标准的请示》(京环保辐管字〔2004〕387号)收悉。现函复如下:

超高压送变电工程的环境影响评价按照《500kV 超高压送变电工程电磁辐射环境影响评价方法与标准》(HJ/T 24—1998)执行,330kV、220kV 和 110kV 输电线路的环境影响评价、审批和管理,可以参考该标准(HJ/T 24—1998)执行。

国家环境保护总局
二〇〇四年八月四日

国家环境保护总局关于确认 220kV 输变电
工程环境影响评价文件审批权限的复函

(环函〔2006〕277号)

浙江省环境保护局：

你局《关于要求确认 220kV 庆丰输变电工程环评审批权限的请示》(浙环〔2006〕26号)收悉。经研究，现函复如下：

《中华人民共和国环境影响评价法》第二十三条和《建设项目环境保护管理条例》第十一条对建设项目的审批权限作了原则规定。为适应国家建设项目投资体制改革的需要，我局于 2002 年 11 月 1 日发布了《建设项目环境影响评价文件分级审批规定》(国家环境保护总局令第 15 号)，进一步规范和细化了环境影响评价文件的分级审批管理。

根据《建设项目环境影响评价文件分级审批规定》，非政府财政性投资项目总投资在 2 亿元及以上的 330 千伏及以上输变电工程，其环境影响评价文件应当由我局负责审批。从你局反映的情况看，220 千伏庆丰输变电工程的电压等级为 220 千伏，不能同时满足非政府财政性投资项目总投资 2 亿元及以上和电压等级为 330 千伏及以上两个条件，因此该工程环境影响评价文件不属我局审批范围。

特此函复。

国家环境保护总局

二〇〇六年七月十四日

国家环境保护总局办公厅关于高压输变电建设项目环评适用标准等有关问题的复函

（环办函〔2007〕881号）

河北省环境保护局：

你局《关于高压输变电建设项目环评适用标准等有关问题的请示》（冀环辐〔2007〕364号）收悉，经研究，函复如下：

一、关于高压（超高压）输变电工程线路走廊的界定原则。

根据《中华人民共和国电力法》（中华人民共和国主席令第六十号）第五十三条"任何单位和个人不得在依法划定的电力设施保护区内修建可能危及电力设施安全的建筑物、构筑物，不得种植可能危及电力设施安全的植物，不得堆放可能危及电力设施安全的物品。"第五十五条"电力设施与公用工程、绿化工程和其他工程在新建、改建或者扩建中相互妨碍时，有关单位应当按照国家有关规定协商，达成协议后方可施工。"目前高压（超高压）输电线路走廊尚无明确定义，国务院颁发的《电力设施保护条例》（国务院令第239号）定义了架空电力线路保护区，设置架空电力线路保护区的目的是为了保证已建架空电力线路的安全运行和保障人民生活正常供电。这一区域由国家强制划定，任何单位或个人在架空电力线路保护区内，必须遵守"不得兴建建筑物、构筑物"等规定，实际上是为保护架空电力线路这一公用设施的安全，对该区域内的行为做出了限制，与环保拆迁没有必然的关系。

二、关于输电线下非居民区性质的养殖场、工厂或短期驻留活动的建筑物（工作场所）应执行的环评标准。

目前仅规定了4千伏/米和0.1毫特斯拉作为居民区工频电场和工频磁场的评价限值，即对处于输电边导线垂直投影线外侧水平间距5米以内、边导线最大风偏时空间距离小于8.5米以及离地1.5米高度处的电场强度超过4千伏/米或磁感应强度超过0.1毫特斯拉的居民住宅必须全部拆迁。线路经过农田时，适当增加导线对地距离，以保证农田等环境中工频电场强度小于10千伏/米。上述限值是针对人制定的，对饲养的家禽、家畜尚无相关规定。

三、关于高压输电线路架设环保拆迁的依据。

环保拆迁的原则是根据《500kV超高压送变电工程电磁辐射环境影响评价技术规范》（HJ/T 24—1998）中规定的输变电电磁环境因子推荐标准值，是否满足该标准限值来确定的。如果环评预测值超过限值，则需要采取拆迁或其他工程措施。

国家环境保护总局办公厅
二○○七年十一月二十八日

国家环境保护总局办公厅关于 35 千伏送、变电系统建设项目环境管理有关问题的复函

（环办函〔2007〕886 号）

江苏省环境保护厅：

你厅《关于对 35kV 送、变电系统建设项目环境管理有关问题的请示》（苏环辐〔2007〕34 号）收悉。经研究，现回复如下：

《电磁辐射环境保护管理办法》附件"电磁辐射建设项目和设备名录"中对豁免的项目已做明确规定。《电磁辐射环境保护管理办法》第三十三条中规定本管理办法中豁免水平是指国务院环境保护行政主管部门对伴有电磁辐射活动规定的免于管理的限值，且该办法中已明确豁免水平的确认由省级环境保护行政主管部门依据《电磁辐射防护规定》GB8702—88 有关标准执行。《建设项目环境保护分类管理名录》（国家环境保护总局令第 14 号）中 500 千伏及以下送变电系统建设项目需要编制环境影响报告书（表）的项目内容不包括《电磁辐射环境保护管理办法》（国家环境保护局令第 18 号）中豁免的项目。因此，35 千伏送、变电系统可不履行环境影响评价文件审批手续。

国家环境保护总局办公厅

二〇〇七年十一月三十日

环境保护部办公厅关于界定《电磁辐射环境保护管理办法》中"大型电磁辐射发射设施"的复函

(环办函〔2008〕664 号)

云南省辐射环境监督站:

你站《关于如何界定〈电磁辐射环境保护管理办法〉中"大型电磁辐射发射设施"的紧急请示》(云环辐发〔2008〕24 号)收悉。经研究,函复如下:

《电磁辐射环境保护管理办法》第二十条第二款规定:"在集中使用大型电磁辐射发射设施或高频设备的周围,按环境保护和城市规划划定的规划限制区内,不得修建居民住房和幼儿园等敏感建筑。"该款所称"集中使用大型电磁辐射发射设施"是指在同一个用地范围内建设使用的以下发射设施:

(一)总功率在 200 千瓦以上的电视发射塔;

(二)总功率在 1000 千瓦以上的广播台、站。

环境保护部办公厅

二〇〇八年九月十八日

国家经贸委关于建设 500 千伏架空送电线路拆除建筑物有关问题的复函

(国经贸厅电力函〔2001〕842 号)

浙江省电力公司:

你公司《关于要求对〈电力设施保护条例〉第十条及〈实施细则〉第五条作出解释的请求》(浙电总〔2001〕1032 号)收悉。经研究,现函复如下:

根据《电力设施保护条例》第一条、第十五条和《电力设施保护条例实施细则》第五条的规定,设置架空电力线路保护区的目的,是为了保护已建架空电力线路的安全运行和保障人民生活的正常供电;任何单位或个人在架空电力线路保护区内,必须遵守"不得兴建建筑物、构筑物"等规 定。建设 500 千伏架空线路时拆除建筑物的要求及范围,按照《110~500kV 架空送电线路设计技术规程》(DL/T 5092—1999)第 16.0.4 条、第 16.0.5 规定的标准执行。

国家经贸委办公厅

二〇〇一年十二月三日

国家工商行政管理局关于对供电企业
限制竞争行为定性处罚问题的答复

（工商公字〔1999〕第275号）

江苏省工商行政管理局：

你局《关于供电企业依照电力部文件规定实施的限制竞争行为是否违反〈反不正当竞争法〉的请示》（苏工商〔1999〕96号）收悉。经研究，答复如下：

一、《反不正当竞争法》是调整市场竞争法律关系的基本法，适用于其所规定的所有不正当竞争行为，有关部门发布的规定不得与《反不正当竞争法》相抵触，妨碍公平竞争。除法律、行政法规另有规定的以外，工商行政管理机关应当直接依据《反不正当竞争法》认定和查处不正当竞争行为。

二、电力管理站是提供电能服务的企业，属于《反不正当竞争法》第六条规定的公用企业，应当受《反不正当竞争法》的调整。电力管理站利用其改造电网的垄断地位，以拒绝提供电能服务等措施强行向用户推销用电计量装置，损害了用户的合法权益，排挤了其他经营者的公平竞争，违反了《反不正当竞争法》第六条的规定，构成公用企业限定他人购买其指定的经营者的商品的行为。因此，同意你局的意见，对电力管理站的违法行为，应当依据《反不正当竞争法》第二十三条规定予以处罚。

国家工商行政管理局

一九九九年十月二十六日

国家工商行政管理局关于电业局在农网改造中滥收费用定性处理问题的答复

（工商公字〔2000〕第 311 号）

福建省工商行政管理局：

你局《关于对福州市电业局在农网改造中滥收费用可否依照〈反不正当竞争法〉定性处罚的请示》（闽工商公字〔2000〕第 614 号）收悉。经研究，答复如下：

电业局属于《反不正当竞争法》第六条规范的提供供电服务的公用企业。电业局在农网改造中，滥用其独占地位，对安装 20 安培及以上电能表的用户加收 150 元的"低压接户改造费"，对拒绝交纳该笔费用的用户，不予安装电能表，其行为违反了《反不正当竞争法》第六条规定并构成《关于禁止公用企业限制竞争行为的若干规定》第四条（六）项所列的限制竞争行为，应当按照《反不正当竞争法》第二十三条的规定予以处罚。

国家工商行政管理局

二〇〇〇年十二月二十六日

国家工商行政管理局关于电力公司强制用户接受其不合理条件的行为定性处理问题的答复

（工商公字〔2000〕第 143 号）

山西省工商行政管理局：

你局《关于对山西省电力公司太原供电分公司以收取"付费购电款"的方式强制收取用户用电押金一案的请示》（晋工商经检字〔2000〕第 104 号）收悉。现答复如下：

电力公司是《反不正当竞争法》第六条规定的公用企业。电力公司滥用其优势地位，在给用户正式送电之前，以收取"付费购电款"的方式（未将此款项抵顶电费、滚动结算，而是长期无偿占有），强行收取用电押金，否则拒绝提供供电服务的行为，违反了《反不正当竞争法》第六条规定，并构成国家工商行政管理局《关于禁止公用企业限制竞争行为的若干规定》第四条第（六）项所禁止的"对不接受其不合理条件的用户、消费者拒绝、中断或者削减供应相关商品，或者滥收费用"的限制竞争行为，应当依照《反不正当竞争法》第二十三条的规定予以处罚。

国家工商行政管理局

二〇〇〇年七月六日

国家工商行政管理总局关于双鸭山矿务局供电总公司在从事转供电业务中实施限制竞争行为定性处理问题的答复

（工商公字〔2001〕第 144 号）

黑龙江省工商行政管理局：

你局《关于我省双鸭山矿务局供电总公司从事转供电业务的经营行为能否认定为公用企业限制竞争行为的请示》（黑工商发〔2000〕140 号）收悉。经研究，答复如下：

公用企业，是指通过网络或者其他基础设施提供公用服务的经营者。包括供水、供电、供热、邮政、电信、交通运输等行业的经营者。双鸭山矿务局供电总公司虽无从事供电业务的资格，但由于历史原因，担负着向所属矿区和部分市区的转供电业务，客观上具有在所属矿区和部分市区从事提供供电服务的公用企业的地位。双鸭山矿务局供电总公司在从事转供电业务中，滥用其优势地位，实施强制交易行为，违反了《反不正当竞争法》第六条的规定，应当依据《反不正当竞争法》第二十三条的规定予以处罚。

鉴于双鸭山矿务局供电总公司未办理营业登记，不具有法律主体资格和行政责任能力，其实施的限制竞争行为应当由设立该经济组织的法人承担行政责任，应当以设立该经济组织的双鸭山矿务局作为行政处罚的行政相对人。

国家工商行政管理总局
二〇〇一年六月五日

国家工商行政管理总局对供电部门强行收取不该收取的费用行为定性处罚问题的答复

(工商公字〔2001〕第 175 号)

山东省工商行政管理局:

你局《关于供电部门在农村低压电网改造中违反国家规定向村委会和农民收取施工费、材料费是否属于滥收费用的不正当竞争行为的请示》(鲁工商公字〔2001〕96 号)收悉。经研究,答复如下:

一、根据有关规定,国家已安排专款用于农网改造,除电能表以下入户线由农民出资购买、部分改造资金不足地区电能表由农民集资购买外,严禁向农民收取任何形式的材料费、施工费、管理费、手续费、供电及配电贴费(增容费)等其他费用。

二、供电部门是提供电力服务的经营者,属于《反不正当竞争法》第六条规定的公用企业。供电部门在农网改造中,违反国家有关规定,在农民不知情的情况下,通过与村委会签订格式合同,向农民收取材料费、施工费等费用,其行为实质上是滥用其在农网改造中的独占地位,强行收取不该收取的费用,违反了《反不正当竞争法》第六条的规定,构成《关于禁止公用企业限制竞争行为的若干规定》第四条第六项所列"对不接受其不合理条件的用户、消费者拒绝、中断或者削减供应相应相关商品,或者滥收费用"的限制竞争行为,应当根据《反不正当竞争法》第二十三条的规定予以处罚。

国家工商行政管理总局

二〇〇一年七月六日

国家工商行政管理总局关于认定湖北荆化实业股份有限公司居民小区生活用电改造中实施强制交易行为违法主体问题的答复

（工商公字〔2002〕第211号）

湖北省工商行政管理局：

你局《关于如何认定湖北荆化实业股份有限公司居民小区生活用电改造中实施强制行为的违法主体的请示》（鄂工商公字〔2002〕第60号）收悉。经研究，答复如下：

居民小区生活用电供需双方为供电所和居民用户。荆化实业股份有限公司未经居民用户同意，无权在合同中设立应由居民用户承担义务的条款，即由居民用户购买智能卡电表。对于供电所强制居民用户购买智能卡电表，并对拒绝购买安装智能卡电表的用户停止供电的强制交易行为，应按《反不正当竞争法》第六条、第二十三条的规定予以处罚。

国家工商行政管理总局

二〇〇二年八月二十一日

国家工商行政管理总局关于供电部门在农村
电网改造中滥收费用问题如何定性处罚的答复

(工商公字〔2002〕第 229 号)

河南省工商行政管理局:

你局《关于许昌县电业公司在农村低压电网改造中让农民承担部分施工费用的行为是否属于滥收费用等问题的请示》(豫工商〔2002〕135 号)收悉。经研究,答复如下:

一、对供电部门在农村电网改造中,违反国家规定滥收费用的行为,应按照我局《对供电部门强行收取不该收取的费用行为定性处罚问题的答复》(工商公字〔2001〕第 175 号)处理。

二、对公用企业或者其他依法具有独占地位的经营者,在滥用优势地位实施限制竞争行为的同时,又作为被指定的经营者销售质次价高商品或者滥收费用的,应按照我局《关于电信局对不从该局购买手机入网者多收入网费的行为是否构成不正当竞争行为问题的答复》(工商公字〔1999〕第 190 号)处理。

国家工商行政管理总局

二〇〇二年九月十日

国家工商行政管理总局关于电力局
在农网改造中实施限制竞争行为
及被指定的经营者借此滥收费用问题的答复

湖南省工商行政管理局：

你局《关于永州市江华县电力局在农网改造中强制用户购买其统一采购的商品及收取超过物价部门规定的标准费用的行为是否应依据〈反不正当竞争法〉予以定性处罚的请示》（湘工商法字〔2002〕241号）收悉。经研究，答复如下：

一、电力局属于《反不正当竞争法》第六条规定的公用企业。电力局滥用其优势地位，在农村电网改造中，采取不拉线、不送电等手段，强制用户向其劳动服务公司购买其招标采购的电能表及进户线等器材的行为，违反了《反不正当竞争法》第六条和《关于禁止公用企业限制竞争行为的若干规定》第四条第二项规定，构成限制竞争行为，工商行政管理机关应当依据《反不正当竞争法》第二十三条规定予以处罚。

二、对于被指定的经营者借此滥收费用的行为，工商行政管理机关有权依据《反不正当竞争法》第二十三条规定予以处罚。

国家工商行政管理总局
二〇〇二年十二月三十一日

国家经贸委关于《电力设施保护条例实施细则》有关条款解释的复函

（国经贸厅电力函〔2002〕971 号）

辽宁省经贸委：

你委《关于〈电力设施保护条例实施细则〉有关条款进行解释的请示》收悉。经研究，现复函如下：

一、根据《电力设施保护条例》第一条、第十一条的规定，电力管理部门设置安全标志的目的，是为了保证已建电力线路设施的安全运行和正常供电。

二、《电力设施保护条例实施细则》第九条中涉及的"人口密集地段"、"人员活动频繁地区"、"车辆、机械频繁穿越地段"，目前法律、法规没有具体界定。依据《66 千伏及以下架空电力线路设计规范》（GB 50061—1997）条文说明第 11.0.7 条"人口密集地区是指工业企业地区、港口、码头、火车站和城镇等地区"等相关解释，"人口密集地段"即为人口密集地区的地段，"人员活动频繁地区"和"车辆、机械频繁穿越地段"通常是指城镇或乡村人员集中居住区和三级以上的公路沿线地段。

三、登杆塔爬梯的设置及底端对地距离，现行国家标准和电力行业标准对此尚无具体规定。考虑到目前的实际情况，建议参照原电力工业部电力规划设计总院《送电线路铁塔制图和构造规定》（DLGJ 136—1997）第 6.1.9 条规定的标准执行。

国家经济贸易委员会办公厅

二○○二年九月十八日

国家计委《关于电价管理权限有关问题》的复函

（计办价格〔2000〕132 号）

海南省物价局：

你局《关于电价管理权限问题的请示》（琼价综字〔2000〕4 号）收悉。经研究，现函复如下：

根据《电力法》第三十八条关于"省级电网内的上网电价，由电力生产企业和电网经营企业协商提出方案，报国务院物价行政主管部门核准"和第四十条关于"省级电网的销售电价，由电网经营企业提出方案，报国务院物价行政主管部门或者其授权的部门核准"的规定，你省的电价应由我委负责审批。

国家计委办公厅

2000 年 2 月 25 日

国家计委办公厅关于国家电力公司文件能否作为价格主管部门行政处罚依据问题的复函

(计办价检〔2002〕541号)

黑龙江省物价局：

你局《关于国家电力公司文件的法律效力问题的请示》（黑价检〔2002〕49号）收悉。经研究，现函复如下：

鉴于国家电力公司不具有行政职能，我委也未对该公司进行授权，根据价格管理权限，国家电力公司不具有定价权限。因此，不能将国家电力公司文件作为价格规范性文件来检查电力部门的价格（收费）执行情况，也不能以此为依据进行价格行政处罚。

国家计委办公厅

二〇〇二年四月二十九日

国务院法制办对黑龙江省人民政府法制办《关于电力企业在电费电度表保证金被取消前收取该项保证金的行为是否应当给予行政处罚问题的请示》的复函

（国法秘函〔2002〕95号）

黑龙江省人民政府法制办：

你办 2001 年 12 月 30 日报送的《关于电力企业在电费电度表保证金被取消前收取该项保证金的行为是否应当给予行政处罚问题的请示》（黑政法函〔2002〕100号）收悉。现函复如下：

能源部和财政部《关于实行电费、电度表保证金制度的通知》（能源经〔1989〕561号）中规定的电费、电度表保证金，是具有基金、收费设定权的机关（财政部）设定的基金、收费项目。黑龙江省明水县电业局根据该文件收取电费、电度表保证金的行为是合法收费。但在 1999 年 11 月 6 日《财政部、国家经贸委、国家计委、审计署、监察部、国务院纠风办关于公布第三批取消的各种基金（资金、附加、收费）项目的通知》（财综字〔1999〕180号）公布以后，再行收取电费、电度表保证金，是没有法律依据的。

国务院法制办

2002 年 6 月 3 日

附：

黑龙江省人民政府法制办公室关于电力企业在电费电度表保证金被取消前收取该项保证金的行为是否应当给予行政处罚问题的请示

（黑政法函〔2001〕100号）

国务院法制办公室：

日前，我省发生了一起因县电业局向用户收取"电费、电度表保证金"而被市工商局依照反不正当竞争法的规定处以 20 万元罚款的案件。黑龙江省电力有限公司向我办行文称，其下属企业收取"电费、电度表保证金"是依据能源部、财政部联合下发的《关于实行电费、电度表保证金制度的通知》（能源经〔1989〕561号，见附件1），且在该项保证金于1999年11月6日被明令取消（见附件2）后，便停止收取。至于该县电业局在2000年3月又收的最后一笔200元的电费（后已退还），系因省里逐级转发国家有关文件稍迟所致。省电力有限公司据此认为，该县电业局向用户收取"电费、电度表保证金"的行为主要发生在1994年至1999年11月16日之前，在该项保证金被取消前有合法依据，不属于不正当竞争行为，不应当受到行政处罚。

黑龙江省工商行政管理局认为，市工商局在该案中作出处罚决定的依据是反不正当竞争法第二十三条的规定，即"公用企业或者其他依法具有独占地位的经营者，限制他人购买其指定的经营者的商品，以排挤其他经营者的公平竞争的，省级或者设区的市的监督检查部门应当责令停止违法行为，可以根据情节处以五万元以上二十万元以下的罚款。"具体依据还有国家工商行政管理局1993年12月24日发布的《关于禁止公用企业限制竞争行为的若干规定》（见附件3）和近两年来对山西、江苏两省工商部门的答复（见附件4、5）。因此，县电业局向用户收取"电费、电度表保证金"的行为，违反了反不正当竞争法，即使这种行为发生在国家明令取消该项保证金之前，也应当依法给予行政处罚。

目前，省电力有限公司和省工商行政管理局在该案的事实认定方面均无异议，主要是在适用法律依据方面存在分歧，焦点是具有基金、收费设定权的机关设定的基金、收费项目在被明令取消前的法律效力问题。鉴于该案件的处理结果在全省乃至全国具有普遍意义，特请示国务院法制办，望尽快函复为盼。

附件（略）

黑龙江省人民政府法制办
2001年12月30日

国家发展改革委办公厅关于功率因数调整电费
办法有关问题的复函

（发改办价格〔2003〕657号）

贵州省物价局：

你局《关于是否继续执行〈水利电力部、国家物价局关于颁发功率因数调整电费办法的通知〉的请示》（黔价格〔2003〕206号）收悉。经研究，现函复如下：

根据现行电价政策有关规定，原水利电力部、国家物价局下发的《关于颁发功率因数调整电费办法的通知》（〔83〕水电财字第215号）仍应继续执行。

国家发展和改革委员会办公厅
二〇〇三年八月十三日

国家发展改革委办公厅关于电力城市公用事业附加费有关问题的复函

(发改办价格〔2003〕882号)

甘肃省物价局：

你局《关于执行目录电价标准（含城市公用事业附加）的请示》（甘价函〔2003〕42号）收悉。经研究，现函复如下：

一、1998年以来，为规范电价管理，增加电价透明度，经国务院批准，我委将各地在电价外征收的城市公用事业附加费并入了电价，并明确未开征的地区一律不得开征。目前各地均是按上述规定执行的。

二、新开征城市公用事业附加费相当于提高用户销售电价，会加重用户不合理的电费负担，也不符合电价改革方向。因此，你省尚未开征电力城市公用事业附加费的市、县，不得新开征电力城市公用事业附加费，应继续执行不含城市公用事业附加费的销售电价标准。

国家发展改革委办公厅

二〇〇三年九月十八日

国家税务总局关于供电企业收取的
免税农村电网维护费有关增值税问题的通知

（国税函〔2005〕778号）

各省、自治区、直辖市和计划单列市国家税务局：

近接部分地区反映，要求明确供电企业收取免税农村电网维护费，其进项税额是否转出问题，经研究，现明确如下：

一、对供电企业收取的免征增值税的农村电网维护费，不应分摊转出外购电力产品所支付的进项税额。

二、《国家税务总局关于农村体制改革中农村电网维护费征免增值税问题的批复》（国税函〔2002〕421号）第三条关于"供电企业应按规定计算农村电网维护费应分担的不得抵扣的进项税额，已计提进项税额的要做进项税额转出处理"的规定同时废止。

国家税务总局

二〇〇五年八月五日

国家税务总局关于供电企业无偿接收
农村电力资产有关企业所得税问题的通知

(国税函〔2006〕322号)

各省、自治区、直辖市和计划单列市国家税务局、地方税务局：

根据一些地区反映的供电企业在农电管理体制改革中出现的涉税情况，现就供电企业无偿接收农村电力资产的有关企业所得税问题通知如下：

一、对供电企业按照《国务院办公厅转发国家计委关于改造农村电网改革农电管理体制实现城乡同网同价请示的通知》（国办发〔1998〕134号）和《国务院批转国家经贸委关于加快农村电力体制改革加强农村电力管理意见的通知》（国发〔1999〕2号）的规定无偿接收的农村电力资产，并转增国家资本金的，不计入企业的应纳税所得额计征企业所得税；供电企业无偿接收的农村电力固定资产，按规定提取的折旧允许在所得税前扣除。

二、对供电企业在接收农村电力资产时接受的用工人员的工资等费用，供电企业可按现行有关规定的标准在所得税前扣除；对支付给未被接受人员的各种费用（包括分流人员的一次性补偿金），供电企业不得在所得税前扣除。

国家税务总局

二〇〇六年四月四日

国家税务总局关于供电企业收取
并网服务费征收增值税问题的批复

（国税函〔2009〕641 号）

河南省国家税务局：

你局《关于供电行业收取并网服务费征收增值税问题的请示》（豫国税发〔2009〕232 号）收悉。经研究，批复如下：

供电企业利用自身输变电设备对并入电网的企业自备电厂生产的电力产品进行电压调节，属于提供加工劳务。根据《中华人民共和国增值税暂行条例》和《中华人民共和国营业税暂行条例》有关规定，对于上述供电企业进行电力调压并按电量向电厂收取的并网服务费，应当征收增值税，不征收营业税。

国家税务总局

二〇〇九年十一月十九日

国家经贸委关于辽宁省电力工业局
"重要用户"解释请示的复函

(电力〔2000〕9号)

辽宁省电力工业局:

你局《关于对"重要用户"解释的请示》(辽电办〔2000〕18 号)收悉。经研究,现函复如下:

《电力供应与使用条例》第二十八条第(二)项和《供电营业规则》第五十九条第二款规定的"重要用户",必须是具有下列负荷之一的用户:

1. 中断供电将造成人身伤亡者;
2. 中断供电将造成环境严重污染者;
3. 中断供电将造成重要设备损坏,连续生产过程长期不能恢复者;
4. 中断供电将在政治上造成重大影响者。

具备上述条件的用户,应与供电企业在供用电合同中明确"重要用户"的性质并约定有关事项,申请设置保安备用电源。否则,不属于重要用户。

国家经贸委办公厅

二〇〇〇年一月二十一日

国家经贸委《关于安装负控计量装置供用电有关问题》的复函

（国经贸厅电力函〔2002〕478号）

吉林省经济贸易委员会：

你委《关于用电人安装负控计量装置电费结零后停电是否属于供电企业非法停电解释的请示》（吉经贸电力字〔2002〕314号）收悉。经研究，现复函如下：

一、用电人先付费、供电人后供电是近年出现的一种新型供用电方式。采用此种方式供用电不违反法律、法规的规定，但须经供用电双方协商一致。

二、现行相关法律、法规和规章对于用电人先付费、供电人后供电的供用电方式及有关问题没有作出具体规定，此种方式下供用电双方的权利和义务可由双方当事人在供用电合同中具体约定。依据合同约定，负控计量装置电费结零后停电的，不属于违约停电行为。此种方式供用电不存在欠费问题，因此不适用欠费停电的有关规定。

国家经济贸易委员会办公厅

二〇〇二年七月二十五日

国务院法制办公室秘书行政司对
《关于查处窃电行为有关问题的请示》的答复

（2002 年 7 月 25 日）

安徽省政府法制办：

你办《关于查处窃电行为有关问题的请示》（皖府法函〔2002〕66 号）收悉。经研究，现答复如下：

原电力工业部依据《电力法》及《电力供应与使用条例》制定的《用电检查管理办法》、《供电营业规则》，可以作为供电企业检查和处理窃电行为的法定依据。

目前，尚未实行政企分开的省级以下供电局具有电力行政管理和供电企业的双重身份。供电局作为供电企业，对于窃电行为可以民事主体的身份要求侵权人停止侵害或者请求损害赔偿，并可采取中止供电等必要措施制止侵权行为。

国务院法制办公室秘书行政司

二〇〇二年七月二十五日

国家经贸委关于查处窃电有关法律问题的复函

（电力〔1999〕22 号）

江苏省电力工业局：

你局《关于查处窃电行为有关法律问题的请示》（苏电法〔1999〕680 号）收悉，现复函如下：

一、用户对供电企业查处窃电所作出的处理不服，应属民事纠纷，向人民法院提起的应是民事诉讼而不是行政诉讼。

二、用户窃电尚未构成犯罪的，供电企业双方有协议时，窃电属于违约行为；无协议时，窃电属于侵权行为，窃电者应当承担侵权的民事责任。

三、《供电营业规则》第一百零二条的规定与《电力法》第七十一条和《电力供应与使用条例》第四十一条的规定不发生法律冲突。前者是关于供电企业处理窃电的办法及程序规定，是赋予供电企业的民事权利；后两者则是关于电力管理部门对窃电者实施行政处罚的规定，是赋予电力管理部门的行政处罚权。

四、《电力供应与使用条例》第四十条的规定与《电力法》第三十二、第六十五条的规定不发生法律冲突。前者是对《电力法》第三十二条的具体阐述，是赋予供电企业的民事权利；《电力法》第六十五条则是关于电力管理部门对违法者实施行政处罚的规定。

国家经贸委办公厅

一九九九年七月六日

国家经贸委关于窃电案适用
《供电营业规则》有关问题请示的复函

（电力〔2000〕19 号）

国家电力公司东北公司：

你公司《关于窃电案适用〈供电营业规则〉有关问题的请示》（东电办〔2000〕10 号）收悉。经研究，现复函如下：

一、原电力工业部 1996 年 10 月 8 日发布施行的《供电营业规则》，是根据《电力法》《电力供应与使用条例》制定的行政规章，该规章现行有效。

二、根据《刑法》和《最高人民法院关于审理盗窃案件具体应用法律若干问题的解释》（法释〔1998〕4 号），以非法占有为目的，窃电数额较大或者达到多次窃电的行为，构成盗窃罪。关于盗窃罪的具体定罪量刑，《刑法》已做出明确规定；对窃电行为的认定和窃电数额的确定，应按照《供电营业规则》第一百零一条、第一百零三条的规定执行。

三、根据《供电营业规则》第一百零一条、第一百零三条的规定，采用绕越变压器计量装置进行窃电的，窃电数额按计费电能表标定的电流值（对装有限流器的，按限流器标定电流值）所指的容量乘以实际窃电的时间计算确定。窃电时间无法查明的，窃电日数至少以 180 天计算，每日窃电时间：电力用户按 12 小时计算；照明用户按 6 小时计算。

国家经贸委办公厅
二〇〇〇年十一月三日

国家经贸委关于供电企业查处窃电中
有关法律法规适用问题的请示复函

(国经贸厅电力函〔2001〕837号)

安徽省经济贸易委员会：

你委《关于供电企业查处窃电中有关法律法规适用问题的请示》(皖经贸电力〔2001〕454号)收悉。经研究，现复函如下：

一、国务院电力管理部门根据《电力法》《电力供应与使用条例》等法律、法规的规定，制定了《供用电监督管理办法》《用电检查管理办法》《供电营业规则》，其目的在于分别规范电力管理部门的行政行为和供电企业的民事行为，维护正常的供用电秩序。鉴于《用电检查管理办法》和《供电营业规则》两个规章的民事性质，供电企业依照这两个规章所实施的行为应属民事性质。

二、根据《电力法》第三十二条、《用电检查管理办法》第二十一条、《供电营业规则》第一百零二条的规定，供电企业在确认有窃电行为后，可以依法中止供电，包括为防止窃电人自行恢复供电而采取必要的辅助技术措施。

三、《用电检查管理办法》《供电营业规则》中有关窃电行为处理的规定与《电力法》《电力供应与使用条例》中有关窃电行为处理的规定不发生法律冲突。前两者是关于供电企业处理窃电的办法及程序规定，是赋予供电企业的民事权利；后两者则是关于电力管理部门对窃电者实施行政处罚的规定，是赋予电力管理部门的行政处罚权。

国家经贸委办公厅

二〇〇一年十一月三日

国家经贸委关于触电事故有关问题的复函

（电力〔2000〕1 号）

新疆维吾尔自治区电力公司：

你公司《关于徐利剑电力损害赔偿一案的请示》（新电法〔1999〕549 号）收悉。经研究，现函复如下：

一、根据原水电部颁发的《架空送电线路设计技术规程》（SDJ3—79）第 96 条的规定，判断触电事故发生地是否属于居民区，关键要看该地区是否为人口密集地区。虽然时常有人、车辆或农业机械到达，但未建房屋或房屋稀少的地区，亦属非居民区。从你公司提供的有关资料看，该事故发生地应属非居民区。

二、根据《电力设施保护条例》第十四条的规定，不得向导线抛掷物体和从事其他危害电力线路设施的行为。因此，在电力线路保护区内甩杆钓鱼属于违反此条规定的行为。

国家经贸委办公厅
二〇〇〇年一月五日

国家电力监管委员会关于能否在高压线下钓鱼的回复

(政法函〔2003〕8号)

江西省经贸委:

你委关于《能否在高压线下钓鱼的请示》收悉,经研究,现回复如下:

《最高人民法院关于审理触电人身损害赔偿案件若干问题的解释》规定,受害人在电力设施保护区内从事法律、行政法规所禁止的行为,电力设施产权人不承担民事责任。《电力设施保护条例》第十四条规定,不得向导线抛掷物体以及从事其他危害电力线路设施的行为。根据你委提供的情况,我们认为,在依法划定的电力设施保护区内钓鱼甩掷鱼竿属于违反《电力设施保护条例》第十四条规定的行为。

国家电力监管委员政策法规部

二〇〇三年十二月一日

附录

电力常用标准名录

1. 供配电系统设计规范（GB 50052—2009）

2. 电力工程电缆设计规范（GB 50217—2007）

3. 低压配电设计规范（GB 50054—2011）

4. 架空绝缘配电线路设计技术规程（DL/T 601—1996）

5. 10kV 及以下架空配电线路设计技术规程（DL/T 5220—2005）

6. 66kV 及以下架空电力线路设计规范（GB 50061—2010）

7. 110kV～750kV 架空输电线路设计规范（GB 50545—2010）

8. 220kV 及以下架空送电线路勘测技术规程（DL/T 5076—2008）

9. 500kV 架空送电线路勘测技术规程（DL/T 5122—2000）

10. 环境影响评价技术导则　输变电工程（HJ 24—2014）

11. 建设项目竣工环境保护验收技术规范　输变电工程（HJ 705—2014）

12. 通用用电设备配电设计规范（GB 50055—2011）

13. 住宅建筑电气设计规范（JGJ 242—2011）

14. 民用建筑电气设计规范（JGJ 16—2008）

15. 施工现场临时用电安全技术规范（JGJ 46—2005）

16. 电力建设安全工作规程　第 1 部分：火力发电（DL 5009.1—2014）

17. 电力建设安全工作规程　第 2 部分：电力线路（DL 5009.2—2013）

18. 电力建设安全工作规程　第 3 部分：变电站（DL 5009.3—2013）

19. 电力建设工程监理规范（DL/T 5434—2009）

20. 建筑电气工程施工质量验收规范（GB 50303—2015）

21. 电气装置安装工程　低压电器施工及验收规范（GB 50254—2014）

22. 电气装置安装工程　高压电器施工及验收规范（GB 50147—2010）

23. 电气装置安装工程　母线装置施工及验收规范（GB 50149—2010）

24. 电气装置安装工程　电缆线路施工及验收规范（GB 50168—2006）

25. 电气装置安装工程　66kV 及以下架空电力线路施工及验收规范（GB 50173—2014）

26. 电气装置安装工程　爆炸和火灾危险环境电气装置施工及验收规范（GB 50257—2014）

27. 电气装置安装工程　电力变压器、油浸电抗器、互感器施工及验收规范（GB 50148—2010）

28. 电气装置安装工程　电气设备交接试验标准（GB 50150—2016）

29. 1000kV 系统电气装置安装工程电气设备交接试验标准（GB/T 50832—2013）

30. 剩余电流动作保护电器的一般要求（GB/Z 6829—2008）

31. 剩余电流动作保护装置安装和运行（GB 13955—2005）

32. 农村电网剩余电流动作保护器安装运行规程（DL/T 736—2010）

33. 电力安全工作规程　电力线路部分（GB 26859—2011）

34. 电力安全工作规程　发电厂和变电站电气部分（GB 26860—2011）

35. 架空输电线路运行规程（DL/T 741—2010）

36. 电力变压器运行规程（DL/T 572—2010）

37. 电网运行准则（GB/T 31464—2015）

38. 用电安全导则（GB/T 13869—2008）

39. 农村低压安全用电规程（DL 493—2015）

40. 农村电网低压电气安全工作规程（DL/T 477—2010）

41. 农村低压电力技术规程（DL/T 499—2001）

42. 农电事故调查统计规程（DL/T 633—1997）